『十二五』國家重點圖書出版規劃項目

中國古代建築精細測繪與營造技術研究叢書

寧波保國寺大殿

勘測分析與基礎研究

東南大學建築研究所 著

保國寺古建築博物館 合作

東南大學出版社 · 南京

宁波保国寺大殿·勘测分析与基础研究

东南大学建筑研究所　著
保国寺古建筑博物馆　合作

目　录

释 名

本书开篇，首先讨论构件定名问题。为使保国寺大殿木作构件的所指简明清晰，以利叙述论证，作此释名。

《营造法式》作为北宋官式建筑做法的代表，是构件定名的主要参考范本；但是现存木构实例无一可与其完全契合，保国寺大殿也是如此。究其原因，《营造法式》作为建筑工程预算规范，主要提供官方选定的范例，而工匠在实际营造过程中，往往带来自身特有的技术传统和地域特色，不可能完全遵循其规定。因此，在保国寺大殿中有相当一部分构件或做法在《营造法式》中未见记载，或与其叙述有所出入。

关于这部分名件与《营造法式》行文间的对应关系，值得探讨之处颇多，但这并非本书所要解决的主要任务，此处姑且给它们暂定一个名称，以求前后叙述统一。

定名时遵循以下原则：

（1）能够纳入《营造法式》体系的构件，采用《营造法式》原始名称，或者依照《营造法式》行文逻辑提取名称。参考范围不仅限于大木作、小木作制度，也包括彩画、功限等篇目。

（2）《营造法式》未提及或者所指不明的构件，优先与构架特征相近的木构实例进行比较，参考前人的研究成果和叙述方式。

（3）不得已需要自定名称的构件，其命名逻辑尽量借鉴《营造法式》命名习惯和学界约定俗成用名的命名规律，避免突兀和所指不明。

此外，所有指称都适当地考虑保国寺大殿的个体特征，以兼顾精确和简洁。以前三椽栿为例，保国寺大殿面阔三开间，进深八架椽，构架为前三椽栿对后乳栿用四柱，于是本书将其两根前三椽栿分别称作"西前三椽栿"、"东前三椽栿"，已足以指代清楚，没有歧义，而不必称作"心间西缝前三椽栿"、"心间东缝前三椽栿"，以避免行文过于繁琐。如果换作相同构架的五开间殿，这种简洁指称就不能适用。其余类似情况，不一一列举，详见下文附表。

表格涉及三部分内容。

其一是间缝、梁柱用名，这二者本质上是同一个问题，即如何对间缝进行描述和定位。其二是一些指称疑难的大木名件，主要是实例表现多样的额、枋，以及《营造法式》所述甚少的内檐铺作。最后，由于《营造法式》部分用字与现行用字有异，本书根据不同情况，采用学界已普遍接受和通用的简化字词，或者《营造法式》原文有所特指的繁体字词，一并简列在后。

各类构件指称详见表1~表6，表中所列构件的编号及位置参见表后索引图[1]。

表1 诸表总则

诸表总则	1. 构件定位遵循"先分东西，再分前后"的原则
	2. 大木构件命名规则：方位+类型
	3. 斗栱命名规则：外檐—位置+类型；内檐—位置/功能+形态
	4. [ ]内为简称；文中根据不同的需要，有采用全称或简称的情况
	5. 标注"*"的为非《营造法式》用词，包括学界约定俗成用名和自定名称

表2 间缝、梁柱定位指称表

间缝	轴号—指称	柱	轴号索引	梁栿	轴号索引
檐柱缝	A—前檐柱缝	西南角柱	A1		
		前檐西平柱	A2		
	D—后檐柱缝	西北角柱	D1		
	1—西山檐柱缝	西山前柱	B1		
	4—东山檐柱缝				
内柱缝	B—前内柱缝	西前内柱	B2	西山前丁栿	B-12
	C—后内柱缝	西后内柱	C2	西山后丁栿	C-12
		西山后柱	C1		
	2—心间西缝			西前三椽栿	2-AB
				西中三椽栿	2-BC
				心间西平梁	2-BC
				西后乳栿	2-CD
	3—心间东缝				
下平槫缝	2'—西山下平槫缝			西山面平梁	2'-BC
	3'—东山下平槫缝				

注：①劄牵定位随其下乳栿；②东侧构件的命名规则同西侧，如表中构件所示类推。

[1] 本书涉及大量保国寺之相关图表，亦有其他寺庙大殿之图表用于比较研究。为避免行文繁冗，凡保国寺之相关图名表名都略去"保国寺"字样。

表3 额串枋类疑难名件表

大类	小类		分件举例	剖面索引
额	阑额（檐柱柱头间）			E1
	内额*（内柱柱间、内柱与檐柱间，截面近于外檐阑额者）		上内额[上额]	E4
			中内额[中额]	E5
			下内额[下额]	E6
			西次间内额	E7
			东次间内额	E8
楣*（重楣）	上楣			E2
	下楣			E3
枋	柱头枋（柱头以上，铺作中）			F2
	算桯枋			F1
	柱缝枋*（柱身之间，非额串者）			F3
小木作枋	抹角枋			F4
	井口枋		方井井口枋	F5
			八角井井口枋	F6
			鬪八层井口枋	F7
	随瓣枋		大藻井随瓣枋	F8
			小藻井随瓣枋	F9
	平棊枋			F10

表4 内檐铺作指称表

大类	小类		指称举例	剖面索引
柱头铺作				
补间铺作 [补间]	顺栿单栱造*		前三椽栿背补间	Dg1
	丁字补间*		西内额上补间	
	（向南出三跳丁头栱）		前内柱间下额上补间	
			后内柱间额上补间	
杂项	骑栿斗栱*		前三椽栿北端骑栿斗栱	Dg2
	承平梁十字栱[十字栱]*		中三椽栿北承平梁十字栱	Dg3
	襻间四重栱[四重栱]*		乳栿背襻间四重栱	Dg4

表5 蜀柱分类名件表

大类	小类	说明	分件举例	剖面索引
承槫蜀柱	脊蜀柱	平梁上承脊槫蜀柱	心间脊蜀柱	Sz1
			山面脊蜀柱	
	前廊草架柱	前三椽栿上承中平槫短柱	前廊东草架柱	Sz2
			前廊西草架柱	
	昂尾蜀柱	承下平槫叉昂尾蜀柱		Sz3
	扶壁蜀柱	檐柱缝承檐槫蜀柱		Sz4
承平梁蜀柱	承平梁蜀柱	山面下平槫上承平梁蜀柱	西山承平梁前蜀柱	Sz5
			西山承平梁后蜀柱	

表6 用字凡例

《营造法式》用字	现行简体字	本书用字
斗栱	斗栱	斗栱
素方	素枋	素枋
鞾楔	靴楔	鞾楔
鬪八藻井	斗八藻井	鬪八藻井

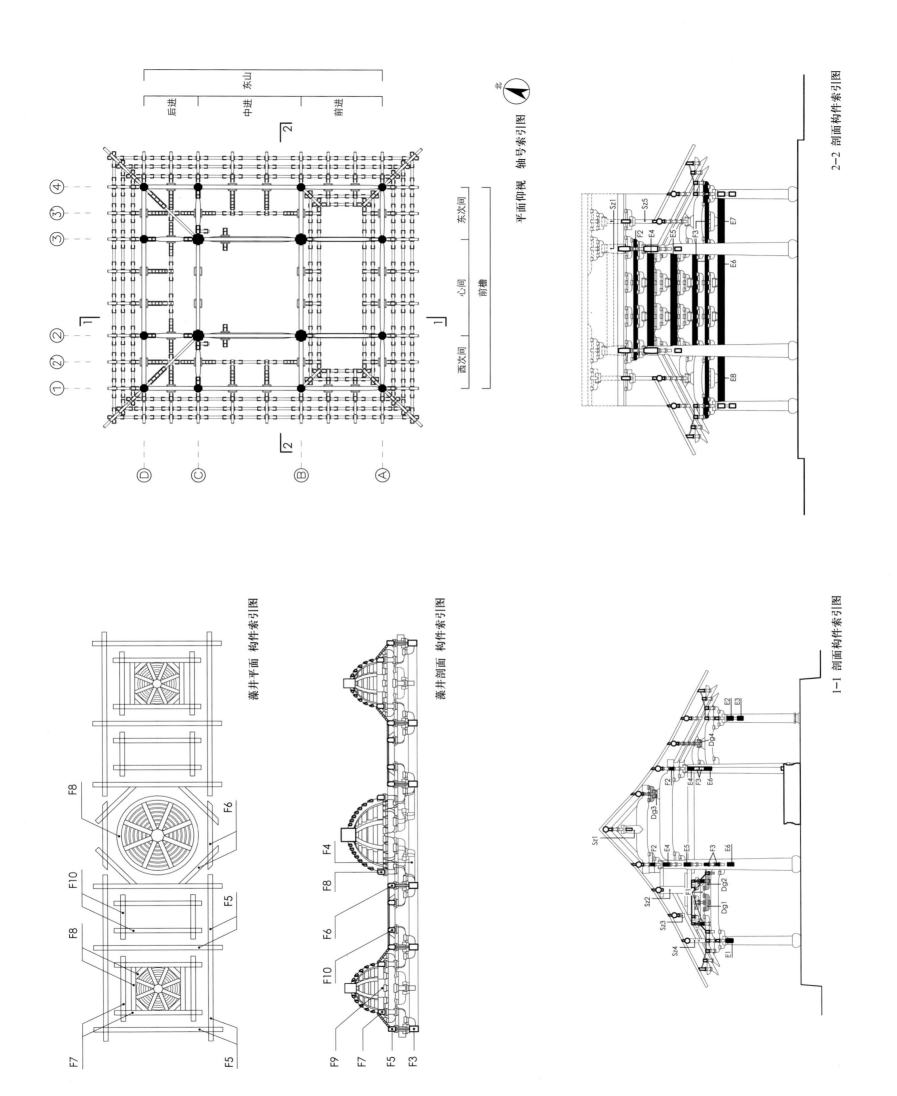

平面仰视 轴号索引图

北

平面构件索引图

藻井平面 构件索引图

藻井剖面 构件索引图

2-2 剖面构件索引图

1-1 剖面构件索引图

上篇

保国寺大殿勘测分析

第一章 保国寺大殿概况

一、历史沿革

1.创立及兴废

保国寺之创废，较早见载于方志者主要有宝庆《四明志》、嘉靖《宁波府志》、天启《慈溪县志》。寺志方面，唯存嘉庆和民国年间两个版本，虽循自古志，然经由寺僧编纂，其间脱漏夸大之处，在所难免，故尤须旁征他书参校考订，不可贸然全信。

依嘉庆《保国寺志》（下简称"嘉庆志"）及净土池西侧墙上所勒雍正"培本事实碑"（下简称"雍正碑"）记载，寺始创于东汉建武间（25—26），系由骠骑将军张意之子、中书郎张齐芳舍宅而建，初名灵山寺。唐会昌间（841—846）毁弃，旋由僧可恭于广明间（880—881）重建殿宇，并请得"保国寺"赐额。宋太平兴国五年（980），给赐知事僧希绍图记，其后似乎又复荒颓，因嘉庆志载德贤"祥符辛亥（1011）复过灵山，见寺已毁，抚手长叹，结茅不忍去居"，越六年（祥符四年至十年）方使"山门大殿，悉鼎新焉"，而大殿之建成，据嘉庆志称在祥符六年（1013）。治平间（1064—1067），改保国寺为"精进院"。天禧元年（1017），建方丈殿；明道元年（1032），建朝元阁于大殿西；庆历间（1041—1048）僧若冰建祖堂；崇宁元年（1102），国宁寺僧等捐造石佛座；南宋绍兴间（1131—1162），宗普开净土池，僧仲卿建法堂，并同宗浩等同建十六观堂；明弘治六年（1493），僧清隐重建祖堂，更名为云堂；嘉靖间（1522—1566）西房僧世德重修大殿；万历三十九年（1611），僧豫庵自立南房，设置斋田，并于崇祯间（1628—1644）重建云堂，更名为元览斋；崇祯二十二年[1]颜鲸题"一碧涵空"于净土池前石壁上；清顺治十五年（1658），西房僧石瑛重修法堂，康熙九年（1670），复整修大殿；康熙廿三年（1684），僧显斋重修法堂、天王殿，并增阔大殿，加设副阶，同时重修二帝殿，建叠锦亭，于净土池四周立围栏；雍正十年（1732），立"培本事实碑"；乾隆元年（1736）僧显斋迁居法堂侧，草创东西楼；乾隆五年（1740），僧唯庵立法堂、东西楼，僧体斋建厨房、磨房；乾隆十年（1745），僧唯庵重修大殿（"移梁换柱、立礩植楹"），僧体斋重修天王殿；乾隆十九年（1754），僧体斋新建钟楼、斋楼；乾隆二十一年（1756），铸三千斤大钟，越年请慎郡王题"钟楼"额；乾隆三十年（1765），僧常斋于天王殿殿基及殿前明堂铺石板，次年，佛殿亦铺石板，并改造磨房；乾隆四十五年（1780），僧常斋重修二帝殿，并构亭悬"东来第一山"匾；乾隆五十年（1785），僧常斋重建法堂、东西楼；乾隆五十二年（1787），再次重建法堂；乾隆五十八年（1793），僧敏庵新建祖堂于青龙尾；乾隆六十年（1795），敏庵重建天王殿；嘉庆元年（1796），又修整大殿，改装佛像；嘉庆十年（1805），刊刻寺志；嘉庆十二年（1807），立"县示碑"禁买卖寺产；嘉庆十三年（1808），僧敏庵重建叠锦亭，移钟楼于大殿之东，并改建

厨房、柴房、碾房，设置东客堂等；嘉庆十五年（1810），僧敏庵等新造鼓楼、禅堂；道光元年（1821），僧永斋立"斋田碑"，二十八年（1848），再立"县示碑"；咸丰四年（1854），僧兰斋重铸大钟；宣统二年（1910），天王殿、东客堂焚毁；宣统三年（1911），新南房烧失，改为菜园。此后渐次荒芜，直至1954年为中国建筑研究室浙江调查小组发现，引起关注，继而成为文物保护单位至今。

2.法脉传承

按嘉庆志记载，宋元时期保国寺僧众的师承关系，除少数几位开山与中兴祖外，已渺不可寻。明末以来，法脉方显明晰，大致以庵、斋两字为昭穆，世代间替，又分东西两房（万历间豫庵分出南房），东、西两房久已断绝，清中叶以后南房亦分作两支，直至民末方始合一。

郭黛姮在《东来第一山保国寺》中，参辑寺志，作有保国寺历代僧徒关系表。

关于保国寺僧徒关系，徐建成认为寺志所载，讹误较多，实际情况绝非一线单传。在考订人物生平后，重新调整了其关系。

3.实物遗存及碑刻、题记

3-1.石地栿内侧刻字

大殿前檐安置现有门扇的地栿内侧，刻有文字两段，东端刻文"住山永斋孙端斋全监院孙珂庵建"，西端刻文"清道光八年六月重换新石地伏"。

3-2.佛坛背侧"造石佛座记"

佛坛北侧束腰中部有捐赠人纪事石一块，文字部分略微漫漶，尚不妨碍辨识。"明州管内都僧正，国宁寺传天台教观、赐紫智印大师约之。同弟子陈延咏、延绍，妻孔十四娘、弟新妇夏十一娘，男世卿、世清，弟子丁彦隆、彦昌，寿母徐念五娘、妻陈小二娘、弟新妇龚小五娘，男公明、公升等同施净财，制造精进院大殿内石佛座一所。式衾巨利，奉答四恩，用资三有，仰乞玉相垂明，诸天昭鉴。时壬午崇宁元年五月□日谨记，石匠许明礼、住持沙门约文。"

3-3.净土池前东壁上勒碑

碑名"灵山保国寺志序"（图1-1）："城东二十里有山名灵山，山上有寺名保国，我邑之名胜也。相传是山又名骠骑山，东汉世祖时，张侯名意者为骠骑将军，其子中书郎名齐芳，隐于此山，今之寺基即其宅基，土人因本其父之官以名其山。其实骠骑山为是山之东峰，现在有骠骑坪，坪上有骠骑将军庙，离寺二里，众谓是山宜因其旧，而骠骑山从此仍为灵山矣。寺创建于唐，名灵山寺，广明元年始赐今额，而灵山寺从此遂为保国寺矣。宋祥符年间，叔平大师精于禅学，旁及儒书，多所著述，同时南湖十大弟子推为首领，性刚直，遇事敢言，时郡守郎公谓使其得用于时，可比古汲黯魏征，则其人可知矣。师本披薙于此，旋司主席，山门大殿，皆以赤手营造，阖郡称为高僧，至今法嗣奉为鼻祖焉。自元迄明，

---

[1] 按明思宗享国凡十七年，顺治三年（隆武二年）六月，两浙失守，鲁王流亡海上，江南遂尽入清朝版图，故所谓崇祯二十二年或属笔误。

寺之废兴不一，至本朝而圮坏。康熙五十四年，住持显斋大师蠹焉伤之，鸠工庀材，培偏补陷，未数年而奂轮备美，故寺重新，此皆大有造于保国者也。予凤闻兹山之名胜，而复尝慕叔平、显斋两大师之所为。乾隆庚戌冬，从京师归骠骑山阴谒祖墓，单过灵山保国寺，晤主僧敏庵上人。上人精明端朴，其气象殆与叔平、显斋相似，因从而询陵谷之变迁、刹宇之兴废与夫高僧游士之故迹，上人一一陈述如流，予固意其能畅宗风而恢先绪也。既而出一编以示予，云此古寺志，得之古石佛中，文多残缺，恐久而遂失之也，重加编辑，将付厥氏，以垂不朽，恳付法赐一言以重之。嗟乎！宇内多山，古刹莫不有志，以为后人考古之藉，吟咏之资。灵山保国为我邑之名胜，而独可听其寂寂乎？顾今世僧人多以此为不急之务而忽之，而敏庵独慨然有志于斯。是果能恢叔平、显斋之绪，而为兹山光也，爰不辞而为之序。惟志出古石佛中，人多以为疑，予谓河出图洛出书，古文尚书五十三篇出自孔壁，周书十卷出自汲冢，阖间之素书得之包山，子房之兵书得之圯上，事固有怪怪奇奇而不得执常理以相疑者，寺志云乎哉！皆嘉庆十三年岁次乙丑春月谷旦赐进士出身诰授荣禄大夫太子少保吏部尚书加三级费淳撰。蛟门陈尚书丹，方丈敏庵监院徒永斋石。"

3-4. 净土池前西壁上勒碑

碑名"培本事实碑"（图1-2）："盖闻：事必有本，本固则安，丛刹之与名门，一也。为其忧深虑远，载笔垂言，均之一培本之思而已。兹山亘号灵山，其曰骠骑山者，汉隐骠骑将军，故名。为观鞍峰挺峙，象巘盘旋，其毓秀含光，森然凝结，不可谓非灵异也。若夫寺所由来，缘张侯舍宅开基，名灵山寺。美哉始基，此其本矣。传历六朝，废唐之会昌。吾祖可恭尊者至，见瑶华吐岫，知为兴复之征，偕檀越许标豸鸣之刺史，遂往长安。值关东大旱，民饥，吾祖为跪讽莲典未终，澍雨夹旬，禾黍筛穟，食足民安，随征窃发之芝蒉，北奔遄鄙，缘四方奏闻召对，遂请命恢复，许之。俄诏于弘福寺，讲五大部经，越三月而弘法大振。彻讲之诘朝，纶章甫下，祷林有秋，得以苏民保国，是所以报国者也，敕词部以保国之额并紫衣一袭给赐还山，时唐广明元年秋九月也。旋即庀材鸠工，重新殿宇，营构有槐林之柱，罙恶绝布网之尘，巧夺公输，

图1-1 灵山保国寺志序碑　　　图1-2 培本事实碑

功侔造化，此前祖恢复之事实也。逮宋治平间，更为精进院，仅二百十四年，岂其隆替若斯哉！自是而胜迹衰残，能无感叹？顾自揣荒陋，庀饬良难，幸遇康熙甲子春王始以收缰弛榷，海道遂通，又兼吾资祖辉者佐理，乃敢浮海伐木购材。始葺山门，继修正后两殿，重增檐桷，石布月台，栏围碧沼，左个培陷，右翰峥嵘，凡诸法象，金碧崇辉。起衰救敝，其庶几乎？他若文武帝祠及建叠锦亭，以文记之，《诗》言：'何有何亡，黾勉求之'，即此谓矣。至奠茅洲覆□之患，自是开河割闸以来，舟子歌风，篙师卧月。郡侯尚公赠额，以功高千古；邑主樊公文序，以禅宿军传。乃辞而不受，顾念利济，本吾分内；而资力出于众输，其又何德以堪？独忆累世梵宫，必资理葺，千年胜地，代有重兴，慨夫！籍毁祖龙，古碑燹没，致失宗系，莫辨灯传。如宋明道间，中兴祖赐号德贤尊者，无可考核，不亦悲夫！爰立王贞珉，略陈颠末，非敢诞词诗功，实则申严后禁。后人来脉，关乎盛衰，但此山亘属东房地师，窥觊者众，神护幸存。余今买作公山，立议勒禁，严培固守，凡我后人，毋鬻葬，毋建塔，毋代荫侵址，违者按清规黜逐，慎之哉！载念殿仪缺略，冷淡香灯，捐赠土腴，永为资斧，庶使琉璃映月，玉篆腾云，凡此皆正本培源事也。其有条例典章开列碑阴，使后者□有据。吾年耄矣，事在来贤，克绍前谟，弘兴法席，亦见予之立意云尔。时在大清雍正十年岁次壬子九月庚戌朔乙酉上浣吉旦，古灵沙门继法识，孙果一摹勒上石。"

3-5. 元丰甲子题记

据保国寺古建筑博物馆多名工作人员证实，1975年大殿修缮时于西山前间北侧补间铺作昂后尾朝南一面发现墨书铭文"甲子元丰七年"六字，楷书，应为1084年修缮此殿时所题，字径7至8厘米。工作人员当时将其摹写在更替下来的一道昂身上，现展陈于大殿后展馆内（"丰"字简写作"丰"）。此次勘察，虽多方寻找，仍未能在相应位置找到该处题记，可能已为1980年代末所罩生桐油遮盖。宁波市文物管理委员会参与保国寺大殿1975年维修的相关工作人员在一篇专文[2]中也提到"……我们在西山南次间西面补间铺作上昂后尾挑斡侧面发现墨书'甲子元丰七年'字样……"，"西面补间"应属"北面补间"之误。在对此次工程的参与者林士民先生的访谈过程中，也提到当时有几根昂因为腐烂严重而被撤换，或许不巧正好包括了记有墨书的那根。

4. 其他文献资料

4-1. 寺志

保国寺现存寺志两种，一为嘉庆十年（1805）乙丑方丈敏庵辑修，分形胜、寺宇、碑文、古迹、艺文、先觉等章；一为民国十年（1921）钱三照重纂版。

4-2. 艺文

兹选录历代文人游览保国寺诗词若干如下：

《保国寺》（元·丁鹤年）："一径野云深，僧方闭绿阴。雨腥龙出涧，风动虎过林。淡薄滋禅味，清凉养道心。三生如不昧，石上一来寻。"

《过保国寺》（明·姚应龙）："登临何处好，古刹对沧江。携钵僧归渡，推篷客倚窗。阶除驯鸟雀，廊庑静幡幢。魔障消何有，宁须咒语降。"

《游保国寺》（明·钱文荐）："兰若隐云端，萦回路百盘。骇人啼怪鸟，障日耸危峦。僧磬竹阴晚，佛台花雨寒。相

（2）宁波市文物管理委员会.谈谈保国寺大殿的维修.文物与考古，1979（9）

期观海曙，留宿待更残。"又，"离郭省人事，入门增道心。磬鸣花院晚，灯照石龛阴。单石云归岫，栖松鸟急林。老僧偏不了，课颂到更深。"

《题灵山精进院》（明·云门觉思）："石径连平楚，山中晚更幽。钟鸣残叶寺，僧倚夕阳楼。碍足霜桥滑，凭栏海月秋。暂行罢参叩，长啸碧峰头。"

《寄题畅上人灵山别业》（明·若耶觉思）："出郭三十里，天开佛国图。寒知松雪聚，情想海云孤。隐迹留青嶂，幽芳散绿芜。遥闻鸣梵磬，清极一尘无。"

《题灵山保国寺》（明·越中德生）："苔护丰碑峭曲廊，广明遗迹芑茫茫。溪声晓落岩前树，柳色晴摇山外塘。斋磬午时浮佛殿，定灯终古照经堂。白头还有同门社，百岁终期住石房。"

《游保国寺》（明·陈志）："欲问深山何处钟，翠微高处峙龙宫。抄秋枫叶烧云白，残夜潮声涌日红。禅榻香消开宝偈，心斋尘净见真空。年光四十成虚掷，试剖丹台扣远公。"

《游保国寺》（明·颜鲸）："山寺曾同野鹤楼，雄心消尽见天倪。十年拙宦韬龙剑，三笑何人过虎溪。怪石不移僧自老，古松无恙鸟频啼。登高多少追寻意，一任浮云海外底。"

《重过保国寺》（清·徐一忠）："挟策曾从此地游，别来岩壑几经秋。青山已老菩提树，白社重寻达迂流。日落声声云禅寺，月明渔唱荻边洲。碧纱毕竟归尘土，题壁空烦姓氏留。"

《宿保国寺东房》（清·冯逊庸）："未到前峰响木鱼，峰腰卜筑一禅居。不嫌矮屋三间小，得傍灵岩万丈余。日落岭头云抱石，潮延江岸月临除。老僧情重能留客，频唤山厨摘野蔬。"

《游保国寺（二首）》（清·陈梦兰），其一："买得江滨一叶舟，招朋欲作道场游。朔风猎猎吹残苇，落木萧萧荒古邱。石磴高盘松顶出，梵宫深锁竹林幽。停桡莫问桃源路，胜景应从此处求。"其二："登高回望隔尘寰，自是东来第一山。叠锦亭前清涧转，放生池畔翠屏环。钟鸣午后僧归寺，犬吠云中客扣关。多少繁华新世界，独余梦葛几人攀。"

《夏抄坐石公精舍》（清·姜宸英）："古寺深山里，西房竹院幽。墙低容树入，楼小得云留。石榻垂秋果，绳床听雨鸠。清谈已消热，不必访丹邱。"

《游保国寺》（清·博园余世昌）："春游偶倒此山中，山半巍然敞法宫。翠岭云开新树绿，清溪水漫落花红。篱边犬吠惊生客，席上樽开对远公。从此禅房一回过，令人不复忆壶蓬。"

《游保国寺》（清·艮则氏秦秋横）："昔闻保国寺，今日步丛林。路曲蟠蛇上，崖窝护燕深。松涛翻鹭岭，鸟语乱鱼音。未坐生公石，居然清道心。"又，《游保国寺》："寺门开突突，户牖谿阑珊。苔藓浮屠碧，藤萝古木班。衣间披雾露，眼底望江山。应有空中锡，无劳鹤往还。"

《秋日同三兄冒雨登保国寺》（民·余兆潜）："梵宫何处是，枫叶满林丹。山色经秋老，溪声带雨寒。水深愁没径，沙落欲成滩。凤有寻幽兴，无辞共跻攀。"又，《腊月廿三暮登保国》："不信旧游处，楼台忽矗天。窗低远岫日，檐敞暮山烟。暂憩新亭上，重来古院前。楼栖何忍去，惜已逼残年。"

《暮秋冒雨登慈溪保国寺留别一斋上人》（民·周利川）："悬崖结精舍，扬目一回凭。雨里山河失，望中烟雾升。江南无净土，劫外有高僧。指我迷津岸，尘心淡佛灯。"

二、自然环境

1.地理位置

保国寺位于宁波西北13千米，行政区划归属于江北区洪塘街道鞍山村。寺建于灵山、马鞍山[3]之间的山岙中，背枕贸峰，左辅象鼻峰，右弼狮岩峰，地势幽深。寺院平均海拔85米，占地面积20000平方米，建筑面积7000平方米，寺外为绵延400亩的山林生态风景区。东、西分别与灵山村、鞍山村接壤，相距各0.5千米，有村级公路、旅游专线与外相连。寺东山谷内设有地震台监测点，寺南山脚下为慈江。

保国寺古建筑博物馆的四至点经GPS定位为：

东南角：北纬29°58′924″、东经121°31′017″；
西南角：北纬29°58′907″、东经121°30′987″；
西北角：北纬29°58′968″、东经121°30′920″；
东北角：北纬29°59′003″、东经121°30′960″。

2.气候类型

宁波地区属于典型的亚热带季风气候，四季分明，雨量充沛，日照时间长。冬季受蒙古冷高压控制，以晴冷干燥天气为主；春末夏初受季风影响，冷暖空气交替造成梅雨季；七、八月间受太平洋副热带高压控制，天气晴热，并常有强降雨伴随台风侵入。保国寺周边地区年平均气温16.20℃，最高温41.2℃，最低温-11.1℃；年平均降水量1374.7毫米，最大1731.3毫米，最小1004.8毫米；年平均蒸发量1320.1毫米，最大1408.3毫米，最小1096.4毫米；平均相对湿度32%；平均气压1016.3毫帕。

3.地质条件

保国寺所在的灵山位于宁波盆地（新生化断陷构造盆地）西北翼，其边缘恰位于寺前，断距达百米以上。寺东南5千米处有一组北北东（NNE）向新华夏系压扭性断裂通过，并有一条东西向压性断裂从寺北20千米处通过。寺后院与东侧基岩露出处存在一定的风化和裂隙，并有山水径流。

灵山地区的地质构造单元属华南褶皱系中的华夏褶皱带，位于丽水—宁波槽凸中的新昌—定海断隆。地表为侏罗纪火山岩系覆盖，岩性为灰白、灰黑色的晶屑凝灰岩、熔凝灰岩。土壤为棕黄土，除山脉西侧土层较薄外，其他部分厚度均在3～50厘米之间，植被以松树为主，间有枫树、樟树、桂树、银杏等，因生态环境良好，2004年被划入宁波市江北区野生动植物保护区。

三、寺域范围

1.保护范围及建设控制地带

1976年经浙江省文化局划定，浙江省革命委员会批复，保国寺的保护范围定为：

（1）离保国寺建筑群（包括中轴线上的四殿及东西两侧房子）四周外边5米以内，为绝对保护区，其中大雄宝殿为保护重点。

（2）保国寺四周外边，南至山脚，东、西、北三面的平面离建筑群外边50米以内，为影响保护区。

此后于1991年经宁波市文化局和宁波市规划局调整，宁波市人民政府同意，1996年10月4日由浙江省人民政府公布为：

[3] 灵山、马鞍山为四明余脉，主峰海拔500米，东西走向。

（1）保护范围：东、西、北面以保国寺围墙为界，南面延伸至新建山门为界。

（2）建设控制地带：东、西、北自保国寺使用的山林界向外延伸100米，南到塘河沿线（图1-3）。

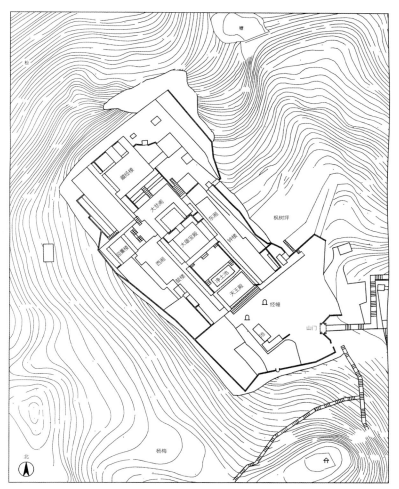

图1-3 寺域范围

2.用地边界及保护标志

保国寺周围山界情况如下：

东面：望日亭沿往南石板路至外西山，沿山脊到一号界桩，至河口（包括园林处修建的机耕路）为界。

北面：以电视台南侧横路，沿山脊石板路到望日亭为界。

西面：自电视台南侧横路端点起，向南沿石板路，上堂位山和杨梅山往南山脊，到福利院东北角为界。

南面：自园林处修建的河口机耕路一号界桩起，自西向东至二号界桩，到幸福桥的公路路基为界。

四面设界石共计40块。依山林所有权，确认保国寺用地范围397亩，界标40块。界石一面刻园林处，一面刻保国寺，上有编号，由园林处树立。

另外，1983年宁波市文物部门在山脚入口处立标志牌一块，90厘米×60厘米，大理石质，简体汉字，碑文为："全国重点文物保护单位/保国寺/中华人民共和国国务院/一九六一年三月四日公布/一九八三年宁波市人民政府立"。

1990年更换保护标志，150厘米×100厘米，改置于山门前。标志牌与说明牌为同一块青石，须弥底座，简体汉字，碑文为："全国重点文物保护单位/保国寺/中华人民共和国国务院/一九六一年三月四日公布/浙江省人民政府立"。

四、保国寺大殿形制特点简述

1.地盘特征

保国寺大殿方三间，单檐九脊，坐向为南偏东36°，位于通高1100毫米的台基上，殿身南、东、西三面附有清代后加副阶。

宋构部分平面略呈纵长方形，现状通面阔11854毫米，通进深13353毫米（郭黛姮数据为11900毫米×13600毫米，中国文物研究所数据为11830毫米×13380毫米，以下简称郭测、文测），其中心间广5808毫米，两次间广2976毫米、3070毫米（郭测5800毫米、3050毫米，文测5770毫米、3020毫米），进深方向前间深4400毫米，中间深5906毫米，后间深3047毫米（郭测4440毫米、5820毫米、3100毫米，文测4410毫米、5900毫米、3050毫米）。殿内前部为扩大礼佛空间，弃用八架椽屋传统的2-4-2对称式间架构成，改用三椽栿以增加前间进深，但中平槫恰位于两架椽长分位上，使得转过两椽的角梁仍能与交圈槫子形成45°斜角，保证四个翼角对称安布，实现屋面曲线的平稳。

大殿以中央四内柱构成5808毫米×5906毫米的核心方筒（郭测5800毫米×5820毫米，文测5770毫米×5900毫米），周遭十二根檐柱构成外圈，前、后内柱不等高，以顺栿串、额、枋等互相拉结，檐柱则通过三椽栿或乳栿、劄牵与内柱联系，铺作仅在檐柱缝上交圈。

副阶各柱与原构并不完全对位，清人改建时另加下檐三面，构成重檐。正面下层檐下用柱六根，外观五间；在其后排亦用柱六根承上层檐挑檐槫，唯角柱内移至约当尽间心缝处，而以两侧山墙代承挑檐槫挑出部分，造成副阶正面第二排面阔七间的形象。

副阶各间面阔：正面第一排明间5808毫米、次间5237毫米、梢间2443毫米（郭测5880毫米、5270毫米、3500毫米），第二排明间、次间无变化，梢间1180毫米，尽间（至边墙内壁）1263毫米（郭测1290毫米、1490毫米）；进深方向：第一间即前廊，深1920毫米（郭测1950毫米）；第二间深2318毫米（郭测2400毫米）；第三、四间即宋构三间的前间和中间，进深相同；第五间深3834毫米（郭测3670毫米）；第六间直达后墙，深1673毫米（郭测1620毫米）。

2.间架特征

保国寺大殿厅堂三间厦两头，八架椽屋三椽栿对乳栿用四柱，明栿月梁造。

大殿计有横架四榀：

心间两榀的中三椽栿前端插入前内柱身，并由柱身出丁头华栱承托，后端交于后内柱柱头铺作内。平梁前端由前内柱柱头铺作承托，后端由中三椽栿上所坐斗栱（后侧上平槫分位）支撑。平梁之上覆有后加卷棚天花，脊蜀柱之大部及其上栌斗、重栱、叉手、替木、顺脊串皆隐于卷棚天花之上。前三椽栿（栿广550毫米，上平210毫米，下平240毫米，栿身中部厚250毫米）一端伸入前檐柱头铺作，出为第二跳华栱，一端插入前内柱身，其上设顺栿栱承算程枋，之上再设藻井铺作承随瓣枋。此栿较两山丁栿、后檐乳栿低一足材，略微压低了前廊空间。中三椽栿下前后内柱间以顺栿串（断面360毫米×204毫米）拉牵。

两边两榀位于次间中部，直接自交圈下平槫上升起蜀柱两根支撑山面平梁，再于其上立蜀柱、叉手、重栱、替木以捧脊槫，并承托出际槫、枋。

藻井之上，于前三椽栿分位上设长两椽的草地栿一道（两块木料叠拼，300毫米×200毫米），其上立草架方柱承中平槫（此草地槫与前内柱断开，因而其重量完全借由枋子下传至藻井铺作，并继而传至前三椽栿上，此外在草架柱柱头高度另加断面200毫米×145毫米之牵枋一道，以与前内柱联系），下平槫则通过蜀柱压在前檐铺作上道昂后尾。至于前檐柱缝上的檐槫，亦由柱头枋上所立短柱（截面470毫米×220毫米，高约880毫米）支撑，短柱下部开槽，以放过昂身，并于上下两道昂间以木楔块填压密实。

两山下平槫及劄牵（广460毫米，上平200毫米，下平235毫米，栿身厚245毫米）由乳栿（广500毫米，上平265毫米，下平265毫米，栿身厚290毫米）背上襻间四重栱承托；山面柱头铺作昂后尾一直伸过两架，直抵前内柱柱身及后内柱柱头铺作，为昂长两架做法。

纵架方面，前内柱间由上而下设柱头枋、单栱、上内额、重栱、中内额、重栱、柱缝枋、单栱、柱缝枋、单栱、下内额等多道构件，从而形成大照壁。后内柱间自柱头以下以四道内额和柱缝枋实拍而成，其下安装佛屏背版，其上以重栱素枋承单栱、襻间，再上即为中平槫。此两面照壁相向皆不出跳，庄严壁立，结合两山整齐划一的襻间四重栱，形成封闭肃穆的佛像空间。

清代所加副阶各柱，以抱头梁（450毫米×145毫米）、穿插枋（280毫米×110毫米）与宋构檐柱联系，抱头梁上立瓜柱一根，其顶端置挑檐檩承大殿上层檐，其中部插一檩承下层檐椽后尾。

3.铺作做法

大殿前三椽栿上空间安置鬬八藻井三座，对应前檐柱列铺作高度上，前内柱柱身亦出丁头华栱，共同承挑藻井斗栱。加之前三椽栿上另有草栿，虽不直接承重，仍然符合殿堂双重梁栿的特性。为避免引入有争议的"槽"概念，以下仅以"内檐"、"外檐"为则分述本构斗栱类别。

大殿所用铺作，据施用位置不同，大致可分为外檐、内檐、藻井几类。其中外檐铺作七种（前檐柱头、前檐补间、前檐转角、两山及后檐柱头、两山及后檐补间、后檐转角。东、西两山及后檐东、西方向补间铺作里跳出跳数不一，视作两种；两山前间补间与前檐补间铺作形式一致，视为一类）、内檐斗栱九种（前内柱柱头、后内柱柱头、前照壁上补间、后照壁上补间、内柱身丁头栱、前三椽栿上顺栿栱、乳栿及丁栿上襻间四重栱、中三椽栿上承平梁十字栱、各蜀柱柱头斗栱）、藻井斗栱三种（承大鬬八、承小鬬八、承平棊）。

铺作用材，大致分三等：外檐铺作一类，材广210～220毫米，材厚135～145毫米；照壁上局部栱木用材偏大，以调节各层额、枋间距，其截面大致为230毫米×150毫米，内柱柱头铺作用材也在这一范围内；承藻井、平棊铺作用材则为170毫米×110毫米，约当外檐铺作用材0.8倍。

现分述铺作类型及做法如下：

3-1.外檐铺作

计三十朵，皆用七铺作双抄双下昂，补间心间两朵、次间一朵，山面前进、中进两朵，后进一朵。

前檐柱头铺作：下一抄偷心，其余各跳单栱计心，里转出一抄承前三椽栿，里转第三跳高度有令栱骑栿承托素枋，第四跳高度于三椽栿背上设交互斗，以安承平棊斗栱。前三椽栿前端伸出作外跳第二跳华栱。铺作之上设平闇格子遮椽，其中撩檐枋与下道昂头罗汉枋之间为菱形格子，各道罗汉枋之间为方格子。上道昂后尾上彻下平槫，并"自槫安蜀柱以叉昂尾"；下道昂后尾伸至里转第一跳

分位为止，以让承藻井之铺作。两道昂经过正心缝上短柱时，自柱根开通槽，再于两昂间隙处填以木块，即所谓"如上下有碍昂势处，即随昂势斜杀，放过昂身"。柱头华栱用足材，其余栱、枋、昂、耍头皆单材（图1-4）。

前檐补间铺作：里转六铺作单栱造出三抄，并里外第一跳偷心。外跳同前檐柱头铺作（第二跳华栱头施令栱与华头子交，上托罗汉枋；两道昂头分别施令栱，其上承罗汉枋、撩檐枋；并自上道昂交互斗内出耍头），里跳第二抄跳头施令栱承罗汉枋，第三抄跳头施令栱承算桯枋，其上坐藻井铺作。栱、枋、昂等皆用单材（图1-5）。

前檐转角铺作：45°上出角华栱及角昂一道，角昂之上别施由昂。正身诸栱相交出列，第一跳泥道栱列华栱，二、三跳瓜子栱列小栱头，四跳令栱列小栱头。里转出角华栱三跳，下一抄偷心，

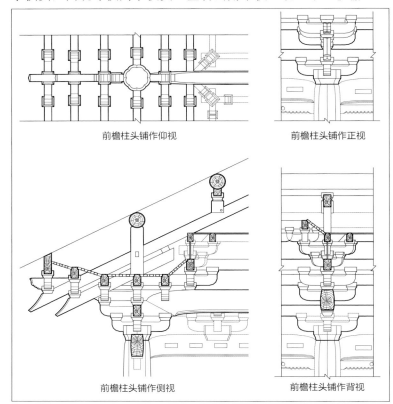

前檐柱头铺作仰视　　　前檐柱头铺作正视

前檐柱头铺作侧视　　　前檐柱头铺作背视

图1-4 前檐柱头铺作

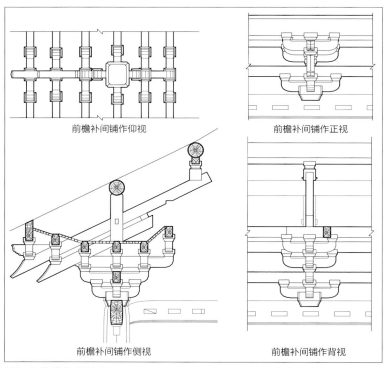

前檐补间铺作仰视　　　前檐补间铺作正视

前檐补间铺作侧视　　　前檐补间铺作背视

图1-5 前檐补间铺作

其二、三跳跳头各出十字令栱，与相邻补间铺作里跳跳头令栱连栱交隐后，上承小鬥八藻井之算桯枋。上道角昂后尾上彻下平槫交角处，其上压以异形大斗（据窦学智文附图，1956年调研时压角昂尾者为一蜀柱，兼以此异形斗材质颇新，并有电锯切割痕迹，可知为后换）；下道角昂后尾伸至里转第二跳角华栱分位即止；由昂后尾伸至檐槫交角处稍靠内；正身缝两层四道下昂后尾斜切后贴附于角昂两侧。所有构件仅角华栱用足材。

山面及后檐柱头铺作：昂皆长两架，山面前内柱分位柱头铺作昂后尾插入前内柱柱身（图1-6），山面后内柱分位及后檐柱头铺作昂尾伸入后内柱柱头铺作，撞上泥道栱、泥道慢栱（第一、二层华栱）后结束（图1-7）。里转出双抄，第二层华栱承丁（乳）栿，栿肩过铺作中线后充作华头子。此外，两山前柱里跳45°缝上出虾须栱两跳，以承小鬥八藻井下算桯枋。除华栱足材外皆用单材。此外，由于两山前柱与前内柱间所连构件，自南面视之为内额扶壁栱，自

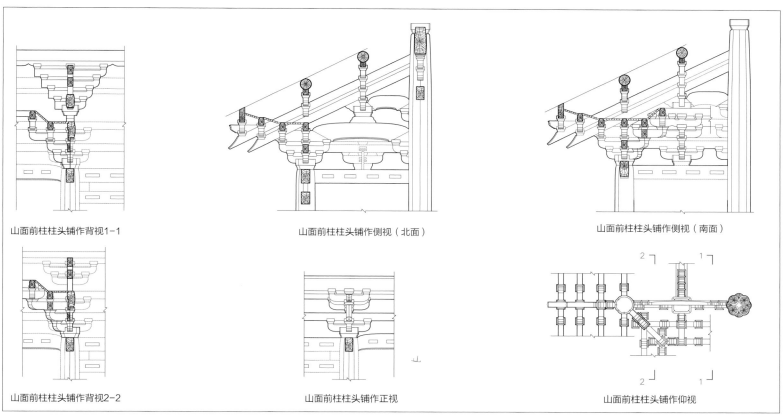

山面前柱柱头铺作背视1-1　　山面前柱柱头铺作侧视（北面）　　山面前柱柱头铺作侧视（南面）

山面前柱柱头铺作背视2-2　　山面前柱柱头铺作正视　　山面前柱柱头铺作仰视

图1-6 山面前柱柱头铺作

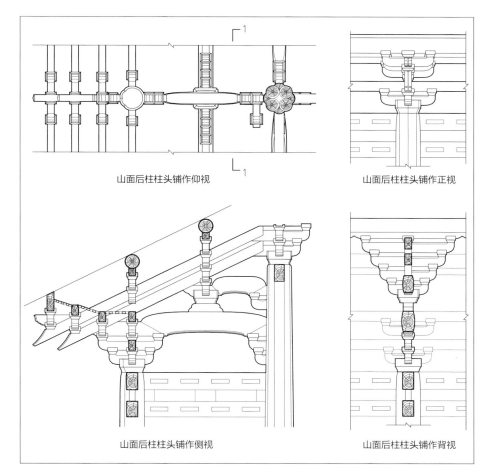

山面后柱柱头铺作仰视　　山面后柱柱头铺作正视

山面后柱柱头铺作侧视　　山面后柱柱头铺作背视

图1-7 山面后柱柱头铺作

北面视之则为丁栿梁架，导致相关各栱皆做成正反两面不等的形式--其里跳华栱（东西向）南北两半的栱长不一：南半边出两跳，头跳承襕间枋，二跳（后尾即襕间枋）承华头子后尾；北半边出两跳，头跳承襕间枋，二跳承乳栿。

山面补间铺作：外下一抄偷心，里转出四抄（图1-8）或五抄（图1-9）不等，皆偷心，其上作鞾楔承下道昂后尾，再上再作鞾楔连接上道昂，上道昂后尾直抵下平槫下，挑令栱一道（一材两栔）。扶壁栱配置形式两山及后檐柱头、补间铺作皆一样：正心自下而上分别为泥道栱、柱头枋、扶壁令栱、柱头枋（昂身即穿过此

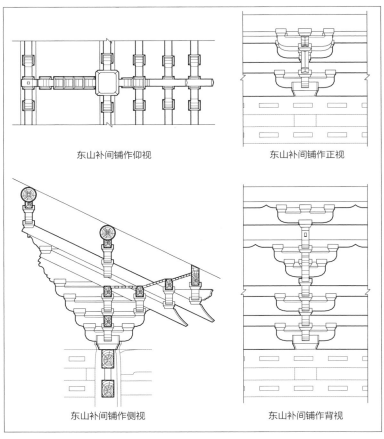

东山补间铺作仰视　　　东山补间铺作正视

东山补间铺作侧视　　　东山补间铺作背视

图1-8 东山补间铺作

昂后尾只伸到角柱正心为止。

3-2.内檐斗栱

内柱头四组、乳栿上六组、脊蜀柱上四组、承上平槫六组、前后照壁上各两组，皆卷头造。

前内柱柱头铺作：里跳出双抄，上托平梁。外跳第一跳作卷头，第二跳斫作方头，扶壁栱单栱造，自栌斗起，单栱、襕间枋、单栱、替木相间设置。

后内柱柱头铺作：里跳出双抄，上托中三椽栿。外跳不作卷头，与后檐柱头铺作昂尾相抵。扶壁栱重栱造，泥道慢栱上复承素枋（外端杀成栱头）、单栱、替木、中平槫。其中东后内柱柱头栌斗为后世更换，系以一石质柱础（或经幢莲台）为之，莲瓣及盆唇皆清晰可辨。

前内柱间补间铺作：向南自栌斗口中出三抄，下一抄偷心，第二、三跳跳头承令栱，其上为罗汉枋、算桯枋。正心扶壁栱自下而上，先自下道屋内额上"栌斗"[4]中出单栱素枋各两道，其上复加交互斗一枚，自中出重栱、替木、上道屋内额，继而再出交互斗、重栱、替木、阑额。复于前内柱间阑额上施栌斗，出单栱素枋、单栱襕间枋各一，以承上平槫。向北皆不出跳。

枋）、泥道重栱（泥道瓜栱及泥道慢栱）、替木、檐槫。除西山泥道栱用足材外，皆用单材。此外，后间的补间铺作上道昂后尾不施交互斗，直接斜切后顶住后檐转角铺作角昂后尾（一如前檐转角铺作之正身昂尾与角昂交接方式），其上出十字令栱压住。

后檐补间铺作：里转东次间出四抄，西次间出五抄，心间出五抄，上道昂后尾挑令栱一道（一材两栔）承下平槫，其余皆如柱头铺作。皆用单材。

后檐转角铺作：外跳同前檐转角，里转不施列栱，仅出角华栱五抄。两道角昂后尾伸至中平槫分位，由后内柱柱头铺作压住；由

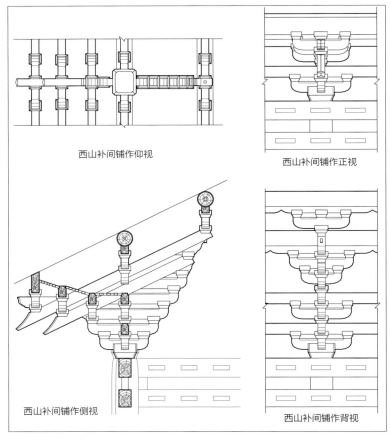

西山补间铺作仰视　　　西山补间铺作正视

西山补间铺作侧视　　　西山补间铺作背视

图1-9 西山补间铺作

后内柱间补间铺作：佛屏背版与阑额间以实木枋子四道实拍，阑额之上设补间铺作两朵，自栌斗出扶壁重栱，上承襕间枋，再上以齐心斗支令栱承替木、中平槫。栱眼壁间封以后世所加雕花栱垫板，栱、斗之上均有明显彩画痕迹，当系近人重绘。

内柱上斗头栱：前内柱身向东西南北皆插有半栱。就东内柱而言，向东出斗头栱四组，下两组各一跳，承屋内额上两道素枋，上两组各两跳，承阑额及上道屋内额，各自与前内柱间额上斗头栱相对应；向西出斗头栱两组，其下者两跳，承西山南侧丁栿，其上者一跳，承丁栿上劄牵；向南出斗头栱一跳，承前三椽栿后尾；向北出斗头栱一组两跳，承中三椽栿。后内柱身则仅向山面及后檐出丁头栱。其中向山面出两组计三跳，下一组两跳承丁栿，上一组一跳承劄牵；向后檐出两组计两跳，下一跳承乳栿，上一跳承劄牵，然其栱眼及栱端卷杀掐瓣形式颇不类其他诸丁头栱，而与寺内清构相仿，或经后世改易。

前三椽栿上骑栿斗栱：以单斗支令栱，从令栱上齐心斗出素枋，其上再出单栱素枋以承平棊。

襕间四重栱：自乳栿或丁栿上置驼峰，上安大斗，劄牵一端入内柱，一端出斗，并自斗口中出四抄，上彻下平槫，并与山面及后

[4] 大小虽同于栌斗，唯不在阑额之上，不与柱头平，按《营造法式》语义似难以确定为栌斗，在此为方便指称，暂称作栌斗。

檐柱头铺作中的昂后尾相交，以助其稳定。

承平梁十字栱：于栌斗口中出华栱一跳承平梁，出重栱，穿过弧形天花承上平槫。

边贴承出际脊槫、上平槫、中平槫斗栱：皆只自坐斗中出横栱一条承替木及槫子，作用仅在减跨，栱两端悬出栌斗部分长度不一，且向外一侧栱端作卷杀，向内一侧只砍作方头。

3-3.承藻井铺作

承大鬭八藻井铺作：于前檐各柱头、补间铺作里跳最末一跳跳头施令栱，使相邻者皆连栱交隐，其上承算桯枋。算桯枋四角各抹随瓣枋一条，形成八角井框。于各角设栌斗一，自栌斗口中隐出泥道栱（实在随瓣枋上），并向心出华栱一条，华栱之下各托以"假华栱"[5]。华栱跳头承令栱，令栱以整木剜出弧形，便于承托其上圆井（井径1850毫米，穹窿高900毫米）。自令栱齐心斗出阳马八条，交于八边形顶心木上。

阳马背面刻出水滴状凹槽，以安置七圈背版肋条，肋条背面削平，原初应设有背版，现已脱逸（图1-10）。

承小鬭八藻井铺作：做法略同大鬭八，唯随瓣枋位置提高--算桯枋上所出华栱跳头计九条令栱（其中南、北两边的令栱两两鸳鸯交手）及其上平棊枋构成长方井，再于其间加东西向平棊枋两条，形成正方井，复于其上设随瓣枋四条，做出角肋，直接于八个交角处起立阳马，达于顶心木。由于随瓣枋位置提高，小藻井深度减小（穹窿高度750毫米，八角井对径缩小到1259毫米），背版肋条只设五道。

承平棊铺作：平棊为整块长方形木板，位于大、小鬭八藻井间隙，由周遭斗栱（四角及长边中点各一）里跳所承算桯枋上直接挑出华栱，第二跳华栱之上承托木枋、敷设背版，版上作有缠枝卷草纹样彩画（图1-11）。

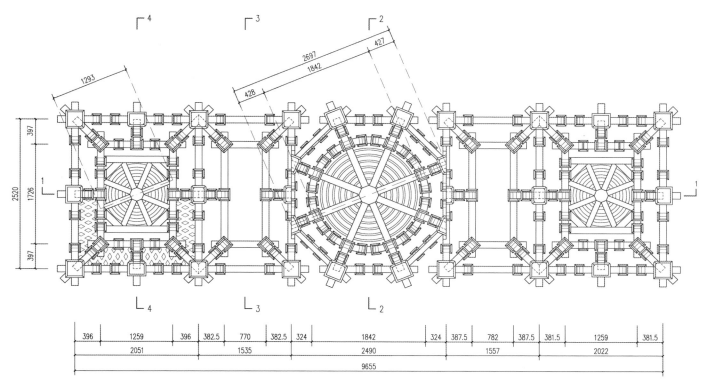

图1-10 藻井仰视平面 （单位：毫米）

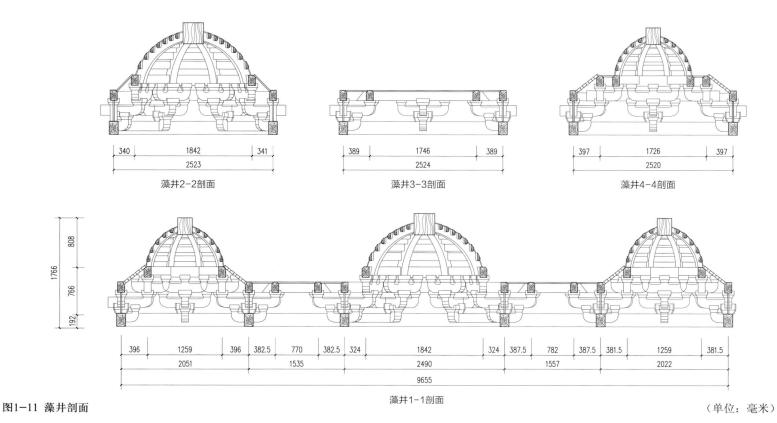

藻井2-2剖面　　　　藻井3-3剖面　　　　藻井4-4剖面

藻井1-1剖面

图1-11 藻井剖面 （单位：毫米）

[5] 自随瓣枋底出，高与之齐，插在随瓣枋与算桯枋相交的八个角上，因处在栌斗之下，暂称为"假华栱"。

4.样式特征

4-1.柱子

保国寺大殿十六根柱子皆作瓜楞,就制作工艺而言,可分两种:其一拼合,又分为包镶(解小木八片,环绕中心木柱,拼贴而成,每棱之上均留透榫痕迹)与段合(分三拼及四拼、五拼不等,皆用较小断面的圆木,以木楔两两贯穿,组成一体,再用木片填圆木之间凹陷处,形成四棱或八棱);其二为整木剜刻,挖出凹槽以象征瓜楞。大抵四内柱用段合(八瓣);西山前柱(前内柱分位)、前檐西平柱用包镶(八瓣);余柱皆用整木剜刻——西北和东北角柱、东山前柱(前内柱分位)四瓣,后檐两平柱、两山后柱(后内柱分位)两瓣,东南角柱、前檐东平柱八瓣。总的规律是除了着重强调的前檐四柱外,周圈檐柱朝向室内一侧保留圆弧,朝向室外一侧作出瓜瓣(角柱带3/4、边柱带1/2),唯有西山前柱使用全瓜楞,推测系后世匠人误换。另外四根脊蜀柱,当中两根为视线所及,作圆柱,两边两根为厦两架椽子遮挡,只做简单方柱,即中间两圆柱,时代亦不相同,因其鹰嘴曲线不一样,虽然都是三段,但西柱弧线较匀称,东柱突兀且下吻更尖。

柱头略有收分(部分柱脚亦作卷杀,略如梭柱)。各柱直径皆在500毫米以上,檐柱径在500~540毫米间,内柱径相差较大,小者仅615毫米,大者达770毫米(该柱系近代维修时所换)。

柱础计有四种:鼓墩、槽形(上加圆形或六边形石板)、须弥座式、短圆柱,皆为清代改换。

清代加建副阶共用柱二十六根:廊柱六根(当中四根高3100毫米、径365毫米,最外两根高3390毫米、径230毫米);步柱八根(均高5455毫米、径280毫米强);两山及后檐墙内柱子有圆有方,高3730毫米,圆柱直径180毫米,方柱截面200毫米×190毫米。

檐柱基本无生起,至于侧脚,由于现状已有较大歪倾,暂时难以判断其存否。

4-2.梁栿

大殿梁栿皆月梁造,前三椽栿总高500毫米(约当两材一栔,郭文称两材,或指起顱后高度),宽240毫米,起顱后高440毫米;中三椽栿总高800毫米(约当三材两栔,郭文称四材,或指起顱后高度),宽360毫米,起顱后高760毫米;平梁高650毫米(约当三材),宽250毫米,起顱后高550毫米。

栿底刻有线脚两道,系由凿子冲成(其痕迹为若干段短三角形连成长线,由是知为凿出),与昂底刻线相似,亦从侧面证明铺作与梁栿为同期制成。两山出际部分,西山平梁西侧梁身作有类似月眉的刻线,东山平梁对应位置则未有发现。

4-3.额串

阑额:保国寺大殿按阑额的形制、用法不同,可分为两个横长方圈。前廊三面,以月梁形阑额(总高470毫米,高出柱头平面110毫米,顶宽205毫米、中段宽240毫米、底宽220毫米,八朵补间铺作栌斗下开槽口,骑于阑额之上,以使铺作层平齐)形成"凵"形空间(实际即是顶藏斗八藻井和平棊的前廊礼佛空间),同时为使室内外视廊畅通,该圈仅用单楣。与之对应的,连接第二、四排(连接前、后两内柱者虽系内额,然就其视觉处理方式则与阑额无二,姑置于一处)及两山中间、各间各柱子的一圈上楣(360毫米×200毫米)皆用方直木料,且于其下240毫米处加设下楣(340毫米×155毫米)一道,形成重楣。重楣之间,每间垫以宽560毫米、厚120毫米的方木三块。虽然重楣加垫木本身已是七朱八白意向,匠人仍于每道额上另画

七朱八白装饰(作白三到八段不等),略有叠床架屋之嫌。总之,大殿所见阑额至角不出头、不用普拍枋、重楣加垫块、额身七朱八白等现象,都是南方唐末五代宋初的习见样式特征。

串:保国寺大殿在我国现存早期建筑中,用串颇多,其中施于中三椽栿下的顺栿串为现存最早实例,顺身串、顺脊串之使用也早于北方同期木构。

4-4.斗栱

从大殿的斗栱搭配逻辑,最能见匠心之严谨清晰——外檐柱头铺作皆用分瓣圆栌斗,瓣数与其对应柱子相合,补间铺作则用讹角方栌斗;四内柱及内额上栌斗,除东后内柱头换为石质覆莲础外,皆作讹角方斗,使前后内柱间两整面照壁均齐划一。栱眼形式,凡出跳华栱只浅刻线脚一道,横栱皆作双面琴杀。照壁较高位置,视线不及处则只作单面琴杀。即便丁头栱亦严格遵守此一逻辑——凡顺内额不受力者(实际踏勘发现仅在柱身开浅槽以利搁置,大多可轻易取下,对内额稳定几无影响),栱眼形式同横栱;凡顺梁栿需受力者,栱眼形式同华栱。铺作正心之用斗,凡在栱上、枋下的,用齐心斗(实测皆方斗),反之在枋上、栱下的,用交互斗;各组铺作,凡偷心者,抄端以散斗转过90°代替交互斗,一则以省材木,二则里跳减薄后栱长缩短,用交互斗显得过大失当,用散斗则不致斗畔相犯。至于两山及后檐铺作里跳昂尾承下平槫令栱,以及外跳三道令栱正中,则多以散斗代替齐心斗,以求横向三斗等大,使视觉均齐。

4-5.要头

大殿外檐铺作皆施要头,要头端头上缘弯垂如鹰嘴,其下接S形线一道后抹入上道昂头交互斗中,其端面正中微起棱线,而不作鹊台,轮廓线亦与《营造法式》之切几头形要头迥异。按一般的样式年代认知,江南宋初建筑不当有要头之设,因而过往的复原研究中皆将要头排除,认为其系属后世维修时添加。此次勘测特别留意了要头绞铺作局部,却无法得出前述结论。

考察要头及相关各构件之间的联系情况如下:要头端部开有小销孔,透过其下交互斗和上道昂头销实,现场虽未找到此销上穿撩檐枋的证据,但它无疑和外跳令栱共同作用,阻止了要头与昂身间的相对水平位移。与之对应,要头尾部开有一个较大的方形栓口,通过栓子与上道昂后尾、下道昂头令栱及其上罗汉枋固结,此栓的作用在于通过要头将两道昂头上令栱、枋木拉结住,以阻止撩檐枋的外翻倾向,是确保要头正常发挥机制的关键(勘测中亦见栓孔到后尾处打通,后尾变成凹字形,导致栓子丧失拉结能力,仅保证要头无水平位移的情况)。假设要头系由后加,且未经落架推测其插入过程如下:揭去椽子、撩檐枋、下道昂上令栱,在令栱上刻出子廕,放上新制要头,前端销实,后尾直接从枋子上端将栓子敲进罗汉枋,最后再放上撩檐枋、椽子即可。但由于栓孔加工规则、边缘整齐,后世若要加入要头,就必须将下道昂上的栱、枋也一并取下,重新对位加工完毕后再行归安。总之这一栓一销两个孔洞在相邻昂、要头、令栱和枋子上造成的痕迹非常一致,应系同一时期一次加工而成。由于这一节点的处理方式十分统一,如果认为系属后换,那么只能是建立在大殿经过落架和全面更换、改制铺作构件的基础上,而这与针对昂构件的C_{14}检测结果相悖。

再看要头与相邻构件的空间关系。对于下昂造铺作而言,始终存在着昂背与其上枋子形成的三角空间如何填充的问题。按南方不做要头的传统样式,最外一跳跳头令栱上置三斗承撩檐枋,盖无疑

义，但（华栱头或下道昂头）令栱与其上罗汉枋的交接则存在变数。在天宁寺大殿，是在下道昂头上置重栱造，上道栱骑昂后承罗汉枋，昂背开鼻子与令栱相绞。保国寺大殿下道昂头只承单栱，栱身上开槽让过上道昂，上道栱并作子廮与令栱咬紧。撤除要头后，原本由要头后尾填充的昂背与罗汉枋之间间隙露出，这个空间如何填补？一种可能是此令栱不置齐心斗，成一斗两升，除天宁寺大殿重栱造下道栱外，似乎缺乏同期旁例佐证；另一种可能是在昂背相应位置另坐齐心斗一枚，但没有任何痕迹支持这一猜想（至少需要在昂背相应位置做个子廮，这样齐心斗下开斜槽让过昂身后，才能与昂身咬紧）；第三种可能是原初的上道昂位置较现在为高，其下能放下下道昂头令栱齐心斗，后来为加要头而调低了上道昂高度，但由于向内各跳高度是确定的，要改变上道昂高度，势必也需要改变其角度，显然这也是不可能的。综上所述，下道昂头令栱与其上罗汉枋间的空隙，只能以要头后尾填塞，故要头与相邻构件应系一体设计、同期制成。

最后，从用材规格、材质特征和退化程度看，要头用料也与相应的昂、栱、枋子等相类。

实际上江浙地区使用要头的早期案例并非完全空白，例如同处宁波的东钱湖南宋史涓墓前石坊上，便有明确的要头形象（图1-12）。

4-6.屋面瓦作与小木装折

保国寺大殿前檐及两山加用副阶，形成重檐，后檐因场地限制未作扩建，仍保留单檐。屋顶举高约1:3，符合厅堂三分里举起一分的规定。前后两坡上、下檐分别有筒瓦75陇、99陇，两山上檐筒瓦各89陇，下檐只90陇（因撞上后墙终止，未作翼角起翘）。上下檐边缘及前后两坡中部的筒瓦上，各钉瓦钉一排。檐口遍置勾头滴水，檐椽椽头钉椽挡板。前檐下层檐出1510毫米，檐高3350毫米，翼角采用嫩戗发戗做法。

山面以山花板封填，再于出际槫子端头安搏风版，并置垂鱼惹草，施排山滴，勾头坐中。

屋面计有正脊一道、垂脊四条、戗脊四条、博脊两条，均系瓦条垒砌而成，除戗脊外皆透空做毯纹格眼等纹式。脊端不施脊兽，下檐戗脊上用走兽三枚，正脊两端置鸱尾（系1975年维修时添制，此前1960年代维修时曾错用龙吻）。

清代附加前廊，于檐柱与步柱间只用斜长牵梁一道拉য়，其梁后尾高耸几与椽齐，并承檐椽，柱间不设阑额，为宁波地区固有做法；步柱缝明间设六抹头槅扇六樘；两山及后檐砌以围墙，墙上辟方格眼小窗，两山及后檐大门两旁各开三扇，山面窗洞1000毫米×580毫米，后墙窗洞780毫米×760毫米。

图1-12 史涓墓牌坊要头形象

4-7.阶基铺地

殿前月台以石板墁地。总宽15868毫米，总深13400毫米，两侧设石甬道，月台前端设有石栏杆，其下为开凿于南宋的净土池。

保国寺大殿台基通高近1100毫米，约当用材的五倍，通宽21140毫米；压阑石高140毫米，心间宽6700毫米，其余各间4400毫米；陡板石高840毫米；土衬石高120毫米；前檐下出1000毫米。

台基正面当心间和两侧靠墙处各设踏道一条。中间一道总宽3955毫米，副子宽255毫米，共十层台阶，每步高110毫米，深280毫米；左右两侧踏道总宽2280毫米，副子宽240毫米，八层台阶，每步高在100～155毫米之间，深290毫米。

殿内以青石板墁地，心间正中，正对斗八藻井下方位置安放分心石一块（2741毫米×1098毫米），周围遍刻缠枝花纹；两前内柱间略靠北横置拜石一块（680毫米×1066毫米）。后内柱间施佛屏背版，前置须弥座式石佛座：通宽8060毫米（大于心间面阔），深3650毫米，高970毫米，壸门柱子和单混肚石部分刻有团花纹饰，佛座背面保留有崇宁元年（1102）"造石佛座记"一通，共144字，字径15毫米。

副阶之内，沿两山及后檐墙砖砌有高低两层罗汉台（分别高1340毫米、1650毫米，深700毫米、220毫米），现塑像无存。

殿后檐心间处随地势向上作踏道一条（通宽2640毫米，副子宽240毫米，台阶十八层，每步高150～170毫米，深270毫米），通向殿后观音阁所在台地。

5.历代维修改造记录

据前述"造石佛座记"与西山补间昂后尾墨书题记可知，大殿自大中祥符六年（1013）建成后，在元丰七年（1084）经过一次修缮，更换了一批构件，其后复于崇宁元年（1102）更换了佛座，此后宋、元时期的修缮记录阙失。

据嘉庆志，"寺宇"条，大殿在明以后可考的修缮有以下几次：

*1522—1566年，"嘉靖间西房僧世德（重修）"；

*1670年，"国朝康熙九年庚戌西房僧石瑛（重修）"；

*1684年，"康熙廿三年甲子僧显斋偕徒景庵前拔游巡两翼增广重檐新装罗汉诸天等相"（扩建三面外廊）；

*1715年，康熙五十四年，"鸠工庀材、培偏补陷"、"未数年而奂轮备美"；

*1745年，"乾隆十年乙丑僧唯庵偕徒体斋移梁换柱立磉植楹次年落成"（更替构件）；

*1766年，"乾隆三十一年内外殿基悉以石铺"（重做铺地）；

*1781年，乾隆四十六年"山门、大殿悉被狂风吹坏，几无完屋，次第修葺，愈为完固"（修缮）；

*1796年，"嘉庆元年僧敏庵起工至六年止重修殿宇改装罗汉配装诸天等相"（修缮、室内改造）；

*1828年，道光八年换大殿石地栿；

*1855年，咸丰五年乙卯重修大殿。

6.1949年后的保护历史

*1956—1963年，局部加固。经浙江省人民政府下拨经费1万元，在柱子和额枋间架设了木支撑，并调换了部分残损斗栱。

*1966年，局部维修。维修大殿后墙及院落围墙。

*1966年，维修殿后围墙。

*1970年，重铺屋顶。由国家文物局主持，下拨经费3.2万余

元，采用北式做法，望板上涂桐油，铺油毡，压石灰砂浆，筒瓦涂沥青。由于瓦垄搭接不严，雨水下渗后又无法挥发，加剧了椽望的腐烂（完工后两年内已朽坏80%）。

*1973年10月，实验性屋面维修。按南方做法，在两山屋面选择30余陇，换用明清老板瓦，并自制壳灰铺设。

*1975—1977年，打牮拨正、补强构件、重做屋面。在1973年试验成功的基础上，投入经费6万余元，将大殿屋面全部调换老瓦；归正了由于大殿北倾导致的椽子走偏、梁栿拔榫、铺作侧倾等问题，更换了大部分椽椀；南侧下平槫西段糟朽，接新料；东北角两道昂皆为拼料，榫头脱节，重做后在拼合部分使用高分子粘合剂加固；更新了东北、西北角戗脊；对部分糟朽构件浇注了环氧树脂；全部去除1956年维修时附加的支撑构件，并补充了1970年修理时在西北角遗缺的一架斗栱和昂；将心间局部糟朽的阑额截短后调往次间使用；更换了东北角柱和东前内柱（图1-13）。

*1988年，防腐防潮、断白做旧。由于使用了生桐油涂刷木构表面，导致木材内部水分无法挥发，使得斗栱表面材质发黑无法恢复。

*1992年9月，为应对白蚁灾害（大殿内主要集中于西南角和佛座处），向国家文物局提出防治白蚁及维修损坏建筑、翻盖屋面申请。1993年7月5日，浙江省文物局复函要求制定全面保护维修规划及方案。

*1993年9月18日，大殿西北角垂脊和戗脊遭雷击毁，南面上檐西首处瓦垄碎裂，浙江省文物局论证后同意拨款予以修复，并在征得国家文物局同意后，于同年10月完成工程，11月验收通过。

*1995年2月，委托中国文物研究所制订了《保国寺总体维修保护方案》，包括引水上山工程、屋面工程、木柱墩接补强工程、排水工程、石材（室内地面、月台、台阶等处）加固工程、避雷工程等。上报国家文物局后于翌年获得批准，此后国家文物局陆续拨款165万元，地方配套经费110万元，实施总体维修。

*1997年2月至年底，为解决消防用水问题，实施了引水上山工程，建造了泵房两座，装设消火栓11只。

*1997年10月21日—1998年6月28日，由宁波市天一阁古建筑维修有限公司承办大殿维修工程，更换了部分霉烂构件，并由宁波市白蚁防治所执行了系统防腐防虫工程。

*1997—1998年，大殿下檐维修，更换副阶部分断裂的东南、西南角柱，以及前檐西侧桁条1根、挠曲霉烂的桁条4根，两山桁条8根，并更换了殿内罗汉台前遭白蚁蛀蚀的方柱6根，另撤除霉烂椽子200余根及望板，重做两边戗角，更换东西过道桁条3根、椽子50余根。

*1998年11月—1999年2月，由宁波市江北桥梁工程公司进行了下水道疏通工程。

*避雷工程方案由宁波市华盾雷电防护技术有限公司勘察设计，1999年申报国家文物局，批复同意，中央补助50万元，地方配套20万元。2002年4—6月，启动避雷一期（防直击雷）建设工程，由华盾公司负责以大殿为中心安装了四只主动式预放电避雷针（分别位于钟楼东、藏经楼东、迎熏楼西和鼓楼西侧围墙内），并配套雷击计数器。2003年1月24日由专家审查验收。2004年又安装了电器及通信设备防感应雷装置。

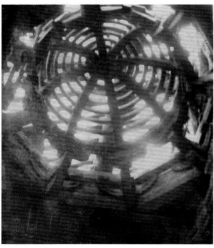

图1-13 1975年大殿维修旧照

7.可查更换构件清单

*1956—1963年，部分更换残损斗栱，具体部件不可考（散见于东、西山面铺作，此外接近西北角、东北角的撩檐枋似乎也是此时所换，规格变化大，规律不明显）。

*1975—1977年，更换椽子望板；更换椽椀；更换南侧下平槫、西段架出部分；更换东北角柱铺作的角昂、由昂；更换东北、西北戗脊。据宁波市文物管理委员会1975年保国寺修缮工作组的文章，当年大修时更换东北角柱、东前内柱；新作西北转角铺作（1970年修理时部分撤除，至此次修理前皆未补完）；心间阑额局部糟朽，截除后调往次间继续使用。

*1993年，更换为雷火劈毁的西北角垂脊、戗脊，及南面上檐西首瓦垄。

*1997—1998年，大殿下檐维修，更换了副阶部分断裂的东南、西南角柱，以及腐烂的桁条16根；并更换了殿内罗汉台前遭白蚁蛀蚀的方柱6根，及大量糟朽椽子。

*西山中间下楣两肩入柱处未作收杀，系后换。

*查后檐平柱，柱头似无收杀，或为后换。

*角梁据其形制与搭接关系看，全部为后换构件，其中东北角上檐角梁身刻有"一九六三年五月廿日换 宁波市文管会"字样。

第二章 保国寺大殿实测数据分析

一、以往勘测成果回顾

1. 发现及调查经过

保国寺大殿于1954年全国文物普查期间由南京工学院浙江调查小组（调查人：窦学智、戚德耀、方长源）发现，其后经刘敦桢鉴定，确认为北宋建筑，浙江省文物管理委员会复于1955年秋指派朱家济陪同陈从周深入勘察。1961年，国务院将其公布为第一批全国重点文物保护单位。受条件所限，最初调查过后未能专门制作调查报告书，但有一批相关论文陆续发表[1]（图2-1）。

2. 历次测绘成果

2-1. 南京工学院

南京工学院调查小组发现保国寺大殿后，由窦学智主笔撰写了《余姚保国寺大雄宝殿》一文，登载于1957年《文物参考资料》第八期上，随文附有总平面、平面、柱头铺作、补间铺作侧样、纵剖、横剖各一张，及挑斡做法图四张，照片若干（图2-2）。由于年代久远，且经过特殊时期的扰乱，成套的测绘图与相应详细报告资料未能保存。

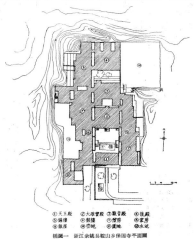

图2-1 关于大殿调查的最初论文

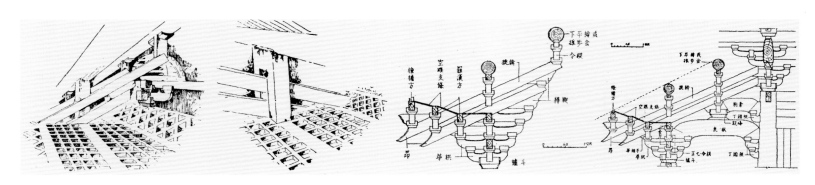

图2-2 南京工学院勘察报告测稿

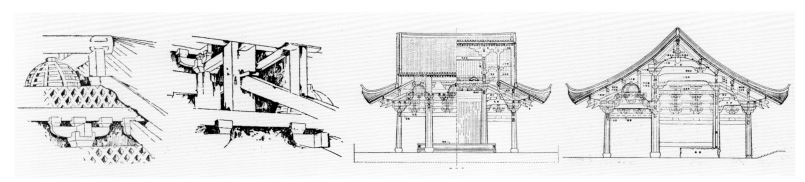

2-2. 清华大学

1980—1981年，清华大学建筑学院徐伯安、郭黛姮、楼庆西带队对保国寺大殿进行了测绘，在此基础上，于2003年对前图修正、补测、重绘，并制成电子文本。测绘人：郭黛姮、廖惠农、肖金亮、王巍、周宜宁、戚薇、张颖、戴莎、喻乐军。

2003年8月，郭黛姮及保国寺文物保管所据前述成果合编《东来第一山保国寺》（图2-3）。

2005—2006年，清华大学刘畅对大殿进行了三维扫描作业，获

---

[1] 如陈明达.建国以来所发现的古代建筑.文物，1959（10）；文物博物馆研究所资料室.浙江省连续发现古代木构建筑（金华天宁寺正殿、慈溪县保国寺正殿）.文物，1961（4/5）；王士伦.保国寺和六和塔.浙江日报，1961；陈从周.浙江古建筑调查纪略.文物，1963（7）等。

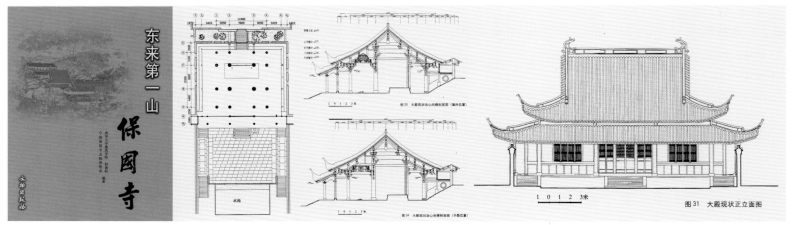

图2-3 《东来第一山保国寺》图版

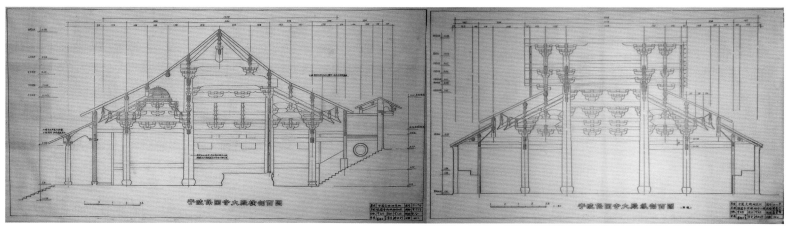

图2-4 中国文物研究所勘测图稿

得了包括间架丈尺、屋盖举架、铺作用材等在内的大量数据,并撰写《保国寺大殿大木结构测量数据解读》一文,发表于《中国建筑史论汇刊(第一辑)》。文中线图直接引自《东来第一山保国寺》,而现状分析图则将点云数据导入CAD中,另行量取标示。

2-3.中国文物研究所

1995年2月,由中国文物研究所承担,贾克俭主持完成了名为"宁波保国寺抢救维修工程"的方案设计工作,并出有修缮方案图一套,是清华大学测绘成果之外的另一重要基本资料(图2-4)。

2-4.同济大学

此外,同济大学城市学院于2005年对保国寺大殿进行了三维扫描作业,翌年,宁波宏微软件技术有限公司据其成果制作了多媒体查询系统。

3.其他相关成果

3-1.材质鉴定

1977年12月,保国寺大殿所用木材经华南农学院鉴定,确认含有包括黄桧木(台湾花柏厚壳属)在内的八种树种。

由于大殿自落成至今已近千年,经历过多次维修,并于康熙年间增加了三面外檐,所用材质不可能单纯一致,故分不同位置、按不同构件类别选取样品312份(其中1份严重腐朽,无法显现出显微构造,致使树种鉴定无法进行。实际样品总数为311份,其中柱类构件96份、梁类构件18份、檩类构件31份、枋类构件54份、其他构件112份)。又因斗栱及昂枋数量较大,现场采用随机取样的方式,故鉴定结果并不代表此类构件使用的全部树种。

经鉴定,确认取样包含8个树种(图2-5):

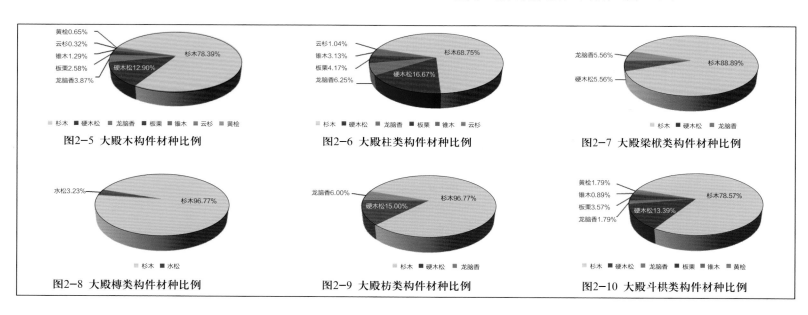

图2-5 大殿木构件材种比例

图2-6 大殿柱类构件材种比例

图2-7 大殿梁栿类构件材种比例

图2-8 大殿槫类构件材种比例

图2-9 大殿枋类构件材种比例

图2-10 大殿斗栱类构件材种比例

杉木（*Cunninghamia lanceolata*）、松木（硬木松）（*Pinus sp.*）、龙脑香（*Dipterocarpus sp.*）、云杉（*Picea sp.*）、锥木（*Castanopsis sp.*）、黄桧（*Chamaecyparis gormosensis*）、板栗（*Castanea sp.*）、水松（*Glyptostrobus pensilis*）。

各类构件的用材情况如图2-5至图2-10所示：

（1）柱类　针对柱类构件进行了全面勘查，对拼合柱的每一瓣都进行了取样，对包镶柱则使用生长锥采集内部原木样品，共取样96个，经鉴定可知，柱子采用的树种共有杉木、硬木松、龙脑香、锥木、云杉和板栗6类。

（2）梁类　本次对大殿梁栿类构件勘查时共取样18个，经鉴定包含3个树种，分别为杉木、硬木松和龙脑香。

（3）槫类　本次对大殿槫类构件勘查时计取样31个，经鉴定包含2个树种，除一份样品为水松外，其余均为杉木。

（4）枋类　样品包括宋构额枋串类构件及清代加建副阶内相关构件，取用样品计54个，经鉴定分别为硬木松、杉木、龙脑香。

（5）斗栱类　主要包括昂、斗、栱及撩檐枋，其中昂类构件全部取样，斗、栱随机取样，总计得到样品113个，经鉴定包含6个树种。

3-2.建筑年代鉴定

1980年，清华大学郭黛姮、徐伯安负责采集大殿木材标本三件，于1981年12月30日，经国家文物局文物科学技术研究所通过C_{14}测定及年轮校正，得出数据如表2-1。

表2-1　大殿构件年代鉴定结果　　　　　　　　　　　（单位：年）

构件编号	构件种类及采样位置	检测方法	
		C_{14}	树轮校正
1	昂	1190±70	1130±75
2	昂	1120±65	1090±70
3	槫	1220±65	1100±70

3-3.调查报告编纂

1983年，浙江省文物考古所为建立"四有"档案，组织人员编写了《保国寺调查报告》。调查人：杨新平、张书恒、黄滋、沈力耕。

3-4.振动观测

1987年7月8日至25日，浙江省地震局对保国寺建筑进行了实地振动观测与考察实验，同年8月编写了《宁波保国寺地面、建筑物振动观测报告》。调查人：董长利、钱祝。

3-5.地形图绘制

1996年，由冶金工业部宁波勘查研究院负责完成了保国寺公园1:1000地形图。

3-6.倾斜与沉降监测

1996至2002年期间，冶金工业部宁波勘查研究院负责对保国寺大殿的变形状况进行了持续监测，并编纂了《宁波市保国寺大殿——大雄宝殿变形观测测量技术说明》。数据表明大殿的倾侧变形较小，基本停止了发展。测量员：史玉春；检查员：王季宁。

3-7.木结构残损现状勘测

2003年3月，中国林业科学院木材工业研究所对古建筑群木构件材质残损情况进行了调查，同年5月提出《保国寺木结构材质状况及对策》，指出："因地处山岙，潮湿，木构件含水率偏高，一般在20%左右；木构件腐朽和虫蛀均较严重，木材表面呈蜂窝状或片状，手按感觉松软，虫为长蠹类和白蚁及红足木蜂。……对策，进行一次包括整体木构件防虫、防腐处理；药物治理：硼类药物对蠹虫有效，防治白蚁用五氯酚和林丹；在春暖花开季节抓紧时机捕杀木蜂；建筑物周围的毒土处理，做好清洁卫生，不留死角。"勘测人：陈允适、刘秀英。

2009年7月，中国林业科学研究院木材工业研究所提供《宁波保国寺大殿木结构材质状况勘察报告》，报告撰写人李华等。工作组利用阻力仪与应力波法，对大殿主要木构件进行了无（微）损检测，得到了不同高度上的柱子切片信息，从而了解各柱内部缝隙、孔洞发展趋势与质地变化情况，并对梁栿、阑额、槫子等构件的材质退化情况进行了系统探讨（表2-2）。

表2-2　中国林业科学研究院关于保国寺大殿木材保存状况勘测成果示例　　　　　　　　　　　　　　　　（单位：毫米）

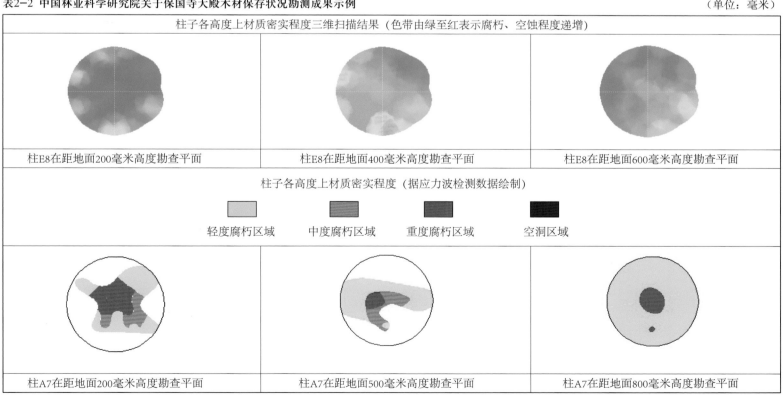

柱子各高度上材质密实程度三维扫描结果（色带由绿至红表示腐朽、空蚀程度递增）

| 柱E8在距地面200毫米高度勘查平面 | 柱E8在距地面400毫米高度勘查平面 | 柱E8在距地面600毫米高度勘查平面 |

柱子各高度上材质密实程度（据应力波检测数据绘制）

轻度腐朽区域　　中度腐朽区域　　重度腐朽区域　　空洞区域

| 柱A7在距地面200毫米高度勘查平面 | 柱A7在距地面500毫米高度勘查平面 | 柱A7在距地面800毫米高度勘查平面 |

二、以往勘测成果

1.以往勘测成果述略

保国寺大殿自发现以来，相关研究成果层出不穷，早期讨论基本建立在窦学智等人实测数据之上（陈明达《唐宋木结构建筑实测记录表》所引数据与其基本吻合，唯铺作出跳值、柱径柱高等颇有出入，且较窦文更为详细；傅熹年的数据部分来自陈明达，而在面阔、进深、次间广等尺寸上较为特异，或许是经过调整的取值）；

清华大学测绘成果发表之后，推动了相关研究的进一步深入，刘畅借助三维点云数据获得了大量以往难以得到的空间尺寸，为大殿尺度复原研究开启了新的思路。

总的来说，南京工学院的勘察报告基于法式测绘，对大殿的主要数据和构造做法特点进行了忠实记录；陈明达、傅熹年则对大殿的材份、丈尺构成作了详细探讨；郭黛姮所做工作最为全面，涵盖了砖石瓦作、小木等所有相关部分；刘畅则最先将三维扫描技术运用于这一江南木构，并提出了一套富有新意的尺度构成理论（表2-3）。

表2-3 以往勘测成果主要数据比对 （单位：毫米）

作者	窦学智	陈明达	傅熹年	中国文物研究所	郭黛姮	肖金亮	刘 畅
资料出处	《余姚保国寺大雄宝殿》	《唐宋木结构建筑实测记录表》	《古代中国城市规划、建筑群布局及建筑设计方法研究》	《保国寺抢救维修工程》修缮方案图	《东来第一山保国寺》	《宁波保国寺大殿复原研究》	《保国寺大殿大木结构测量数据解读》
营造尺长							313
材尺寸	215×145	215×145	215×145		217.5×145	210～220×145	215×142
栔高	87（原文栔厚115）	87			90		
分°值	14.6	14.3	14.3		0.44寸		
材等	四等	五等	五等		五等		
足材高	302	302			307.5	302	303
藻井材尺寸		170×115			170×110	173×113	170×115
藻井材等		七等			七等		
藻井栔高		70					
藻井直径				大藻井1880 小藻井1370	大藻井1850 小藻井1280		
藻井穹隆高					大藻井900 小藻井750		
总面阔尺寸	11910	11910	11770	11900	11900	11680	11650
总进深尺寸	13350	13350	13240	13360	13360	13290	13220
心间广		5620	5620	5640	5800	5640	5637
次间广		3150	3070～3080	3050	3050	3020	3002和3007
进深前间深		4460	4460（图文有出入，文为4480）	4440	4440	4460	4452
进深中间深		5780	5780（图文有出入，文为5750）	5820	5820	5800	5753
进深后间深		3120	3110（图文有出入，文为3010）	3100	3100	3030	3011
脊步椽架平长	2140	2120	2160	2160	2160	2160	2153
其余各架椽长	1500	1480～1510	1490～1520	1490～1520	1490～1520	1480～1520	1503和1447
檐出（撩檐枋到椽头）		1300					
总檐出		2950			1700		1690
檐高		5970					
檐高：檐出		100：50					
平柱高	3950	4220	4220		4090（文图不一，图上4240）	4240	
角柱高		4220					
屋架高		5520	5740		5500	6990	5210
屋身总高		11490	11760		10690	11230	13210
前后撩檐枋心		16650			16690		16590
屋架高深比	1：3.8	0.33，原文0.66			1：3		0.31
各架斜率	脊步44°						五、六、七五举

作者	窦学智	陈明达	傅熹年	中国文物研究所	郭黛姮	肖金亮	刘畅
柱径	上径400～420，底径510	560			外檐柱下径540，上径440；前内柱下径770，上径550；后内柱下径700，上径650		
槫径		300			300		
乳栿断面		540×240					
前三椽栿断面					440×240		
中三椽栿断面		820×360			760×360		
平梁断面		540×240			550×250		
顺脊串断面					340×140		
椽径		140					
月梁阑额断面					360×180		
其他阑额断面					350×200		
头跳外跳长	405	400		625	410		总计625
二跳外跳长	230	230			215		
三跳外跳长	520	520		580			559
四跳外跳长	520	500		500			503
头跳里跳长	375	360			310		
二跳里跳长		220			210		
三跳里跳长							
四跳里跳长							
铺作总高 (栌斗底至撩檐枋背)	1750						

2. 以往勘测成果的主要问题

针对保国寺大殿的历次测绘，受制于客观条件和认识水平，存在着诸如测绘精度、采样范围、数值处理等多种问题。

2-1. 技术手段

早期基于钢卷尺的构件尺寸量读与基于皮尺、铅垂的空间尺寸拾取能够基本确保测绘数据达到厘米级精度；近年来随着激光测距仪、水准仪、经纬仪乃至全站仪的逐步引入，测绘精度也得到进一步提升，但这些仪器逐点量取、打点计数的特性从根本上限制了全面获得古建筑海量信息的可能，而只能在满足法式测绘要求的前提下尽可能做到对控制点尺寸的精细化。数据全面性的不足使得图面成果无法突破法式测绘的限制，精度的差距则进一步妨碍了营造尺复原的准确性。就这点而言，三维激光扫描技术的应用从根本上改变了以往量点画线、以偏概全的测绘模式，对于促进研究水平的提升大有裨益。

2-2. 数据处理的针对性与可验性

忠实记录大殿的现状尺寸是一切后续研究的基础，然而平均数值的提取、规则状态的还原，是要通过大量取舍和加工才能实现的。过往研究往往忽略这一中间过程，直接给出结论，导致最终数据的产生过程出现黑箱，数据本身的可信度也受到波及。刘畅在《少林寺初祖庵实测数据解读》[2]一文中，对于三维站点的设置和数据采集过程作了详尽的描述，弥补了这一缺失环节，为同类研究提供了一个范例。

除了数据采集过程的透明外，勘测报告中关于数据处理思路的解释也同样必要。举例而言，保国寺大殿间架尺度复原应当采用柱头尺寸还是柱脚尺寸？这涉及南方厅堂的构造逻辑和施工程序，取值时应对此进行明确判定，避免不加分析、先入为主地作出取舍，否则将会直接影响后续论证的可靠性。只有遵循同一条简明、一贯的逻辑，才能有针对性地从大量数据中找出可靠的测值，并使这测值可信、可验、可逆。

2-3. 数据精度

虽然对于过高精度的追求并不一定能够反映古代工匠的实际施工情状，岁月流逝导致的材质退化也在构件上产生了普遍的收缩变形，但测绘精度的提高本身仍是一种积极的趋势——毫米甚至半毫米级的数据差值虽然完全可以涵括在施工误差及其他因素之中，但大量数据的数理指向性仍将为我们提供一个更为接近原始设计值的数值，"分把分不吱声，差一寸不用问"的匠作习惯并不能否认标准设计值的存在，哪怕没有任何一个实际尺寸能与之完全吻合。至少，厘米级精度可能导致的分值推算失准在现阶段已完全可以避免，对于高精度测绘数据的质疑归根结底应指向数据分析阶段的科学与否，而非数据本身。

2-4. 误差校正

手测过程中的读数误差无法避免，如何平差也仍在讨论当中，迄今并无统一的标准，实际操作中很难严格地对同一对象多次读数。以往针对保国寺大殿的历次测绘都没有真正引入测量学意义上的误差校正手段，本次测绘同样没有成法可依，只能冀望在处理海量数据时，通过排除特异值、对可能的取值空间内样本做加权平均，以获得一个相对可靠的结论。

具体而言，以往的几次测绘有着如下特点：

1954年南京工学院的勘测，向学界介绍了保国寺大殿的存在，描述了其基本尺度与构造特点。文中介绍了大殿某些细部做法（瓜瓣柱、重楣、斗八藻井）的江南背景，并就大殿用材、斗栱出跳值、举折做法等方面和《营造法式》相关规定作了比较。同时分析了大殿某些构件和形式的原真性，认为诸如东西两山铺作后尾跳数不等之类的现象，皆系后世改易所致。文末基于样式做法与文献资料的契合，认可大殿大中祥符六年创建说。

（2） 刘畅，孙闯. 少林寺初祖庵实测数据解读//王贵祥. 中国建筑史论汇刊：2. 北京：清华大学出版社，2009

1970年代中国文物研究所曾对大殿做过一次测绘，或许正是陈明达数据之来源。

1981年清华大学针对保国寺大殿进行过一次全面手工测绘，其成果经郭黛姮整理后发表于《东来第一山保国寺》，书中选录了大殿平、立、剖、仰以及各类铺作、柱及柱础的现状实测图，以及撤除副阶后的宋构复原图，给出了相关数据，并对大殿构造做法和样式特点做了相应梳理。标注图面时，基于法式测绘的惯例，采用左右对称的标法，其中并存有部分笔误（如平面两道尺寸单位不一等）。

1995年，中国文物研究所基于工程需要对大殿进行了又一次全面测绘，比对清华此前稿可见：前檐开间值心间文测取5640毫米，清测取5800毫米，其他完全一致；椽架平长上，中国文物研究所数据分别为1700毫米（前撩檐枋至前檐槫）—1490毫米（前檐槫至前下平槫）—1490毫米（前下平槫至前中平槫）—1480毫米（前中平槫至前上平槫）—2160毫米（前上平槫至脊槫）—2160毫米（脊槫至后上平槫）—1480毫米（后上平槫至后中平槫）—1520毫米（后中平槫至后下平槫）—1510毫米（后下平槫至后檐槫）—1700毫米（后檐槫至后撩檐枋），与清华大学数据完全一致；梁缝方面，对比两次测绘的纵剖图，山花梁缝到正身梁缝间距1520毫米，两缝正身梁架间距5640毫米，甚至山花梁缝到山面下平槫距离1500毫米，也都完全一致，唯一差别仅在山面下平槫到山面撩檐枋间距，文测数据1680毫米，清华数据1660毫米，出入甚为微小；标高尺寸方面，两者完全一致，唯文测数据脊槫上皮横剖上标示为11230毫米，纵剖上标为11530毫米，或与升起有关，另外，《东来第一山保国寺》现状图仅给出各槫标高，文测图纸上并另行附有梁栿、柱头、罗汉台等更多标高信息。总体而言，中国文物研究所数据与清华大学数据相近，图纸类似，应有共同母本。

2005—2006年，清华大学刘畅针对大殿进行了三维扫描与手工补测，所得数据发表于《中国建筑史论汇刊（第一辑）》。在对大量数据进行数理分析后，得出大殿材厚141.8毫米，足材广302.5毫米，一、二跳总出625.4毫米，三跳出559.4毫米，四跳出503.5毫米的结论。除用材外，并着重考察了槫距、朵距和柱头间距，探讨了大殿营造尺复原问题，其数据解读亦围绕间架尺度构成关系的探讨展开，总

体而言其开拓研究思路的价值更胜于作为基础资料的价值。

3.测绘方案的制定与数据构成

3-1.测绘目的及手段

本次勘测的目的是在全面、精确掌握大殿构架、构件尺寸的前提下，勾勒大殿的残损变形情况，并推进包括形制复原、营造尺复原、尺度构成规律分析、营造技术讨论在内的系列后续研究工作，因此传统的法式测绘已完全无法满足需要，而在不落架的情况下，也很难达到工程测绘逐构件记录的深度。因此此次测绘以研究目的为导向，对大殿不同部位、不同种类的尺寸安排了对应的测绘方案，以求详略有别，重点突出。

与清华大学2006年的复合实测相似，本次测绘的理论追求同样聚焦于大木设计的尺度构成与比例权衡，由于保国寺古建筑博物馆在场地、设备等方面提供了积极的支持，使得测绘的全面性胜过以往，几乎采集了全部的可得数据。具体手段是在全面三维扫描（架站点包括室内外、平棊以上草架空间，甚至屋顶）的基础上，多站拼接得到大殿整体模型，从中切片量取关键性空间尺寸，并利用多个特别附加的单站扫描数据，对这部分尺寸进行复核；此外对全部柱、梁等主要结构构件进行了手测，和单站扫描结果互相校核；针对铺作，利用点云资料求算诸如各跳跳距、各铺朵当、倾斜外闪等空间尺寸，而以手工钢尺测量覆盖全部的构件尺寸层面，得到了除两缝正身平梁上斗栱外的全部斗栱数据。测量中利用全站仪对若干控制点进行了精密定位，仪器测量包括室内地面、室外地面、屋面、两侧边房屋面（测大殿两山立面数据）、算桯枋上部三角空间、藻井上草架空间、两山出际部分（测山花梁缝以外、山花板以内部分）等多个操作平面，站点拼贴以标靶球结合大量纸标靶为主。手工测量通过随时组合移动脚手架获得工作平面，统一测绘工具及量读标准。

3-2.架站方案回顾

大殿三维扫描工作分为两部分，一是针对大殿整体构架的全面扫描，一是针对大殿个别代表性构件的精密扫描（图2-11）。

鉴于大殿全面测绘的要求，三维激光扫描作业布站相对密集，

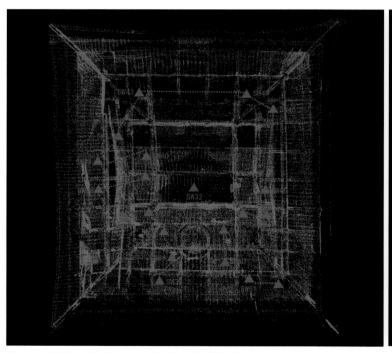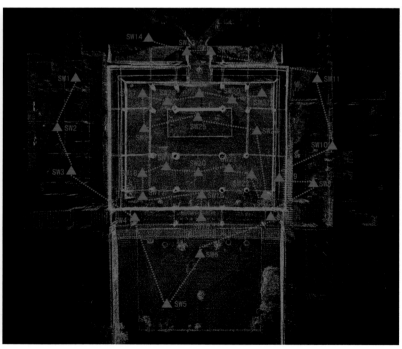

图2-11 大殿三维扫描布站示意（左图为草架内站点，右图为地面站点。SW15、16为室内外工作区间转换站；SW32为草架与地面工作层间转换站）

以期获取尽可能完整的点云数据，消除和避免相互遮挡之处。

针对大殿整体构架的三维扫描，架站顺序采用殿外（西山、前廊、月台、东山、后檐）—殿内（东南角铺作、前檐心间铺作、西南角铺作、东山前间铺作、东山后间铺作、后檐心间铺作、西山后间铺作、西山前间铺作、四内柱间铺作）—草架（东藻井、中央大藻井、西藻井、西山平闇格子、西山出际、后檐平闇格子、东山平闇格子、东山出际）的行进路线。受大殿外部环境限制（两侧山面紧贴院墙，遮挡严重难以架站），扫描工作采用地面和屋顶作业结合的方式。大殿整体扫描总计布置站点52个，其中，殿外计15站，殿内地面计17站，殿内草架部分因遮挡较多，布设了20站。

针对大殿代表性构件的三维扫描，主要对象是各类铺作、柱子、梁栿及佛坛背版。铺作包括西南转角、西山前间补间、西山中间北补间、西山后柱柱头、西北转角、前檐西平柱柱头、心间补间、东山前柱柱头；柱子则涵盖全部16根檐柱和内柱，基本以4根柱子为一组分组扫描；梁栿则依福架为单元进行扫描；佛坛和背版作为一个整体，对其做了环绕扫描。详细架站情况见表2-4。

表2-4 大殿代表性构件三维扫描架站情况汇总

对象类型及位置	扫描站数	扫描路线	各站位置	
（铺作）西南转角	5	逆时针方向周圈（以铺作栌斗为圆心）	第一站：11点钟位置	
			第二站：10点钟位置	
			第三站：8点钟位置	
			第四站：4点钟位置	
			第五站：2点钟位置	
（铺作）西山前间补间	4	顺时针方向周圈（以铺作栌斗为圆心）	第一站：11点钟位置	
			第二站：1点钟位置	
			第三站：3点钟位置	
			第四站：9点钟位置	
（铺作）西山中间北补间	4	逆时针方向周圈（以铺作栌斗为圆心）	第一站：10点钟位置	
			第二站：7点钟位置	
			第三站：4点钟位置	
			第四站：2点钟位置	
（铺作）西山后柱柱头	4	顺时针方向周圈（以铺作栌斗为圆心）	第一站：4点半位置	
			第二站：7点半位置	
			第三站：10点半位置	
			第四站：1点半位置	
（铺作）西北转角	4	顺时针方向周圈（以铺作栌斗为圆心）	第一站：3点钟位置	
			第二站：5点钟位置	
			第三站：9点钟位置	
			第四站：11点钟位置（罗汉台上）	
（铺作）前檐西平柱柱头及心间西补间	4	顺时针方向周圈（以铺作栌斗为圆心）	第一站：2点钟位置	
			第二站：5点钟位置	
			第三站：8点钟位置	
			第四站：11点钟位置	
（铺作）东山前柱柱头	4	顺时针方向周圈（以铺作栌斗为圆心）	第一站：7点半位置	
			第二站：10点半位置	
			第三站：1点半位置	
			第四站：4点半位置	
（铺作）东山中间南补间及（梁栿）东山北侧丁栿	4	Z字形顺序，确保丁栿与铺作能完全扫到	第一站：东北角柱西南侧	
			第二站：东山后柱东北侧	
			第三站：东山前柱西侧	
			第四站：东山前柱东侧	
（梁栿）东、西前三椽栿	5	横S形顺序	第一站：东南角柱西南（扫栿头出做华头子）	
			第二站：东前内柱和东南角柱之间（扫两根梁东看面）	
			第三站：前檐两平柱和两前内柱形成的方井正心（环扫梁栿内侧）	
			第四站：西南角柱南（扫栿头出铺作做华头子）	
			第五站：西前内柱和西南角柱之间（扫两根梁西看面）	
（梁栿）心间两缝中三椽栿、顺栿串、平梁	2	设两站，东、西山中间重楣下道楣各设一站对扫	第一站：东山	
			第二站：西山	
（梁栿）东山前丁栿及其上劄牵	2	由于是双面异形，下方有月梁阑额，上方有藻井铺作，此组丁栿劄牵的正上方投形无法扫描，因此只设两站，获取其南、北看面正投形	第一站：东山后柱正西，扫丁栿劄牵北看面	
			第二站：前檐东平柱正西，扫丁栿劄牵南看面	

对象类型及位置	扫描站数	扫描路线	各站位置
（梁栿）后檐东、西侧乳栿、劄牵	5	两山后间重楣下各一站，后檐两次间后罗汉台上各一站（扫梁头外出为华头子），后檐心间重楣下一站（扫东、西两缝乳栿内侧，共用）。四标靶五站共用，不中途挪换	第一站：西山后间中（西山后柱与西北角柱正中） 第二站：后檐西次间（西北角柱与后檐西平柱中） 第三站：后檐心间（后檐两平柱正中） 第四站：后檐东梢间（东北角柱与东山后柱中） 第五站：东山后间中（东山后柱与东北角柱中）
（梁栿）西山后丁栿及其上劄牵	4		第一站：西山中间偏西（扫丁栿出头为华头子，南侧） 第二站：西山后柱西北（扫丁栿出头北侧） 第三站：西山后柱东北（扫丁栿正身北侧） 第四站：西山前柱东侧（扫丁栿正身南侧）
（梁栿）西山前丁栿及其上劄牵	2	由于是双面异形，下方有月梁阑额，南方有藻井铺作，此组丁栿劄牵的正下方投形无法扫描，因此只设两站，获取其南、北看面正投形	第一站：西山后柱正东，扫丁栿劄牵北看面 第二站：前檐西平柱正东，扫丁栿劄牵南看面
（柱子）东北角柱、后檐东平柱、东山后柱、东后内柱	7	以此四柱为一个单元，分别在东山后柱、东北角柱的东侧，以及后檐东平柱、东后内柱的东侧按对称位置各设三站，以涵盖此四柱及其上乳栿、丁栿。逆时针方向布站。最后在四内柱中间区域加设一站	第一站：东山后柱东南侧（5点钟位置） 第二站：东北角柱和东山后柱之间东侧（3点钟位置） 第三站：东北角柱东北（1点钟位置，罗汉台角上） 第四站：后檐东平柱西北（11点钟位置，罗汉台靠近后门处） 第五站：东后内柱与后檐东平柱之间西侧（9点钟位置） 第六站：东后内柱西南（7点钟，佛坛上） 第七站：在四根柱子中央区域
（柱子）东南角柱、前檐东平柱、东山前柱、东前内柱	7	以此四柱为一个单元，分别在东山前柱、东南角柱的东侧，以及前檐东平柱、东前内柱的西侧按对称位置各设三站，以涵盖此四柱及其上三椽栿、月梁形阑额。顺时针方向布站，最后在四柱内加设一站	第一站：前檐东平柱西侧（7点钟位置） 第二站：东前内柱和东平柱之间西侧（9点钟位置） 第三站：东前内柱西北（10点钟，佛坛上） 第四站：东山前柱西北（1点钟位置） 第五站：东南角柱与东山前柱之间东侧（3点钟位置） 第六站：东南角柱东南（4点钟位置） 第七站：在四内柱之间
（柱子）西北角柱、后檐西平柱、西山后柱、西后内柱	7	以此四柱为一个单元，分别在西山后柱、西北角柱的西侧，以及后檐西平柱、西后内柱的东侧按对称位置各设三站，以涵盖此四柱及其上乳栿、丁栿。顺时针布站，最后在四柱内加设一站	第一站：西山后柱西南侧（7点钟位置） 第二站：西北角柱和西山后柱之间西侧（9点钟位置） 第三站：西北角柱西北（11点钟位置，罗汉台角上） 第四站：后檐西平柱东北侧（1点钟位置，罗汉台靠近后门处） 第五站：西后内柱与后檐西平柱之间东侧（3点钟位置） 第六站：西后内柱东南（5点钟，佛坛上） 第七站：在四内柱正中区域
（柱子）西南角柱、前檐西平柱、西山前柱、西前内柱	7	以此四柱为一个单元，分别在西山前柱、西南角柱的西侧，以及西平柱、西前内柱的东侧按对称位置各设三站，以涵盖此四柱及其上三椽栿、月梁形阑额等	第一站：西南内柱东北侧（1点钟位置） 第二站：西南内柱和西平柱之间东侧（3点钟位置） 第三站：西平柱东南（5点钟位置） 第四站：西南角柱西南（7点钟位置） 第五站：西前内柱与西山前柱之间西侧（9点钟位置） 第六站：位西山前柱西北（10点钟位置） 第七站：在四柱之间
佛坛及背版	11	共设十一站，其中工作站八个，转换站三个。 Sw1扫佛坛西南角，Sw2扫西北角，Sw3为转换站，标靶1换作标靶5。 Sw4扫佛坛北面1，同时标靶3换到标靶6。 Sw5为转换站。换出标靶5、4，标靶5变标靶7，标靶4变标靶8。 Sw6扫佛坛东北角，前面四个标靶位置不动。 Sw7为转换站，站点不变，挪动标靶，2号换到9号，6号换到10号。 Sw8扫佛坛东南角，上站标靶位置不动。扫完后，将标靶7.8移位，同scanner中扫出标靶10、12，供下一站（佛坛南边正中）用（标靶为9、10、11、12）。 Sw9，扫佛坛正中。 Sw10、11，在佛坛上面布站，扫佛坛面石拼法，标靶球不移动	第一站：佛坛西南角（西山前柱北侧） 第二站：佛坛西北角（西山后柱北侧） 第三站：转换站，位置同第二站 第四站：佛坛北边正中 第五站：转换站，位置同第四站 第六站：佛坛东北角 第七站：转换站，位置同第六站 第八站：佛坛东南角 第九站：佛坛南边正中 第十站：佛坛上面 第十一站：佛坛上面

为保证各站拼贴和坐标归正工作的顺利进行，在扫描过程中始终确保每两站间至少保有三个公共标靶，并采取平面标靶和球形标靶相结合的方式。同时，在使用扫描仪获取点云数据的同时，利用高分辨率的外置同轴相机拍摄相应对象，用于后期纹理贴图。

3-3. 内业处理规程

现场扫描数据统一利用Cyclone[3]和Cloudworx[4]软件进行处理。数据的内业工作包括点云拼接、点云模型贴图、建立在切片基础上的建筑剖面图绘制、建立在点云量测基础上的数据提取和归纳。

（1）点云模型拼接

利用Cyclone对分站扫描点云所作拼接处理，大体分为大殿整体模型和典型构件模型的拼接两项。标靶以球形靶为主，辅以纸标靶，误差均控制在3毫米以内，满足测量要求。

（2）点云模型贴图

在Cyclone软件内，对点云模型进行纹理贴图[5]，赋予点云模型以彩色照片信息，形成真彩色点云。

（3）建立在切片基础上的建筑断面图绘制

运用徕卡研发的基于CAD的Cloudworx插件，截取大殿整体点云模型的数据形成切片，在AutoCAD中借助辅助线绘制大殿现状平面图、剖面图、梁架仰视图。

（4）建立在点云量测基础上的数据提取和归纳

以大殿点云数据为基础进行数据测量和统计，这部分数据主要包括大殿柱头平面尺寸、柱脚平面尺寸、斗栱出跳尺寸、梁架尺寸等。

大殿三维激光扫描数据包括拼合点云和单站点云。拼合点云成果主要用于制作大殿现状平面图、剖面图、梁架仰视图等图件，以及量取各个高度的平面柱网尺寸、各个缝架的槫架间缝尺寸等；单站点云则主要用于量取斗栱出跳值之类的数据。拼合点云（大殿整体模型）的优点在于其完整性、系统性，不足之处则是拼合多站扫描数据过程中产生的不可避免且难以定量的的系统误差；单站点云（单站模型）的优点在于无需拼合，如能进一步消除推算构件中点的误差，便可极大地提高单项数据的精度——即扫描设备的毫米级标称精度，其不足之处则在于缺乏系统性，无法判断超出单站范围的构件间相对空间位置和姿态等。总体而言，拼合点云数据适合于针对古建筑木结构的整体形变勘察，单站点云数据则适于用作单个构件精确尺寸的资料来源。

3-4. 测绘所得数据概况

本次测绘外业阶段分五次完成：

第一次（2009年10月11日—25日）完成了大殿大部分外檐铺作和部分藻井的手测工作；

第二次（2009年11月11日—21日）完成了全部铺作的手工补测、大殿的整体激光三维扫描和部分构件的分站精确扫描，并进行了佛坛、铺地、草架、出际、屋面等部分的专项测绘；

第三次（2010年3月22日—3月31日）完成了所有类型铺作和所有梁栿、柱子、佛坛、铺地、前廊的补充三维扫描，同时对拼柱做法、榫卯痕迹做了全面排查，并邀请1975年大修时的参与者林士民先生来到现场进行了访谈。

第四次（2010年5月19日）对草架和山花部分数据进行了手测核对，经核实证明点云数据准确无误。

第五次（2010年12月7日—10日）完成屋面瓦作、门窗、副阶等部分的手工补测。

五次外业工作涉及的工作内容包括测绘表格、测绘草图、现场工作日志、三维激光扫描、照片拍摄。五次外业测绘总共获得数据如下表2-5。

表2-5 现场测绘内容汇总

测表组数		草图幅数			工作日志张数		点云站数（站）						照片张数（张）							
Word文档	Excel表	副阶	梁栿	草架	电子	手写	大殿整体拼合点云			大殿具体构件拼合点云			三维扫描			构件残损		形制式样		
							殿外	殿内地面	殿内草架	铺作	梁栿	柱子	整体构架扫描	具体构件扫描	额枋梁栿	铺作	藻井	总观	构架	构件
共15个文档，大木46组，藻井30组	共6个文档，分斗、栱、昂、枋四类制作	38	18	9	6	13	15	16	20	16	20	28	216	180	90	820	235	560	850	1550
总计21个		总计65张			总计19张		总计51站			总计64站			总计396张			总计1145张		总计2960张		
							总计115站						总计4501张							

3-5. 测绘数据的管理

（1）测绘表格

现场测绘过程中，以分类索引图为铺作、柱梁等构件指定对应编号，根据分表逐一测量填录，表格中并以汉字标记构件的种类与绝对方位，以防混淆，如在某组铺作的表头特别设置一栏，标明"铺作位置"为"后檐西平柱柱头"，其中再附加"构件位置"一栏，如"第二跳华栱外端交互斗"，顺其纲领依序记录所需数据（图2-12）。

（2）草图与日志

对于非大量性、非规格化的构件及高度装饰性的部分，采用了选择代表性实物绘制草图的传统测绘办法，如耍头、蜀柱鹰嘴、梁栿刻线、透雕栱眼壁板等。此外在勘测过程中，对异常痕迹、做法等预制表格无法涵盖的内容，依照计划现场填写测绘日志予以记录，并就工作中面临的实际困难和解决方案进行总结。

据统计，整个工作过程中共绘制草图65幅，记录日志19篇，部分见图2-13。

（3）点云文件

保国寺大殿三维激光扫描数据以ZFS和IMP两种格式存储，并表现为假彩色点云和真彩色点云（即后期纹理贴图后的点云数据）两种形式。其中，单站IMP点云数据在Cyclone中通过Navigator窗口来管理与组织一切数据。单站数据依照扫描的先后顺序分别命名为Scanword1、Scanword2……拼合点云数据置于所有单站数据之后，命名为Baoguo Temple's Main Hall Model。大殿具体构件的点云数据管理方式亦如是。站点命名则以构件名称或扫描位置的汉语拼音为准，以利查询（图2-14）。

（4）照片

大殿照片资料根据研究视角和研究思路的不同大体归为三种类型，分别是三维激光扫描照片、大殿形制式样照片和具体构件残损

（3）Cyclone软件是徕卡公司提供的一款与扫描仪配套的软件。本次勘测使用的仪器型号为HDS6000，软件版本为Cyclone 6.0.4。

（4）Cloudworx软件是徕卡公司提供的依托于AutoCAD的一款插件，本次内业工作使用版本为Cloudworx 4.0.2。

（5）大致的操作程序是运用徕卡提供的PTgui软件，将跟随扫描过程的鱼眼照片进行拆分校正处理，然后将处理过的照片信息附于点云模型之上。

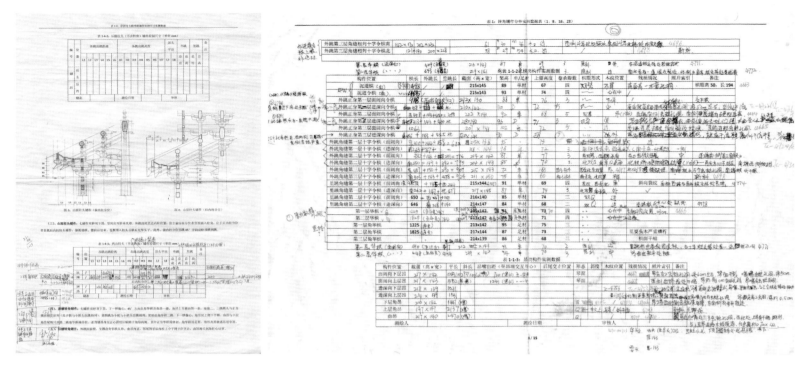

图2-12 现场测表

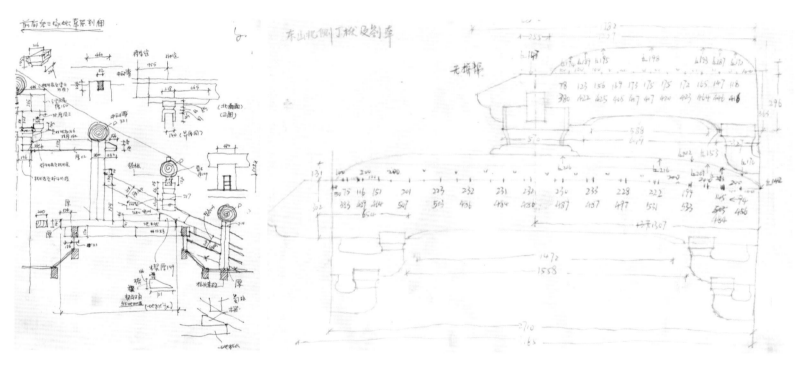

图2-13 现场草稿

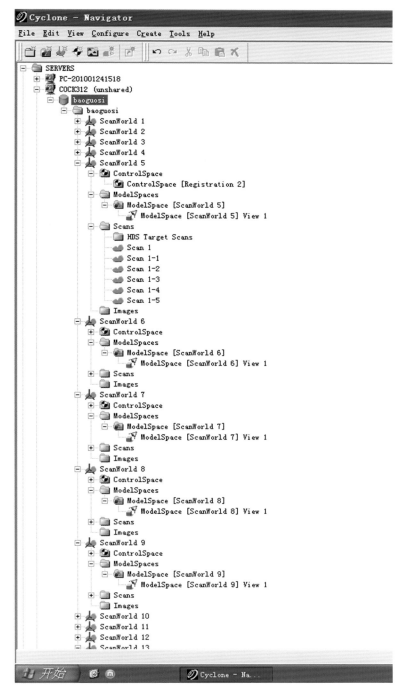

图2-14 大殿总模点云文件管理树图

照片。其中，三维激光扫描照片包括整体构架鱼眼照片和具体构件鱼眼照片；大殿形制式样照片，按由宏观到中观再至微观的逻辑层次关系，归为总观景象照片库、构架空间照片库和构造节点及构件照片库；大殿构件残损照片，据构件对象不同大致归为为额枋梁栿照片、铺作照片和藻井照片。

三、测绘数据的统计分析

1.数据回归统计原则

本次测绘，由于精度达到毫米级、覆盖面涵括斗一级的逐个构件，因而获得了大量的实测数据，对其进行统计时，按对象不同采取不同的计算原则如下：

1-1.斗栱的实体尺寸

对于最为大量性的斗、栱、昂、枋类构件，首先按种类不同（如华栱、散斗）建立子库，既而依据各类铺作中的同种构件是否

存在明显不同规格，决定是否继续按不同铺作类型和位置进行细分（如两山补间铺作令栱与前檐柱头铺作令栱，可能因规格明显不同而被分入独立的子库；同一组铺作的各跳华栱不等长，也会按跳数和周遭铺作进行再分类）。在子库建立后，针对样本序列遴选有效区间，区间起始界限由数值及样本个数的跳跃点综合决定。有效区间一经选定，便按各有效值在区间内的个数比例分别赋予权重，依之获得加权平均值。作为验算，分别求取该有效区间的边界平均值（边界起讫点数值相加后除2）、样本平均值（不考虑各样本实际个数，将区间内所有样本按值之和除以样本值的总个数，例如区间1、2、3、5、8，样本平均值为（1+2+3+5+8）/5=3.8）。最后分别用加权平均值和上述两种平均值的差值除以加权平均值，以验算此加权平均值相对本区间两类简单数理中点的偏移量，当离散率保持在较低水平时，认为所得平均值较为接近真实情况。出于数理统计的需要，在演算过程中往往取到小数点后三位，这个统计值只为验证计算方法的准确性，本身并不作为最终结果，我们采用的均值，最后仍以精确到毫米级为限。

1-2.铺作空间尺寸

对于铺作的空间尺寸（各跳高、出跳距等），由于其基数并不特别巨大，本身也因形变存在较大差值，故而不具备实行精密数理统计的条件，在求均值时，仅只筛除明显特异值后对有效样本求算术平均。此均值只代表铺作空间关系的现状，由于大殿变形的原因，并不能依此直接求出相关设计值，而只能在推演时用作旁证（图2-15）。

1-3.柱子梁栿的实体尺寸

柱子、梁栿、额串、槫子等构件基数更小，仅能对其各项主要参数进行记录，结合复原研究在后文推出其理想设计值。必须强调的是，由于此类构件基数甚小，替换率不确定，因此需要特别注意其构件纯度，除施用位置及类型外，实物制作年代同样应视为主要分类标准，不同年代的同类构件在做法、尺度上差异较大，不宜合并计算均值。

在归正图中，选取各类构件中明显较老旧、改动痕迹少的样本作为主要参考，再结合营造尺与材栔复原，略微调节以使其符合最近的整尺或整材栔，归正图本身经过加工，不代表原始数据。这部分的真实尺寸通过逐一记录的方式，罗列在下节。

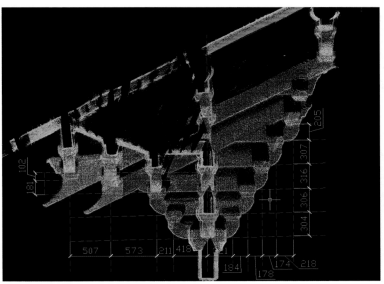

图2-15 铺作空间尺寸（跳高、跳长）测量

1-4.柱间距、椽架平长、举折等空间尺寸

间架尺寸在不同柱缝、不同高度上都有所不同，按几个代表性位置分别取值，得出若干数组。这些数组反映的仅是不同切片位置的现状变形值，可以作为认识大殿整体形变趋势的基础资料，但不主张据此求算均值并以之用作大殿间架尺寸归正值或设计值，因为产生变形的复杂外因无法通过求平均消除，均值只能作为复原初始设计值时一个较次要的参校指标，其重要性位列工匠利用整数丈尺进行简便设计的逻辑之后。

严格地说，包括柱间距、椽平长、屋架举度等在内的空间尺寸的数理统计，在消除变形影响之前是不具备决定性意义的，它既不能代表受到外力干扰的现状真实尺寸，也不能反映建造之初的理想设计尺寸，而只能为可能的归正值提供一个大致参照范围。

2.数据校正与采信原则

依照上述逻辑分别对各类构件进行统计后，得到系列"均值"，这部分数值能否代表大殿真实的设计尺寸，需经多方求证和修订。

大致设定以下几条判定标准：

2-1.材质退化逻辑

对于可以基本肯定为原构的对象，通过材质退化规律评价其实测均值的可信度。举材厚为例，由于自然干缩、虫蚀、糟朽等多种作用，现状实测值明显小于加工之初的取值，虽然难以单纯依据现行木材干缩性测定方法（如GB/T 1932—2009等）精确还原其原始值，但至少可以确认取定复原值应大于实测均值的原则（至于南方潮湿地区因木材含水率较高而导致的膨胀，对于木材变形的影响一般认为小于干缩剥裂）。而木材纵向退化远较径向为微弱，因之诸如栱长之类的取值，其均值准确反映设计值的可能性相对就较大。

2-2.构架变形逻辑

对于构架的空间尺寸，必须考虑整体变形的影响。以屋顶各架举度为例，现状槫位与理想槫位间存在偏差是必然的，并且这种偏差应当只存在单向发展的可能，即槫子滚动导致的现状平槫高度低于原始值，以及由之而来的平槫间平长小于原始值（同时脊架大于原始值）。复原过程中，这一先决逻辑似乎应该较数值的接近占有更优先的地位——如果计算出的平槫位置反而低于现状，再高的吻合率也会显得荒诞。

2-3.最简设计逻辑

如前所述，由于部分尺寸样本基数甚小，同时受到残损、变形等多重影响，其现状数理均值本身并无特别意义，因之必须植入复原思路，即以推想的复原值验核现状值，固然这里存在着相当的主观性，并带来相应误判风险，却依然不失为回归统计和释读大量无序数据的一条有效途径。在完成营造尺复原工作的前提下，以整尺原则核定所获间、架尺寸；以材、栔、份三级模数分别验核主要构件截面、铺作出跳数值，求算其简洁表达。当然这一切都只能围绕所测公制均值进行微调，如果两者偏离较远，无法以简单尺寸或材栔解释，则仍以所得均值为准。在可以接受的范围内，将实测均值与按照整尺或整材栔推算复原值间的差额，视为加工误差或残损变形量，按调整值记录最终结果，并附录与实测数据间的吻合度，保证数据的可逆。

四、构件尺寸汇总

1.柱类

1-1.檐柱及内柱

东南角柱为整木柱，剜刻出八瓣，从柱底与柱础的缝隙间清晰可见；

东山前柱为整木柱，向北一侧有薄墙压痕，但压痕在地仗之上，而非地仗为压痕打断，故而是批麻捉灰在先，补砌墙体在后（墙已无存）；

东山后柱为整木柱；

东北角柱为整木柱；

后檐东平柱为整木柱；

后檐西平柱为整木柱；

西北角柱为整木柱；

西山前柱为包镶九拼柱：八根扁料围绕心料，用销子逐圈钉死，销子仅部分钉入心材，并不透穿；

西南角柱较复杂，主体为三段合，其中两段各分出两瓣，另一段只出一瓣，其他小料三段，拼嵌缝隙，各出一瓣，合为八瓣，三根大料靠几圈栓子联系，另有部分边料上的栓未能联系到任何相邻构件，推测是后世加钉，但对柱子拼法已不了解，导致用栓位置错误；

前檐西平柱做法同西山前柱，包镶九拼；

前檐东平柱为整木柱；

东前内柱四段合后加瓣木四块，上到顺栿串高度后取消四段镶瓣木块，只余四段主拼柱；

西前内柱做法同东前内柱，四段合；

西后内柱当中四段合，但其中一段直径太小，遂于其外又单加一瓣，补成基本均匀的四段后，于间隙处加补四瓣镶料，故而外观虽是四段合成八瓣，实际却是九瓣料做成的四段合；

东后内柱四段合。

总计：整木柱9根，包镶柱2根，段合柱5根。详细尺寸参见柱子分段数据图（图2-16）。

1-2.拼合柱的缝、瓣坐中问题

整木柱子皆为缝对正南北，有出于审美考虑的可能；

所有段合柱子，全部瓣坐中，原因是构造上的：瓣坐中时，木栓能在打通贴瓣后，同时插入里面的两根四拼料，将它们连成整体。如果缝坐中，则木栓只能打通一根四拼料，无法将两根料连成整体，和用整木柱子无异，拼合柱的总径优势也无法显现。

2.梁栿类

大殿梁栿分为实木与拼帮两种做法，以实木梁栿为主，然而在后檐西乳栿等个别部位的剳牵上使用了拼帮做法。详细尺寸参见梁栿分段数据图（图2-17）。

3.外檐铺作

外檐铺作分件尺寸均值如下，分件位置参见图2-18。

栱类：

瓜子栱：长772毫米，截面218毫米×144毫米，栔高88毫米。

慢栱：长1211毫米，截面215毫米×145毫米，栔高88毫米。

泥道栱：长1137毫米，截面214毫米×143毫米，栔高90毫米。

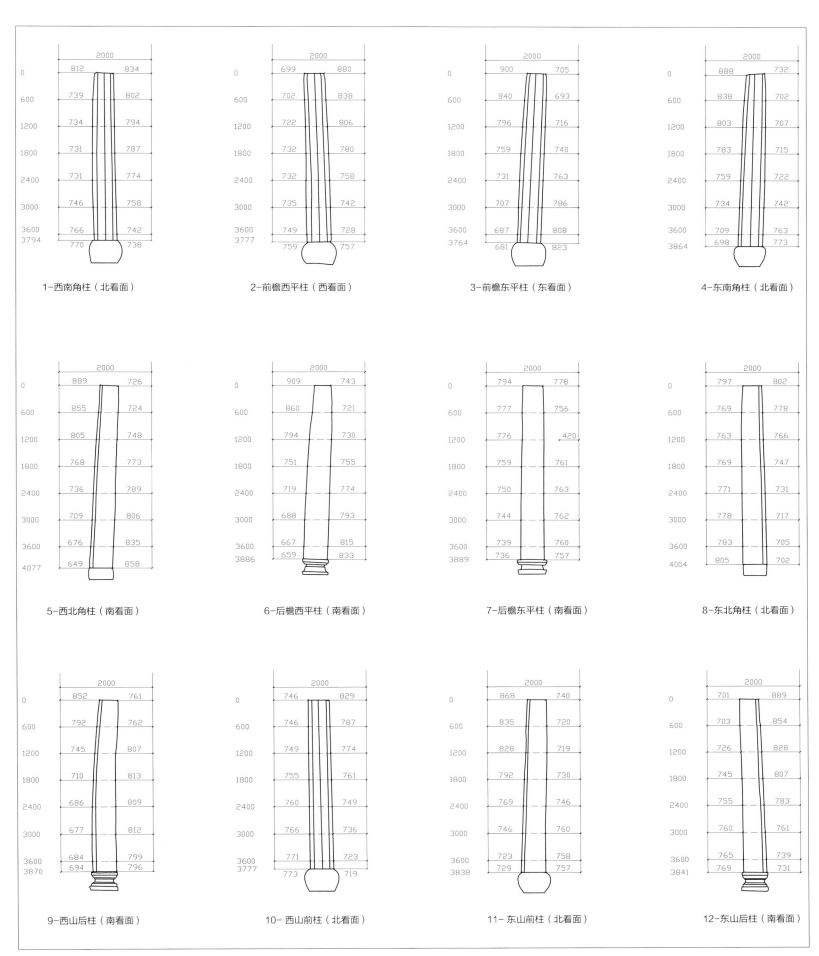

图2-16 柱子分段测绘图:(a)檐柱分段测绘图

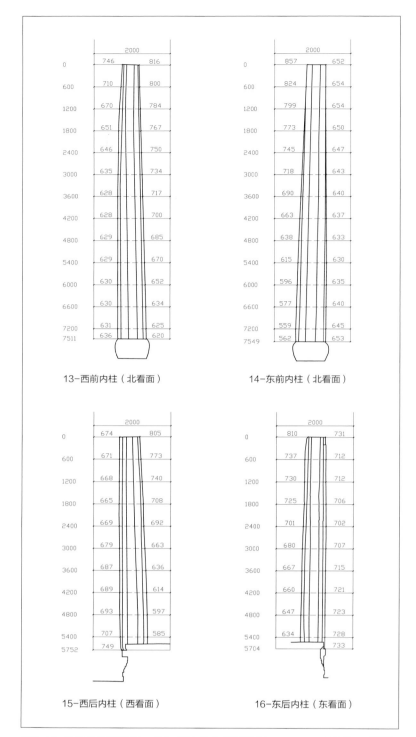

13-西前内柱（北看面）　　　14-东前内柱（北看面）

15-西后内柱（西看面）　　　16-东后内柱（东看面）

图2-16 柱子分段测绘图：（b）四内柱分段测绘图　　（单位：毫米）

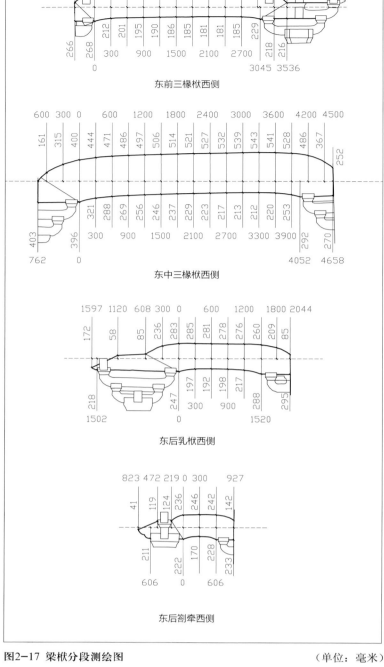

东前三椽栿西侧

东中三椽栿西侧

东后乳栿西侧

东后劄牵西侧

图2-17 梁栿分段测绘图　　（单位：毫米）

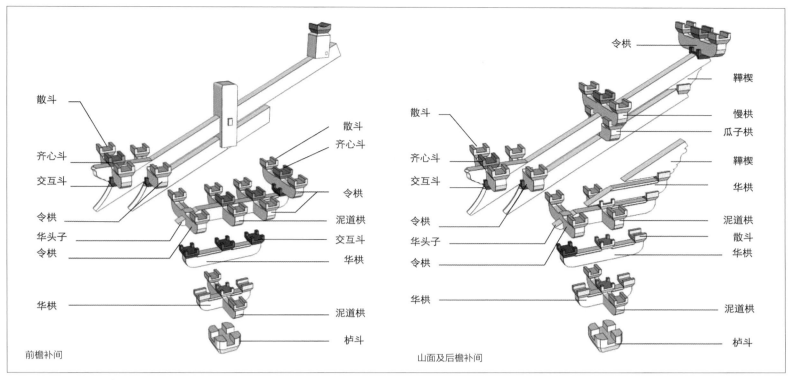

图2-18 外檐铺作分件示意

华栱：栱长按出跳值，截面足材304毫米×144毫米，单材216毫米×144毫米，栔高90毫米。

丁头栱：栱长按出跳值，截面足材313毫米×141毫米，单材214毫米×141毫米，栔高90毫米。

令栱（外檐柱头、补间铺作跳头）：长1062毫米，截面216毫米×142毫米，栔高90毫米。

斗类：

齐心斗：斗高144毫米，顶（宽×深）235毫米×232毫米，底（宽×深）177毫米×177毫米。

交互斗：斗高142毫米，顶（宽×深）262毫米×228毫米，底（宽×深）201毫米×173毫米。

散斗：斗高143毫米，顶（宽×深）201毫米×235毫米，底（宽×深）145毫米×177毫米。

栌斗（襻间四重栱）：斗高273毫米，顶（宽×深）521毫米×432毫米，底（宽×深）412毫米×333毫米。

栌斗（外檐补间铺作）：斗高263毫米，顶（宽×深）512毫米×451毫米，底（宽×深）419毫米×348毫米。

栌斗（外檐柱头铺作）：斗高274毫米，顶径517毫米，底径429毫米。

栌斗（外檐转角铺作）：斗高333毫米，顶径553毫米，底径441毫米。

4.藻井尺寸

藻井材广均值171毫米，材厚均值114毫米，足材均值242毫米，栔高均值73毫米。

藻井栌斗均值：斗高164.29毫米，顶边295.24毫米×293.6毫米，底边宽233.53毫米，底边深未知。耳、平、欹三部分高分别为64.47毫米、34.83毫米、64.89毫米，讹角深34毫米。

藻井散斗均值：斗高112.00毫米，顶边158.84毫米×187.34毫米，底边112.66毫米×140.00毫米。

藻井交互斗均值：斗高112.67毫米，顶边209.69毫米×183.63毫米，底边161.63毫米×136.5毫米。

藻井齐心斗分大、小两种规格，其中大规格样本数据5个，小规格样本数据50个。斗高均值两者相等，皆为112.67毫米。小齐心斗顶边185.61毫米×183.83毫米，底边139.22毫米×138.10毫米；大齐心斗顶边208.5毫米×207.5毫米，底边166.2毫米×163.0毫米。

藻井泥道栱均值[6]：半栱长416.25毫米，材广171.83毫米，材厚112.04毫米，上留55.90毫米，栔高75.43毫米（如用卷头至方头的整栱长数据，则为831.3毫米；泥道栱与华栱在草架中后尾长度均值为289.85毫米）。

藻井令栱均值：材广171.83毫米，材厚112.04毫米，上留56.00毫米，栔高72.60毫米。栱长（转角铺作）618.25毫米，（补间铺作）743.75毫米。转角铺作上的令栱分为两端长度不一的卷头，其中较长一端的卷头与补间铺作的半栱长均值一致，为372毫米，较短一端的卷头到栱中点均值为248毫米。上述令栱凡南北向者皆为隐刻鸳鸯交手栱，其栱长实际是井口枋内侧四等分所得长度；而东西向令栱按与之一致的长度加工。至于东西两侧铺作上的令栱长，则不尽相同：西小斗八上两只栱长385毫米，东小斗八上两只栱长为413.5毫米。

藻井华栱均值：单材广171.83毫米，足材广241.63毫米，材厚112.04毫米，上留56.50毫米，栔高72.60毫米。外跳第一跳长295.21毫米，第二跳长167.46毫米，总出跳462.67毫米。

藻井算桯枋均值：广191.8毫米，厚144.54毫米。

藻井井口枋、平棊枋均值，分作三类：（1）大小斗八藻井与平棊的所有井口枋、大藻井斗八层的随瓣枋为第一类，广171.54毫米，厚112.63毫米。（2）东平棊所用平棊枋为第二类，广141.75毫米，厚112.63毫米。（3）小藻井斗八层的外圈井口枋以及西平棊所用平棊枋为第三类，广153.3毫米，厚112.63毫米。而小藻井斗八层的内圈井口枋厚同第一类，广148.25毫米，此截面无论按尺或材份折算均无明显规律，应该为构造被动量。此外井口枋实长为：平

---

[6] 对于转角铺作泥道栱，由于只出一端加工为卷头，另一端在草架内未经加工，在此栱长特指栱端至泥道栱中线的单卷头长度。

基与小藻井连用东西向井口枋长3988毫米；平棊、大小藻井共用的南北向井口枋均长2752.5毫米。井口枋均绞角出头，实长符合整尺规律。

藻井抹角随瓣枋均值，分作两类：（1）施用于大藻井的抹角随瓣枋，抹算桯枋勒作八角井，为第一类，广148.25毫米，厚同算桯枋。（2）施用于小藻井的抹角随瓣方，抹闢八井口枋勒作八角井，为第二类，广83.50毫米，厚同井口枋。

藻井与平棊平面尺寸：心间大藻井八角井层南北对径2507毫米，东西对径2490毫米；圆形闢八层井口直径1842毫米，相对八角井口，沿对径方向内收324毫米，沿斜径方向内收428毫米。次间小藻井方井层南北对径2524毫米，东西对径2037毫米；闢八层外圈井口南北对径1726毫米，东西对径1259毫米；闢八层内圈井口东西对径同外圈井口，南北对径为1259毫米。平棊部分，方井层南北对径2524毫米，东西对径1546毫米；平棊层内圈井口南北对径1754毫米，东西对径773毫米；平棊层井口相对方井井口内收387毫米。

藻井与平棊高度尺寸：心间大藻井八角井层高度883毫米，闢八层高度551毫米。次间小藻井方井层高度878毫米，闢八层高度626毫米。平棊部分方井层高度为878毫米，按构造关系当与大藻井八角井层一致，方井层高度即为平棊总体高度。详细尺寸见图2-19。

5.石佛座尺寸

佛坛后所勒《造石佛座记》明确记载其建造年代为崇宁元年（1102），离大殿始建的大中祥符六年（1013）已过去89年。按其文意，捐建之前的佛座，似为木质或砖构，否则文中无需刻意强调新捐佛座的材质。无论原始材质为何，始建佛座的规模皆应小于现

存者，而现存佛座与崇宁石佛座间，似乎也存在变化的可能，现分述观察到的若干线索如下：

首先，佛座两翼边缘超过两根后内柱边线，与习见的将佛座限定在心间范围内的情状相左。如此一来，佛座后边界与后内柱柱础的交接必然成为揭示营建顺序的焦点。在保国寺大殿中，后内柱柱础略呈高櫍型，其上又加垫一块方石，其高度略低于佛座上表面，方石之上立四段合的拼柱。佛坛铺面石局部挖出瓜瓣形，以契合后内柱。这种交接方式揭示的信息包括：（1）櫍形础上的方形垫石系后加，目的在于应对较之原始整木柱，直径已有所增加的拼合柱。（2）部分佛坛铺面石经过多次处理。显然，后内柱每更换一次，其截面、分瓣形状都随之更改，佛座铺面石为求与之咬合紧密，也要进行再加工，假设石板未经更换，则切削面积逐次增大，对应的柱子截面也是递增的态势，这与我们之前的推论相符。（3）櫍型柱础半露于佛座外，两者的先后关系存在两种可能：或者先有柱础，之后切割石材，使之与柱础边界吻合后组成佛座。或者如果佛座的建造在先，现在的后内柱櫍形柱础造于崇宁元年之后，那么石佛座就必须经过解体、局部切割、重装的过程。实际上，外圈压阑石上的孔洞（推测为安置折槛用）排列非常不规则，似乎经过重排；而佛座后部五朵团花只分刻在两块条石上，分布大体均匀，又似乎仍保持着原始的安装顺序。或许存在着铺面石以下部分维持原状而铺面石部分经过扰动的可能。

其次，佛坛上靠近背版处东西两侧仍存有两个洞眼，应该为安插支撑胁侍菩萨的木柱用。就这两个洞眼而论，假设它们的代代表着崇宁佛座上胁侍的位置，那么我们可以推测：第一，当时的佛座边线的确已经突破后内柱中线，即较一般的情况有所增大；第二，当时的佛座边线有可能较现状有所内收（或者仅只是凿有洞眼的石板位置经过了调换），理由是胁侍菩萨一般位于佛坛边缘，而这两

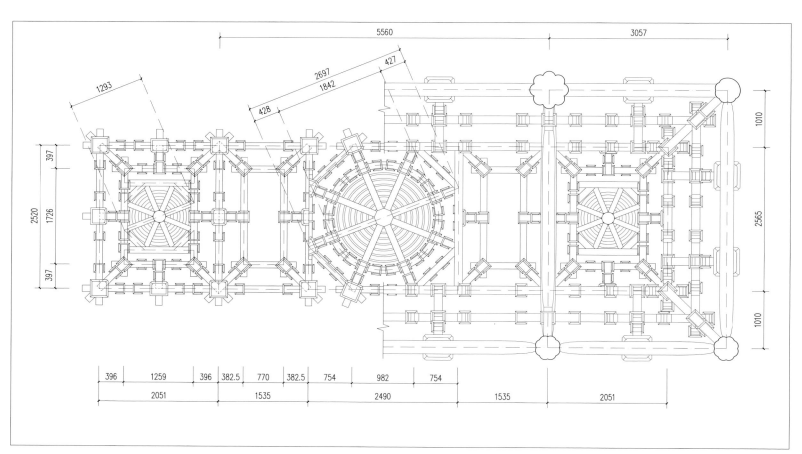

图2-19 藻井平面尺寸

（单位：毫米）

个洞眼距离佛座边界尚有相当距离，给人以塑像组群过于拥挤于佛座中央的观感。铺面石、压阑石和包括凿有《造石佛座记》在内的各层块石，在材质、色泽上均存在显著差异，因此也不能排除佛座上部石块经过后世更换、重排的可能。

最后，勘测过程中，曾撬开佛坛上的若干块石板，发现其下为碎石简单填塞，空隙处甚至未以土灰夯实，两根后内柱下的石板仅压在槫型柱础上，旁边全部空出，由于柱子挪位，已经呈现明显的偏心受压迹象。凡此种种草率的表现，都与题记上郑重其事的语气不符，加之佛座本身在装饰上的一些疑点（（1）有覆莲无仰莲，仰莲的一层仅以直线斜切；（2）团花图案虽用剔地起突但过平，且全部集于背面，正面反而绝无装饰；（3）龟脚偏弱，样式年代似乎较晚；（4）角花图案较繁复，且与清构天王殿、道光间石地栿上图案雷同），以及前述种种相互矛盾的信息，使得我们怀疑佛座整体作为崇宁原构的可信度，毕竟刻有石佛座记的条石也可

以在增改扩建中继续充用，仅只一个构件的原真并不能保证整个佛座建造年代的确定无疑。

五、空间尺寸汇总

1.柱网平面

在利用三维激光多站扫描的基础上，拼合各站点云获得总体模型，统一在柱头、柱脚和柱础底端切片，进而在各切片中拟合拼柱的外切圆，定下虚拟柱心的坐标点，得到不同高度上的柱网平面。由于切片时点云自动追随绝对坐标系，故而这三个柱网相互间的位移为零，可以直接套叠或并置比较。整理三组切片数据，制得表2-6。

西次间柱头均值较柱脚值为大，显然柱子存在外倾。到柱脚部分又出现了东西次间不对称的情况，也许与支顶维修时的施工扰动有关。

表2-6 各高度柱网平面尺寸汇总 （单位：毫米，套色数据为特异值）

	西次间间广 （自南而北）	心间间广 （自南而北）	东次间间广 （自南而北）	前进间进深 （自东而西）	中进间进深 （自东而西）	后进间进深 （自东而西）
柱头值	2986	5627	3005	4457	5749	2993
	2986	5638	3041	4558	5743	3030
	3021	5621	3080	4550	5746	2879
	3013	5613	3007	4451	5770	2967
	均值3002	均值5625	均值3033	均值4504	均值5752	均值2967
柱脚值	2994	5778	3037	4438	5894	3050
	2992	5833	2987	4412	5980	3086
	2896	5865	3173	4336	5919	2993
	3023	5755	3084	4413	5829	3059
	均值2976	均值5808	均值3070	均值4400	均值5906	均值3047
柱础值	2961	5792	3033	4440	5901	3057
	2967	5850	2974	4408	6000	3074
	2890	5886	3172	4333	5950	2935
	3013	5756	3093	4416	5838	3064
	均值2958	均值5821	均值3068	均值4399	均值5922	均值3033

切片取值方法说明：柱础值、柱脚值分别从东南角柱的柱础底面、柱脚底面为基准作切片量取。柱头值的量取平面由不同标高的柱头切片叠合而来；其中檐柱圈仍以东南角柱柱头平面高度为基准作切片，四内柱按各自的柱头平面高度作切片。

2.朵当分布

保国寺大殿柱头平面间广值与朵当相对应，按补间铺作个数不同大致是等分或三等分柱距的关系。实测时，由于在平棊天花内可以兜圈，存在天然的操作面，可以不用借助点云数据，手工拉尺获得朵当数据，从而避免了从总模中截取数据必然产生的拼站误差，或依靠多站扫描获得多组朵当数据再行求平均导致的加权系数

不确定问题。手工量读时，分别按柱头心、二跳华栱心和扶壁瓜子栱上齐心斗正心读取三组数据，作为同一站朵当的基本取值依据，进而赋予不同权重（按柱头值30%、华栱正心30%、瓜子栱上齐心斗40%赋值，理由是齐心斗受到两重横栱、下昂，以及檐槫、下平槫的综合限定，而柱头存在歪闪，变形限定因素较少）加以计算得出均值，所得数据见表2-7。

表2-7 朵当测值汇总　　　　　　　　　　　　　　　　　　　　　　　　　　　　　　　　　　（单位：毫米，套色数据为特异值）

东山				西山			
朵当位置	实测均值	理想值（按柱头值等分）	偏移率	朵当位置	实测均值	理想值（按柱头值等分）	偏移率
东山前间南侧	1487	1486	0.068%	西山前间南侧	1504	1484	1.348%
东山前间中间	1434	1486	3.499%	西山前间中间	1436	1484	3.235%
东山前间北侧	1526	1486	2.692%	西山前间北侧	1507	1484	1.549%
东山中间南侧	1914	1916	0.104%	西山中间南侧	1912	1923	0.572%
东山中间中间	1925	1916	0.469%	西山中间中间	1911	1923	0.624%
东山中间北侧	1908	1916	0.418%	西山中间北侧	1947	1923	1.248%
东山后间南侧	1512	1497	1.002%	西山后间南侧	1485	1484	0.067%
东山后间北侧	1490	1497	0.468%	西山后间北侧	1517	1484	2.224%
前檐				后檐			
朵当位置	实测均值	理想值（按柱头值等分）	偏移率	朵当位置	实测均值	理想值（按柱头值等分）	偏移率
前檐东次间东侧	1494	1503	0.599%	后檐东次间东侧	1468	1504	2.394%
前檐东次间西侧	1524	1503	1.397%	后檐东次间西侧	1516	1504	0.798%
前檐心间东侧	1873	1876	0.159%	后檐心间东侧	1884	1871	0.695%
前檐心间中间	1885	1876	0.479%	后檐心间中间	1880	1871	0.481%
前檐心间西侧	1853	1876	1.226%	后檐心间西侧	1853	1871	0.962%
前檐西次间东侧	1490	1493	0.201%	后檐西次间东侧	1512	1507	0.332%
前檐西次间西侧	1502	1493	0.603%	后檐西次间西侧	1496	1507	0.729%

由上表可知，东山前间北侧补间铺作、西山前间北侧补间铺作因移位导致相邻两组朵距产生较大波动；西山后间与后檐东次间的两组朵距中，各只有一组相较均值产生较大异动，应该是角柱弯扭导致的单组朵当值拉大所致。

此外各组朵当基本间内均分，并无其他明显调整手法。

间广不匀，导致间内均分后的各组朵当间差值较明显，前后檐心间朵当大过次间朵当一尺有余；山面中进朵当亦大过前后进朵当接近一尺半。

同时，为求转角正45°，山、正面尽角补间取值趋同，四组分别是：1494毫米、1487毫米；1502毫米、1504毫米；1468毫米、1490毫米；1496毫米、1517毫米。即或经过变形，差值仍全部控制在一寸范围以内。

3.槫位（架道与举折）

依据点云总模，分别在大殿三间的中段位置进行切片（图2-20），量取数据见表2-8。

3-1.槫间距

如前所述，在无法排除构架变形的前提下，单纯合并计算各槫水平间距之均值并不能如实反映保国寺大殿真实的设计意图，必须对其进行进一步加工取舍。此处先就所得切片信息，给出一套粗略的数据，以观察大致趋势。

（1）前檐檐槫至下平槫均值1648毫米，后檐檐槫至下平槫均值1538毫米，前檐值大于后檐值11厘米。应系前檐檐槫及后檐下平槫外闪所致；此槫间距对应朵当为前后檐东次间东、西次间西，两山前进间南、后进间北，这四组朵当数据分别为1494毫米、1468毫

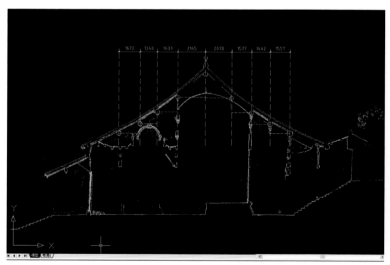

心间中缝切片

图2-20 点云切片槫位量取示意

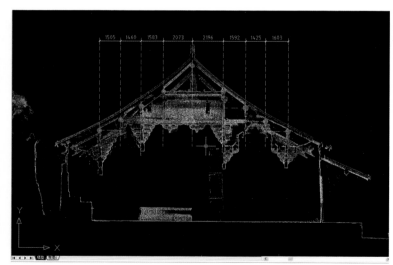

西次间中缝切片

表2-8　大殿各缝槫位相关数据　　　　　　　　　　　　　　　　　　　　　　　　　　　　（单位：毫米，数值算自拟合后槫子圆心）

切片位置	具体步架	架深	举高	各举举度	各道槫子实际标高（底皮）	前后坡对应槫子举高差值（前一后）	前后各对应椽架平长差值（前一后）
心间中缝西看	前挑檐（南檐槫到南撩檐枋缝）	1606	861	0.54	前撩檐枋: 5559	上平槫: 61	脊步: 87
	前檐步（南下平槫到南檐槫缝）	1672	759	0.45	前檐槫: 6412		
	前下金步（南中平槫到下平槫缝）	1348	951	0.71	前下平槫: 7179	中平槫: 50	上金步: 56
	前上金步（南上平槫到中平槫缝）	1633	1205	0.74	前中平槫: 8097		
	前脊步（脊槫到南侧上平槫缝）	2165	1898	0.88	前上平槫: 9330	下平槫: 16	下金步: -114
					脊槫: 11206		
	后脊步（脊槫到北侧上平槫缝）	2078	1898	0.91	后上平槫: 9287		
	后上金步（北上平槫到中平槫缝）	1577	1145	0.73	后中平槫: 8138	檐槫: 4	檐步: 115
	后下金步（北中平槫到下平槫缝）	1462	901	0.62	后下平槫: 7187		
	后檐步（北下平槫到北檐槫缝）	1557	743	0.48	后檐槫: 6405	撩檐枋: 未及	挑檐: 未及
	后挑檐（北檐槫到北撩檐枋缝）	1659	733	0.44	后撩檐枋: 5493		
	前檐总深：8424；后檐总深：8292；总进深：16716；总举高：5760；总举度：0.34						
西次间中缝东看	前挑檐（南檐槫到南撩檐枋缝）	1604	959	0.60	前撩檐枋: 5496	上平槫: 20	脊步: 123
	前檐步（南下平槫到南檐槫缝）	1603	726	0.45	前檐槫: 6460		
	前下金步（南中平槫到下平槫缝）	1425	972	0.68	前下平槫: 7179	中平槫: -122	上金步: 9
	前上金步（南上平槫到中平槫缝）	1592	1208	0.76	前中平槫: 8067		
	前脊步（脊槫到南侧上平槫缝）	2196	1897	0.86	前上平槫: 9294	下平槫: -97	下金步: -35
					脊槫: 11203		
	后脊步（脊槫到北侧上平槫缝）	2073	1917	0.92	后上平槫: 9283		
	后上金步（北上平槫到中平槫缝）	1583	1067	0.67	后中平槫: 8188	檐槫: -53	檐步: 98
	后下金步（北中平槫到下平槫缝）	1460	996	0.68	后下平槫: 7207		
	后檐步（北下平槫到北檐槫缝）	1505	770	0.51	后檐槫: 6414	撩檐枋: 未及	挑檐: 未及
	后挑檐（北檐槫到北撩檐枋缝）	未及	未及	未及	后撩檐枋: 未及		
	前檐总深：8375；后檐总深：8304；前后撩檐枋心距：16676；总举高：5729；总举度：0.344						
东次间中缝西看	前挑檐（南檐槫到南撩檐枋缝）	1693	950	0.56	前撩檐枋: 5609	上平槫: -125	脊步: 16
	前檐步（南下平槫到南檐槫缝）	1630	726	0.45	前檐槫: 6490		
	前下金步（南中平槫到下平槫缝）	1371	948	0.69	前下平槫: 7242	中平槫: -102	上金步: 111
	前上金步（南上平槫到中平槫缝）	1644	1105	0.67	前中平槫: 8199		
	前脊步（脊槫到南侧上平槫缝）	2110	1874	0.89	前上平槫: 9288	下平槫: 228	下金步: -96
					脊槫: 11174		
	后脊步（脊槫到北侧上平槫缝）	2084	1999	0.96	后上平槫: 9172		
	后上金步（北上平槫到中平槫缝）	1533	1207	0.79	后中平槫: 7956	檐槫: -103	檐步: 74
	后下金步（北中平槫到下平槫缝）	1467	756	0.52	后下平槫: 7109		
	后檐步（北下平槫到北檐槫缝）	1556	829	0.53	后檐槫: 6414	撩檐枋: 49	挑檐: 29
	后挑檐（北檐槫到北撩檐枋缝）	1664	741	0.45	后撩檐枋: 5545		
	前檐总深：8418；后檐总深：8304；总进深：16722；总举高：5872；总举度：0.35						

米、1502毫米、1496毫米、1487毫米、1504毫米、1490毫米、1517毫米，均值1495毫米。槫距均值大于朵当均值9厘米，推测主要是由槫子扭闪滚动导致。

（2）前檐下平槫至中平槫均值1375毫米，后檐下平槫至中平槫均值1459毫米，前檐值小于后檐值8.4厘米。主要成因推测为后檐下平槫外闪；此槫间距对应朵当为前后檐东次间西、西次间东，两山前进间中、后进间南，这四组朵当数据分别为1524毫米、1516毫米、1490毫米、1512毫米、1434毫米、1436毫米、1512毫米、1485毫米，均值1489毫米，槫距均值小于朵当均值7厘米。下平槫异动直接导致前两组槫距、朵当均值不对应。

由于柱头内倾和槫子下滚两种变形趋势的存在，直接将间内朵当加合视作椽平长的观点是不妥的，虽然逻辑上两者应当一致，但就实测数值来看，确实存在着较大的出入。

（3）前檐中平槫至上平槫均值1622毫米，后檐中平槫至上平槫均值1564毫米，前檐值大于后檐值5.8厘米。由于上平槫架于山花缝平梁上，变形余地较小，后檐中平槫位于后内柱缝，也应较稳定，故推测主要的变形集中在前檐中平槫上——勘测时发现其下蜀柱为后换，可作为上述推断之旁证。此槫间距对应朵当为两山前进间北（山面中进间朵当均分中三椽栿，而椽架方面脊架明显增大，因之在中三椽栿范围内朵当、椽架不对位，不同于前三椽栿分位之情况），这组朵当数据为1526毫米、1507毫米，均值1517毫米。槫距均值大于朵距近8厘米，成因主要是前檐中平槫滚落所致。

（4）前檐脊步均值2162毫米，后檐脊步均值2086毫米，前檐值大于后檐值7.6厘米。这部分数据由于后加卷棚天花的遮挡，实际是在两个山面的出际部分远程扫描拼成的，精确度较前三组数据为低。前后檐脊架差值自东而西递增，以脊槫为基线存在逆时针受扭的趋势，和大殿东北、西南方向的整体变形情况吻合。

3-2.屋面举度

按前引总表，作坡度分表见表2-9，其中明显特异值在合并计算环节予以排除。

显然，5—7—7.5—9的折水，非常接近清工部《工程做法》关于七到九檩屋的举架规定，而与《营造法式》举折之法相去较远。

表2-9 大殿屋面各架坡度

切片位置	第一举		第二举		第三举		第四举	
	第一架（前檐步）	第八架（后檐步）	第二架（前下金步）	第七架（后下金步）	第三架（前上金步）	第六架（后上金步）	第四架（前脊步）	第五架（后脊步）
心间	0.45	0.48	0.71	0.62	0.74	0.73	0.88	0.91
西次间	0.45	0.51	0.68	0.68	0.76	0.67	0.86	0.92
东次间	0.45	0.53	0.69	0.52	0.67	0.52	0.89	0.96
合并值	0.48		0.69		0.74		0.90	
调整值	五举		七举		七五举		九举	

4.出际尺寸

保国寺大殿出际部分尺寸，主要依据中平槫以上诸槫实际测值推定。由于不兜圈的各道槫基本是通三间面阔的整料，未经替换的可能较大，排除历次修缮时剔除槫子端头糟朽部分、重做搏风导致的缺失，基本仍能反映设计的出际值。

大殿出际之法，长度上基本同架道，槫梢抵至搏风版，下即博脊、山面下平槫、山檐柱位置。"出际长随架"本适用于殿阁转角造，厅堂八架椽屋出际则应按照四尺五寸至五尺计定，但这一尺寸也基本吻合保国寺大殿山面一架长（复原营造尺五尺），

因此出际制度的解释在本例中实际上是两可的。详出际尺寸见表2-10（自山面下平槫中缝计起，至中平槫以上各槫外缘中点、搏风版内皮）：

两山各槫出际值间差值系由施工误差和变形引起，设计值理论上应当一致，排除其最大值1629毫米与最小值1448毫米后，得到均值1531毫米，约当五尺（按复原营造尺30.57毫米计算，吻合率99.84%），可以说无论按厅堂或殿阁的算法，现状值都是完全符合《营造法式》规定的。

表2-10 大殿屋架出际尺寸

（单位：毫米）

前檐				后檐			
东段中平槫	1559	西段中平槫	1448	东段中平槫	1468	西段中平槫	1569
东段上平槫	1581	西段上平槫	1503	东段上平槫	1552	西段上平槫	1516
东段脊槫	未及	西段脊槫	未及	东段脊槫	1629	西段脊槫	1501

第三章 保国寺大殿的残损变形及改易情况

一、保国寺大殿的现存主要问题

在勘测过程中，主要从构件残损、构件连接机制失效、整体变形几个层次出发，对影响大殿整体稳定的构造隐患进行了统计与分析，并挑选主要问题分述如下：

1.拼柱造成的承载力缺陷

保国寺大殿12根檐柱与4根内柱，总计有整木、包镶九拼、四段合、三段合四种类型，其中：

东南角柱、东山前柱、东山后柱、东北角柱、后檐东平柱、后檐西平柱、西北角柱、西山后柱、前檐东平柱为整木柱；

西山前柱、前檐西平柱为包镶九拼柱（八根扁料围绕心料，用销子销住，销子都只部分钉入心材，并不透穿）；

西南角柱三段合（其中两段各分出两瓣，另一段只出一瓣，其他小料三段，拼嵌缝隙，各出一瓣，合为八瓣）；

四根内柱统一为四段合，在柱身下部尚使用拼料嵌瓣，呈八棱的外观，到柱子上部则取消四段镶瓣木块，只余四根主拼料（比较特殊的是西后内柱，由于四根主料中的一根直径太小，遂于其外又

单加一瓣，补成基本均匀的四段后，再于间隙处加补四瓣镶料，故而外观虽是四段合成八瓣，但实际是九根料做成的四段合）。

显然，相对整木柱，拼合柱在结构上存在许多先天薄弱点：由于拼料，造成柱子中空，无法利用管脚榫阻止柱子与磁石间的侧向位移，在地震发生时无法有效抵御横波；当殿身存在设计的侧脚值，或由于变形导致柱头、柱脚产生相对位移时，四根拼料受力状态产生分化，部分受压部分受拉，并在拼料间出现剪力，不能作为一个整体共同发生作用；四根拼料主要靠栓子连成整体，其紧密性与可靠性均不及整木柱，一旦栓子发生破坏，便会产生外散的危险；拼柱间缝隙较多，各根拼料的质地、所处微观环境存在差异，导致材质退化不同步，当某根拼料较周围其他拼料残蚀较多时，受力状态发生改变，极易产生局部应力集中。偏心受压的结果，便是整根柱子的扭弯压折。

总的来说，拼合法制成的柱子存在先天的承载力不匀与分散倾向，四内柱围成的框架又是大殿的结构核心，在拼料严重残损的情况下，整个大殿的结构安全不容乐观。

本次勘查测绘过程中，主要发现了如下几个问题（图3-1）：

（1）西前内柱柱头处栓子松动，四拼料外散——已建议保国寺

左起：西前内柱（栓子局部松脱、拼柱外闪）、东前内柱（药剂渗出、拼缝不齐）、西后内柱、东后内柱（栌斗上墩料新旧不一、歪闪倾向明显）

图3-1 大殿柱子主要问题

古建筑博物馆方面采取紧急加固措施，用铁箍临时箍住。

（2）西后内柱柱根腐朽——四根主拼料脚部，靠南的两根完全包在佛坛铺面石下，靠北的两根则外露，糟朽程度存在较大差别，加之其下石础的断面本就较拼柱柱脚为小，导致整个柱子偏心受压，失稳。

（3）四内柱不同程度北倾——整个大殿存在顺时针方向的扭转，东北方向扭矩最大，东北角柱、东山前柱以及东前内柱在1949

年后都经过抽换，但由于整个大殿构架未作全面拨正，各柱仍存在程度不同的歪扭变形。1975年修缮时对歪扭较严重的整木檐柱已进行了环氧树脂灌胶处理，但四根内柱高度较高，又系拼合而成，不作处理会导致潜在风险日渐加大。

2.梁栿偏闪与槫架扭曲

由于柱头偏闪，导致阑额、铺作随之走偏，带动各槫架产生扭

曲，即四缝主梁架与沟通内外筒的八缝槺架，彼此不能保持水平或竖直，每缝槺架自身的上下层梁栿中线也未能完全重合。槺架扭曲的结果，导致梁栿构件节点（如乳栿上驼峰、栌斗，或内柱身承乳栿、劄牵的丁头栱）局部应力集中，构件产生劈裂破坏。

3. 槫子滚落、下挠及屋面变形

就现状言，保国寺大殿的槫子皆在柱缝之上，并不存在滚动的问题，但依据三维扫描点云，可以清楚地看到前后檐对应位置橼架平长与槫子高度皆不等，因而确实存在扭闪变形、施工误差或维修改动的可能。由于藻井之上承中平槫的草蜀柱、草乳栿都在1975年大修中变动过位置，故倾向于认为前檐槫位受到了更大的干扰，等同于发生过滚动。所幸交圈檐槫、下平槫、撩檐枋的高度尚称对称，故而对屋架圈梁未产生不利影响，惟南北上、中平槫槫位存在偏差，导致屋面前后坡度略有出入，亦在灰背调节范围之内。

相对而言，槫子的局部挠曲、开裂对于结构安全的影响更大。

4. 串枋的榫卯破坏与机能失效

保国寺大殿主要杆件的榫卯类型大致分为两类：梁栿等受压构件的入柱端处理成直榫，如果过柱即用横向栓子拉住，入铺作一端处理成华头子，上开栱口、子荫，与泥道上各梁枋及外跳令栱咬接；额、串等以受拉为主的构件，皆作成燕尾榫，即在柱上开榫头而在额、串端头开卯口，以束腰榫的形式提供抗拔脱机制。另外藻井之上，各层算桯枋与随瓣枋上下开卯口相闪，唯与平棊枋相交处不绞角出头，做出半个燕尾卡口；铺作上各道枋子，以及相邻槫子之间，皆用燕尾榫或银锭榫扣死。

由于年代久远，大量燕尾榫的梯形斜边已被磨平，几乎变成直榫，而卯口亦同时糟朽，形成远大于残存榫头的空洞，榫卯的功效基本丧失。

这其中最为重要的几根牵拉构件，心间两缝中三橼栿下的两根顺栿串、两前内柱和两后内柱间的屋内额、脊蜀柱间的顺脊串，以及外檐各柱间的阑额，榫卯都已不同程度受损。

最为严重的是西顺栿串，其南端过西前内柱身后，以栓子固定，尚属可靠，但其北端于西后内柱柱头处已严重糟朽，加之西后内柱头四根拼料间缝隙甚大，形成一个空洞，实际上已没有任何牵拉功能，仅仅由于大殿北倾，使得该串刚好搁于柱上而已。东顺栿串北端的残损情况，由于缝隙被东后内柱头的石质栌斗压实而未能明确掌握，其潜在风险尚无法评估。外檐各道额、枋，由于部分铺作外倾，整体性受到破坏。部分上楣、下楣端头折断、劈裂，已在1975年大修时灌注环氧树脂并以玻璃纤维布裹绕，但当时的修复工

艺水平如何，能否保证上述处理措施在37年后的现在继续发挥正常作用，都值得作进一步的检查。

5. 铺作失稳及其附带影响

保国寺大殿外檐铺作在柱、槫之间形成半刚性的类似空间网架的结构层，使得屋架荷载均匀传递到柱端，并使大殿在抵御水平风荷载时更具灵活性。然而日久年深，铺作里外跳所受荷载不均，使得铺作普遍外翻，勘测时发现前檐铺作里跳下道昂尾已被拉脱至距离藻井算桯枋10厘米有余。相应的，昂身所承檐槫、下平槫也受拉移位，使得竖向荷载传递路线发生变化，进一步破坏传力路线上的诸构件。

除外翻倾向外，外檐铺作尚存在扭闪、侧倾等多种问题，这主要是构件残损导致的。散斗的大量残缺、更替减弱了横栱的简支作用；出跳构件的朽蚀加剧铺作整体的倾侧；转角处大量更改令栱、撩檐枋的尺寸，使得檐口曲线也发生了变化。

6. 丁头栱松脱

保国寺大殿内柱身上存在大量丁头栱，但其后尾入柱均未作榫卯，入柱深度亦较浅（大致6到10厘米），仅仅是放置在柱身开口内，基本未起到承栿的作用。随着洞眼风化糟朽，其稳定性急剧减弱。

重栱丁头栱入柱处理，是在柱身上开长槽，在两道丁头栱之间加添木块楔牢，这些木块也已不同程度糟朽变形，需要彻查后进行加固或更替。

相当一部分散斗、齐心斗的斗耳已劈裂缺失，有一些也未被其上枋子压实，一旦受到外力撞击，极易脱落。

7. 大殿构架的整体北倾与扭转

受当地主导风向影响，保国寺大殿存在较严重的北倾倾向，乾隆十年风灾甚至导致了一次"移梁换柱、立磉植楹"程度的大修（嘉庆《保国寺志》），后人于后檐心间两平柱处加木斜撑两道，以阻止其继续北倾坍塌。据相关研究分析[1]，大殿的北倾原因主要集中在东北角柱腐朽失效上，而与地基不均匀沉降、荷载不均或外力作用无关，并认为在对东北角柱进行灌胶补强后，已解决了结构安全隐患，大殿已处于稳定状态。

据宁波冶金勘察设计研究股份有限公司为保国寺大殿所作系列变形监测数据，可知大殿自2003年至2009年的沉降与变形趋势：大致说来北倾倾向已得到遏制，但同时大殿整体似乎向南、东方向有轻微的整体形变。其中东前内柱柱根倾向西南角，与柱头方向相异，造成柱身整体歪闪（图3-2）。

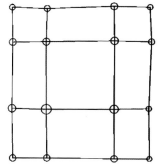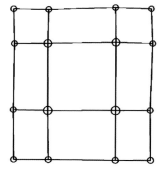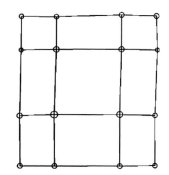
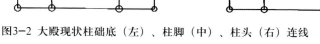

图3-2 大殿现状柱础底（左）、柱脚（中）、柱头（右）连线

[1] 董易平，竺润祥，俞茂宏，余如龙.宁波保国寺大殿北倾原因浅析.文物保护与科学考古，2003，15（4）

现场调查表明，大殿室内地面基本平整，南面外檐有较明显的南向坡度以利排水。根据沉降观测的结果，总体沉降量较小。相对而言，清代所加副阶部分的东檐、南檐东段相对于其他柱础处有较多的沉降量。宋构部分沉降量分布相对均匀，整体稳定。

总之，大殿柱位的现状形变如上图所示，即便变形确实已停止发展，现有偏移量仍足以对大殿主要构件产生持续的伤害，妨碍构架体系正常发挥作用。

二、保国寺大殿的破坏机理及其发展趋势

1. 外部环境

宁波地区气候潮湿且受台风影响，保国寺大殿位于山坡迎风面，地势较高，降雨时雨水易渗入，导致木材腐朽。

由于通风情况较好，大殿内无鸟雀筑巢，但存在大量蝙蝠、木蜂，两侧回廊曾发现白蚁（已处理）。蝙蝠主要利用草架空间、柱子拼缝、铺作空隙等处栖息，其粪便具腐蚀性，抓挠抠爬也加剧了木材表面的剥落。木蜂主要在草架内斗栱背面背阴处结茧，幼蜂孵化过程中蛀蚀木质，成蜂阶段甚至能在砖土质的罗汉台上大量打洞，对整个大殿的土、木结构都造成严重侵害。植物方面，由于屋顶近年经过翻修，并无明显的杂草生长。微生物的影响表现在草架内潮湿处的菌群滋生。

2. 构造弱点

保国寺大殿的构造弱点主要集中在牵拉构件榫卯做法的不足和间架不对称导致的结构繁复上。对于南方厅堂而言，结构的整体稳定性依赖于各榀架之间的串、枋拉结，榫卯的发达程度直接决定着关键节点的工作效率。保国寺大殿受拉构件统一采用镊口鼓卯的榫卯形式，只有少数构件（如顺栿串）直肩过柱后加栓（且推定此类栓子或为后世附加）。燕尾榫在江南虽十分常见，但随材质退化，梯形两斜边磨损后便告失效，不同于螳螂头等死榫，在材质完全毁坏前可保持正常工作。勘测现场所见构件的燕尾榫，大多已严重磨损，榫头拉直，卯口糟朽，无法起到抗拔作用。间架设计方面，由于3-3-2的椽架分配，导致大殿前后檐结构形式有别，自重不匀，前檐草架内调整构件较多，加之施工误差和后世维修过程中的增补改易，都一定程度上削弱了大殿构造的整体性，造成潜在缺陷。

3. 材质退化

保国寺大殿建成迄今已近千年，木材暴露在露天环境中，性能退化非常明显。按中国林业科学院木材工业研究所2009年度所作勘查报告，大殿的柱子、阑额等，均存在不同程度的糟朽与空洞，尤其整木柱存在大量心腐。2009年底的现场勘察过程中，使用了超声波仪（DJUS-05）分别对大殿不同木构件做了检测，数据的指向性同样明显——清构柱子、后加阑额的均值大约在1800～2000米/秒，而宋构柱子、阑额、梁栿的均值在1300～1600米/秒之间，亦即宋构木材的密实度仅为清构的三分之二左右，木材的受力性能随着使用年限的增加而大幅衰减。由于现行国标规范中缺乏针对超过200年使用期限的木材的折减率规定，又无法现场取材进行破坏试验，因而很难对早期文物建筑由于材质退化导致的安全系数降低作出定量计算，只能凭经验将其判定为影响保国寺大殿结构安全性的一个主要因素。

4. 变形导致的应力累积

长期的北倾、扭偏趋势在保国寺大殿主要构件内部积累了大量内应力，虽然近年来大殿的倾斜已基本稳定，并反过来出现南倾的倾向，但承重构件未归位到水平垂直的状态却是不争的事实。构架歪斜导致柱子偏心受压、牵拉构件扭闪拔脱，变形状态下的应力累积持续地破坏构件木纤维，久之使得榫卯崩坏，构件折断。

三、保国寺大殿的木结构残损变形情况

木构件的残损包括两方面，其一是构件木质体的残损，其二是构件之间的连接发生异常，表现为榫卯失效、构件位移或整体变形。同时，木构件的残损往往伴有修补的痕迹。由于修补会改变构件强度，从而影响其残损评价，所以记录残损时需综合考虑修补的状况。

对于不同类别的构件，修补的手法迥异——主要构件以嵌补、灌浆补强为主，而对于形体较小、数量甚多的铺作组件，直接替换的情况更为普遍；同时，修补抑或替换对残损的影响程度也有所差异。因此，统计时根据残损层次及修补方式的不同，将主要木构件分为六类：柱、梁栿、额串、铺作和素枋、槫和椽望、草架支承（主要是蜀柱和叉手）。对各类构件的统计，随实际情况在侧重点上有所差别，以期尽量准确地反映它们的保存现状。

勘察中，主要采用目视、触摸、敲击、探针等手段检测残损情况，并拍照采集图像信息，同时参考已有专项成果。对于拼接、维修和改动痕迹，除了现场检视之外，也查阅历次维修档案，并约谈相关工程参与人员，以求多方印证。

1. 残损类型划分

保国寺大殿构件的残损变形主要分为构件残损、构件连接机制失效、整体变形三个层次。

构件的残损根据造成破坏的原因不同，细分为受力损伤（应力积累或不恰当外力扰动造成的破坏，如缺失脱落、局部断缺、受压劈裂等）、材质退化（环境因素造成的风化干缩、潮湿腐坏、天然缺陷所致的节瘤孔洞、裂纹等）与生物侵蚀（木蜂、白蚁、微生物侵蚀等）三类；构件连接机制失效细分为榫卯脱裂、拼料离散两类；整体变形细分为构件移位（沉降、倾侧）、构件变形（挠曲、扭闪）两类。

斗栱分件的残损类型根据其常见现象细分为六类：表层劣化、开裂、残缺、孔洞、糟朽、变形；并根据原因不同，分别归入前述三种类型（受力损伤、材质退化、生物侵蚀），并另加整体缺失一项，共计四类。

需要注意的是，残损现象与其成因间，存在相互交叉，并非简单的一一对应关系，例如同是表层劣化，风化应属于材质退化，菌群大面积滋生则属于生物侵蚀；又比如孔洞，受木蜂钻朽的，属于生物侵蚀，如果是木材原来的节瘤干缩脱落，则判定为材质退化，假如是人为打孔，则归入受力损伤。

2. 残损程度划分

残损评价根据程度不同分为三级，采用统计残损点的方法作为评价标准，残损点按照《古建筑木结构维护与加固技术规范》的相关条文进行判断。三级残损依次为：

轻微——未达到残损点的描述标准，对构件受力职能没有影响或影响极小的情况。

中级——达到或接近残损点的描述标准（接近指有进一步发展成残损点的趋势），对构件受力机能造成较大影响，但尚未超过构件安全的临界范围，不致马上发生危险的情况。

严重——超过残损点的描述标准，严重影响构件受力机能、甚至已经使构件失效，危险随时可能发生的情况。

3.统计数据说明

单个构件可能同时存在一个以上的残损点，故而残损点总计并不等同于残损构件的个数。

对残损点的判断在认可现有修补事实的前提下进行。如果现有修补有效，则判定该构件安全，只记录修补情况，不重复记录残损。如果现有修补不能使构件恢复正常状态（例如加铁箍等临时性措施并未从根本上解决柱身拼料离散的问题），则需同时记录修补和残损两方面的情况。

单个构件存在多项修补痕迹时，予以逐条记录。修补所对应的级别表示受到扰动前的残损程度。比如仅做表面镶补的，记为轻微；大段的续接墩补，则记为严重。

修补以后的构件，即使能正常受力，也与完好无损的构件有所区别，故统计过修补的构件总数，以供参考。

四、保国寺大殿的木构件残损分析

1.柱构件残损勘察

2009年8月，中国林业科学研究院木材工业研究所曾对大殿所有木柱做过材质状况检测。结果表明，在当时，实木柱的总体状况尚且良好，拼合柱中存在不同程度的材质腐朽问题。其中中度与重度腐朽各一例，未见明显空洞。

在此基础上，本次勘测在16根木柱中，发现有两例严重残损亟待处理。其一是东后内柱柱根严重腐朽，并见明显空洞（图3-3）；其二是西前内柱上端木栓失效，拼料已呈离散状，并有加重趋势（图3-1）。此外，西后内柱柱脚磉石垫置不实，导致柱脚局部悬空，虽然目前受力尚属稳定，但危险随时可能发生，也应及早处理（图3-4）。

殿身主体16根木柱的主要残损、修补情况见图3-5及表3-1、表3-2。

2.梁栿构件残损勘察

梁栿构件由于距离地面较远，不致直接遭受地面返潮的影响，屋面漏雨的影响范围也基本止于草架部分，因此其总体保存情况尚属良好。

图3-3 东后内柱柱根腐朽

图3-4 西后内柱柱脚磉石垫置不实

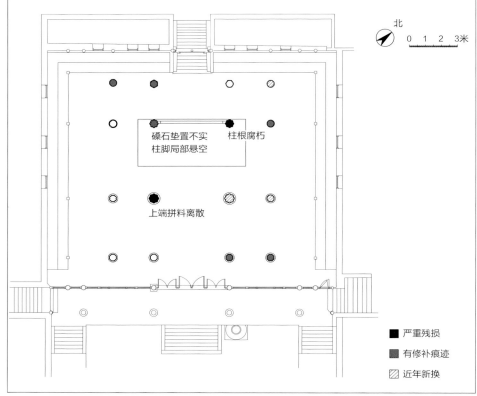

北

0 1 2 3米

磉石垫置不实　柱根腐朽
柱脚局部悬空

上端拼料离散

■ 严重残损
■ 有修补痕迹
▨ 近年新换

图3-5 木柱残损、修补情况

表3-1 柱身残损、修补情况统计

柱（16）	材质退化		受力损伤	残损点总计	修补痕迹				修补构件数	替换
	腐朽	空洞	拼料离散		药剂灌注	加铁箍	局部挖补	浅表镶补		
轻微	1				1	2	3	2		
中级	1			3	1		1		8	3
严重		1	1				1			

表3-2 柱身重要残损、替换情况记录

	构件	轴号	残损现状	修补现状	构件百分比
重要残损	东后内柱	C3	柱根严重腐朽，并见明显空洞	柱头刹牵下皮高度处加铁箍一道，上端瓜瓣有拼接现象	18.75%
	西后内柱	C2	柱根与石櫍接合不实，局部悬空	柱头刹牵下皮高度处加铁箍一道，上端靠近栌斗处瓜瓣有拼接现象	
	西前内柱	B2	靠近柱头一段木栓拉脱，四拼料明显离散	靠近柱头处用多个木栓拉结，并加铁箍一道	

	构件	轴号	原始形制/同类构件典型形制	现状形制	替换时间—旁证资料	构件百分比
替换记录	东前内柱	B3	八瓣瓜楞柱，整木或拼合，有收分	四拼瓜楞柱，下部八瓣，上端四瓣，有收分	1975—修缮记录	18.75%
	东山前柱	B4	整木柱，外瓣内圆，柱顶有收杀	整木柱，外瓣内圆	1975—修缮记录	
	东北角柱	D4	整木柱，外瓣内圆，柱顶有收杀	整木柱，外瓣内圆	1975—修缮记录	

据现场勘查所见，梁栿表层木质有不同程度的风化，总体情况尚属正常；只位于东西山面的两道平梁，朝外一侧干缩程度较重，木筋已全数露出。栿身多见一些长而浅的裂缝，据分布情状推断，推测是梁架整体变形受压造成的扭折开裂，尚不严重。此外，梁栿入柱端作为应力集中点，容易受到挤压而发生破坏；现场即见到多处修补痕迹，主要用木块夹嵌、药剂粘涂，或者缠以玻璃纤维布。其中规模较大的修补集中在西北角的两道乳栿上，其受损程度可能较重，原因推测为白蚁侵蚀导致的糟朽残缺（图3-6、图3-7）。

殿身主体部分梁栿的主要残损、修补情况详见下图3-8及表3-3、表3-4。

3. 额串构件残损勘察

额串构件总体而言未见严重残损，也不存在重大修补，但存在较多更换，其中杂有移用旧料的情况，例如东次间内额（图3-9）。现在的东次间内额本为心间前内柱间下额长料，1975年维修时两者皆需更换，于是用新料替换后者，又将后者截短，移至东次间继续使用。因此依现状所见，东次间内额东侧入柱处额身有收杀，西侧直肩入柱，且额身的七朱八白刻饰分布不对称，西侧最末一道白直抵柱身；这两点显然都是移用时额身自西侧截短所致。

此外亦存在部分现状欠佳的构件，主要集中在后檐，尤其东北角。其中东山后进上楣楣背糟朽，楣身有多处缺口，下楣楣底剥裂（图3-10）；后檐东次间下楣楣身两侧都坑洼不平，表面七朱八白

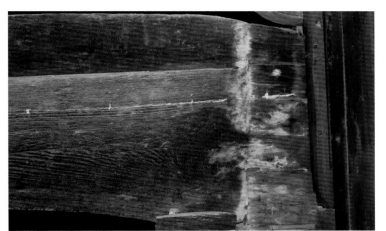

图3-6 西后乳栿南端入柱处接补

图3-7 西山后丁栿栿身大块挖补

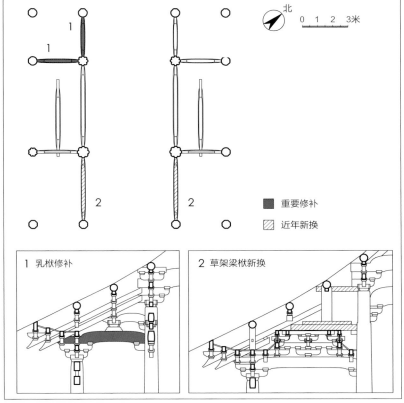

图3-8 梁栿残损、修补情况

图例：
■ 重要修补
▨ 近年新换

1 乳栿修补
2 草架梁栿新换

表3-3 梁栿残损、修补情况统计

梁栿（24）	材质退化			受力损伤		生物侵蚀	残损点总计	修补痕迹				修补构件数	替换
	风化干缩	腐朽	节瘤孔洞	残缺	开裂	白蚁/木蜂		药剂粘补	缠玻璃纤维布	局部挖补	续接/更换缴背		
轻微	12	2	1	5	6	2		3		2			
中级							0		2		1	7	4
严重										1	1		

表3-4 梁栿重大修补、替换记录

	构件	轴号	残损现状	修补现状	现场照片	构件百分比
重大修补	西山前丁栿	B-12	栿身起伏不平滑，栿背坑洼，边缘有残缺	栿背正中（驼峰下）大块方形挖补痕迹，入柱端中段以小木块嵌补	大木构件资料库	8.33%
	西后乳栿	2-CD	南端截短，整个栿身南移，致北端绞入柱头铺作处卯口露出，栿身西侧有明显开裂	栿身南段入柱端糟朽部分接换新料，北段卯口以木块嵌补，开裂用药剂粘涂，缴背木色与栿身明显有异，疑似新换	大木构件资料库	
	构件	轴号	原始形制/同类构件典型形制	现状形制	替换时间—旁证资料	构件百分比
替换记录	西前草地栿	2-AB			新料，电锯痕	16.67%
	东前草地栿	3-AB			新料，电锯痕	
	西前草劄牵	2-AB			新料，电锯痕	
	东前草劄牵	3-AB			新料，电锯痕	

刻饰已经完全磨损不见，可能为白蚁啃食所致（图3-11）。

额串残损、修补情况详见图3-12及表3-5、表3-6。

4.槫及椽望残损勘察

保国寺大殿的屋顶在1975年曾经落架大修，椽子和望板全部为当时新换，整体保存情况良好。现场所见，前檐下平槫附近上下椽头交搭处有木销松脱的情况；东檐和后檐西北角有少数椽子糟朽较重，应为白蚁啃蚀所致（图3-13）；此外各处散见一些虫蛀小孔，并不影响椽子正常的受力。

草架内槫子老化痕迹明显，原物的可能性较大，或至少是在较早年代更替的构件，因此详细勘察其残损情况。

大殿外檐用撩檐枋（计入枋类构件统计），自外檐柱缝起开始

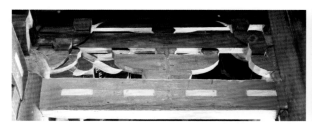

图3-9 东次间内额：移用心间长料，截短，七朱八白不对称

图3-10 东山后进下楣：楣底剥裂

图3-11 后檐东次间重楣：上楣——两头缠玻璃纤维布；下楣——表面注槽，七朱八白已失

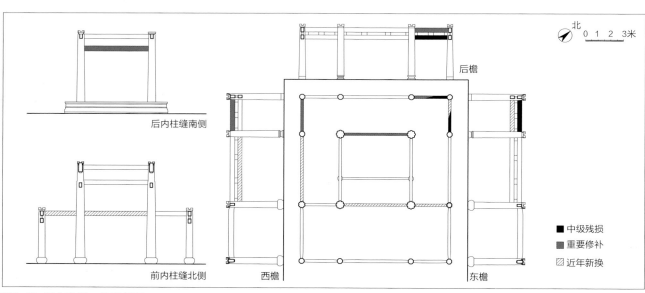

图3-12 额串残损、修补情况

后内柱缝南侧

前内柱缝北侧

西檐　　东檐　　后檐

■ 中级残损
■ 重要修补
▨ 近年新换

北 0 1 2 3米

表3-5 额串残损、修补情况统计

额串（29）	材质退化			受力损伤		生物侵蚀	残损点总计	修补痕迹			修补构件数	替换
	风化干缩	表皮剥裂	节瘤孔洞	残缺	开裂	白蚁		药剂处理	缠玻璃纤维布	浅表镶补		
轻微	11	5	1	3	2			5	2	2		
中级						2	2		2		8	6
严重												

表3-6 额串中级修补、替换记录

中级修补	构件	轴号	残损现状	修补现状	现场照片	构件百分比
	后檐东次间上楣	J-57		东西中段各用很宽的玻璃纤维布缠裹	大木构件资料库	6.90%
	后内柱间下额	H-45		东西入柱端都缠以玻璃纤维布	后扶壁资料库	
替换记录	构件	轴号	原始形制/同类构件典型形制	现状形制	替换时间—旁证资料	构件百分比
	前内柱间下额	E-45	两端杀肩入柱，七朱八白刻饰	直肩入柱，现有七朱八白为刷饰，无刻痕	1975—修缮人员访谈	13.79%
	东次间内额	E-57	两端杀肩入柱，七朱八白刻饰	一端杀肩，一端直肩，七朱八白位置不对称，为移用裁截的旧长料所致	1975—修缮人员访谈	
	东山后进下楣	7-HJ	两端杀肩入柱	直肩入柱	1975—修缮人员访谈	
	西山中进下楣	2-EH	两端杀肩入柱，七朱八白刻饰	直肩入柱，无七朱八白	1975—修缮人员访谈	

用槫，檐槫每面三段相接，接头处并未正对柱缝，而是略有偏移，可能是历年维修时挪动或截短所致。自下平槫至脊槫，皆用整根通料。大殿用檐槫四面12根，其余各架槫子9根，共计21根。

前檐槫子保存情况较差，干缩开裂严重，而且表面多糟朽洼槽（图3-14）。檐槫和下平槫结角处作为应力集中点，容易破坏，因此多见新料接换的情况（图3-15）。

此外，前檐另见一些轻微的风化剥落现象，后檐心间檐槫有受潮的水渍痕迹，但不严重。

大殿槫子残损、修补情况统计见图3-16及表3-7。

5.草架支撑构件残损勘察

草架里的支承构件主要是蜀柱和叉手。蜀柱包括檐柱缝上扶壁蜀柱（图3-17）、前廊草架柱（图3-18）、山面下平槫上承平梁蜀柱，以及平梁上脊蜀柱（图3-19、图3-20）。这四类蜀柱部分存在

图3-13 后檐椽子糟朽

图3-14 前檐檐槫虫洞，下平槫糟朽开裂

图3-15 西北角下平槫交角处接换

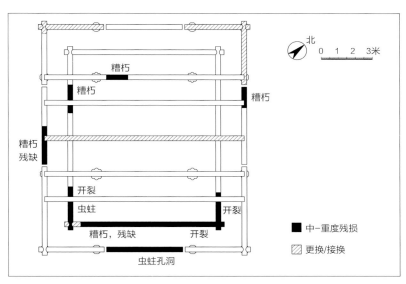

图3-16 槫子残损、修补情况

表3-7 榑子残损、修补情况统计

榑（21）	材质退化			受力损伤		生物侵蚀		残损点总计	替换/小段接换
	干缩裂纹	水渍霉斑	腐朽洼槽	开裂	残缺	虫蚀糟朽	虫蛀孔洞		
轻微	2	1		1		2			
中级			2	3	1	1	2	11	7
严重			1		1				

图3-17 前檐檐榑下扶壁蜀柱

图3-18 前檐草地栿上草架柱

图3-19 山面平梁上脊蜀柱

图3-20 心间平梁上脊蜀柱

更换的情况，新料和老料区别明显。其中新料保存情况良好，老料则普遍材质退化，干缩和表层劣化的程度轻微至中等，不存在严重损坏的情况。

叉手普遍顺纹开裂，属于材质退化和受力损伤共同作用的结果，破坏程度属于中级。部分叉手上存在明显干缩的木瘤，并有钱币大小的虫斑附着，但不至于影响到构件强度。局部有加固痕迹。

驼峰主要用于丁栿、乳栿背正中，承下平榑下补间铺作。现状良好，材质老化程度正常，如干缩和表层劣化，程度轻微，不存在严重损坏。

6. 铺作及素枋残损勘察

铺作和素枋在结构上关系紧密，故归并叙述，以利比照。保国寺大殿的铺作和素枋又可以从结构角度分作两部分：其一是大木铺作及其关联素枋，其二是藻井铺作及其关联井口枋、算桯枋等。

铺作组件细分为斗、栱、昂和耍头。其中斗和栱的数量最为庞大，为了避免数据的芜杂，当单一构件出现两种以上的残损时，只取其最主要的一项参与统计（仅针对斗、栱）。

6-1. 大木铺作构件残损问题：总体概况

铺作分件总数庞大，所体现的残损类型极为多样，原因和程度也各有差异。需要指出的是，接近一半的构件同时体现出两到三种残损现象。勘察过程中对同一构件上存在的各种残损现象皆有记录，统计时为求简洁，只就最主要的残损现象和成因进行分析，其余信息不参与统计。

由于铺作依所处的位置和类型不同，残损原因和程度体现出普遍差异，因此将其分为外檐铺作、内檐铺作、内柱身丁头栱三类分别讨论。

从统计结果看，三者破坏程度相似：外檐铺作中级以上的残损占构件总数的20%，内檐铺作为19%，柱身丁头栱为16%。但造成三者破坏的成因不同：外檐铺作残损的主要原因是生物侵蚀，表现为表层劣化及糟朽严重，尤其集中在北面两组转角铺作上，中级以上的破坏比例达构件总数的30%；内檐铺作残损的主要原因是外力损伤，表现为构件之间传力受压，或因变形造成的构件开裂、残缺等破坏；丁头栱的主要破坏原因也是生物侵蚀，其次是外力损伤（表3-8、表3-9）。

6-2. 大木铺作构件残损问题：分类测定

铺作构件分为斗、栱、昂，以及素枋。其中斗、栱合为一组，分为外檐、内檐、丁头栱三类统计（表3-10至表3-12）；昂只见于外檐铺作；对于素枋的统计除了外檐铺作中的各道枋，也包括了内檐梁架中的枋类构件（表3-13）。

昂的主要残损原因是虫蚀糟朽，部分昂件前端露明部分保存良好，但后尾糟朽严重，此类情况在北檐尤其多见（图3-21）；两山和前檐的情况则相反，大部分昂的后尾状况尚好，前端的琴面部分却虫蚀严重（图3-22）。

角昂由于结构作用突出，一旦残损，对转角结构的影响较大，因此多有更换的情况，主要集中在上道昂和由昂。将昂的残损情况逐一标示，与斗栱的统计结果并置，绘出图3-23。

参与统计的大木素枋包括外檐铺作泥道上两道柱头枋、外跳两道罗汉枋、一道撩檐枋；前廊内跳罗汉枋、算桯枋；后内柱缝和前内柱缝上柱缝枋、柱头枋。每根素枋以间为单位，每间记为1段，共计86段。

素枋最为普遍的残损表现是虫蚀糟朽，尤其曾遭白蚁侵害的北檐最为严重（图3-24）。修补主要有小料拼补和加钉木条两种，并

表3-8 铺作斗、栱构件残损统计

铺作类型	构件类型	构件数量	缺失	表层劣化	开裂	孔洞	槽朽	残缺	变形	总计	轻微	中级	严重	构件级残损点	比例	受力损伤	比例	材质退化	比例	生物侵蚀	比例	原因不详	比例
外檐铺作	斗	969		40	131	36	100	172	1	480	289	123	66	189	20%	105	11%	37	4%	174	18%	156	16%
	栱	394		33	40	29	63	5		170	117	38	39	77	20%	12	3%	26	7%	108	27%	25	6%
	总计	1363				650							266		20%	117	9%	63	5%	282	21%	181	13%
内檐铺作	斗	237	3	3	68	17	9	38		138	75	36	21	57	24%	74	31%	19	8%	30	13%	18	8%
	栱	93		3	17	9	4	4		37	28	7	2	9	10%	7	8%	13	14%	14	15%	3	3%
	总计	330				175							66		20%	81	25%	32	10%	44	13%	21	6%
内柱柱身丁头栱	斗	38	1		7	5	2	9		24	15	6	3	9	24%	4	11%	1	3%	12	32%	7	18%
	栱	36	1		12	1				14	11	2	1	3	8%	5	14%	5	14%	2	6%	2	6%
	总计	74				38							12		16%	9	12%	6	8%	14	19%	9	12%

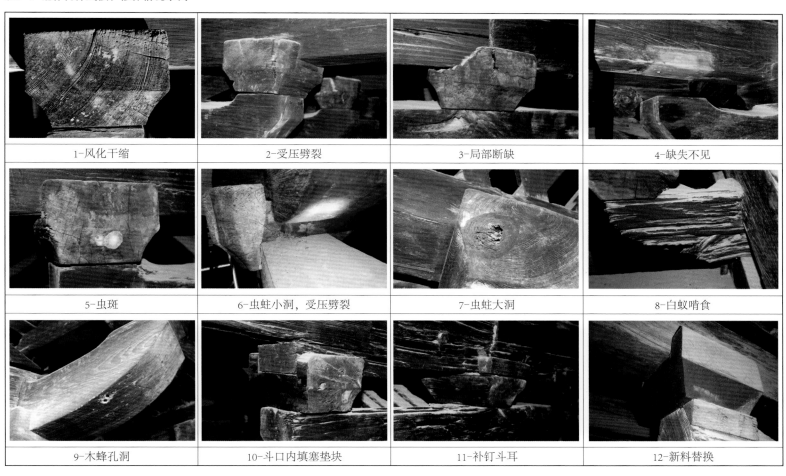

外檐铺作主要残损情况：完好52%，受力损伤9%，材质退化5%，生物侵蚀21%，原因不详13%

内檐铺作主要残损情况：完好46%，受力损伤25%，材质退化10%，生物侵蚀13%，原因不详6%

内柱柱身丁头栱主要残损情况：完好49%，受力损伤12%，材质退化8%，生物侵蚀19%，原因不详12%

表3-9 铺作构件残损、修补情况示例

1-风化干缩	2-受压劈裂	3-局部断缺	4-缺失不见
5-虫斑	6-虫蛀小洞，受压劈裂	7-虫蛀大洞	8-白蚁啃食
9-木蜂孔洞	10-斗口内填塞垫块	11-补钉斗耳	12-新料替换

表3-10 外檐铺作单朵残损情况统计

铺作编号	铺作位置	构件类型	构件数量	缺失	表层劣化	开裂	孔洞	糟朽	残缺	总计	轻微	中级	严重	构件级残损点	比例	主要残损原因	其他残损原因
1	西南角铺作	斗	50		6	8	4	9	5	32	18	6	8	14	28%	生物侵蚀	受力损伤
		栱	23		4	3	6		3	16	11	4	1	5	22%	生物侵蚀	材质退化
8	东南角铺作	斗	50	1	6	4	1	6	12	30	18	6	2	8	16%	生物侵蚀	受力损伤
		栱	23		5	2	6	1		14	10	4	0	4	17%	生物侵蚀	材质退化
16	东北角铺作	斗	58		3	10	2	10	9	34	21	11	2	13	22%	生物侵蚀	受力损伤
		栱	29		5	5	2	5		17	13	2	1	3	10%	生物侵蚀	
23	西北角铺作	斗	58	4	2	13		16	10	45	20	10	11	21	36%	生物侵蚀	受力损伤
		栱	29		7	5	1	9	1	23	13	5	5	10	34%	生物侵蚀	材质退化
3	前檐西平柱柱头	斗	26		2	3		1	4	10	7	2	1	3	12%	受力损伤	生物侵蚀
		栱	10		1					1	1	0	0	0	0%	材质退化	
6	前檐东平柱柱头	斗	26			6			2	8	2	2	4	6	23%	受力损伤	
		栱	10				1			1	1	0	0	0	0%	生物侵蚀	
28	西山前柱柱头	斗	33			4	2	4	3	13	8	4	1	5	15%	生物侵蚀	
		栱	17		1	3		1		5	4	1	0	1	6%	生物侵蚀	受力损伤
11	东山前柱柱头	斗	33			5	3		3	11	4	3	3	6	18%	受力损伤	生物侵蚀
		栱	17			2	1		1	4	3	1	0	1	6%	材质退化	
25	西山后柱柱头	斗	23		1	3	1	4	5	14	8	2	4	6	26%	生物侵蚀	
		栱	9			1		4		5	2	1	2	3	33%	生物侵蚀	
14	东山后柱柱头	斗	23			3		2	6	12	8	3	1	4	17%	生物侵蚀	
		栱	9					3		3	1	2	0	2	22%	生物侵蚀	
21	后檐西平柱柱头	斗	23			5	1	7	3	16	10	4	2	6	26%	生物侵蚀	
		栱	9			1	1	7		9	8	1	0	1	11%	生物侵蚀	
18	后檐东平柱柱头	斗	23		1	3	1	8	5	18	10	5	4	9	39%	生物侵蚀	
		栱	9			1		6	1	8	5	3	0	3	33%	生物侵蚀	
2	前檐西次间补间	斗	28			4			4	8	4	4	0	4	14%	受力损伤	
		栱	10							0	0	0	0	0	0%	全部完好	
4	前檐心间西补间	斗	28		1	6	1		1	9	7	2	0	2	7%	不详	
		栱	10							0	0	0	0	0	0%	全部完好	
5	前檐心间东补间	斗	28			2	2	3	3	10	7	2	1	3	11%	生物侵蚀	受力损伤
		栱	10		1					1	1	0	0	0	0%		
7	前檐东次间补间	斗	28			1	1	1	6	9	7	2	0	2	7%	不详	
		栱	10							0	0	0	0	0	0%	全部完好	
9	东山前进南补间	斗	28		1	4		1	8	14	8	5	1	6	21%	受力损伤	材质退化
		栱	10				2	1		3	2	0	1	1	10%	生物侵蚀	
10	东山前进北补间	斗	28		6	4	1		7	19	10	4	5	9	32%	受力损伤	材质退化
		栱	10		1	1	3		1	6	5	2	2	4	40%	生物侵蚀	
29	西山前进北补间	斗	28		2	2	1	1	2	8	6	1	1	2	7%	生物侵蚀	受力损伤
		栱	10			1	1	2		4	3	1	0	1	10%	生物侵蚀	
30	西山前进南补间	斗	28			3	1	1	10	15	11	4	0	4	14%	受力损伤	
		栱	10							0	0	0	0	0	0%	全部完好	
24	西山后进补间	斗	30		1	5	3	4	4	17	8	6	3	9	30%	生物侵蚀	受力损伤
		栱	12		1					3	1	0	2	2	17%	生物侵蚀	
22	后檐西次间补间	斗	30		6		1	4	13	24	10	11	3	14	47%	生物侵蚀	受力损伤
		栱	12			1		4	1	6	4	1	1	2	17%	生物侵蚀	
15	东山后进补间	斗	29			2		2	6	10	7	2	1	3	10%	不详	
		栱	11					3		3	2	1	0	1	9%	生物侵蚀	
17	后檐东次间补间	斗	29		1	2	1		10	14	8	6	0	6	21%	不详	生物侵蚀
		栱	11		1	1	1	2		5	4	3	1	4	36%	生物侵蚀	
26	西山中进北补间	斗	34		1	4	1	3	5	14	7	4	3	7	21%	生物侵蚀	
		栱	13			2	1	1		4	3	0	1	1	8%	生物侵蚀	
27	西山中进南补间	斗	34			5	3	2	4	14	12	2	0	2	6%	不详	
		栱	13		1	2	1	2	1	7	4	3	0	3	23%	不详	
20	后檐心间西补间	斗	29		3	2	2	2	9	21	18	4	1	3	10%	不详	生物侵蚀
		栱	12		3	2			3	8	6	2	0	2	17%	生物侵蚀	
19	后檐心间东补间	斗	29		1	6	2	1	5	15	10	4	1	5	17%	不详	生物侵蚀
		栱	12		3	3		2		8	6	2	0	2	17%	生物侵蚀	材质退化

铺作编号	铺作位置	构件类型	构件数量	缺失	表层劣化	开裂	孔洞	糟朽	残缺	总计	轻微	中级	严重	构件级残损点	比例	主要残损原因	其他残损原因
12	东山中进南补间	斗	33	1		2		5	3	11	7	3	1	4	12%	生物侵蚀	
		棋	12			1	2	1		4	3	1	0	1	8%	生物侵蚀	
13	东山中进北补间	斗	33	1	1	1	1		5	9	5	2	2	4	12%	生物侵蚀	
		棋	12		2					2	2	0	0	0	0%	不详	

表3-11 内檐铺作单朵残损情况统计

铺作编号	铺作位置	构件类型	构件数量	缺失	表层劣化	开裂	孔洞	糟朽	残缺	总计	轻微	中级	严重	构件级残损点	比例	主要残损原因
43	西山前丁栿背	斗	10			2	1	3		6	2	3	1	4	40%	生物侵蚀
		棋	4				1		1	2	1	1	0	1	25%	
46	东山前丁栿背	斗	10			5			4	9	4	4	1	5	50%	材质退化
		棋	4				2	1	1	4	2	1	1	2	50%	生物侵蚀
47	东山后丁栿背	斗	10			5			1	6	2	3	1	4	40%	受力损伤
		棋	4		1					1	1	0	0	0	0%	
48	东后乳栿背	斗	10			3		5		8	2	1	5	6	60%	生物侵蚀
		棋	4					2		2	0	2	0	2	50%	生物侵蚀
49	西后乳栿背	斗	10			2			4	6	4	2	0	2	20%	受力损伤
		棋	4				1			1	1	0	0	0	0%	
50	西山后丁栿背	斗	10			1			3	4	2	1	0	2	20%	
		棋	4		2		1			3	3	0	0	0	0%	生物侵蚀
37	东后内柱柱头	斗	9			3			1	4	2	1	0	2	22%	受力损伤
		棋	6			3				3	1	2	0	2	33%	
40	西后内柱柱头	斗	7			2	2		2	6	3	3	0	3	43%	受力损伤
		棋	5			4				4	4	0	0	0	0%	材质退化
43-1	西次间内额上	斗	17	1		2	1		1	5	3	1	1	2	12%	受力损伤
		棋	7			2				2	2	0	0	0	0%	
46-1	东次间内额上	斗	17	3		5			5	13	5	2	3	5	29%	受力损伤
		棋	7			2				2	2	0	0	0	0%	材质退化
44	西前三椽栿背正中	斗	4			1	1			2	1	1	0	1	25%	
		棋	1							0	0	0	0	0	0%	全部完好
45	东前三椽栿背正中	斗	4		1	2				3	3	0	0	0	0%	
		棋	1							0	0	0	0	0	0%	全部完好
44-1	西前三椽栿北端	斗	8						1	1	0	1	0	1	13%	
		棋	3					1		1	1	0	0	1	33%	
45-1	东前三椽栿北端	斗	8			1	1	1		3	3	0	0	0	0%	不详
		棋	3							0	0	0	0	0	0%	全部完好
32	前扶壁下额上西侧	斗	9			1		3	4	8	5	1	2	3	33%	
		棋	5						1	1					0%	
33	前扶壁下额上东侧	斗	9	1		2	2		3	8	3	1	2	3	33%	
		棋	5			1			1	2	2	0	0	0	0%	受力损伤
33-1至5	前扶壁东侧单棋造重棋造	斗	26			13	3		2	18	13	3	2	5	19%	受力损伤
		棋	7			1	3			4	3	0	1	1	14%	生物侵蚀
32-1至5	前扶壁西侧单棋造重棋造	斗	26			9	3		2	14	8	4	2	6	23%	受力损伤
		棋	7			2	1			3	3	0	0	0	0%	
34-0	前扶壁东侧柱身单臂棋	斗	6					2	1	3	1	1	1	2	33%	生物侵蚀
		棋	6				4			4	4	0	0	0	0%	
31-0	前扶壁西侧柱身单臂棋	斗	6				1		2	3	2	1	0	1	17%	生物侵蚀
		棋	6			2	1			3	2	1	0	1	17%	生物侵蚀
38-1至2	后扶壁东侧单棋造重棋造	斗	11		1	2				3	3	0	0	0	0%	
		棋	3			1				1	1	0	0	0	0%	
39-1至2	后扶壁西侧单棋造重棋造	斗	9		1	4	1			6	6	0	0	0	0%	材质退化
		棋	3							0	0	0	0	0	0%	全部完好

表3-12 四内柱柱身丁头栱残损统计

基本信息				残损类型统计							残损程度统计					主要残损原因
铺作编号	铺作位置	构件类型	构件数量	缺失	表层劣化	开裂	孔洞	糟朽	残缺	总计	轻微	中级	严重	构件级残损点	比例	
31-1	西前内柱柱身丁头栱	斗	8		1	2	1		2	6	5	1	0	1	13%	生物侵蚀
		栱	7			1				1	1	0	0	0	0%	
34-1	东前内柱柱身丁头栱	斗	7			2	1		1	4	2	1	1	2	29%	受力损伤
		栱	7			1				1	1	0	0	1	14%	
37-1	东后内柱柱身丁头栱	斗	5			1	2		2	5	3	1	1	2	40%	生物侵蚀
		栱	5			2				2	1	1	0	1	20%	材质退化
40-1	西后内柱柱身丁头栱	斗	5			2			1	3	2	1	0	1	20%	
		栱	5			2				2	2	0	0	0	0%	

表3-13 昂、枋构件残损、修补情况统计

昂（80）	材质退化		受力损伤		生物侵蚀		残损点总计	修补痕迹		修补构件数	替换
	干缩裂纹	剥裂	开裂	残缺—截断	白蚁	虫蛀		小料拼补	铁件连接		
轻微	3		3		2	9	14		2	4	6
中级		2	1		4			2			
严重				7							

素枋（84）	材质退化		受力损伤		生物侵蚀		残损点总计	修补痕迹			修补构件数	替换/小段接换
	干缩裂纹	表面洼槽	开裂	残缺	白蚁	虫蛀		小料拼补	加钉木条	铁件接固		
轻微	1	2	2	1	1	1	19			1	11	4
中级	2		3	1	3			3	8			
严重				1	8	1						

图3-21 昂嘴糟朽示例

图3-22 昂尾糟朽示例

以后者居多。由于许多素枋上缘糟朽，边棱残缺，所以采取在残损处加钉木条的方式，以承接各道柱头枋和罗汉枋上面的平闇格子。更换的枋子也主要集中在北檐，除了整段替换，也有局部小段接换的做法。

素枋与铺作在位置和结构上都关系紧密，残损情况往往相伴发生，从图3-25可见，素枋与铺作——尤其是昂的残损分布有很高的吻合度。

综合斗栱、昂、枋三者的情况，得出以下结论：

（1）外檐铺作的构件残损相对集中地发生在后檐，前檐总体情况较好，但需要进一步注意西南角铺作的状况；

（2）内檐铺作的构件残损主要发生在前内柱缝周边；

（3）丁头栱方面，东北和东前内柱柱身的现状欠佳。

6-3.藻井铺作和相关木枋

藻井处于前廊屋架之下，又远离后檐的白蚁侵扰，保存状况良好。斗栱的残损率远较大木铺作为少；绝大部分木枋也保存完好，只有轻微的表皮剥落和虫蛀孔洞情况。在表3-14的统计中，闉八与平棊

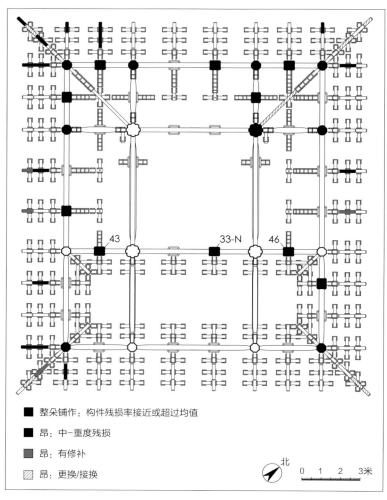

■ 整朵铺作：构件残损率接近或超过均值
■ 昂：中—重度残损
▨ 昂：有修补
▨ 昂：更换/接换

北　0 1 2 3米

图3-23 铺作斗栱—昂残损、修补情况

图3-24 素枋槽朽示例

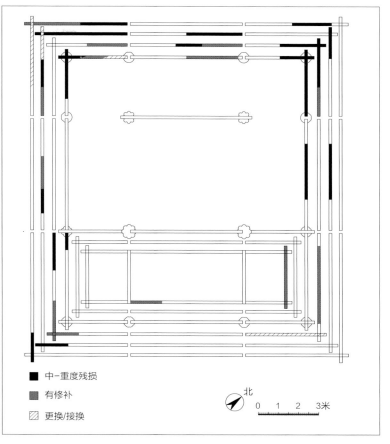

中-重度残损
有修补
更换/接换

北

0 1 2 3米

图3-25 素枋残损、修补情况

共用的斗、栱，因鬭八的重要程度和优先性大于平棊，计入鬭八，平棊部分不再重复计数。

如表3-14所示，藻井部分构件残损结论如下：

（1）相较大木部分，藻井铺作现状良好。构件残损率仅在5%左右（东平棊除外，达到11%）。

（2）造成构件残损的主要原因是受力损伤（中藻井除外，其生物侵蚀的比重超过受力损伤）。

（3）斗、栱的残损机制表现出明显差异。斗类构件主要是受力损伤，栱类则表现为材质退化。

表3-14 藻井铺作斗、栱构件残损统计

基本信息			主要残损情况统计						残损程度统计					残损原因统计							
铺作类型	构件类型	构件数量	缺失	表层劣化	开裂	孔洞	残缺	总计	轻微	中级	严重	构件级残损点	比例	受力破坏	比例	材质老化	比例	生物侵蚀	比例	原因不详	比例
西鬭八	斗	76			14	2	9	25	18	7	0	7	9%	13	17%	2	3%	3	4%	7	9%
	栱	44		1	6	1		8	8	0	0	0	0%	0	0%	6	14%	0	0%	2	5%
	总计	120						33				7	6%	13	11%	8	7%	3	3%	9	8%
西平棊	斗	26				1	5	6	3	3	0	3	12%	4	15%	0	0%	1	4%	1	4%
	栱	11			4			4	0	0	0	0	0%	0	0%	3	27%	0	0%	1	9%
	总计	37						10				3	8%	4	11%	3	8%	1	3%	2	5%
东鬭八	斗	76			3	2	11	16	12	4	0	4	5%	6	8%	0	0%	3	4%	7	9%
	栱	44			8	1	1	10	9	1	0	1	2%	4	9%	3	7%	1	2%	2	5%
	总计	120						26				5	4%	10	8%	3	3%	4	3%	9	8%
东平棊	斗	26	1		1	1	5	8	4	3	1	4	15%	5	19%	0	0%	1	4%	2	8%
	栱	11		2	3	1	0	6	6	0	0	0	0%	0	0%	2	18%	2	18%	2	18%
	总计	37						14				4	11%	5	14%	2	5%	3	8%	4	11%
中鬭八	斗	64		2	7	6	10	25	23			2	3%	9	14%	1	2%	9	14%	6	9%
	栱	40		1	6	2		9	9	0	0	0	0%	0	0%	6	15%	1	3%	2	5%
	总计	104						34				2	2%	9	9%	7	7%	10	10%	8	8%

西鬭八：71%（完好），11%，7%，3%，8%
中鬭八：66%（完好），9%，7%，10%，8%
东鬭八：78%（完好），8%，3%，3%，8%
西平棊：73%（完好），11%，8%，3%，5%
东平棊：62%（完好），14%，8%，11%，5%

图例
■ 受力损伤
■ 材质退化
■ 生物侵蚀
■ 原因不详
□ 完好

藻井斗栱构件残损率及残损原因分布图

6-4.构件残损情况小结

如前所述，大殿主要承重木梁柱的保存状态较好，残损比率基本保持在20%以下；铺作构件残损率在20%以下，但由于存在整朵扭闪变形，整朵铺作的完好程度因之下降至70%强。槫子为原物的可能性较大，残损比率较高，达到50%以上。详见表3-15。

表3-15 各类构件残损率汇总

构件类型	柱	梁栿	额串	斗 （大木）	栱 （大木）	昂	铺作 （朵）	素枋 （段）	槫子 （根）	斗 （藻井）	栱 （藻井）	铺作 （藻井）
构件总数	16	24	33	1236	523	80	66	84	21	268	150	30
达到/接近残损点的构件数	3	2	2	225	89	14	19	19	11	20	1	0
残损比例	18.8%	8.3%	6.1%	18.2%	17.0%	17.5%	28.8%	22.6%	52.4%	7.5%	0.7%	0.0%

五、保国寺大殿的构架变形分析

1.柱构件的空间变形勘测

1-1.柱子沉降值测定

现场勘测时，以殿心石西南侧接近西山前柱柱础处地面为±0.00，利用全站仪打点测得各柱柱础附近地坪高度数据，各点相应高差见下表3-16，高差即为大殿室内各柱础底地坪间的相对沉降量。

以各柱柱高（柱身+柱础）加上沉降量得出柱头标高值，再以西山前柱柱头标高为±0.00计算出大殿各柱头的相对沉降量，如表3-17所示。

1-2.柱子倾侧值测定

通过截取柱头、柱脚（实为柱础上皮）所在高度的点云平面，叠加后得到柱头、柱脚偏移值，由于厅堂各柱不等高，故同时附加各柱柱头柱脚轴距（实际柱高）（表3-18）。

1-3.构架整体变形测定

根据点云数据，绘得各间缝柱头、柱脚、柱高实际尺寸见图3-26（其中，两前内柱柱头高差34毫米，两后内柱柱头高差145毫米）。

表3-16 全站仪打点所得各柱礩石标高 （单位：米）

各柱礩石标高数据							
柱子位置	高差（斜高）	高差（垂高）	站号	柱子位置	高差（斜高）	高差（垂高）	站号
东南角柱	0.025	0.023	0057	西南角柱	-0.009	-0.015	0053
前檐东平柱	0.013	0.015	0055	前檐西平柱	-0.011	-0017	0054
东山前柱	0.050	0.048	0059	西山前柱	0.002	±0.000	0052
东山后柱	0.020	0.018	0104	西山后柱	0.051	0.049	0009
东北角柱	0.048	0.046	0107	西北角柱	0.060	0.058	0007
东前内柱	0.040	0.038	0060	西前内柱	0.005	0.003	0053
东后内柱	0.009	0.007	0106	西后内柱	0.017	0.015	0108

表3-17 殿身柱头相对沉降值 （单位：米）

柱位	东南角柱	前檐东平柱	前檐西平柱	西南角柱	西山前柱	西山后柱	西北角柱	后檐西平柱	后檐东平柱	东北角柱	东山后柱	东山前柱
础底地坪相对沉降量	0.023	0.015	-0.017	-0.015	±0.000	0.049	0.058			0.046	0.008	0.048
柱高h (柱身+柱础)	4.313	4.291	4.259	4.291	4.217	4.249	4.334	4.230	4.291	4.257	4.174	4.270
柱头标高	4.336	4.306	4.242	4.276	4.217	4.298	4.392			4.303	4.192	4.318
柱头相对沉降值	-0.119	-0.089	-0.025	-0.059	±0.00	-0.081	-0.175			-0.086	0.025	-0.101

表3-18 各柱柱头、柱础几何正心偏移值 （单位：毫米）

西南角柱			前檐西平柱	
大殿面阔方向增量x_1	26		大殿面阔方向增量x_1	51
大殿进深方向增量y_1	130		大殿进深方向增量y_1	114
柱脚偏移角度a	南偏西11度	x'=26 y'=130 a=南偏西11°	柱脚偏移角度a	南偏西24度
位移矢量值	132		位移矢量值	125
柱高（柱身+柱础）	4291		柱高	4259
柱头标高(减除柱脚沉降量*)	4276	x'=51 y'=114 a=南偏西24°	柱头标高(减除柱脚沉降量)	4242
柱础高度	497		柱础高度	483

前檐东平柱			东南角柱	
大殿面阔方向增量x_1	115		大殿面阔方向增量x_1	142
大殿进深方向增量y_1	183		大殿进深方向增量y_1	221
柱脚偏移角度a	南偏东32度		柱脚偏移角度a	南偏东33度
位移矢量值	216	x'=115 y'=183 a=南偏东32°	位移矢量值	262
柱高（柱身+柱础）	4291		柱高（柱身+柱础）	4313
柱头标高(减除柱脚沉降量)	4396		柱头标高(减除柱脚沉降量)	4336
柱础高度	527		柱础高度	449	x'=142 y'=221 a=南偏东33°

东山前柱			东山后柱	
大殿面阔方向增量x_1	75		大殿面阔方向增量x_1	107
大殿进深方向增量y_1	237		大殿进深方向增量y_1	85
柱脚偏移角度a	南偏东72度		柱脚偏移角度a	东偏南38度
位移矢量值	249	x'=75 y'=237 a=南偏东72°	位移矢量值	137
柱高（柱身+柱础）	4270		柱高（柱身+柱础）	4174
柱头标高(减除柱脚沉降量)	4318		柱头标高(减除柱脚沉降量)	4192	x'=107 y'=85 a=东偏南38°
柱础高度	432		柱础高度	449

东北角柱			后檐东平柱	
大殿面阔方向增量x_1	48		大殿面阔方向增量x_1	39
大殿进深方向增量y_1	21		大殿进深方向增量y_1	33
柱脚偏移角度a	东偏南24度		柱脚偏移角度a	南偏西49度
位移矢量值	52		位移矢量值	51
柱高（柱身+柱础）	4257	x'=48 y'=21 a=东偏南24°	柱高（柱身+柱础）	4219
柱头标高(减除柱脚沉降量)	4303		柱头标高(减除柱脚沉降量)		x'=39 y'=33 a=南偏西49°
柱础高度	253		柱础高度	330

后檐西平柱			西北角柱	
大殿面阔方向增量x_1	181		大殿面阔方向增量x_1	181
大殿进深方向增量y_1	71		大殿进深方向增量y_1	2
柱脚偏移角度a	西偏南21度		柱脚偏移角度a	西偏北1度
位移矢量值	195		位移矢量值	181
柱高（柱身+柱础）	4230	x'=181 y'=71 a=西偏南21°	柱高（柱身+柱础）	4334	x'=181 y'=2 a=西偏北1°
柱头标高(减除柱脚沉降量)			柱头标高(减除柱脚沉降量)	4392
柱础高度	344		柱础高度	257

西山后柱			西山前柱	
大殿面阔方向增量x_1	118		大殿面阔方向增量x_1	52
大殿进深方向增量y_1	95		大殿进深方向增量y_1	164
柱脚偏移角度a	西偏南39度		柱脚偏移角度a	南偏西18度
位移矢量值	151	x'=118 y'=95 a=西偏南39°	位移矢量值	172
柱高（柱身+柱础）	4249		柱高（柱身+柱础）	4217	x'=52 y'=164 a=南偏西18°
柱头标高(减除柱脚沉降量)	4298		柱头标高(减除柱脚沉降量)	4217
柱础高度	379		柱础高度	483

西前内柱			东前内柱	
大殿面阔方向增量x_1	71		大殿面阔方向增量x_1	142
大殿进深方向增量y_1	331		大殿进深方向增量y_1	333
柱脚偏移角度a	南偏西12度		柱脚偏移角度a	南偏东23度
位移矢量值	339		位移矢量值	362
柱高（柱身+柱础）	8029		柱高（柱身+柱础）	8060	x'=142 y'=333 a=南偏东23°
柱头标高(减除柱脚沉降量)	8032	x'=71 y'=331 a=南偏西12°	柱头标高(减除柱脚沉降量)	8098
柱础高度	518		柱础高度	511

西后内柱			东后内柱	
大殿面阔方向增量x_1	267		大殿面阔方向增量x_1	9
大殿进深方向增量y_1	145		大殿进深方向增量y_1	1
柱脚偏移角度a	西偏南28度		柱脚偏移角度a	西偏南7度
位移矢量值	304		位移矢量值	9
柱高（柱身+柱础）	6611		柱高（柱身+柱础）	6538	x'=9 y'=1 a=西偏南7°
柱头标高(减除柱脚沉降量)	6626	x'=267 y'=145 a=西偏南28°	柱头标高(减除柱脚沉降量)	6545
柱础高度	未及		柱础高度	未及

*沉降量计算，以西山前柱磉石上皮地坪标高为±0.00，具体沉降量详见表3-16。

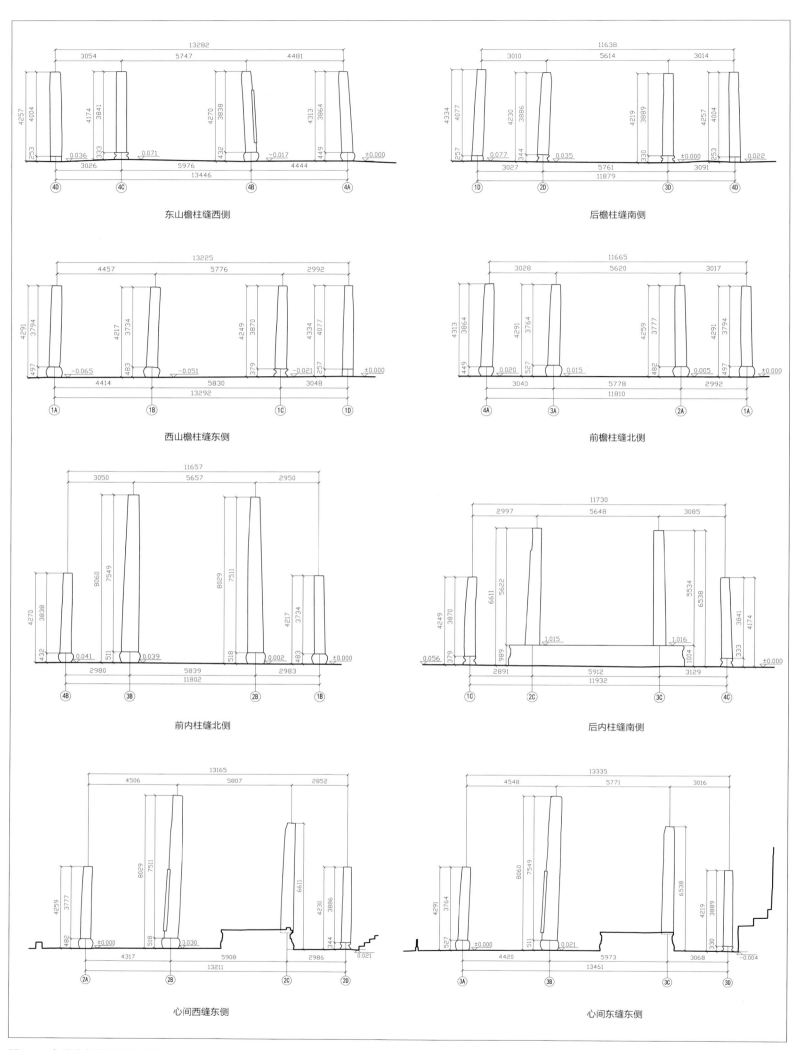

东山檐柱缝西侧

后檐柱缝南侧

西山檐柱缝东侧

前檐柱缝北侧

前内柱缝北侧

后内柱缝南侧

心间西缝东侧

心间东缝东侧

图3-26 各缝木柱倾侧值标注图

（单位：毫米）

2.梁栿构件的空间变形勘测

2-1.梁栿构件的歪扭移位

通过多次切片、叠合不同标高的点云数据后，获得保国寺大殿木构架整体俯视图，在此基础上连接各槫缝单元的梁栿首尾中线，观察各槫架内上下层梁栿的错位情况，并对其变形趋势作出简单判定，得出结果见表3-19。

表3-19 各槫梁栿错位情况

位置	截图	大致偏移量	变形趋势
西山北丁栿、劄牵		劄牵中线相对丁乳栿中线向北偏移39.8毫米	劄牵北偏（或丁乳栿受拉南偏）
前内柱缝西次间阑额、劄牵		劄牵中线相对阑额向北偏移44.7毫米	劄牵北偏（或丁乳栿受拉南偏）
东山北丁栿、劄牵		劄牵中线相对丁乳栿中线向北偏移16.1毫米	劄牵轻微北偏（或丁乳栿受拉南偏）
前内柱缝东次间阑额、劄牵		劄牵中线相对阑额向北偏移26.6毫米	劄牵北偏（或丁乳栿受拉南偏）
心间西前三椽栿及其上草栿		两者略有扭转，几乎重合——草栿中线相对前三椽栿，北侧向东偏出4.5毫米，南侧向西偏出15.4毫米	几乎完全重合
心间中三椽栿、顺栿串、平梁		顺栿串相对三椽栿中线南侧向东偏转22.9毫米、北侧向西偏转13.1毫米；平梁相对三椽栿中线南侧向西偏转1.7毫米、北侧向西偏转8.3毫米	顺栿串与中三椽栿轻微偏扭、基本重合；平梁轻微向西偏移
心间东前三椽栿及其上草栿		两椽草栿中线相对前三椽栿中线向西偏移91.7毫米	草栿向西偏移
心间中三椽栿、顺栿串、平梁		顺栿串相对三椽栿中线南侧向西偏转14.2毫米、北侧向东偏转2.4毫米；平梁相对三椽栿中线南侧向西偏转37.5毫米，北侧向西偏转24.3毫米	顺栿串与中三椽栿轻微偏扭、基本重合；平梁相对中三椽栿整体向西偏移
后檐西乳栿、劄牵		劄牵中线相对乳栿向东偏移19.0毫米	劄牵轻微东偏（或乳栿受拉西偏）
后檐东乳栿、劄牵		劄牵中线相对乳栿向东偏移1.7毫米	两者几乎完全重合

2-2.梁栿构件的榫卯连接问题

梁栿构件，一类两端绞于铺作内，如平梁；另一类则一端出铺作充华头子（或华栱），一端直榫入柱，如三椽栿、乳栿、劄牵。由于大殿变形，梁栿偏闪，部分榫卯节点受拉松脱或劈坏；同时，后世维修时也偶尔改变原初的榫卯形式，或因施工不善导致榫卯残缺；极端情况下，梁栿端头严重糟朽腐烂，同样导致榫卯失效。详细统计见表3-20。

表3-20 梁栿榫卯连接问题统计

榫卯位置	关联构件	榫卯形式	破坏类型	破坏原因	破坏程度	备注
心间西前三椽栿	平柱柱头铺作、西前内柱	南端栿首入前檐西平柱柱头铺作成第二跳栱,北端直肩入西前内柱	榫卯松脱(后尾入西前内柱端)	大殿整体变形	轻微	大殿变形致使柱子扭闪,梁栿拔脱
心间东前三椽栿	平柱柱头铺作、东前内柱	南端栿首入前檐东平柱柱头铺作成第二跳栱,北端直肩入东前内柱	榫卯松脱(后尾入西前内柱端)	大殿整体变形	轻微	
心间西中三椽栿	西前内柱、西后内柱柱头铺作	南端过西前内柱身后用横销钉牢,北端与西后内柱柱头铺作相绞	榫卯残损(卯口残缺,榫头歪扭)	大殿整体变形	中等	内柱拼缝处理草率,柱子长期受扭变形后带动梁头歪扭
心间东中三椽栿	东前内柱、东后内柱柱头铺作	南端入东前内柱身,但梁头不出头,在柱身内用横栓钉死,北端与东后内柱柱头铺作相绞	榫卯形式改变(榫头被锯平)	后世改易	轻微	1970年代大修时换掉东前内柱,梁头被锯平,并打入暗销,原始的榫卯形式被改变
心间西平梁	西前内柱柱头铺作、三椽栿上铺作	南、北两端梁头入承上平槫铺作	榫卯残损(与其下华栱错动)	大殿整体变形	轻微	梁头(南端)与其下华栱(斫作方头)上下拼接,略有错缝
心间东平梁	东前内柱柱头铺作、三椽栿上铺作	同上	榫卯松脱	后世改易	轻微	
西侧山花平梁	下平槫上两蜀柱端头栌斗	梁头入承上平槫的蜀柱(立于山面下平槫上)上大斗中	榫卯松脱	大殿整体变形	轻微	柱子扭闪拉动槫子错位,带动蜀柱、栌斗,平梁错位后榫卯局部拉脱
东侧山花平梁	下平槫上两蜀柱端头栌斗	同上	榫卯松脱	大殿整体变形	轻微	
西山南丁栿	山面柱头铺作、西前内柱身	西端出柱头铺作充华头子,东端直肩入西前内柱身	榫卯松脱	后世改易	轻微	内柱上开长槽容剳牵,承剳牵丁头栱、丁乳栿、丁乳栿下柱缝枋、内额等构件,其间空当以木块自由填实,木块糟朽后导致榫卯松脱
西山北丁栿	山面柱头铺作、西后内柱身	西端出柱头铺作充华头子,东端直肩入西后内柱身	榫卯残损	构件破坏	中等	入西后内柱端榫头糟朽,榫卯亦受影响(已灌注高分子药剂补强)
后檐西乳栿	平柱柱头铺作、西后内柱身	南端入西后内柱身,北端出柱头铺作充华头子	榫卯残损	构件破坏	严重	梁栿南端入内柱一侧全部糟朽,梁头及榫卯皆为近世维修时所墩接新料
后檐东乳栿	平柱柱头铺作、东后内柱身	南端入东后内柱身,北端出柱头铺作充华头子	榫卯松脱	大殿整体变形	轻微	东后内柱分散趋势明显,已加铁箍加固,梁头与丁头栱间缝隙未用木块填实,梁头榫卯略微拔脱
东山北丁栿	山面柱头铺作、东后内柱身	西端入东后内柱身,东端出柱头铺作充华头子	榫卯松脱	大殿整体变形	轻微	
东山南丁栿	山面柱头铺作、东前内柱身	西端入东前内柱身,东端出柱头铺作充华头子	榫卯残损	后世改易	中等	梁头入东前内柱处完全截断,嵌补新料,应系1970年代修缮时所为。新料与老料间连接强度不详,须进一步勘查其可靠性
西山南剳牵	西前内柱身、卷头造	东端入西前内柱身,西端与丁乳栿上所承卷头造相交	榫卯松脱	大殿整体变形	轻微	入内柱一端榫卯咬缝不紧密
西山北剳牵	西后内柱身、卷头造	东端入西后内柱身,西端与丁乳栿上所承卷头造相交	榫卯松脱	大殿整体变形	轻微	
后檐西剳牵	西后内柱身、卷头造	南端入西后内柱身,北端与乳栿上卷头造相交	榫卯松脱	大殿整体变形	轻微	
后檐东剳牵	东后内柱身、卷头造	南端入东后内柱身,北端与乳栿上卷头造相交	榫卯松脱	大殿整体变形	轻微	
东山北剳牵	东后内柱身、卷头造	西端入东后内柱身,东端与丁乳栿上所承卷头造相交	榫卯松脱	后世改易	轻微	承剳牵丁头栱后世更换,更换时抬高了丁头栱位置,使得剳牵尾高头低,入内柱身处榫卯松脱
东山南剳牵	东后内柱身、卷头造	西端入东前内柱身,东端与丁乳栿上所承卷头造相交	榫卯残损	后世改易	中等	剳牵入内柱一端有明显药剂涂刷痕迹,应系1970年代修缮时所为。当时使用的药剂是否有效需进一步观测

梁栿榫卯破坏类型

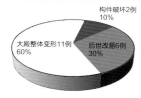

梁栿榫卯破坏原因

3.额串构件的空间变形勘测

3-1.额串构件的歪扭移位

各道额、枋除整体北倾外，并无大的扭闪（图3-27），只是槫子扭曲严重，详细数值见表3-21。

3-2.额串构件的榫卯连接问题

阑额、顺栿串入柱，皆做镊口鼓卯（前、后内柱之间照壁，则只有最上一道做镊口鼓卯，其他各道皆直榫入柱，以利安装）；外檐各柱，阑额皆做镊口鼓卯，下楣皆作收肩直榫入柱。凡燕尾榫，榫头现已大部磨平，卯口则残破扩大，基本失去牵拉的功效，仅因各柱内倾而互相压实。

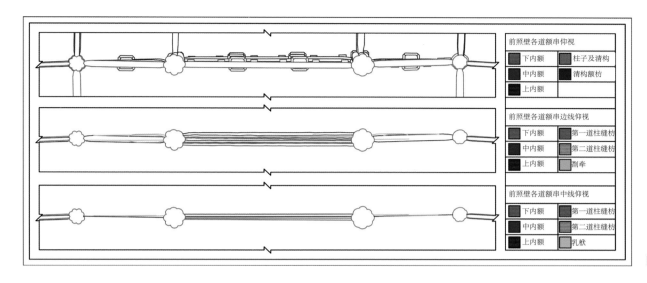

图3-27 前照壁上额串扭转情况

表3-21 前照壁上各道额、枋偏移及倾侧值
（单位：毫米）

量取位置	下内额到第一道柱缝枋	第一道柱缝枋到第二道柱缝枋	第二道柱缝枋到中内额	中内额到阑额	阑额到下平槫
西侧端点	向北27.4	向北27.2	向北21.5	向北56.2	向南25.3
中点	向北38.9	向北34.8	向北14.6	向北61.7	向北8.6
东侧端点	向北50.4	向北42.3	向北7.8	向北67.1	向北42.5
总趋势	整体北倾，并向东北扭转	整体北倾，并向东北扭转	整体北倾，并向西北扭转	整体北倾，基本无扭转	自西南向东北扭转

4.槫及椽望构件的空间变形勘测

通过检查心间与两次间的点云切片，不仅得出举折数据，同时也获得各槫的槫位与架深数据，通过前后坡各缝槫子的举高、椽架平长对比，推测可能的偏移量（对应位置两缝槫子，标高较高的应相对滚动幅度较小，更接近原始安装位置，架深亦以其为准）（表3-22）。

5.外檐铺作朵当实测值及空间变形分析

外檐铺作的空间变形主要有外翻、内部构件之间错位以及整朵位移三种情况，此处只总结了整朵位移的情况。

朵当实测值与理想值偏差较大的情况主要发生在北檐，尤其两个角部。此外南檐近西南角处，以及东檐近东南角处，铺作也有较明显位移。详见图3-28、图3-29及表3-23。

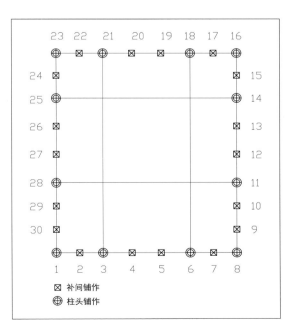

图3-28 外檐铺作编号索引

表3-22 槫子移位趋势

各架架深							各架举高						
切片位置	东次间中缝	差值	心间中缝	差值	西次间中缝	趋势(以脊槫为准)	切片位置	东次间中缝	差值	心间中缝	差值	西次间中缝	趋势
第四架(前脊步)	2110	55	2165	34	2196	前上平槫东北/西南方向倾斜	脊槫—前上平槫	1874	24	1898	1	1897	东次间脊槫略下垂
第三架(前上金步)	1644	-11	1633	-41	1592	下平槫较上平槫向东南倾斜	前上平槫—前中平槫	1105	100	1205	3	1208	东次间前上平槫亦下垂
第二架(前下金步)	1371	-23	1348	77	1425	中平槫较下平槫略向西南倾斜，且中部挠曲	前中平槫—前下平槫	948	3	951	21	972	前中平槫基本直，西次间局部较高
第一架(前檐步)	1630	42	1672	-69	1603	檐槫中部向南突出	前下平槫—前檐槫	726	33	759	33	726	心间檐槫下挠
前挑檐	未及		未及		未及		前檐槫—前撩檐枋	未及		未及		未及	
第五架(后脊步)	2084	-6	2078	-5	2073	后上平槫与脊槫基本平行	脊槫—后上平槫	1999	-101	1898	15	1917	东次间后上平槫下沉
第六架(后上金步)	1533	44	1577	6	1583	中平槫相较上平槫略向西北偏移	后上平槫—后中平槫	1207	-62	1145	-78	1067	东次间与心间后中平槫略下沉
第七架(后下金步)	1467	-5	1462	-2	1460	后下平槫与后中平槫基本平行	后中平槫—后下平槫	756	145	901	-95	996	东次间后下平槫沉降
第八架(后檐步)	1556	1	1557	-52	1505	脊槫向西南角倾斜	后下平槫—后檐槫	829	-86	743	37	770	东次间后檐部较心间、西次间下挠
后挑檐	未及		未及		未及		后檐槫—后撩檐枋	未及		未及		未及	

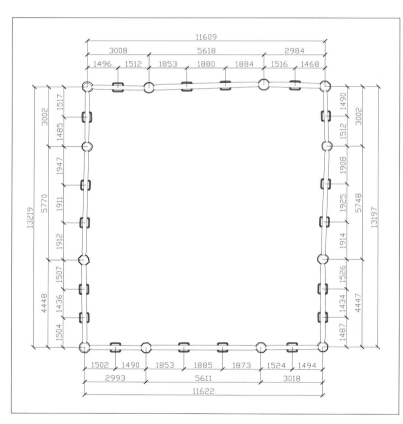

图3-29 外檐铺作实测朵当值　　　　　　　　　　　　　　（单位：毫米）

表3-23 朵当实测值[2]　　　（单位：毫米）

朵当位置	相关铺作	实测值	理想值	偏移方向及偏移值	推测位移原因
东山前间南侧朵当	8—9号：东南角柱柱头铺作与东山前间南补间铺作之间	1487	1486（三等分前间）	较理想值增大1	
东山前间中间朵当	9—10号：东山前间南补间铺作与北补间铺作之间	1434	1486（三等分前间）	较理想值减小52（10号铺作向南偏移）	两补间铺作错位内移
东山前间北侧朵当	10—11号：东山前间北补间铺作与东山前柱柱头铺作之间	1526	1486（三等分前间）	较理想值增大40（10号铺作向南偏移）	上楣向南倾侧，铺作向南移位导致朵当增大
东山中间南侧朵当	11—12号：东山前柱柱头铺作与东山中间南侧补间铺作之间	1914	1916（三等分中间）	较理想值减小2	
东山中间中间朵当	12—13号：东山中间南侧补间铺作与北侧补间铺作之间	1925	1916（三等分中间）	较理想值增大9	
东山中间北侧朵当	13—14号：东山中间北侧补间铺作与东山后柱柱头铺作之间	1908	1916（三等分中间）	较理想值减小8	
东山后间南侧朵当	14—15号：东山后柱柱头铺作与东山后间补间铺作之间	1512	1497（两等分后间）	较理想值增大15（15号铺作略向北移）	东北角柱扭转沉降，导致上楣南高北低，铺作轻微滑动
东山后间北侧朵当	15—16号：东山后间补间铺作与东北角柱柱头铺作之间	1490	1497（两等分后间）	较理想值减小7（15号铺作略向北移）	同上
后檐东次间东侧朵当	16—17号：东北角柱柱头铺作与后檐东梢间补间铺作之间	1468	1504（两等分东梢间）	较理想值减小36（17号铺作略向东移）	东北角柱扭转沉降，导致上楣西高东低，铺作轻微滑动
后檐东次间西侧朵当	17—18号：后檐东梢间补间铺作与后檐东平柱柱头铺作之间	1516	1504（两等分东梢间）	较理想值增大12（17号铺作略向东移）	同上
后檐心间东侧朵当	18—19号：后檐东平柱柱头铺作与后檐心间东侧补间铺作之间	1884	1871（三等分心间）	较理想值增大13（19号铺作向西移）	
后檐心间中间朵当	19—20号：后檐心间东侧补间铺作与西侧补间铺作之间	1880	1871（三等分心间）	较理想值等大9	
后檐心间西侧朵当	20—21号：后檐心间西侧补间铺作与后檐西平柱柱头铺作之间	1853	1871（三等分心间）	较理想值减小18（19、20号铺作皆向西偏移）	上楣略有高差（西低东高），导致铺作轻微移位
后檐西次间东侧朵当	21—22号：后檐西平柱柱头铺作与后檐西梢间补间铺作之间	1512	1507（两等分西梢间）	较理想值增大5	
后檐西次间西侧朵当	22—23号：后檐西梢间补间铺作与西北角柱柱头铺作之间	1496	1507两等分西梢间）	较理想值减小11	
西山后间北侧朵当	23—24号：西北角柱柱头铺作与西山后间补间铺作之间	1517	1484（两等分后间）	较理想值增大33（24号铺作略向南倾）	西山后柱沉降值大于西北角柱，导致上楣北高南低，铺作轻微移位
西山后间南侧朵当	24—25号：西山后间补间铺作与西山后柱柱头铺作之间	1485	1484（两等分后间）	较理想值减小1	同上
西山中间北侧朵当	25—26号：西山后柱柱头铺作与西山中间北补间铺作之间	1947	1923（三等分中间）	较理想值增大24（26号铺作略向南移）	西山前、后柱沉降不一导致上楣北高南低，25、26号铺作轻微移位
西山中间中间朵当	26—27号：西山中间北补间铺作与南补间铺作之间	1911	1923（三等分中间）	较理想值减小12	
西山中间南侧朵当	27—28号：西山中间南补间铺作与西山前柱柱头铺作之间	1912	1923（三等分中间）	较理想值减小11	
西山前间北侧朵当	28—29号：西山前柱柱头铺作与西山前间北补间铺作之间	1507	1484（三等分中间）	较理想值增大23（29号铺作略向南移）	上楣北端与中段出现高差，29号铺作轻微移位
西山前间中间朵当	29—30号：西山前间北补间铺作与南补间铺作之间	1436	1484（三等分中间）	较理想值减小48（29号铺作南移，同时30号铺作北移）	推测上楣中段下挠
西山前间南侧朵当	30—1号：西山前间南补间铺作与西南角柱柱头铺作之间	1504	1484（三等分中间）	较理想值增大20（30号铺作略向北移）	上楣北端与中段出现高差，30号铺作轻微移位
前檐西次间西侧朵当	1—2号：西南角柱柱头铺作与前檐西梢间补间铺作之间	1502	1493（两等分西次间）	较理想值增大9	
前檐西次间东侧朵当	2—3号：前檐西梢间补间铺作与前檐西平柱柱头铺作之间	1490	1493（两等分西次间）	较理想值减小3	
前檐心间西侧朵当	3—4号：前檐西平柱柱头铺作与前檐心间西侧补间铺作之间	1853	1876（三等分心间）	较理想值减小23（4号铺作略向西移）	施工误差或后代维修造成
前檐心间中间朵当	4—5号：前檐心间西补间铺作与东补间铺作之间	1885	1876（三等分心间）	较理想值增大9	同上
前檐心间东侧朵当	5—6号：前檐心间东补间铺作与前檐东平柱柱头铺作之间	1873	1876（三等分心间）	较理想值减小3	
前檐东次间西侧朵当	6—7号：前檐东平柱柱头铺作与前檐东梢间补间铺作之间	1524	1503（两等分东次间）	较理想值增大21（7号铺作略向东移）	
前檐东次间东侧朵当	7—8号：前檐东梢间补间铺作与东南角柱柱头铺作之间	1494	1503（两等分东次间）	较理想值减小9	

注：铺作编号参见图3-28。

---

[2] 由于变形，现状各对应间缝实测值皆不等，此处所谓理想值并非经过复原推想的原初设计值，而只是就现有尺寸按理想状态均分后的验核值，作用仅限于探讨导致朵当数值不匀的歪闪变形因素。

六、保国寺大殿历史改易痕迹

木构改易痕迹的呈现通常有直接和间接两种形式：直接呈现是通过构件本身传达的信息，如截断、叠压印痕、残留卯口等，这类痕迹往往相对直观清晰；间接呈现则是通过相邻构件或形制体现出某一部件的可疑和矛盾之处，揭示它并非原物的可能性，针对这类改易的辨识，因观察者思路的不同，得出的结论可能截然不同。因此本节重在描述现象——即陈述现状形制的不一致，而并不深入讨论其初始形制。

对于所有痕迹，首先按专题分类，不能归入某一专题的，则按其所处空间位置，逐条叙述。

1. 歇山屋架原状

1-1. 承椽枋与椽椀遗迹

后内柱缝柱头铺作之上，承中平槫替木下横栱的外侧臂长达内侧臂长的一倍，在外侧栱臂中点，现存向南出跳华栱一道，华栱上有南北向木枋残段，当为原来的承椽枋（图3-30）。

在西侧，华栱南端小斗已遗失，其上木枋南段明显遭人为截断，北段则尚存其后尾。在东侧对应位置，木枋已缺失，华栱上齐心斗也被新斗替换，看不出痕迹，但替木上尚留有开口，暗示此处原本有构件与之相交（图3-31）。

若延长西北内柱外侧残留木枋，在前内柱缝对应位置上，并无华栱伸出；但在稍低处，外檐铺作昂尾插入西前内柱时，上层昂上皮削平，隐约与丁头栱下皮形状相符（图3-32）。若此处原有丁头

栱伸出，其上再置华栱承接前述木枋，则高度上正相吻合。

此外，在东、西山面下平槫上，现有椽子交止的木枋朝向心间的一侧，都发现了整齐排列的椽椀开口，也暗示了原先椽子继续向里延伸的可能性（图3-33）。

1-2. 现状天花与草架做法的矛盾

保国寺大殿前廊设有藻井，分露明部分和草架。露明构件的制作较为考究，而草架构件则不加修饰。大殿中进现状前后照壁之间安有天花卷棚，四围钉有壁板，界定出了露明与草架部分。然而该处有数个构件的加工与其所处位置不相符合，或是同一构件的两面呈现出不同的处理方式，暗示着原先的天花划分与现状的差异。

这些构件包括：

山面平梁两端承接上平槫的斗栱。伸入次间的一侧现状为露明，但构件本身为草架做法（大斗不做斗敧，栱端留作方头不作卷杀）；朝向山面外侧的一端现在被封在清代山花版内，却保有露明做法（大斗有斗敧，栱端作卷杀）。其中东山面平梁两端的斗栱都是如此，西山面平梁只有朝向南端的横栱向内一端作方头，北端的一朵横栱两端都作卷杀（图3-34）。

山面平梁。山面平梁现封在清代山花版内，但在西山面平梁的外侧发现有雕饰线脚，虽已漫漶，尚可辨识，东山面则没有。

平梁上脊蜀柱。心缝平梁朝向心间的一侧刻做鹰嘴，朝向次间的一侧为方头，未做修饰（图3-35、图3-36）。山面平梁上的两侧都是方头。

脊蜀柱上斗栱。心间脊蜀柱上斗栱，朝向心间的一侧，大斗诎角，栱端卷杀；朝向次间的一侧，大斗无诎角，栱端仍作卷杀。山

图3-30 后内柱缝西侧的华栱与残留的承椽枋

图3-31 后内柱缝东侧的华栱与承椽枋遗迹

图3-32 西前内柱柱身上层昂尾入柱处

图3-33 东山面下平槫上遗留的椽椀

图3-34 东山中进心间平梁与山面平梁间斗栱现状

图3-35 东脊蜀柱西侧：柱脚做鹰嘴

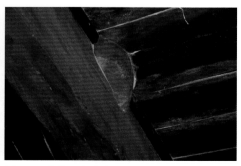
图3-36 东脊蜀柱东侧：柱脚无雕饰

面脊蜀柱上斗栱，朝向次间的一侧，大斗不作讹角，栱端方头无卷杀；朝向外檐的一侧，大斗不作讹角，但栱端有卷杀。

此外，心间三橼栿背承平梁铺作上（上平槫分位）原有素枋，后世制作卷棚天花时被截断，现在只余东西次间的两截（图3-37）。

现状覆盖四内柱间的弧形天花系由近代改造而成，制作草率——在心间两缝平梁与其上叉手之间钉竖直木条，再于木条下端钉平行于脊槫的草檩条数道，大体走向与平梁背部曲线一致，最后在草檩条下端逐架钉上木板条，形成天花。此天花南迄至前内柱间照壁上第三层单栱素枋，北至后内柱间照壁单栱造上替木位置，由于前后内柱不等高，天花南北两段也存在高差，形成前高后低的抛物线形。

从天花两端与前后内柱间扶壁的连接细节来看，交接十分随意，木条及草檩条多用铁钉直接钉在前后扶壁斗栱上的，避让支拙。

2.空间分隔

2-1.前廊与中进：东西次间额上的两面异形做法

前内柱缝下额上的补间铺作，由于前廊和中进空间形制要求的不同，华栱只出南跳半截。其中心间的两朵补间在北侧表现为单栱素枋叠加，并无异状；东西次间内额上的补间铺作则因为南北侧外观的差异，出现了同一根木料两面做成不同形象的情况，在此称其为"双面异形"。

双面异形的特征表现在三个构件上：南面第一层栱是泥道栱，在北面则为月梁下第一跳丁头栱，因栱长不同，各刻入一半，两面错位。南面泥道栱上素枋基于同样的原因，在南侧为素枋（厚度只及正常素枋一半），北侧则隐出丁头栱第二跳。月梁所在的木构件在厚度上分为三层，北侧一层刻为月梁；中间一层未加雕琢，表现为平直下缘；南侧则隐出一层泥道栱和一道素枋。总体而言，铺作、素枋与月梁组成一个视觉单元，这个单元具有两面异形的特点（图3-38）。西次间补间铺作北侧可见竖长木销；东次间补间铺作北侧除木销外，还露出了两道华栱后尾入素枋的鼓卯。据其精心隐出双面异形的事实来看，工匠当不至刻意或因疏忽而露出榫卯木销，现状可能是原来的封护泥壁剥落所致。

2-2.编竹夹泥墙及栱眼壁遗迹

保国寺大殿在清代加设副阶重檐，使得原来的檐柱变成内柱，室内外原本的空间分隔也随之消解。时至今日，门窗等小木作已全无踪迹可寻，唯有柱、间残留的一些压痕可以提示曾经的墙体封护形态。就殿内残留的栱眼壁所见，皆为编竹造，并以石灰粉白。除残存实物外，尚有多处泥墙印痕——栱、枋身因长期为泥墙覆盖而与近旁裸露部分的风化程度迥异，形成清晰印痕，这些印痕的宽度多数在6厘米左右，也就是栱眼壁的一般厚度（图3-39、表3-24）。

图3-37 心间卷棚天花下被截断素枋（上平槫分位）　图3-38 前内柱缝西次间底额上的双面异形现象　　　图3-39 西山后柱昂身后段：编竹泥墙残留

表3-24 栱眼壁遗迹汇总

栱眼壁残留	示例照片	栱眼壁印痕	示例照片
西山面中间补间下平槫下重栱（泥道栱眼处）		前檐柱头铺作（泥道栱）	
西山面后间补间下平槫下重栱（泥道栱眼处）		前檐心间西补间（泥道栱、扶壁令栱）	
西山后柱柱头铺作（昂间）		西山面中间北补间（柱缝上所有横栱）	
前照壁第一层重栱（泥道栱眼处）		西山面后间补间（柱缝上所有横栱）	
前照壁第三层单栱（栱眼处）		西山面中间下平槫下替木及栱	
前内柱缝上平槫下（草架内栱眼及栱眼壁）		东山面中间下平槫下替木及栱	
		后檐心间东补间（泥道栱、扶壁令栱）	

3．藻井与草架空间

3-1.鬭八藻井的封护

保国寺大殿三个藻井，在随瓣枋上几乎都没有抹出槽口，而阳马背部则全部开有水滴状沟槽，以安背版肋条，肋条上部也抹平，应为归平背版所用。但角蝉部分的三角形空间，又只有一个斜边和一个直角边开有浅槽，虽然勉强可以放置厦瓦版，但总归是少了一道槽，不够完整，也不能阻止厦瓦版移动。这些信息似乎指向藻井肋条背面曾封有背版的可能，但随瓣枋上绝无痕迹又令人费解，因为从材质看，藻井鬭八部分较新，而各道枋子较老。一种可能的解释或许是：最早的藻井是封闭的，之后背版率先腐烂，再之后随瓣枋也部分糟朽，更换时即按照已无背版的情况进行制作和安装，最后残存的鬭八部分也大多朽坏了，此次修缮中，匠人机械地按照拆换下来的鬭八构件（阳马、背版肋条等）样式模制新件，却没有相应地安装背版，从而导致了现状信息的杂乱。

3-2.昂后尾原始交止位置

前廊与藻井相邻各铺作，下道昂后尾伸到接近藻井铺作后侧（皆研作方头）处截止，上道昂则一直向上，昂底砍出弧面，让过藻井上井口枋上皮，一直过下平榑分位，由承下平榑蜀柱压住。到转角时，由昂后尾水平位置略超过下道昂后尾，但仍不到藻井柱头枋缝。由于各转角昂的位置皆已经过挪移[3]，并不能代表其原始交止位置。从前檐转角铺作的情况来看，下道昂后尾往往削尖，以求在撞上井口枋后与之交合紧密，前檐柱头、补间诸铺作下道昂后尾到井口枋距离大多在6到8厘米，似乎系由铺作外倾拉脱所致。两山、后檐的柱头、转角铺作皆转过两椽，直接撞到内柱柱头铺作内为止，补间铺作则与前檐一样，上道昂上伸承托下平榑。由昂作为垫木，其后尾的理论极限位置在下平榑下（指角缝，正身缝至多伸到檐榑下，撞角缝由昂为止），但现状的前后檐转角皆未到达这一高度。

3-3.草架蜀柱安装次序

与蜀柱安装次序有关的痕迹有如下几条。

檐榑分位蜀柱，开槽方式大致分三种情况：第一种是开通槽后在上下道昂身间垫木块；第二种是柱脚开浅槽放过下道昂，柱身再开一槽放过上道昂；第三种则是第二种的变体，但系由两根半柱对拼而成，所以是开的两个半槽。三者的个数分别是六个、六个、两个，位置比较驳杂，无明显规律可言。

采用第一种开槽方式的蜀柱，在放过上道昂身处开有鼓卯口，放过下道昂身处则无，即安装顺序应该是先将上道昂安放入蜀柱，复加垫块、下道昂，最后再于两道昂身之间打入楔钉。此顺序不可逆，否则上道昂最后入蜀柱时无法合卯。对第二种做法而言，似乎只能按照先安下道昂，再立蜀柱，再插上道昂进蜀柱，最后楔子楔实的顺序在架上进行组装。第三种情况则对安装顺序几乎没有什么制约，完全可以在铺作安装完毕之后再加蜀柱。实际上以样本个数比例来看，第一、二两种做法大致相当，第三种做法则属于少数，虽无法证明前两种做法的运用孰先孰后，或干脆由不同谱系的工匠同场分别施工完成，但至少第三种做法系由后世工匠在局部加固修缮时临时采用的可能性不容排除。

至于插上道昂尾的蜀柱，都是整木刻出斗形，斗欹不起顱，材质也较新，年代应该不会久远。

3-4.草架柱梁的改动痕迹

藻井上的草地栿身留有明显电锯痕，且梁端未入内柱身，与一般认识中的厅堂乳栿做法不符，此外，尚有草架柱子的压痕露出，说明草栿位置动过，以前的压痕才会显露，但反过来也证明草栿年代并不一定很晚，有可能是就旧料重新用电锯加工，挪动位置后继续充做草地栿使用。

4.两次扩建副阶与原墙体的消失

寺志中提及副阶的记录有两条：

"康熙廿三年（1684）甲子僧显斋偕徒景庵前拔游巡两翼增广重檐新装罗汉诸天等相"；

"嘉庆元年（1796）僧敏庵起工至六年止重修殿宇改装罗汉配装诸天等相。"

按文意，康熙廿三年前，保国寺大殿是没有副阶、重檐的，嘉庆元年重修时是否又对康熙朝的副阶做了改动，未曾明言，但是很显然，现在的副阶不是一次成型的结果。前廊及两山副阶柱与宋构柱子之间，各插有柱列一排，对于其净跨来说，这样的两排柱子显得多余。就样式论，两山及后檐紧包在罗汉台里的方柱，断面都是海棠抹角，且下半段为石柱，唯有最南侧的东、西两根方柱是全木柱到地，结合此列柱与宋构间的联系构件颜色明显不同于此列柱与副阶外檐柱之间的构件的事实，猜测康熙朝先立有内侧柱一周——且此时仍保持着正殿三间前廊开敞的状态，依据是副阶柱只有最南侧两根为木柱到底，即最南一间的空间分隔方式异于其他各间，推测副阶同样从南起第二间开始砌墙，而第一间和宋构前廊水平，同样保持开敞就形成连副阶前廊五间开敞的形式（图3-40）。

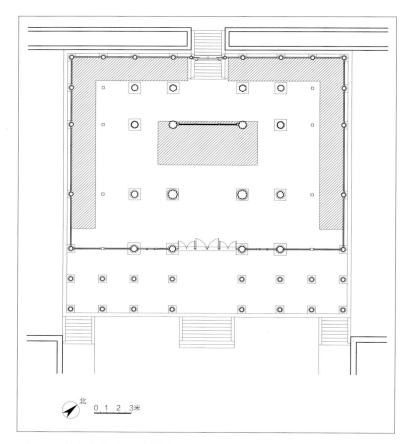

北　0 1 2 3米

图3-40　清初大殿平面复原推想

[3] 如西南角昂用销钉及各昂抽换痕迹：正身昂后尾斜杀，以与角缝昂平齐并置。现状上道角缝昂为1975年所换，而由昂前端有明显压痕，怀疑由昂在1975年大修之前实为上道角昂，当时上道角昂部分朽坏，而由昂彻底朽坏，故将上道角昂部分截断后，位置上提充任昂，原由昂抛弃不用，并另做上道角昂一根。现在由昂身之压痕，怀疑即用作上道昂时为蜀柱所压。由昂身偏短，应该也是截断朽料所致，否则其理论极限长度应该可以升到压住三道上道昂后尾的异形大斗处。两缝正身昂砍斫斜角迎合角昂处，有明显方钉眼，之前应为销钉钉住无疑。另外下道昂后尾有当时避让井口枋的加工痕迹，证明此昂也向下滑动了，或者就是昂头槽朽，截除原有昂头后，在昂身上新作昂头，并将整根昂的位置下抽。

这之后，可能在嘉庆年间，副阶向两山又增扩了一架橡，两山罗汉台随之后移，前檐同时向南外扩，形成现在的局面。

5.东西不对称与"对场作"的可能

保国寺大殿两山及后檐两侧铺作里跳华栱出跳数不等（表3-25）。由于是下昂造，主要依靠大斡楔调节高度，因而跳数不均并未影响到下平槫兜圈，但其成因却令人费解。与补间里转跳数不均对应的是，两山还存在很多其他的细微构造差异：

山花梁架蜀柱上承脊槫斗栱，西侧重栱造，东侧单栱造。

山花平梁西侧有刻饰，东侧无。

心间梁架蜀柱鹰嘴，东西形式不一致。

西山铺作上道昂背开有整齐的槽口，东山与后檐则无。

东山中平槫北侧：仅用短柱支承；西山中平槫北侧：用短柱加一斗三升支撑。

西山面-重栱，栱眼壁填泥，木棍到顶，彩画，栌斗与叉手近，南、北侧开洞，柱缝襻间用栱；东山面-单栱，填木板，栌斗与叉手距离较远，南侧开洞，柱缝襻间用方木。

表3-25 大殿东西铺作里跳华栱出跳数差别

位置	西	东
后檐角缝	4跳	4跳
中进山面补间	5跳	4跳
后进山面补间	5跳	5跳
后檐次间补间	5跳	5跳
后檐心间补间	4跳	4跳

李乾朗在"对场营造"[4]一文中指出，保国寺大殿表现出的东西不对称，或许是我国现存最早的"对场作"实例。所谓对场作，乃是为提高工作效率，将工程分包给两拨工匠，使其分头施工，在竞争的氛围中提高工效的一种工程组织管理方法，在近现代的闽台地区颇为常见。严格意义上的对场作必须建立在成熟的招投标制度和法制规范基础上，因此是否真能出现在北宋初年尚存疑问，但针对大殿东西两侧做法的明显不同仍不失为一种富想象力的解释。

6.其余截割、维修痕迹

除了前述部分之外，保国寺大殿尚有部分节点存在明显改动的痕迹，兹录其现状如下。

（1）前檐心间平柱柱头铺作

现状：要头截断，与清副阶柱伸出的枋子顶在一起。

（2）前三橡栿背两端铺作

现状：北端铺作，最下一层顺栿栱，现状并未入柱，止于平棊枋，东西皆如此（图3-41）。

南端铺作，里跳最上层华栱本应属于柱头铺作的一部分，现状却是东朵与平棊枋相绞过柱缝，西朵止于平棊枋未达柱缝。

（3）前照壁下额上补间铺作

现状：南出第二、第三跳华栱栱头被截断，以避开悬于其上的匾额，现状截成方头。东西两朵补间皆如此。

（4）东、西山及后檐铺作

西山外檐铺作在檐槫和山面下平槫之间的上道昂背都开有整齐的卯口，用途未明。东山面和后檐的外檐铺作昂背上则没有。

（5）前廊草地栿与顺栿串后尾

置于井口枋上的草地栿与中三橡栿的顺栿串大致处于同一高度，在草架内，西侧顺栿串过柱后与草地栿搭接，东侧顺栿串后尾则未与草地栿形成搭接。

（6）额底顶痕

现场所见额底圆形硬物顶痕往往一侧较深，呈月牙状。前廊周圈，包括前内柱缝下层三道内额，都有发现；另外还见于东山面中进下楣底皮（图3-42、图3-43）。

图3-41 东前三橡栿北端顺栿栱栱尾端不入柱

图3-42 东次间内额额底顶痕

图3-43 西次间内额额底顶痕

[4] 李乾朗.对场营造.古建园林技术，2011（1）

第四章 保国寺大殿的结构安全性分析

一、大殿结构一般情况调查

1.地基与基础

大殿虽未发现明显不均匀沉降的迹象，但存在较严重的北倾倾向。根据嘉庆《保国寺志》，乾隆十年风灾曾导致了一次"移梁换柱、立磉植楹"程度的大修，后人于后檐心间两平柱处加木斜撑两道，以阻止其继续北倾坍塌。据董易平、竺润祥、俞茂宏、余如龙所撰《宁波保国寺大殿北倾原因浅析》，大殿的北倾原因主要为东北角柱腐朽失效，而与地基不均匀沉降、荷载不均或外力作用无关，并认为在对东北角柱进行灌胶补强后，已解决了结构安全隐患，大殿已处于稳定状态。

但根据宁波冶金勘察设计研究股份有限公司出具的《宁波市保国寺大雄宝殿变形监测技术报告》，从三次监测数据可以看出：大殿东侧沉降较明显，与第一次观测结果比较，累计沉降量达3毫米；从三次倾斜数据可以看出：大殿总体略有向东倾斜的趋势。

现场调查表明，大殿室内地面基本平整，南面外檐有较明显的南向坡度以利排水。根据沉降观测的结果，总体沉降量较小。相对而言，清代所加副阶部分的东檐、南檐东段相对于其他柱础处有较为明显的沉降量。宋构部分沉降量分布相对均匀，整体稳定。

根据宁波冶金勘察设计研究股份有限公司出具的《宁波市保国寺大雄宝殿岩土工程勘察报告》，保国寺大殿下部基岩基本稳定，走向不是特别倾斜，表面植被发育和斜坡稳定性较好，无不良地质，建筑场地类别为Ⅰ～Ⅱ类。斜坡裂隙发育一般，无滑动迹象，也无滑动史。

综上，根据观测结果分析，大殿总体虽略有倾斜，但沉降和变形基本稳定。

2.主体结构

2-1.墙体

大殿正面（南檐）辟隔扇门窗，窗台之下，地栿之上，以石板充槛墙。两山及后檐为砖砌空斗墙，上开窗洞，墙体抹白灰。

墙体材料为青砖和石灰砂浆。青砖及石灰砂浆均存在不同程度的风化现象。

现场检查发现，该建筑墙体总体基本无明显损伤。

2-2.木构架（承重木梁和木柱）

大殿作为保存完好的北宋厅堂实例，采用方三间的地盘形制与八架椽屋三椽栿对乳栿用四柱的间架做法，于三椽栿上施藻井三座，其上立草栿承草架柱子，并上托中平槫；前内柱头及中三椽栿背上施铺作承平梁及上平槫；平梁中部立蜀柱承脊槫。山面梁架直接立在交圈下平槫之上，不另用系头栿。前内柱间连以屋内额、柱头枋多道，结合多组单、重栱造及柱身丁头栱，形成完整的照壁（法式有所谓照壁枋，姑以此名之），屏蔽藻井上的草架空间，并

与佛屏背版、后内柱间照壁以及心间两缝梁架一道，营造出完整的四内柱空间，亦即佛像空间。四根内柱与外檐柱间，统一使用乳栿、劄牵联系（前檐两平柱与前内柱间用三椽栿，上承藻井，不在其列），结合铺作形成六组纵、横不等的同构排架，并另于乳栿上施卷头造斗栱，与补间铺作后尾所挑令栱替木，共同挑托下平槫。

保国寺大殿的构造体系反映了其空间属性的高度分化趋势——四内柱形成核心筒体，对应最为基本的佛像空间；十二根檐柱拉通成外筒，赋予大殿供人使用的行动空间——其中前三架椽部分被特别强调，加覆藻井后成为集中的礼拜场所，而两山、后檐与四内柱间的空间，则仅供室内通行。出于以上设计意匠的需要，古代匠师在施工中创造性地运用了3-3-2的椽架分配方案，由此造成了前、后内柱不等高的厅堂变体类型，并作为一种典型范本在江南地区长期流传。由于前后内柱出现高差，顺栿串尾端直接伸入后内柱头，无法出柱作丁头栱，其牵拉作用较之《营造法式》图样八架椽屋前后乳栿用四柱的原型有所削弱。但与此同时，三椽栿也由两端绞于柱头铺作内变为一端入前内柱，端头用栓拴住，由此增强了梁栿的抗拔能力。同样的，十二根檐柱，除前檐四柱和前内柱分位的山面柱外，皆于阑额之下另设额一条，形成重楣；柱头与补间铺作中的多道枋木（计柱头枋两道、罗汉枋两道、撩檐枋一道），檐槫、下平槫以及槫下通替木等，层层交圈，形成圈梁。这些措施使得檐柱圈的刚度大幅提升，加强了其抗形变能力，成为相对独立的外圈结构。最后，八榀排架（乳栿六榀、前三椽栿两榀）将除角柱外的八根檐柱与四根内柱联系起来，乳栿上的卷头造斗栱使平槫与乳栿劄牵相互绞接，进一步加强了整个构架的空间刚性。

大殿木柱主要存在以下一些问题：（1）西前内柱柱头处栓子松动，四拼料外散；（2）西后内柱柱根腐朽；（3）四内柱不同程度北倾。

由于柱头偏闪，导致阑额、铺作随之走偏，带动各榀排架产生扭曲，即四缝主架与沟通内外筒的八缝辅架，彼此不能保持水平或竖直，每缝榀架自身的上下层梁栿中线也未能完全重合。榀架扭曲的结果，导致梁栿节点（如乳栿上驼峰、栌斗，或内柱身承乳栿、劄牵的丁头栱）出现局部应力集中，构件产生劈裂破坏现象。

保国寺大殿的槫子皆在柱缝之上，前后檐对应位置椽架平长与槫子高度皆不等。由于藻井之上承中平槫的草柱、草栿都在1975年大修中变动过位置，前檐槫位受到了较大的干扰，等同于发生过滚动。所幸交圈檐槫、下平槫、撩檐枋的高度尚称对称，故而对屋架圈梁未产生不利影响，唯南北上、中平槫槫位存在偏差，导致屋面前后坡度略有出入。

保国寺大殿主要杆件的榫卯类型大致分为两类：梁栿等构件的入柱端处理成直榫，如果过柱即用横向栓子拉住，入铺作一端处理成华头子，上开栱口、子荫，与泥道上各栱枋及外跳令栱咬接；额、串等构件，皆反作燕尾，即在柱上开榫头而在额、串端头开卯

口，以缩腰榫的形式提供抗拔脱机制。另外藻井之上，各层算桯枋与随瓣枋上下开卯口相闪，唯与平棊枋相交处不绞角出头，做出半个燕尾卡口；铺作上各道枋子，以及相邻槫子之间，皆用燕尾榫或银锭榫扣死。由于年代久远，大量燕尾榫的梯形斜边已被磨平，几乎变成直榫，而卯口亦同时糟朽，形成远大于残存榫头的空洞，榫卯的功效基本丧失。

这其中最为重要的几根牵拉构件——心间两缝中三椽栿下的两根顺栿串、两前内柱和两后内柱间的两根顺身串、脊蜀柱间的顺脊串，以及外檐各柱间的阑额，榫卯都已不同程度受损。最为严重的是西顺栿串：其南端过西前内柱身后，以栓子固定，尚属可靠，但其北端过西后内柱柱头处已严重糟朽，加之西后内柱头四根拼料间缝隙甚大，形成一个空洞，实际上已没有任何牵拉功能，仅仅由于大殿北倾，使得该串堪堪搁于柱上而已。东顺栿串北端的残损情况，由于缝隙被东后内柱头的石质栌斗压实而未能明确掌握，其潜在风险尚无法评估。外檐各道额、枋，由于部分铺作外倾，已弯成多道折线，整体性受到破坏。部分阑额、由额端头折断、劈裂，已在1975年大修时灌注环氧树脂并以玻璃纤维布裹绕。

2-3．屋面

大殿现在为重檐歇山顶，但后檐仅作单檐，灰色筒板瓦陇。屋顶举高约1∶3，坡度较陡。

根据现场查看，除屋面有轻微的杂草生长外，基本没有明显损坏。

二、大殿结构材料抽样试验

考虑到保国寺大殿是全国重点文物保护单位，无法对主要承重木材进行取样试验。因此，我们仅对该建筑主要木构件的含水率和损伤情况进行了现场试验。采用电子湿度仪（型号XSD-1B）对木柱表层的含水率进行了检测，结果表明：室内木柱含水率约18%，室内梁枋、斗栱含水率约16%，室外木柱含水率18%～20%。

2003年5月华南农学院所做的结构材树种鉴定结果表明，大殿木结构主要材质为杉木，其次为硬木松；此外另有龙脑香、板栗、锥木、黄桧和云杉，但都只占很少的部分。

2009年8月，中国林业科学研究院木材工业研究所采用无（微）损检测——阻力仪和应力波的方法对大殿所有木柱、部分梁枋作了材质状况勘测。结果表明，独木柱总体健康状况尚称良好，拼合柱有中度至重度劣化。其余承重构件如梁枋、阑额等，存在轻度至中度劣化。

此外，本次勘测也采用超声波仪（型号DJUS-05）对主要木构件的内部缺陷和密实度进行了检测，检测结果表明：独木柱未见明显空洞现象，宋代木构的密实度约是清代木构的2/3。超声波在清代木构件中的径向传播速度约为1800～2000米/秒，而在宋代木构件中径向传播速度约为1300～1600米/秒。图4-1至4-4分别为超声波在不同木构件中径向传播的波形图。

三、大殿结构静动力计算

1．计算参数

结构验算时，结构布置、构件几何尺寸、构件自重等按测绘结果取。荷载取值：屋面活荷载标准值取Q_K=0.7千牛/平方米；屋面恒

图4-1 超声波在东北角柱中的波形图

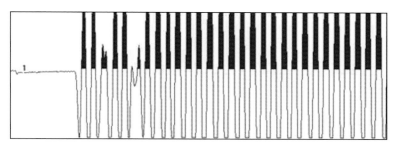

图4-2 超声波在副阶西侧北柱（西山后柱分位）中的波形图

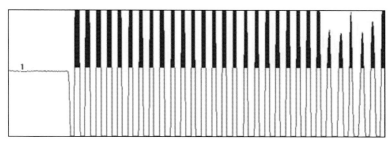

图4-3 超声波在清构副阶西山面额枋中的波形图

图4-4 超声波在宋构西山中间下楣中的波形图

荷载标准值取Q_K=3.5千牛/平方米（大殿屋面每平方米共计16块盖瓦，32块底瓦，苫背平均厚约12厘米）；材料强度根据《木结构设计规范》取值，并综合考虑《古建筑木结构维护与加固技术规范》建议的折减系数，当建筑物修建距今的时间≥500年时（宋代木构部分），木材顺纹抗压设计强度调整系数为0.75，木材抗弯和顺纹抗剪设计强度折减系数为0.70，弹性模量和横纹承压设计强度折减系数为0.75，故弹性模量取6750牛/平方毫米，抗弯强度取7.7牛/平方毫米，顺纹抗压强度取7.5牛/平方毫米，顺纹抗剪强度取0.98牛/平方毫米，横纹承压强度取1.35牛/平方毫米。当建筑物修建距今的时间约400年时（清代木构部分），木材顺纹抗压设计强度调整系数为0.80，木材抗弯和顺纹抗剪设计强度折减系数为0.75，弹性模量和横纹承压设计强度折减系数为0.80，故弹性模量取7200牛/平方毫米，抗弯强度取8.25牛/平方毫米，顺纹抗压强度取8.0牛/平方毫米，顺纹抗剪强度取1.05牛/平方毫米，横纹承压强度取1.44牛/平方毫米。

2．结构静力计算结果

结构静力计算结果表明：心间脊槫满足承载力要求；心间前上

平槫满足承载力要求；心间后上平槫略不满足承载力要求；心间前中平槫基本满足承载力要求；心间后中平槫满足承载力要求；心间前下平槫满足承载力要求；心间后下平槫满足承载力要求；心间前檐槫满足承载力要求；心间后檐槫满足承载力要求；副阶南面檐檩不满足承载力要求；东山下平槫基本满足承载力要求；东山檐槫满足承载力要求；西山下平槫基本满足承载力要求；西山檐槫满足承载力要求；心间东缝平梁满足承载力要求；心间西缝平梁满足承载力要求；心间东缝中三椽栿满足承载力要求；心间西缝中三椽栿满足承载力要求；后檐东侧乳栿满足承载力要求；后檐西侧乳栿满足承载力要求；东次间前三椽栿基本满足承载力要求；西次间前三椽栿基本满足承载力要求；内柱满足承载力要求；西南角柱满足承载力要求；西山前柱及前檐西平柱满足承载力要求；东南角柱、东山中前柱、东山中后柱、东北角柱、后檐东平柱、后檐西平柱、西北角柱、西山中后柱及前檐东平柱均满足承载力要求；清代木檐柱均满足承载力要求。静力计算过程详见附件。

3.结构动力计算结果

采用SAP2000有限元软件对大殿进行动力计算分析，有限元模型中梁柱连接采用榫卯半刚性连接，斗拱采用斜杆进行模拟，柱与基础采用铰接，结构阻尼比取0.05。结构动力计算结果表明：大殿第一阶振型为南北向平动（T_1=0.7326秒），略带有扭转；第二阶振型为东西向平动（T_2=0.6910秒），略带有扭转；第三阶振型为扭转（T_3=0.6233秒）；第四阶振型为面阔方向阑额平面外振动（T_4=0.1472秒）；第五阶振型为进深方向阑额平面外振动（T_5=0.1366秒）；第六阶振型为屋架不对称振动（T_6=0.1291秒）。大殿在水平地震或风荷载作用下，容易出现扭转振动，因此，大殿角部梁柱节点处较易出现损坏。

大殿在南北向水平地震或风荷载作用下的变形要比东西向水平地震或风荷载作用下的变形大。动力计算过程详见附件。

四、大殿结构可靠性鉴定

该建筑仅包含一个鉴定单元，划分为地基基础、上部承重结构和围护系统的承重部分等三个子单元。根据本次鉴定的目的，围护系统的可靠性不作评定，而将围护系统的承重部分并入上部承重结构。

1.地基基础

地基基础子单元的安全性鉴定包括地基、桩基和斜坡三个检查项目，以及基础和桩两种主要构件。

根据现场观测，建筑物使用至今未发现明显沉降裂缝、变形或位移等不均匀沉降迹象，且根据宁波冶金勘察设计研究股份有限公司出具的《宁波市保国寺大雄宝殿变形监测技术报告》，从三次沉降的监测数据得出，最大累计沉降量约3.4毫米，平均沉降速率为0.0057毫米/天，小于0.01毫米/天，表明地基是稳定的，地基的安全性等级可评为B_u级；基础的安全性等级可评为B_u级。建筑物位于斜坡上，根据宁波冶金勘察设计研究股份有限公司出具的《宁波市保国寺大雄宝殿岩土工程勘察报告》，保国寺大殿下部基岩基本稳定，无滑动迹象及滑动史，因此，斜坡的安全性等级可评为A_u级。地基基础子单元的安全性等级按地基、基础和斜坡中的最低一级确定，评为B_u级。

2.上部承重结构

上部承重结构的安全性鉴定等级，根据各种构件的安全性等级、结构的整体性等级以及结构侧向位移等级进行评定。其中各种构件的安全性等级根据单个构件的安全性等级及所占比例，分主要构件和一般构件进行评定。木柱、木梁架和木檩条为主要构件。

2-1.各种构件的安全性等级

木构件的安全性评级考察承载能力、构造、不适于继续承载的位移、不适于继续承载的裂缝、危险性腐朽和虫蛀等六个项目，分别评定每个受检构件的等级，并取其中最低的一级为准。

木柱：

根据计算结果，木柱承载能力项目的安全性等级可以评为a_u级。

根据现场查看，西后内柱柱头四根拼料间缝隙较大，形成一个空洞，卯口对于榫头没有任何牵拉功能；西前内柱、东前内柱、东后内柱均存在不同程度的榫卯松脱现象，柱卯口的牵拉能力较差，因此，这部分木柱构造项目的安全性等级可评为c_u级，其余木柱构造项目的安全性等级可评为b_u级。

通过现场检查，西前内柱柱头处栓子松动，四拼料外散严重；四内柱均有不同程度的北倾和整体扭转现象，东北方向最为严重。因此，这部分木柱不适于继续承载的位移项目的安全性等级可以评为d_u级，其余木柱不适于继续承载的位移项目的安全性等级可评为b_u级。

西山前柱、前檐西平柱、西南角柱以及四根内柱均为拼合柱，由于栓子的松动和性能退化，导致拼合柱接缝处出现不同程度的开裂现象，因此，这部分木柱不适合继续承载裂缝项目的安全性等级评为c_u级，其余木柱不适合继续承载裂缝项目的安全性等级可评为b_u级。

西后内柱和东后内柱柱根腐朽，因此这两根木柱危险性腐朽项目的安全性等级评为d_u级；其余大部分木柱根部均有不同程度的腐朽现象，该部分木柱危险性腐朽项目的安全性等级评为b_u级。

根据现场检查，木柱未见有明显虫蛀现象，因此，木柱危险性虫蛀项目的安全性等级可评为b_u级。

根据以上六个项目，木柱安全性等级评为d_u级的约占25%；评为c_u级的约占58%；评为b_u级的约占17%。因此，木柱构件的安全性等级评为D_u级。

木梁架：

根据计算结果，木梁架承载能力项目的安全性等级可以评为b_u级。

根据现场查看，心间西缝前三椽栿、心间东缝前三椽栿、心间西缝中三椽栿、心间东缝中三椽栿、心间西缝平梁、心间东缝平梁、西山面平梁、东山面平梁、西山南丁栿、西山北丁栿、后檐西乳栿、后檐东乳栿、东山北丁栿、东山南丁栿、西山南劄牵、西山北劄牵、后檐西劄牵、后檐东劄牵、东山北劄牵、东山南劄牵榫卯节点出现不同程度的松脱或残损现象，因此这部分梁架构造项目的安全性等级可评为c_u级。其余木梁架的构造项目的安全性等级可评为b_u级。

通过现场检测，西山北丁栿、西山前间阑额、东山北丁栿、东山前间阑额、心间西缝前三椽栿、心间西缝顺栿串、心间西缝中三椽栿、心间西缝平梁、心间东缝前三椽栿、心间东缝顺栿串、心间东缝中三椽栿、心间东缝平梁、后檐心间西乳栿、后檐心间东乳栿出现不同程度的错位现象。因此，这部分木梁架不适于继续承载的位移项目的安全性等级可以评为c_u级，其余木梁架不适于继续承载的位移项目的安全性等级可评为b_u级。

根据现场察看，心间西缝前三椽栿、心间东缝前三椽栿、心间东缝中三椽栿、心间东缝平梁、东山面平梁、西山北丁栿、东山南丁栿、西山北劄牵、东山南劄牵出现不同程度的开裂现象，因此，这部分木梁架不适合继续承载裂缝项目的安全性等级评为c_u级，其余木梁架不适合继续承载裂缝项目的安全性等级可评为b_u级。

心间西缝前三椽栿、心间西缝中三椽栿、心间东缝中三椽栿、心间西缝平梁、西山面平梁、西山北丁栿、后檐西乳栿、后檐东乳栿、东山北丁栿、西山南劄牵、西山北劄牵、后檐西劄牵、后檐东劄牵出现不同程度的腐朽现象，因此这部分木梁架危险性腐朽项目的安全性等级评为c_u级，其余木梁架危险性腐朽项目的安全性等级可评为b_u级。

根据现场检查，木梁架未见有明显虫蛀现象，因此，木梁架危险性虫蛀项目的安全性等级可评为b_u级。

根据以上六个项目，木梁架安全性等级评为c_u级的约占90%；评为b_u级的约占10%。因此，木梁架构件的安全性等级评为C_u级。

木檩条：

根据计算结果，心间后上平槫及副阶南面檐檩不满足承载力要求。因此这部分木檩条承载能力项目的安全性等级可以评为d_u级。其余木檩条承载能力项目的安全性等级可以评为b_u级。

根据现场查看，木檩条基本在柱缝之上，没有出现明显滚檩现象，因此木檩条构造项目的安全性等级可评为b_u级。

通过现场检测，东次间脊槫、东次间前上平槫、心间檐槫、东次间后上平槫、东次间与心间后中平槫、东次间后下平槫、东次间后檐槫较心间和西次间出现不同程度的下挠现象，因此，这部分木檩条不适于继续承载的位移项目的安全性等级可以评为c_u级，其余木檩条不适于继续承载的位移项目的安全性等级可评为b_u级。

木檩条未见有明显斜裂缝，因此木檩条不适于继续承载裂缝项目的安全性等级评为b_u级。

前下平槫和前中平槫进行过墩接，因此，这部分檩条为危险性腐朽项目的安全性等级可评为c_u级，其余木檩条未见有明显腐朽现象，危险性腐朽项目的安全性等级评为b_u级。

根据现场检查，前檐槫和后檐槫存在不同程度的虫蛀现象，因此，这部分木檩条危险性虫蛀项目的安全性等级可评为c_u级，其余木檩条危险性虫蛀项目的安全性等级可评为b_u级。

根据以上六个项目，木檩条安全性等级评为d_u级的约占12%；评为c_u级的约占48%；评为b_u级的约占40%。因此，木檩条构件的安全性等级评为D_u级。

2-2.结构的整体性等级

结构的整体性等级按结构布置、支撑系统、圈梁构造和结构间联系四个检查项目确定。若四个检查项目均不低于B_u级，可按占多数的等级确定；若仅一个检查项目低于B_u级，根据实际情况定为B_u级或C_u级；若不止一个检查项目低于B_u级，根据实际情况定为C_u级或D_u级。

该建筑的结构布置基本合理，能形成完整系统，且结构传力路线明确，故结构布置及支承系统项目评定为B_u级。

该建筑构件长细比基本符合要求，但部分柱头拼料外散，部分柱脚有不同程度的腐朽，故支撑系统的构造项目等级评为C_u级。

该建筑属于中国传统木构建筑，故不对圈梁构造项目的等级进行评定。

该建筑结构间的联系基本合理，连接方式基本正确，部分梁栿与柱之间的榫卯节点出现拔榫现象，故结构间的联系项目评为C_u级。

结构的整体性等级评为C_u级。

2-3.结构侧向位移等级

根据现场观测，该建筑最大倾斜率为39‰（往北方向），超过限值，结构不适于继续承载的侧向位移等级评为D_u级。

2-4.上部承重结构的安全性等级

一般情况下，上部承重结构的安全性等级按各种主要构件和结构侧向位移中最低一级为准。根据上述分项评定结果，上部承重结构的安全性等级为D_u级。

根据地基基础和上部承重结构的评定结果，鉴定单元的安全性等级为D_{su}级。

五、大殿结构安全性分析结论

（1）保国寺大殿的安全性等级为D_{su}，严重影响整体承载，必须立即采取措施。

（2）心间后上平槫及副阶南面檐檩不满足承载力要求，须对其进行加固，以恢复或提高其承载能力。

（3）保国寺大殿构架出现明显的整体北倾与扭转现象，严重影响结构安全，需要对其进行修缮处理。

（4）部分拼合柱出现外散或松动现象，多处梁柱榫卯连接处出现不同程度的拔榫，需要对其进行修缮处理。

（5）部分木柱根部出现腐朽现象，需要对其进行修缮处理。

（6）大殿在水平地震或风荷载作用下，容易出现扭转振动，因此，大殿角部梁柱节点处较容易出现损坏。

（7）大殿在7度罕遇地震作用下，很容易出现破坏。

下篇

保国寺大殿基础研究

第一章　关于保国寺大殿研究的讨论

一、保国寺大殿研究的意义与价值

1.大殿研究的意义

宋代是中国经济和文化发展上的一个重要时期，伴随着南方的开发和经济文化重心的转移，五代、北宋以来南方建筑技术得以前所未有的发展。在中国古代建筑史上，南方宋代建筑有其重要的意义。保国寺大殿作为江南现存唯一的北宋木构建筑，其早期的时代性与独特的地域性特征，成为宋代建筑研究不可或缺的对象和内容。

从技术史研究层面而言，木构建筑的研究，需要同时借助田野考察与文献考证，这种以实证研究为基本着眼点的工作方法，为我国几代建筑史学者不断发扬充实，并取得了丰硕的成果。然过往的研究，更多关注的是拥有大量实物遗存的北方，特别是以晋、冀地区作为研究的重点，相应地忽视了南方在中国建筑史上的重要性，北方中心观念以及忽略建筑的地域性和以偏概全的现象，有不同程度的表现。

然关于南方地域建筑的研究，也有学者很早就开始关注，如刘敦桢、刘致平的民居调查，童寯、陈从周的南方园林研究，以及后来学者在风土建筑方面的研究。尤其近年来傅熹年、潘谷西、路秉杰等学者在南方建筑技术史的相关领域，有诸多开拓和研究，有助于我们更加客观、全面地认识中国建筑史上的南北互动和融合，从而在广度和深度上推进了建筑史学的研究。

应该看到，南方早期木构遗存的稀缺是北方中心论长期盛行的重要外因，也正因此，为数不多的几座南方宋元遗构更具案例研究的价值。作为长江以南现存年代最早的木构之一，且主体宋构部分保存尚较完整的保国寺大殿，自发现之初便受到学界高度重视，数十年间，南京工学院、清华大学、中国文研院、同济大学等科研机构多次对其进行勘测调查，并发布了相应研究成果。此外大量通史、专题史和研究论文都援引此例，作为代表江南建筑发展水平和《营造法式》南方因素的重要素材，加以讨论。可以说，保国寺大殿作为建造年代确凿的代表性遗构，为建立我国古代建筑谱系提供了一把精确的样式、技术标尺；为深化南方建筑史的研究、充实中国建筑史研究的整体性，提供了直观可靠的实物认知资料；为作为建筑史核心内容的《营造法式》研究，提供了一个可供互证的典型实例。

2.大殿研究的价值

就个案研究的层面来说，保国寺大殿作为一个典型案例，在与《营造法式》的关联研究中被反复引用和讨论，吸引了大量关注。在这样的过程中，伴随着对这一实例认识深度的推进，无论是大殿本身的技术体系、形制样式、设计规律，抑或大殿在江南背景下的定位、江南序列的整体特质和演变规律，甚至《营造法式》中南北因素的剥解，都得到了认真的审视和讨论，因之，相关基础资料得到了积聚，研究方法也得以验证和创新。

此外，由于大殿营造年代的确定，及其与《营造法式》颁布年代的接近、构架体系的关联、构造样式的类似，凡此种种，都赋予了大殿作为重要技术标尺的特殊意义，为分析认识古代构架体系的特征以及梳理样式谱系的关系提供了重要参照。

二、保国寺大殿研究的方法与特点

1.研究的目标与视角

保国寺大殿自1950年代发现以来，在前贤的努力下，已有诸多研究成果。在此基础上，关于保国寺大殿的继续研究，主要有两个方向，一是在精度和深化上的努力，二是在方法和视角上的拓展与探索。此次东南大学关于保国寺大殿的勘测与研究，其目标不仅在于精度和深化上的进一步努力，而且更加重视研究方法和分析视角的拓展与探索。

从研究的角度而言，大殿的精细勘测只是手段而非追求的最终目标。以翔实、精细和全面的勘测分析为基础，进一步拓展和推进保国寺大殿的相关分析研究，是当前我们所面临的任务和努力的方向。

在研究的深化与拓展上，整体的把握与关联的视角至关重要。以往保国寺大殿的研究较多侧重于对象现状本身，尚未及深入关注和探讨诸如营建过程、建构逻辑、加工技术、制材安装、现状纯度、设计规律等方面，唯有如此整体全面的把握和关联视角的探讨，才能深入推进和拓展保国寺大殿的研究，真正全面认识研究对象的内涵和实质。这也是本书追求和努力的目标。

地域建筑研究的视野，对于深化和拓展保国寺大殿的研究具有重要的意义。

任何个案研究都无法脱离其存在的时空属性，我国古代木构建筑体系的差异，很大程度表现在地域性和匠师谱系上。构架体系的独特性往往根源于地域性，对于保国寺大殿所代表的江南厅堂构架体系的认识及比较，地域视野尤为必要。

北宋《营造法式》建筑制度，采集融汇江南北工匠做法，并以官式做法的形式流播南北，这不仅形成了《营造法式》内容上不同地域因素的交杂，同时也促进了南北建筑做法的融合。事实上，唐宋以来南北地域之间的交叉影响及融合变化也是相当显著的。如何认识源流的复杂和存在的多样性，是建筑史研究所面临的一个挑战，也是研究上的一个新线索。在这一领域上，保国寺大殿与《营造法式》是最重要的两个关联对象，二者的比较研究，无论对于保国寺大殿研究还是《营造法式》研究，都是一个重要的研究视角与线索，而地域研究的视角以及与《营造法式》的比较，也正是本书的一个追求和特色。

2.研究的内容与方法

2-1.研究的主要内容

本书关于保国寺大殿的研究，从研究内容及方向上，力求较全面和深入地分析探讨保国寺大殿的各个相关方面。然由于遗存现状及相关资料的限制，研究的内容主要侧重于资料较为充实的木作方面，其内容主要包括复原研究与比较研究这两个方面。

大殿的复原研究，分析和复原保国寺大殿北宋始建的原初状况以及历史上的重要变迁。复原研究又具体分作两个相关内容，一是形制复原，二是尺度复原。形制复原方面，主要分析探讨大殿宋构原初的平面、构架及整体空间形制以及后世改易变动的状况；尺度复原方面，主要分析探讨大殿宋构原初的间架设计尺度、用材尺寸以及营造尺的推定，并进而分析大殿尺度构成的规律与特色。

关于保国寺大殿的复原分析，实际上大多相关研究都会不同程度地涉及，或以不同的角度进行探讨，且在形制与尺度两方面，侧重点亦有不同。而本书复原研究的特点可概括为：在精细和全面勘测的基础上，在形制与尺度两方面复原的新发现和再探讨。

保国寺大殿的比较研究，以整体视野下的江南保国寺大殿为主线，探讨江南厅堂构架制制、厅堂间架结构、厅堂斗栱形式、构件样式做法以及南北地域特色的比较，从而由厅堂技术体系的角度，深入认识与把握保国寺大殿所代表的江南厅堂做法的技术特征和地域特色。

保国寺大殿与《营造法式》密切的关联性，注定了二者的比较研究具有重要和独特的意义，实际上这已成为保国寺大殿研究上必不可少的内容和线索，同时也是学界尤为关注的研究议题。在这一方向上，本书侧重于以下两个方面内容的讨论：一是《营造法式》的江南技术因素解析，二是《营造法式》与江南厅堂做法的比较，希望通过《营造法式》南北技术因素的解析与比较，以及保国寺大殿与《营造法式》的关联性分析，从而推进和深化保国寺大殿乃至《营造法式》的研究。

2-2. 研究的方法与思路

保国寺大殿研究的推进和深化，方法与思路亦甚为重要。尽管保国寺大殿发现至今，已有了诸多相关研究，但仍有可能和必要在新史料与新视角下，作进一步的分析研究。这在大殿复原研究上表现得尤为突出。

首先关于保国寺大殿形制的复原研究，形制复原是根据遗存现状探讨原初形制的分析过程。存世千年的保国寺大殿，现状已远非原貌，自宋以来，历经修缮改易，原初宋构经历代残损变化和修缮改易的叠加，遂成大殿今貌。然历史上的修缮改易，或多或少都会留下相应的历史痕迹与修缮现象，因而，在大殿复原研究上，详细而深入的现状勘察和残损分析，具有重要的意义，是遗构实证性研究最重要的前提。我们希望通过遗构实证性的研究方法，从历史痕迹的解析出发，探寻复原线索和依据，力求尽可能真实地推测宋构原状及相应的构造节点，以使对大殿的认识，更加贴近历史的真实。

关于大殿形制的复原研究，主要分析探讨了大殿空间围合形式、瓜楞柱构造与样式、两山间架形式以及藻井形制这四个方面，而这四个方面正是大殿形制复原的关键所在。且上述四方面的复原分析，皆基于以历史痕迹为线索的实证性方法和思路。

尺度研究是遗构复原研究的另一重要内容。其目的在于从现状的实测数据探讨原初的设计尺寸。然而将现状实测数据正确地还原为原初的设计尺寸，并非易事，甚至极为困难。尺度研究有赖于对遗构变形的认识及修正，以及对遗构尺度关系的整体认识与把握，因此，针对性的思路与方法尤为重要。关于保国寺大殿的尺度研究，我们不仅着重于基础勘察和实测数据，而且追求研究思路和方法的探讨与拓展，并且认为大殿尺度研究，仍有可能在新思路和新方法下，作进一步拓展和推进。

保国寺大殿尺度分析面临遗构变形及实测数据失真问题。在间架尺度复原上，间架关系的认识和把握，是整体尺度关系分析的基础与前提。如若单纯排比现状实测数据，是难以把握和还原间架真实的尺度关系的。忽略整体关系而专注于局部数据的认识，往往陷于盲目无序。从间架关系入手的尺度分析，或更为真实、可靠和有序，这是保国寺大尺度研究的一个思路和方法。

"尺度关系"概念的提出，是我们用以分析和描述大殿间架复原尺度之间的相互关系。在遗构现状变形严重的情况下，注重尺度关系的把握或较精细数据的追求，更为本质和重要。因此，转而重视从间架关系中梳理尺度关系的方法，其结果或更接近和吻合于原状。

尺度复原上，遗构营造尺的推算是另一个关键问题。在尺度复原分析上，营造尺的推定与设计尺寸的复原之间，基本上是一个相互依存和自洽互证的关系。考虑到保国寺大殿现状变形严重，因而在尺度复原分析上，通过多项独立指标的设定，并在多项独立指标的互证校验下，作综合的分析比较并推定营造尺长。

尺度构成分析是保国寺大殿尺度研究的另一层面内容，即在尺度复原研究的基础上，进一步分析和探讨大殿尺度设计的意图与方法，重在探讨符合于构架设计与施工的尺度特点，而非单纯地排比尺寸数据的偶合关系。基于唐宋尺度构成特色的认识，并根据大殿厅堂构架的逻辑关系及其尺度关系的综合分析，得出整数尺制下的椽架基准的构成特色和分析方法，并认为这一方法或可成为早期建筑尺度构成分析的一个有益的线索和思路。

三、保国寺大殿既有研究综述

自保国寺大殿发现半个多世纪以来，针对或涉及保国寺大殿的相关研究成果颇丰，其间交杂重复部分在所难免，在此仅从研究对象入手，分门别类对前人工作做一概略回顾与评述。

1. 构架类型研究

针对不同匠作区域内的木构架类型分类，始终是我国建筑史学研究的基本课题之一，无论最初的抬梁、穿斗、井干三分法，抑或针对《营造法式》殿堂、厅堂的构架体系划分，甚至陈明达进一步细分的中间类型，乃至傅熹年提出的具有折衷意味的简化殿阁，目的都在于借助构造逻辑的不同，从本质上对纷繁芜杂的我国木构建筑进行体系分类。诸多分类各有特色、偏重及相应指标与定义。保国寺大殿因其构成的特殊性，在不同的分类体系下有着截然不同的类型定位，这种争议性无疑赋予了它更多的讨论空间和研究价值。

按大殿发现之初，窦学智等在《余姚保国寺大雄宝殿》[1]一文中将其与《营造法式》"八架椽屋前后乳栿用四柱"相比。可以说南京工学院的学者们在刘敦桢指导下，对早期的江浙木构厅堂有着相当统一的类型认识，并以江南整体为一系统全方位地考察区域内的每一个案，无论是细部样式做法，抑或整体框架组合逻辑，并在这种比较中寻找共性，抽取典型要素，建立区域样式谱系。

其后，陈明达在《营造法式大木作研究》中，认定保国寺大殿为厅堂结构[2]，并将其细分为"厅堂二型"，即所谓"奉国寺型"六例之一，即华林寺大殿、保国寺大殿、奉国寺大殿、广济寺三大士殿、善化寺大殿、华严寺大殿[3]。陈明达并指出华林寺、保国寺大殿将内外柱头铺作组成切合檐步坡度的横架和使用长达两椽的下昂，显示了早期阁道的结构形式与功能，同时插栱的使用体现了江

[1] 窦学智，戚德耀，方长源. 余姚保国寺大雄宝殿. 文物参考资料，1957(8)

[2] 陈明达. 营造法式大木作研究. 北京：文物出版社，1982：第五章第一节"厅堂用下昂"、第七章第一节"唐宋木结构建筑概况"表

[3] 陈明达. 中国古代木结构技术（战国—北宋）. 北京：文物出版社，1990

浙闽地区穿斗结构的传统。

张驭寰、郭湖生主编的《中国古代建筑技术史》[4]中，将保国寺大殿归为典型厅堂：其"与殿堂式最明显的区别是'屋内柱皆随举势定其短长'。即内柱比檐柱高出一步架或两步架。檐头的乳栿或劄牵后尾插入内柱，故施工中不能完全按水平层安装或拆卸。依《营造法式》分级，此种式样多用于一般中小型建筑。浙江宁波保国寺大殿属于此种类型"。

傅熹年在《中国科学技术史（建筑卷）》中将保国寺大殿归于基本厅堂型，而非"兼有某些殿堂构架特点的厅堂型"[5]，并在其《中国古代城市规划、建筑群布局及建筑设计方法研究（上）》中，明确将其描述为"也可称为八架椽屋乳栿三椽栿用四柱，属厅堂构架"。

潘谷西在《〈营造法式〉解读》[6]中，将厅堂定义为"以柱梁作的结构体系为基础，吸收殿阁式的加工和装饰手法而形成的一种混合式木构架"，并在论述厅堂铺作时援引保国寺大殿例说明虾须栱，同时在附录三"对《营造法式大木作研究》一书中十个问题的讨论"附表七中，将保国寺大殿明确归类为厅堂。

钟晓青在《斗栱、铺作与铺作层》[7]一文中，指出内外柱等高与否并不能作为厅堂、殿堂结构类型判定的优先标准，而应首先考察铺作层之有无，并以保国寺大殿前廊藻井为据，认为应将此构归入殿堂型。

郭黛姮在《东来第一山保国寺》中将保国寺大殿定义为厅堂，称大殿"中间的两缝作厅堂式构架"[8]。

王辉在其硕士学位论文《〈营造法式〉与江南建筑——〈营造法式〉中江南木构技术因素探析》中，在陈明达"奉国寺"型、"海会殿"型、"佛光寺"型的分类基准之上，进一步将木构细分为"佛光寺"型、"奉国寺"型、"保国寺"型、"法式"型、"天宁寺"型。"保国寺"型包括保国寺大殿、华林寺大殿和虎丘二山门，为最接近《营造法式》规定的厅堂构架类型，并推断保国寺型影响了《营造法式》所录厅堂类型，最终发展为天宁寺型。

在保国寺大殿的构架属性问题上，学界一般将其归入厅堂类下，大致内外柱不等高被作为了主要判定标准。实际上无论从彻上明造或铺作等第的角度考察，保国寺大殿无疑都在某些局部存在拟殿堂化的倾向，这也是钟晓青对其厅堂属性提出疑问的根源所在。然而如果从最基本的构架逻辑分析入手，三间八椽的保国寺大殿虽构成独特，但其构架鲜明的厅堂本质应是无疑的。

2. 构造样式及其与《营造法式》关联性研究

《营造法式》作为我国建筑史学的核心课题，相关研究成果丰硕。尤其对于宋辽金元木构建筑的个案研究，更是无法脱离《营造法式》的参照和比较，实际上《营造法式》成为同期建筑研究最重要的标尺，并深刻影响到对其价值的判定。

保国寺大殿在发现之初，便被有意识地拿来与《营造法式》相关记载进行逐一比对，并由于部分构造做法、构件样式与《营造法式》的高度吻合，而作为"最接近《营造法式》厅堂的江南实例"

被广为介绍。

窦学智等的《余姚保国寺大雄宝殿》是关于保国寺大殿的最早研究论文[9]。文中对保国寺大殿各个部件、节点的做法与《营造法式》进行了比对，指出包括月梁型阑额、材栔等级与广厚比、昂尾叉蜀柱挑平槫做法等在内的相同点，以及包括藻井形制、减跳制度在内的不同点，表露了大殿所代表的江南营造体系与《营造法式》制度间存在某些联系的观点。

梁思成《营造法式注释》中，亦多处援引保国寺大殿例注释相关制度，计有：虾须栱、"自樽安蜀柱以叉昂尾"、讹角方圆栌斗等。由于梁著的权威性，该书付梓后也引发后辈学者进一步探讨保国寺大殿做法上与《营造法式》的关联性，如月梁型阑额、拼合柱、平闇椽与藻井、照壁枋等。

陈明达在《营造法式大木作制度研究》中，将现存主要实例与《营造法式》制度进行了细致的排列比对，以验证其关于用份值确定各级设计尺寸的观点。其中，在第七章"实例与《法式》制度的比较"中，分别从材等、铺作配置、构件规格、间广份数、椽平长份数、檐出尺寸、平柱高份数等几个方面考核了包括保国寺大殿在内的二十七个早期遗构的构成规律，及其与《营造法式》相关规定的吻合程度。此外，陈明达指出包括保国寺大殿在内的所谓"厅堂二型"实例，同时具备厅堂与殿堂的结构优点，而未载于《营造法式》，推测是由于结构过于繁难，不利标准化所致。在谈到铺作时，其特举保国寺大殿为例，说明厅堂规模与铺作级别间并无严格对应关系，与殿堂的情况截然不同。

《中国古代建筑技术史》中，援引保国寺大殿拼合柱做法，说明《营造法式》相关制度。

潘谷西早在1980年代初的《〈营造法式〉初探（一）》[10]中，根据保国寺大殿拼合柱做法、顺栿串、瓜楞柱、七朱八白等样式为例，论述了《营造法式》与江南建筑技术的内在关联。

傅熹年在《试论唐至明代官式建筑发展的脉络及其与地方传统的关系》[11]一文中，从《营造法式》兼记南方建筑术语和江南传统做法的现象引出吴越建筑技术北传，融合汴梁传统，最终形成北宋官式的推论。文中并着重举保国寺大殿为例，以瓜楞柱、两架昂、令栱素枋叠置组合、月梁型阑额、昂嘴形态、顺栿串施用等为例说明吴越地域做法与《营造法式》相关规定的内在联系。在《中国古代城市规划、建筑群布局及建筑设计方法研究（上）》中，傅熹年推定保国寺大殿材等为五等材，并强调其顺栿串为现存最早实例，以之为吴越因素影响《营造法式》编纂的重要例证，并认为顺栿串直至明初重建北京故宫时才随江南工匠北传，并发展为官式隔架科做法。

郭黛姮在《东来第一山保国寺》研究篇中，详细地从结构布局、用材等第、铺作样式、藻井做法、彩画形制、拼合柱做法等多个侧面，全面比对了大殿与《营造法式》相关制度的异同，是目前关于保国寺大殿与《营造法式》制度比较的最全面的研究。

杨新平在《保国寺大殿建筑形制分析与探讨》[12]一文中，就平面形态、瓜楞柱的制作技法、月梁型阑额、扶壁栱配置以及斗八藻

[4] 张驭寰，郭湖生.中国古代建筑技术史.北京：科学出版社，1985

[5] 傅熹年.中国科学技术史：建筑卷.北京：科学出版社，2008：第七章第四节

[6] 潘谷西，何建中.《营造法式》解读.南京：东南大学出版社，2005

[7] 钟晓青.斗栱、铺作与铺作层//王贵祥.中国建筑史论汇刊：第1辑.北京：清华大学出版社，2009

[8] 郭黛姮，宁波保国寺文物保管所.东来第一山保国寺.北京：文物出版社，2003：研究篇第四节·梁额构架

[9] 窦学智，戚德耀，方长源.余姚保国寺大雄宝殿.文物参考资料，1957（8）

[10] 潘谷西.《营造法式》初探（一）.南京工学院学报，1980（4）

[11] 傅熹年.试论唐至明代官式建筑发展的脉络及其与地方传统的关系.文物，1999（10）

[12] 杨新平.保国寺大殿建筑形制分析与探讨.古建园林技术，1987（2）

井等方面，广泛引述南北方相关实例与图像、文献资料进行比对，得出大殿反映的江南地区五代宋初建筑技术被李诚引入《营造法式》、《营造法式》所载模制早在颁行之前便已成熟的结论，并通过资料排比，展示了大殿作为《营造法式》研究重要案例的意义。

项隆元的《宁波保国寺大殿的历史特征与地方特色分析》[13]中，强调大殿构件样式做法的时代性及其地域特色，以及作为江南典型不对称八架厅堂的祖型意义，讨论了保国寺、天宁寺、延福寺序列的传承关系。并通过样式的排比，分析华林寺大殿、保国寺大殿、虎丘二山门、保圣寺大殿在内的江南木构体现的古制，及其与《营造法式》制度的内在联系，并讨论了大殿井字构成的特殊性。

保国寺大殿与《营造法式》的关联性成为学界的共识及研究的线索，以此为背景，2003年在宁波保国寺专门举办了"纪念宋《营造法式》刊行900周年暨宁波保国寺大殿建成990周年学术研讨会（国际）"，而保国寺大殿与《营造法式》正是会议研讨的重要主题。

上述诸多讨论保国寺大殿与《营造法式》关联性的研究中，大多注重的是形制、构造、样式特点的比较分析，主要是从形式入手，论证相似性背后潜藏的同源或关联的可能，除陈明达的研究外，少有以尺度设计为出发点，做定量分析的。

3. 形制复原研究

保国寺大殿经历代修缮改易，现状与原状已有较大的差异。因此保国寺大殿的复原研究，一直是大殿相关研究中最重要的内容。在大殿发现之初，窦学智、方长源、戚德耀三位论文中已明确指出大殿的改造现象，如卷棚天花、平梁以上构架、副阶门窗等。《余姚保国寺大雄宝殿》一文中，平面按现状简绘，两个剖面则做了处理，将后加副阶部分消除，以利表达的清晰与准确，而后代改易变动的诸多部分，并未做相应复原更改，故文中所绘制的大殿平立剖图，在性质上仍为实测图。然此图成为保国寺大殿最早的较完整测绘资料。傅熹年《中国古代城市规划、建筑群布局及建筑设计方法研究（上）》中，即直接引用此图进行丈尺复原。

郭黛姮《东来第一山保国寺》中，第一次对大殿作了较完整的复原分析。其复原方案中，针对平、立、剖形式及空间划分，皆提出了不同于现状的相应复原形式，郭黛姮的大殿复原分析，是在充分勘察测绘基础上进行的，尽管仍有部分内容未必全面和到位，但首次推定还原了区别于现状的宋构面貌，是保国寺大殿复原研究上的重要一步。

在郭黛姮工作的基础上，肖金亮对大殿主体又作了进一步的复原分析，撰成《宁波保国寺大殿复原研究》一文，并在2003年8月"纪念宋《营造法式》刊行900周年暨宁波保国寺大殿建成990周年学术研讨会（国际）"上发表。该复原方案与《东来第一山保国寺》基本一致，而对复原采用数据作了更详细的介绍，并与《营造法式》相关规定对比，其中部分的复原以《营造法式》制度为主要依据。

上述各复原方案在撤除副阶方面并无差异，实际上大殿的木构部分保存相对完好，新增部分一目了然。较为困难和易有分歧之处，多集中在空间围合、小木装折、屋顶瓦饰等部分。当然，随着后续勘测工作的不断深入，对于大殿遗构历史痕迹的认识也将趋于深化和精细，在复原分析上，应仍有不少的余地和空间。复原分析这一课题，必将成为推进和深化保国寺大殿研究的一个重要方面。

4. 营造用尺与设计规律研究

相较于样式层面的探讨，涉及尺度设计规律的研究无疑更接近

匠作思维的本源，近年来众多学者投入了大量精力到这方面的研究中去。这里存在两个焦点问题：一是营造尺值的取定，二是设计模数的推定。

关于保国寺大殿设计规律的最初成果来自陈明达《营造法式大木作制度研究》。陈文首先以材广1/15定保国寺大殿份值为1.43厘米，栔广6份，继而以份值反推大殿主要构件断面对应份数，以及间广、椽长、檐出、朵当、柱高、铺作总高、出跳、举高、总高等所合份数，并从所得数据出发，力图证明间广和椽长的标准份数，以及份模数的设计方法。陈明达的工作为《营造法式》研究开启了新的视野，推动了《营造法式》与现存实例互证研究的进展，深化了对《营造法式》制度的认识，具有重要的先行开拓意义。

不同于陈明达唯理论的研究倾向，潘谷西在解读《营造法式》所反映的北宋设计方法时，更注重实际施工问题，以简便性和工匠思维为标准，为后续的研究开拓了思路。

傅熹年在《关于唐宋时期建筑物平面尺寸——用"分"还是用尺来表示的问题》[14]一文中，进一步阐释了他在《中国古代城市规划、建筑群布局及建筑设计方法研究（上）》中主张的折衷方法：元以前建筑的构件尺寸与间架尺寸皆以材份为模数进行设计，但间架的材份尺寸确定后，还要折合成实际尺数并调整到以尺或0.5尺为单位，以便于施工和核查。按傅熹年的推算，保国寺大殿营造尺长29.4厘米，仍沿用唐尺系列。面阔215＋393＋215＝823份，或10.5＋19＋10.5＝40尺；进深313＋402＋210＝925份，或15.3＋19.5＋10.2＝45尺。中平槫高为檐柱高2倍，即以檐柱高为扩大模数设计屋架高度。

肖旻在其博士论文《唐宋古建筑尺度规律研究》[15]中，以基本平均材广值21.3厘米推算间架及柱高所合材数，假设材广7寸或7.2寸，反推出营造尺长30.4厘米或29.6厘米，并提出脊架与其余各架间存在7:5或10:7的特殊比例关系。

刘畅、孙闯在《保国寺大殿大木结构测量数据解读》[16]一文中，利用三维扫描所得多个柱头平面尺寸，按29.4～32.9厘米的宋尺可能取值区间逐一验算，取吻合率最高的31.3厘米作为复原营造尺值。在此基础上，以材厚1/10为份值，考察了"昂制"（平出44份、举高22份）和铺作出跳值（120份）。同时经过数据处理，得出大殿自撩檐枋起，以整数尺控制平面的结论。平面丈尺设计数值如下：前后撩檐枋心距53尺，前进间14.2尺，中进间18.4尺、后进间9.6尺；东西撩檐枋心距48尺，两次间各9.6尺，心间面阔18尺。

刘畅、孙闯《保国寺大殿大木结构测量数据解读》是迄今关于大殿尺度研究最为深入的研究成果。

过往的保国寺大殿尺度研究，侧重点各有不同，观点与结论亦有分歧。但存在一个共性的倾向，即由于参校依据的单一，易于陷入自洽互证的危险。实际上对于保国寺大殿这样开间数过少的方三间厅堂的尺度复原，或许应考虑设置多重指标，以增加相互印证校核的可靠性。此外，如何处理大殿严重的位移变形，也是大殿尺度研究上一个难以把握的环节。

5. 文献记录与保存技术研究

如勘测章中所整理，自1990年代以来，保国寺古建筑博物馆在国家文物局的支持下，针对保国寺大殿所处地区的地质状况、大殿用材材种、木构件保存状况等多个专题，与多所科研单位合作进行了相关研究，保国寺古建筑博物馆工作人员将其整理汇编后，陆续

（13）项隆元.宁波保国寺大殿的历史特征与地方特色分析//浙江省博物馆.东方博物：第十辑.杭州：浙江大学出版社，2004

（14）傅熹年.关于唐宋时期建筑物平面尺寸——用"分"还是用尺来表示的问题.古建园林技术，2004（3）

（15）肖旻.唐宋古建筑尺度规律研究.南京：东南大学出版社，2006

（16）刘畅，孙闯.保国寺大殿大木结构测量数据解读//王贵祥.中国建筑史论汇刊：第1辑.北京：清华大学出版社，2009

发表于该馆馆刊《东方建筑遗产》，相关内容分卷详列如下：

2007年卷

《试探保国寺大殿建筑墙体原型与瓜楞柱子变化因子》，徐炯明、沈惠耀；

《宁波保国寺文物建筑科技保护监测系统设计》，汤众、张鹏；

《保国寺与古典园林的关系》，李永法、李芳；

《浅谈保国寺的园林环境特色》，郑雨、沈惠耀。

其中，徐炯明、沈惠耀文中，针对柱子的刻楞与否问题，提出了三种空间围合的假设，一是前廊开敞，后部实墙；二是前廊用栅栏（叉子），后部实墙；三是全殿皆用栅栏。由于柱子上缺乏安置栅栏所需的相应卯口痕迹遗留，因此作者更倾向于前廊完全开敞、后部砌以实墙的围合模式。

2008年卷

《必须重视保国寺周边环境的保护》，郭黛姮、肖金亮；

《构建科技保护监测体系，加强文物建筑保护力度——浅析浙江宁波保国寺大殿科技保护项目及其应用》，余如龙；

《宁波保国寺大殿复原研究》，肖金亮；

《浅谈北宋保国寺大殿的测绘与工作体会》，沈惠耀；

《江南瑰宝保国寺大殿——从遗存看演变脉络》，林浩、娄学军。

其中林浩、娄学军文中，特别针对各个时期的改动情况，借助所谓"标型学"方法，分解出大殿六次改造中遗存下来的若干分期特征，对相当部分构件的制作和更替时间提出了见解。

2009年卷

《论保国寺北宋大殿的特点与价值》，余如龙；

《保国寺人物纪事琐考》，徐建成；

《浅析保国寺古建筑群虫害的防治》，符映红。

其中徐建成文中，据嘉庆《保国寺志》，重新整理考订了万历七年至嘉庆十七年（1579—1812）间的僧侣师承关系，纠正了以往寺志中以讹传讹的错误部分，对串联保国寺兴衰迹象，真实反映其营造、兴废历史颇有助益。

2010年卷

《历代名人与保国寺·民国篇》，徐建成；

《宁波保国寺大殿木构件含水率分部的初步研究》，王天龙、姜恩来、李永法；

《宁波地区地震活动性特征及对保国寺古建筑的影响探讨》，沈惠耀；

《保国寺大殿材质树种配置及分析》，符映红。

此外，更为重要的原始资料首推回顾大殿维修过程的座谈记录《谈谈保国寺大殿的维修》[17]。由于历史原因，新中国成立后的几次大修都没有留下正式的修缮工程报告，因此作为修缮当事者的回忆记录就更富史料价值。此文总结了1956、1963、1970年几次维修的经验教训，回顾了1975年大修前关于屋顶具体做法和是否采用高分子材料的争论，阐述了本次修缮的原则和做法，总结了若干心得体会。就研究角度来看，此文中最重要信息为以下两点：

其一，证实了"甲子元丰七年"墨迹的存在。关于这一墨书的传闻版本众多，然而多属口传，当时在施工现场见过该题记的文物工作者中，正式记录这一事件的唯此一篇："在这次维修时，我们在西山南次间西面（疑为南面或北面之误）补间铺作上昂后尾挑斡侧面发现墨书'甲子元丰七年'字样，这对进一步研究和确定现存保国寺大殿的重建年代具有十分重要的研究价值"。

目前关于保国寺大殿的年代问题，相关的资料有四个方面：相关文献《保国寺志》、《慈溪县志》，崇宁元年的《造石佛座记》，少数构件的C_{14}测定（1100年以上），以及口传的甲子元丰七年墨书。实际上从研究的角度而言，保国寺大殿的始建年代，仍是一个值得论证的课题。

其二，文中提到东前内柱更换前，内部早已中空，后嵌补进去的39厘米直径的补料亦已糟朽。由于与前内柱交接的各种构件多达40余个，换柱施工时颇感无从处理，后由西前内柱四段合的做法受到启示，才找到解决方案。从这段资料可以逆推出1975年大修之前，东前内柱并非现状的拼合柱，而是包镶做法，且中空嵌料直径近40厘米，可见原来基本是一根整木柱，这无疑引发我们关于大殿原始用柱构造做法的猜测。

半个多世纪以来的保国寺大殿研究，无论在内容还是方法上，都积累了丰富的成果和经验。在前人研究的基础上，后继者肩负着拓展与深化的使命，尤其是在相关的南方建筑研究、《营造法式》的比较研究以及技术史研究的方向上，任重而道远。此次东南大学关于保国寺大殿的勘测分析与基础研究，正是在这一方向上的努力与探索。

〔17〕宁波市文物管理委员会.谈谈保国寺大殿的维修.文物与考古，1979（9），此文据了解为修缮参与者林士民整理。

第二章　保国寺大殿复原研究

一、大殿历史与现状

1.历史沿革

1-1.建置沿革

保国寺位于浙江省宁波市西北之灵山，其前身灵山寺始创于东汉，唐武宗会昌灭法时被毁，此后35年的唐广明元年（880），宁波国宁寺僧上书朝廷，请求复寺，获准并赐保国寺名[1]。

宋真宗时期，浙江四明天台宗法智大师门下"南湖十大弟子"之首则全，朝廷赐号德贤。宋真宗大中祥符四年（1011），德贤"复过灵山，见寺已毁，抚手长叹，结茅不忍去"。遂任住持，与弟子德诚及徒众"鸠工庀材，重修寺院"，"赤手营造山门、大殿"，经六年"山门、大殿悉鼎新之"。其中大殿于大中祥符六年（1013）建成，形制独特，被誉为"四明诸刹之冠"[2]，德贤由此被尊为保国寺开山。宋英宗治平元年（1064），保国寺改赐"精进院"额[3]，传承至今。

保国寺大殿作为北宋大中祥符六年（1013）所建之构，是我国江南地区年代最早、保存最完整的木构建筑。1961年由国务院颁布为第一批全国重点文物保护单位。

1-2.修缮改易

保国寺大殿自宋以来，历经修缮改易。据记载两宋、明清各朝都有修建活动，其中尤以清代前期的几次修缮改易，对大殿改变较大。据清嘉庆十年《保国寺志》，康熙二十三年（1684），僧显斋、景庵，"前拔游巡两翼，增广重檐，新装罗汉诸天像"，此次重修改变了大殿宋式单檐外观；约百年之后的乾隆十年（1745），僧唯安、体载再次对大殿"移梁换柱，立磉植楹"，替换和改造了大殿梁柱构架；乾隆三十一年（1766），又更换大殿内外铺地，悉以石板铺砌；乾隆四十六年（1781），大殿山门遭风灾毁坏，几无完屋，次第修葺[4]。

清乾隆至民国间，大殿应也有修缮改易，大殿现佛座上部的木板卷棚，推测应是民国年间的改造。自1954年大殿被发现以来，大殿又有多次修缮，其中以1975年的修缮最为重要。

在气候潮湿、虫害严重的南方地区，早期木构建筑荡然无存，唯保国寺大殿存留千年至今，十分难得。大殿历千年沧桑，原初宋构经历代残损变化和修缮改易的叠加，遂成大殿今貌。

1-3.大殿年代

根据寺志记载，现保国寺大殿应是宋大中祥符六年（1013）所建遗存者。此外，大殿另留存有年代题记两处，是大殿年代佐证的重要依据。一是佛坛背面所嵌"造石佛座记"，共144字，记大殿建立90年后的崇宁元年（1102），施者捐造石佛座："弟子陈延詠、延绍……，同施净材，制造精进院大殿内石佛座一所……，诸天昭鉴。时壬午崇宁元年五月谨记"[5]；二是大殿前进间西侧北补间铺作[6]上道昂后尾侧面有墨书"甲子元丰七年□月□日"的纪年题记。元丰七年为宋神宗年号，当公元1084年，上距大中祥符六年已有71年，应是大殿修缮时工匠所题。

大殿佛坛背面所嵌"造石佛座记"，现仍存于殿内。1954年发现大殿时，此崇宁题记即是大殿断代的依据之一。此佛座题记对于大殿年代分析十分重要。其时保国寺名为精进院，而"制造精进院大殿内石佛座一所"，则说明大殿先于石佛座已经存在。

大殿昂尾元丰墨书题记，据称为1975年大殿维修时所发现。然东南大学此次勘察，一直未能在相应昂身上找到该处题记，推测或于1988年对大殿梁架进行防腐处理及断白做旧时，被构件表面涂刷青桐油所遮盖[7]。然据当年修缮当事者回忆，1975年维修时，大殿西南角一根下昂腐朽严重，进行了更换，并在下昂后尾发现有墨书题记[8]。两说不一，如此重要题记惜今已寻觅不见，且无照片记录，甚为遗憾[9]。

追究墨书题记，并非要质疑大殿的年代，而是希望关于大殿年代的直接史料更为充足。此元丰题记，本应是最直接的年代证据，但却沦为口传。然毕竟此大殿元丰题记，曾有多人目睹，应有相当的可信性。此题记说明宋神宗元丰年间，大殿经历了一次修缮[10]。

1981年，国家文物局文物科学技术研究所用 C_{14} 的方法，对大殿栱、昂等三个构件木材进行年代测定，其最大数据为1220±65，最小数据为1120±65，其年代都在千年以上，是确定大殿营建年代的重要参考依据。

综合文献记载、大殿题记、构件年代测定以及样式特征，现大殿为北宋大中祥符六年（1013）所建遗存者，应是充分可靠的。也就是说，大殿自宋至今已历999年，是长江以南最早的木构遗存之一。

---

[1] 寺存清雍正十年"培本事实碑"。

[2] 清嘉庆十年《保国寺志》。

[3] 宋《元祐四明志》卷十八："精进院在县南三十里，唐广明初赐额保国，宋治平改今额"；宋《宝庆四明志》卷十七："精进院，县东三十里，旧名灵山，保国唐广明元年置，皇朝治平二年改赐今额"。

[4] 清嘉庆十年《保国寺志》。

[5] 崇宁元年"造石佛座记"。

[6] 关于墨书题记位置，《谈谈保国寺大殿的维修》一文指题记在"西山南次间，西面补间铺作"，然西侧南次间只有南补间与北补间之分。见：宁波市文物管理委员会.谈谈保国寺大殿的维修.文物与考古，1979（9）

[7] 据保国寺博物馆工作人员回忆，1988年对大殿梁架进行防腐处理及断白做旧，构件表面涂刷青桐油时，还特地避开题记而未覆盖，且此后该铺作构件亦未有修缮更换。

[8] 林浩，林士民.保国寺大殿现存建筑之探索//纪念宋《营造法式》刊行900周年暨宁波保国寺大殿建成990周年学术研讨会论文集，2003：114

[9] 现保国寺所展示的带有"甲子元丰七年"墨书题记的昂构件，为在替换下的旧构件上的摹写。

[10] 清嘉庆十年敏庵辑《保国寺志》及民国十年钱三照编《保国寺志》，记录了大殿历代的营建修缮，然未记宋神宗元丰年间的修缮活动。

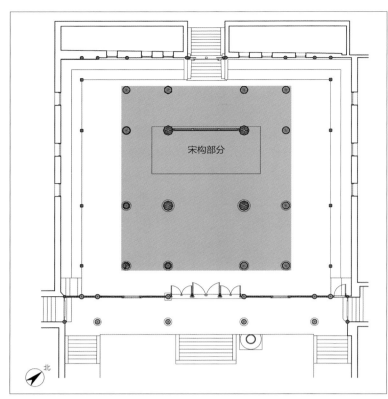

图2-1　大殿现状平面图

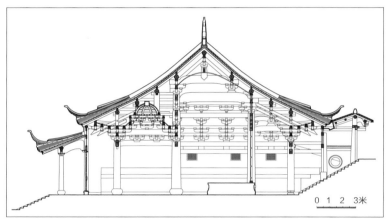

图2-2　大殿现状横剖面（当心间西视）

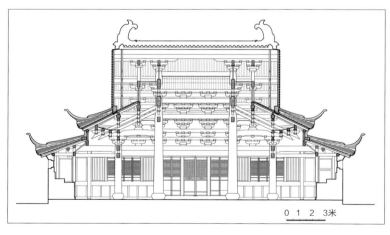

图2-3　大殿现状纵剖面（中进间南视）

2.大殿现状

2-1.现状特点

大殿自宋迄今千年，虽经历代修缮改易，然主体构架部分仍大致保存了原初宋构的基本制形。正如民国十年编纂的《保国寺志》云："本殿自始建以来，至今民国八年己未，已历九百零七年矣，其间修葺虽不乏人，而终不改其原制。"此为保国寺大殿现状最重要的特征，也是保国寺大殿的价值所在。

大殿位于现寺之中轴后部，大致坐北朝南，因山势地形，寺轴略偏东南。现状大殿的整体遗存中，核心部位的殿身，为原初宋构部分，即面阔三间、进深三间八椽、屋顶厦两头造的殿身部分。殿身四周增扩部分为清康熙二十三年（1684）所添加，在殿身东、西、南三面形成下檐。大殿现状整体为面阔七间、进深六间、重檐歇山的形式和规模（图2-1、图2-2、图2-3）。大殿殿身木作部分，虽有部分构件经后世修缮改易，但在主体构架上，宋构或宋式的特色仍较纯正。清康熙年间于殿身四周所增扩的下檐，在效果上保护了中心的宋构部分。而宋构大殿主体木作构架以外的石作、瓦作部分以及外檐装则已无存，其现状基本上是清代修缮改易的结果。

清代的修缮改易，在形制上最主要地表现在如下几个方面：一是添加副阶下檐，二是移换立柱及柱础，三是殿内地面改铺石板，四是外檐小木作及瓦作的替换改造。

清代所添加的副阶下檐，于大殿宋构的前部与左右三面各增加了两列柱子，并以此做出三面下檐；后部因场地空间所限，只增加一列柱子，未做下檐，唯以此柱列封闭了后檐空间。

此外，历经千年的大殿，各种残损、变形也较为复杂和严重，如大殿现状立柱整体后（北）倾，乾隆四十六年（1781）风灾所造成的倾斜变形，应是其原因之一。

大殿中进间上部所覆弧形卷棚，应是近代的改造，覆板的同时，对相应部分的宋构亦进行了改造。大殿自1954年发现以来，又经历了约六次的大小保护修缮，其间亦加固、更换了部分构件，改造了部分构造做法[11]。

大殿石佛座上的佛像现已不存。

2-2.基本形制

大殿宋构部分，面阔、进深各三间，平面近方形，单檐歇山顶。其面阔三间中，东西两次间各补间铺作一朵，当心间补间铺作两朵；进深三间八椽，前进间与中进间各三椽，后进间两椽；檐柱12根，内柱4根，共16柱，平面柱网呈九宫格形式。

大殿整体构架为厅堂形式，横架四缝梁架，心间两缝主架为"八架椽屋前三椽栿后乳栿用四柱"的形式；两次间各一缝山面梁架，由平梁、蜀柱和叉手构成。

大殿四内柱随举势升高，内柱高于檐柱；前内柱在前上平槫分位，后内柱在后中平槫分位，前内柱高于后内柱一架。周圈檐柱与内柱之间，以梁栿拉结联系，梁头绞于外檐柱头铺作中，梁尾插于内柱柱身；大殿外檐斗栱七铺作双抄双下昂，内檐五铺作出双抄。前进间的三椽空间设平棊藻井，上部作草架结构；后五架空间彻上露明，空间高敞。殿内倚后内柱设石佛座，佛座后壁为佛屏背版。

3.研究目标

3-1.既有研究

保国寺大殿是江南遗存年代最早的木构建筑，且主体宋构部分，形制保存尚较完整。作为江南地区唯一的北宋木构遗存，保国

（11）关于保国寺大殿历代修缮活动，参见上篇《保国寺大殿勘测分析》的相关章节内容。

寺大殿具有重要的研究价值，尤其对于探讨江南早期木构技术，具有重要的意义。

保国寺大殿，1954年由当时南京工学院中国建筑研究室发现[12]，半个多世纪以来尤受学界重视，成为众多学者关注和研究的对象，进行了大量的调查、研究和保护工作。1957年中国建筑研究室发表的《余姚保国寺大雄宝殿》[13]，是保国寺大殿研究的开篇之作，大殿由此为学界所认识。此后，关于大殿的进一步调查和研究逐渐展开[14]。1980年代初，清华大学对保国寺大殿进行了全面测绘。20世纪以来，勘测和研究成果更进了一步，2003年出版的《东来第一山保国寺》，是迄今关于保国寺最全面和系统的研究成果；2005年、2006年和2009年，同济大学、清华大学以及东南大学分别对大殿进行了三维激光扫描测量，以及更加深入和全面的大殿勘察和手工测量，并在此基础，进一步推进保国寺大殿的研究，其特色是注重分析研究的精度和深度。如清华大学刘畅，孙闯的《保国寺大殿大木结构测量数据解读》[15]，即主要侧重于测量数据的统计分析与设计尺度的权衡解读。

3-2. 内容与目标

迄今学界关于保国寺大殿的相关研究已为数不少，其内容主要侧重于尺度、样式等方面的分析。随着勘察的深入和研究的深化，复原研究必然成为一个重要的学术目标。一般而言，复原研究主要侧重于两个方面，一是尺度规律，二是形制样式。然目前关注形制复原的较少，一般多认为现状大殿除下檐及瓦作、外檐小木装修外，在整体形制上，宋构原初形态基本完整。然实际上，通过深入全面的勘测调查发现，大殿现状较原初形态仍有不少的改变，且这些变化，在相当程度上影响了今人对大殿完整和真实的认识。如若不加分析地将现状直接视作原状，或轻易地认为现状较原状并无太大的改变，那在研究上是相当危险和不可靠的。故关于大殿形制的复原分析，有其相应的学术意义，并且仍有可能和必要在新史料与新视角下，作进一步的复原分析。

本章的复原研究，是在东南大学2009年全面勘测调查的基础上，通过大殿历史痕迹的分析与解读，重点探讨大殿大木构架形制复原的若干问题。也就是说，本章并非关于大殿全面的复原研究，也不深入探讨目前尚无直接复原依据的瓦作、外檐小木作以及杂作等方面内容。至于大殿大木构架的尺度复原探讨，则在第三章"保国寺大殿尺度研究"，另作讨论。

3-3. 思路与方法

中国古代木构建筑，经年历久，不可避免的变形残损和修缮改易，渐渐地改变着原初的形态和面貌，因而难有完整保留下来者。存世千年的保国寺大殿，现状已远非原貌，较宋构原初形态已有相当的改变。不能将现状等同于初建时的原状，实际上以保国寺大殿千年之后的现状去把握原状，是非常困难的。然历史上历次修缮改易，或多或少都会留下相应的历史痕迹与修缮现象。保国寺大殿的千年沧桑，无形中透露和诉说着"时间上漫不可信的变迁"[16]，实迹印证对于古建筑研究具有重要的意义。通过精细勘测所获得和认知的大殿修缮改易的历史痕迹，是大殿复原研究的一个重要依据和线索。也就是说，通过遗构历史痕迹的解析，排除后世修缮对原貌的改变，尽可能恢复遗构的真相和原貌。

本书的复原探讨在方法上，通过建筑遗构及遗迹实证性的研究方法，希望从历史痕迹的解析出发，探寻复原线索和依据，谨慎分析考证和判断，努力揭示那些隐藏在各种旧貌痕迹后面的原初形制和意图。力求尽可能真实地推溯宋构原状，以使我们对大殿的认识，更加贴近历史的真实。

还值得指出的是，勘察工作的深入和全面，是遗构实证性研究最重要的前提，然目前大殿未落架的现状，限制了大殿隐蔽部分的深入勘察。因而，实测以及对大殿的认识与把握，都受到相应的制约。在目前可见现状的限定下，本章的复原分析论证，难免会有不确定因素和疑难困惑，故一些相关分析，或作为推论，或作为疑问提出，期待今后大殿的落架勘察和修缮，有可能进一步证实或修正本书的复原分析。

本章讨论的大殿复原研究的若干问题，主要包括以下四个方面：

（1）平面与空间形式；
（2）瓜楞柱构造与样式；
（3）两山间架形式；
（4）藻井形制。

下文针对以上几个方面的内容，依次进行复原分析与讨论。

二、历史痕迹解析与复原一：平面与空间形式

1. 清代的修缮改造

1-1. 清前期的大殿修缮

本章所称保国寺大殿平面与空间形式，指大殿平面布置与空间围合的形式。

保国寺大殿因历代修缮改造，尤其清代前期的几次修缮活动，较大地改变了大殿的平面与空间形式。关于清代以前大殿平面及空间形式是否有较大的变动，现已不可考。根据现有史料分析，清代前期是保国寺大殿修缮改造最频繁的时期，对宋构大殿平面及空间形式的改变亦大。推测在清代前期修缮之前，宋构大殿平面与空间形式，应仍大致保持着宋代的基本形制，而未有大的变动。

清代前期的数次修缮活动中，对大殿形制影响较大的有两次，即康熙二十三年（1684）的与乾隆十年（1745）的二次修缮改造。其中尤其是清康熙二十三年的修缮活动，显著改变了大殿原初的平面配置与空间围合形式。关于该次修缮活动的内容分析，是大殿平面与空间形式复原的重要线索。

1-2. 康熙年间的重修分析

清康熙二十三年（1684），寺僧显斋、景庵重修大殿，据《保国寺志》记载，这次工程的内容为："前拔游巡两翼，增扩重檐，新装罗汉诸天像等"[17]。文献记载清晰，并与现状十分吻合，即这次重修大殿主要是以原宋构部分为殿身，四面增扩空间，并在南及东西三面做出下檐，整体形成面阔七间、进深六间、重檐歇山的形式和规模。康熙重修改造，不仅改变了大殿平面与空间形式，而且使大殿宋式外观原貌变为清式带副阶佛殿形式。大殿现状面貌基本上就是清康熙年间重修改造的结果。

大殿平面与空间形式，大致以清康熙年间的重修为界，表现为

[12] 1950年代初，刘敦桢主持南京工学院与华东建筑设计院合办的"中国建筑研究室"。1954年8月，研究室的戚德耀、窦学智及方长源三人开始暑期实习，负责浙东一带民居及古建筑调查，发现了保国寺大殿。

[13] 窦学智，戚德耀，方长源. 余姚保国寺大雄宝殿. 文物参考资料，1957（8）

[14] 关于保国寺大殿的相关研究参见下篇第一章内容。

[15] 刘畅，孙闯. 保国寺大殿大木结构测量数据解读//王贵祥. 中国建筑史论汇刊：第1辑. 北京：清华大学出版社，2009

[16] "无论哪一个巍峨的古城楼，或一角倾颓的殿基的灵魂里，无形中都在诉说乃至歌唱时间上漫不可信的变迁。"见：梁思成，林徽因. 平郊建筑杂录//中国营造学社汇刊，1932，3（4）

[17] 清嘉庆十年敏庵辑《保国寺志》。

前后两个时期的阶段形态。宋代原构的方三间部分，经此重修改造后，在平面与空间形式上已非原状，改变甚大，原宋构方三间与下檐清构部分融合为一个整体。

大殿的康熙重修，对宋构原初平面与空间的改变，主要表现为如下两点：一是撤除取消了宋构原初的柱间围合构造；二是改变了宋构原初的空间分隔形式。而这两点，也正是关于大殿平面与空间形式复原的两个方面，本章关于保国寺大殿平面与空间形式的复原探讨，即是以清代康熙重修以前的宋代原初形式为目标的。

2. 历史痕迹与复原线索

如上节分析，现状的保国寺大殿，其平面与空间形式的宋代特征，部分已为后世的改造所掩盖和淹没，尤其是清康熙年间增扩添加副阶下檐时，撤去宋构大殿柱间围合构造，由此改变了宋构原初的空间围合形式。故关于大殿平面与空间形式的复原探讨，首先面对的是两个基本问题：一是宋构大殿的柱墙交接关系，二是宋构大殿的空间围合形式。

关于大殿平面与空间形式的这两个问题，虽然已有前人研究推定大殿平面的复原形式，即大殿空间围合形式为沿檐柱周圈围合的形式，大殿柱墙交接关系为厚墙包砌檐柱的形式[18]（图2-4）。这一复原形式就佛殿的一般特色而言，或是一可接受的常规形式，然大殿遗存的历史痕迹及构件特征却与之不符，而表现出另外的形式指向。这些相应的历史痕迹和构件特征，成为宋构大殿平面与空间形式复原的重要线索。

关于大殿空间围合形式的复原分析，尤其是追究前廊开敞与否这一问题时，勘察大殿前内柱及柱础上是否存有曾经的额枋、地栿等历史痕迹，是最直接的线索。然大殿原初内柱及柱础已为后世修缮所更换[19]，失去了以内柱相关痕迹线索，判定大殿空间围合形式的可能。因此，需要另寻其他线索，探讨大殿空间围合形式。

历经千年的保国寺大殿，尽管现状大殿较原初宋构有了不少的改造和变化，但瓜楞柱造型的宋式特征，却是始终传承未变的[20]。正是这一独特的瓜楞柱形式，成为认识大殿空间形态的相关线索和依据。通过分析可见，大殿变化的瓜楞柱形式特征，与大殿空间形态有着显著的指向性和关联性。因此，大殿的复原分析，首先从瓜楞柱的形式特征的分析入手，推定大殿的柱、墙交接关系；而此柱、墙交接关系，又进而成为分析大殿空间围合形式的关键线索。

通过大殿宋构部分的详细勘察，关于大殿平面与空间形式的复原分析，主要根据以下历史痕迹和复原线索进行：

（1）柱、斗瓜楞分瓣形式的关联现象；

（2）瓜楞分瓣形式的位置特征；

（3）其他相关复原线索。

以下依次分析讨论。

3. 柱墙交接关系

3-1. 瓜楞柱线索

瓜楞柱形式，是保国寺宋构大殿最突出和重要的形式特征。

大殿宋构部分面阔、进深各3间，内柱4根，檐柱12根，共16根柱，皆瓜楞柱形式。现状大殿虽部分柱为后世更换，但瓜瓣造型的宋式特征得到延续和保存，这一点可以根据柱上瓜瓣斗的对应关系得以证实。

保国寺大殿的瓜瓣造型，表现为瓜楞柱与瓜瓣斗这两个构件，

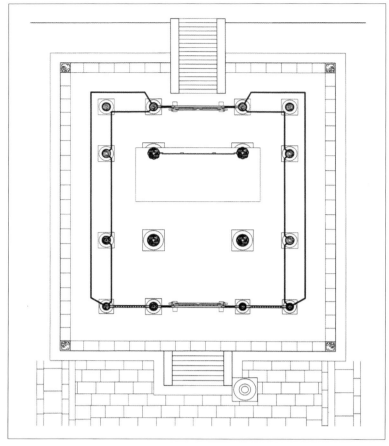

图2-4 既有大殿复原平面图

图2-5 大殿柱、斗的整体瓜瓣造型（东北角柱）

且二者对应关联。也就是说，在瓜楞分瓣的形式设计上，柱与柱上栌斗是一整体的关联存在（图2-5）。根据瓜楞柱与瓜瓣斗的对应关联这一特点，可以证明现存瓜楞柱形式应是宋式特征。

大殿外檐柱头铺作栌斗皆用分瓣圆斗，瓣数与其对应柱子相合；补间铺作用讹角方斗；四内柱及内额栌斗，亦作讹角方斗，以使内柱间的整面照壁均齐协调。

大殿瓜楞柱与瓜瓣斗的对应关联，具体有两个显著的形式特征，其一，柱、斗分瓣形式的关联特征，即同一位置上，柱与栌斗的分瓣数及分瓣位相同；其二，分瓣形式与柱位的关联特征，即不同柱位的分瓣数及分瓣位各不相同。这两个显著的瓜楞形式特征，成为分析复原大殿平面与空间形式的重要线索。

---

[18] 郭黛姮，宁波保国寺文物管理所. 东来第一山保国寺. 北京：文物出版社，2003：研究篇第四节

[19] 关于保国寺大殿内柱已非宋构原柱的分析，见本章第三节的相关考证分析。

[20] 关于保国寺大殿现状瓜楞柱造型的宋式特征分析，见本章第三节的相关考证分析。

首先根据瓜楞柱分瓣的形式特征及其历史痕迹，分析宋构大殿柱、墙的交接形式。

大殿瓜楞柱独特的分瓣形式是复原分析的关键。大殿现状瓜楞柱除有拼合做法外，同时还有整木刻瓣做法，再结合对应关联的瓜瓣栌斗特色可知，大殿瓜楞做法的装饰性是显著和首要的因素。因此，在大殿柱、墙交接关系中，其柱面瓜瓣应是外露的，而不可能是厚墙包裹的形式。根据这一推定为线索，可进一步分析大殿柱、墙交接的构造关系，解明宋构原初的柱间围合构造，从而指向对大殿空围合形式的认识。

3-2.构造节点复原

根据大殿独特的瓜楞分瓣形式以及瓜楞做法的装饰特征，有理由推定大殿柱间围合为薄壁的构造形式。关于这一柱、墙交接构造关系的节点复原，其分析如下：

大殿瓜楞柱的柱面分瓣形式共有三种，即全柱面瓜楞形式、角柱面瓜楞形式和半柱面瓜楞形式这三种。具体而言，全柱面瓜楞设8瓣、角柱面瓜楞（3/4柱面）设4瓣、半柱面瓜楞（1/2柱面）设2瓣（图2-6），柱上栌斗的分瓣形式也完全与柱对应一致（图2-7）。然

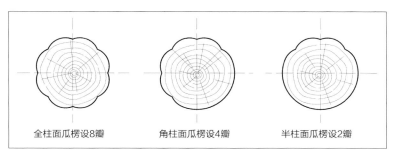

图2-6 大殿瓜楞柱的三种分瓣形式

全柱面瓜楞设8瓣　　角柱面瓜楞设4瓣　　半柱面瓜楞设2瓣

图2-7 大殿柱、斗的分瓣对应形式（东北角柱）

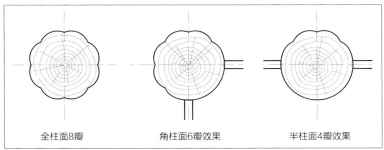

全柱面8瓣　　角柱面6瓣效果　　半柱面4瓣效果

图2-8 大殿柱墙交接与瓜瓣效果的关系

而，根据全柱面8瓣的形式规律，角柱面（3/4柱面）应设6瓣、半柱面（1/2柱面）应设4瓣，才能达到完整的视觉效果。那么当时匠人是如何考虑和设计的呢？通过分析可知，匠人正是利用了柱与薄壁的交接，使得角柱面（3/4柱面）的4瓣和半柱面（1/2柱面）的2瓣，分别看似6瓣和4瓣，从而令柱面分瓣形式达到完整的视觉效果（图2-8）。

从瓜楞柱与栌斗分瓣形式的关联特征上，也可证实上述柱、墙构造关系分析的可靠性。大殿栌斗的分瓣，随柱身作对应分瓣形式，也分作整斗面8瓣、角斗面（3/4斗面）4瓣和半斗面（1/2斗面）2瓣这三种形式。其设瓣方法同样是利用栌斗与栱眼壁的交接，使得原斗面的4瓣和2瓣这两种分瓣形式，形成看似6瓣和4瓣的完整视觉效果。

在大殿瓜楞柱与瓜瓣斗的分瓣形式设计上，柱面及斗面的实际刻瓣数少于视觉瓣数，当时工匠利用了柱间及斗间薄壁交接特点，既达到看似增瓣的视觉效果，又简略了剜刻瓜瓣的工序。

根据大殿残存痕迹，大殿栱眼壁为编竹泥墙的薄壁形式，厚约6厘米，因而据此推定与斗间对应的柱间，也应为编竹泥墙的薄壁形式。唯有如上述的柱间薄壁构造做法，才能达到柱、斗分瓣形式上下呼应的意图和效果。否则柱与栌斗的瓜瓣上下对应特征，就无法实现[21]。柱间若复原成厚墙包裹的形式，当初匠人在柱与斗上的瓜瓣设计匠心就完全被掩盖和抹煞了。保国寺大殿复原分析上，不能无视或忽略大殿柱、斗独特的瓜瓣造型特征。

编竹泥墙的薄壁形式，实际上也正是江南宋代以来木构厅堂典型的构造形式和形象。同为江南北宋时期的保圣寺大殿与罗汉院大殿，都证实了这一点[22]。现存江南北宋时期诸多仿木石构，如灵隐寺双塔、闸口白塔以及雪峰探梅塔等，无一例外地均表现为柱间薄壁的形象，证明了江南北宋时期薄壁做法的普遍性。宋构保国寺大殿也不会例外。

如上分析，大殿宋构部分瓜楞柱面分瓣的完整效果，有赖于柱间薄壁的存在。然而清康熙二十三年在宋构四周增扩副阶，并撤去宋构原来的柱间壁墙后，大殿檐柱原初的瓜楞分瓣设计意图，则失去了依托，其独特的分瓣形式反变为一种奇异的柱面形式。乃至后人修缮换柱时，出现了因不理解原初意图，而未延续原初分瓣形式的现象。如大殿宋构部分的西山前柱，根据其柱上栌斗以及对应的东檐柱的分瓣形式，其原初应为角柱面设4瓣的形式，然现为全柱面8瓣形式，显然此柱的瓜楞分瓣为后世换柱时的加工之误[23]，且此换柱时间，应在清代增扩副阶并撤去宋构檐柱间的壁墙之后，其时工匠对于宋构瓜楞分瓣意图已完全不了解了。

宋构瓜楞柱独特的分瓣形式表现出两个特色，一是上下对应，二是内外区别。"上下对应"指与柱上瓜瓣栌斗分瓣形式的对应；"内外区别"指瓜楞柱面的内圆外瓣的特色。也就是说，大殿瓜楞柱的造型由柱间薄壁而区分内外，其外向为瓜瓣形式，内向为圆面形式，此为其一。瓜楞柱的分瓣形式又因柱位的不同，而有全柱面8瓣、角柱面4瓣、半柱面2瓣之别，此为其二。由宋构瓜楞柱分瓣形式的"内外区别"和"柱位区别"这两个特征为线索，根据其显著的空间指向性，可进一步推证大殿原初的空间围合形式。

4.空间围合形式

4-1.空间围合形式分析

根据宋构瓜楞柱分瓣形式的"内外区别"和"柱位区别"这两个特征为线索，分析推证大殿原初的空间围合形式。

[21] 若将柱之瓣面外露，柱中线以内用厚墙包砌柱子，如此的话，柱之圆面包于墙内。然此做法有两点不合，一是隔离了瓜楞柱与瓜瓣斗的外瓣内圆形式的对应关系；二是宋代江南建筑以薄壁为普遍形式。所以说大殿瓜楞柱之圆面也是外露的，保国寺大殿只能是薄壁形式。

[22] 苏州罗汉院大殿遗存石柱的侧面上，仍留有编竹泥墙的薄壁痕迹。

[23] 此柱在分瓣形式上，既与东侧柱不对称，又与柱上栌斗不对应，故为后人换柱时的加工错误。

根据上节柱墙交接关系的分析，大殿瓜楞柱的三种分瓣形式，即全柱面8瓣、角柱面（3/4柱面）4瓣和半柱面（1/2柱面）2瓣这三种形式，相应于薄壁的关系，分别为独立柱、角接柱与平接柱的三种形式。以此现象和规律可推断大殿空间的围合形式，分析比较大殿瓜楞柱的分瓣形式与柱位关系，有如下两点独特之处：

其一，大殿前檐四柱，皆为全瓜楞的独立柱形式。也就是说，前檐四柱既不与壁面交接，也无室内外柱面之区分。

其二，大殿东西两山前柱的瓜楞分瓣形式，与后檐角柱相同。也就是说，东西两山前柱在大殿空间围合的位置上，呈角柱的性质。

上述两点相应于柱位的分瓣特征，在对应栌斗形式上，也都有相同对应的表现。栌斗分瓣形式也佐证了现状瓜楞柱分瓣形式的宋式特征，可作为分析空间围合形式的依据。

根据上述分析，总结归纳大殿16根瓜楞柱形式与空间围合形式的关系如下（图2-9）：

独立柱为全瓜瓣形式，包括四前檐柱与四内柱，计8柱[24]；角接柱为四瓣形式，包括后檐东西角柱与东西两山前柱，计4柱；平接柱为两瓣形式，包括后檐两平柱与东西两山后柱，计4柱。

保国寺大殿在立柱及栌斗的造型上，强调外观面的重要性，统一为装饰性的瓜瓣形式，而柱内面则为平素的圆面形式。因此，与壁面交接的檐柱造型，皆表现为"外瓣内圆"的形式特征，柱上瓜瓣栌斗造型亦对应相同，从而整体造型协调一致。值得注意的是，这一区分内外的造型特征，在大殿清代增扩的副阶柱础上仍见，即表现为外繁内简的形式（图2-10），应是北宋以来传承的地域做法[25]。

因此，根据上述分析，大殿宋代的空间围合形式，整体上为前部三椽开放为敞廊空间、后部五椽围合成殿内空间的形式，大殿正门入口位于前内柱分位（图2-11、图2-12）。

4-2. 前廊开敞的空间形式

关于宋构大殿前廊开敞的辅证还有如下五条：

（1）大殿前内柱分位上的东西两次间扶壁栱的南北两面为异形

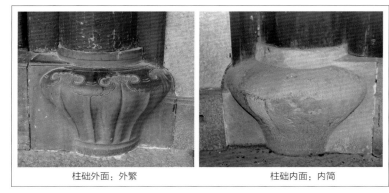

柱础外面：外繁　　　　柱础内面：内简

图2-10 大殿副阶前檐心间东平柱柱础

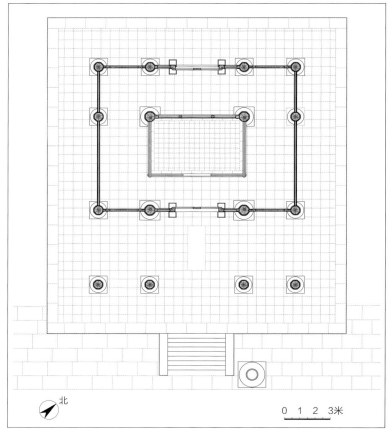

北

0 1 2 3米

图2-11 大殿复原平面图

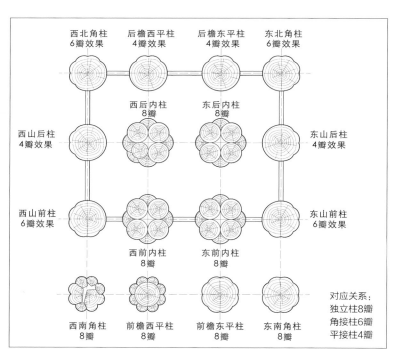

西北角柱 6瓣效果　后檐西平柱 4瓣效果　后檐东平柱 4瓣效果　东北角柱 6瓣效果

西后内柱 8瓣　东后内柱 8瓣

西山后柱 4瓣效果　　　　　　　　　东山后柱 4瓣效果

西山前柱 6瓣效果　　　　　　　　　东山前柱 6瓣效果

西前内柱 8瓣　东前内柱 8瓣

西南角柱 8瓣　前檐西平柱 8瓣　前檐东平柱 8瓣　东南角柱 8瓣

对应关系：
独立柱8瓣
角接柱6瓣
平接柱4瓣

图2-9 大殿柱形与柱位平面缩略示意

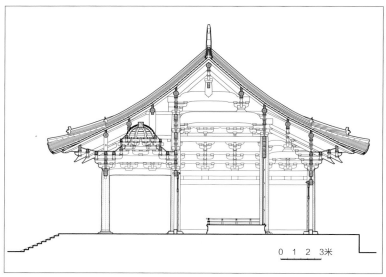

0 1 2 3米

图2-12 大殿复原剖面图

[24] 两前内柱因仅与小木门窗交接，而未与墙壁交接，且在构成上与两后内柱为一整体，故视为独立柱。

[25] 保国寺大殿下檐清构前檐心间平柱柱础，内外两面不同，外繁内简，外雕饰，内素面，这反映了当地工匠重视构件外面甚于内面的特色，且自宋以来是一以贯之的。此点也可作为保国寺大殿宋构部分复原和认识的依据。

做法，正面（南面）为"单栱素枋＋单栱素枋"形式，背面（北面）为丁乳栿形式，丁乳栿下抹平作整面重栱眼壁（图2-13、图2-14）。这表明原初前内柱分位应是大殿空间围合的内外界面，这亦成为宋构大殿前廊开敞之明证。

（2）大殿栱眼壁的设置与柱间薄壁在性质上是相同的，二者对于大殿空间的围合形式也是相同一致的。大殿宋代原初栱眼壁的设置并非现状扶壁栱全部开敞空透的形式，大殿后五椽空间的四面扶壁栱应皆为栱眼壁封闭形式，其构造为编竹泥墙的薄壁形式。大殿现状扶壁栱处所留存的一些栱眼壁残痕，其位置都在后五椽殿内空间的四面扶壁栱上，尤其是前内柱缝上的栱眼壁残痕更具空间指向的意义（图2-15），证明了宋构前廊开敞的空间特点。

大殿后五椽空间封闭栱眼壁做法，有如下相应残存和痕迹可作证明：其一，大殿现状扶壁栱处的编竹泥墙的栱眼壁残存；其二，扶壁栱处的栱背压痕；其三，前内柱缝以北的檐槫[26]下替木通枋所刻人字交手栱头，中间留平段，以便于栱眼壁设置（图2-16）。这一现象表明，东、西、北三面檐柱缝扶壁栱处，都是封闭栱眼壁形式[27]。

（3）大殿两前内柱间设楣额，正与檐柱重楣之上楣平齐交圈，其功能应为门额。此现象表明原初殿门设于前内柱分位，其前的三椽空间开敞。作为对比，前檐柱间因有月梁式阑额及蝉肚绰幕的设置，反不适于设置门窗。

（4）前进间的三面阑额做法，改统一的重楣形式为特殊的月梁形式，是为前廊作为独立空间的形式特征。而后五椽空间的四面柱头阑额，则以重楣形式周圈围合，显示了后五椽空间作为殿内独立围合空间的形式特点。

（5）前三椽空间与后五椽空间的对比显著。前三椽空间设平棊藻井，空间低矮；后五椽空间彻上露明，空间高敞。二者分属佛殿空间的不同区域，恰如福州华林寺大殿开敞前廊与殿内空间分隔的形式。

前廊开敞的空间形式，是唐宋时期佛殿多见的形式。如北方唐代佛光寺大殿[28]、奈良时代唐招提寺金堂，华南则有北宋华林寺大殿及元妙观三清殿等，都是前廊开敞的遗存实例。甚至江南其他宋元方三间遗构，如保圣寺大殿、延福寺大殿，原初或也存在着前廊开敞的可能，而保国寺大殿则是这一传统的早期之例。

4-3. 空间形态的解读

（1）整体空间形式

大殿三间八椽的整体空间形式，以前内柱分位为交界，前后分作敞廊与殿内两个空间。前内柱分位心间设前门，连接前廊与殿内两个空间的功能。

前廊三椽为开敞的礼佛空间，上设平棊藻井；后部五椽为封闭的殿内空间，彻上露明，空间高敞，是以佛像为中心的空间。殿内空间依间架分隔又可分作两部分，即四内柱的核心空间与三面环绕的行佛空间。位居中心的四内柱方间，进深三椽，设佛坛佛像，为佛的空间。其迎面为高大庄严的前内柱扶壁栱照壁，后倚后内柱佛屏背版；四内柱核心空间的左右后三面，环绕稍低的两椽空间。

佛殿的空间形式特征，在于其空间关系与主次秩序。因礼佛仪式而产生的空间领域特色，影响和左右着佛殿的空间形式。前廊开敞可视作早期佛殿空间形式的一个重要特色，保国寺大殿前敞后闭的空间形式，显然还保留着早期将礼佛空间分出和区分在外的特点，且以独特的构架形式对应与满足这种空间秩序的要求。保国寺

图2-13 大殿前内柱分位西次间扶壁栱两面异形做法（北面）

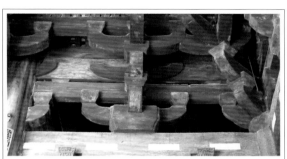

南面：单栱素枋交叠

北面：丁乳栿下重栱眼壁

图2-14 大殿前内柱分位东次间扶壁栱两面异形做法

图2-15 大殿前内柱心间扶壁栱栱眼壁

图2-16 大殿扶壁栱替木交手栱头平段（西山下平槫分位）

---

[26] 关于檐柱缝上的槫，有称牛脊槫者，而《营造法式》卷五·大木作制度二"栋"条曰："凡下昂作，第一跳心之上用槫承椽，谓之牛脊槫"。然梁思成指出：《营造法式》"殿堂草架侧样"各图都将牛脊槫画于柱头方心之上，与文字有矛盾，故梁思成对之另作定义："若用牛脊槫，或在檐柱缝上，或在外跳上"。实际上江南厅堂外跳是不用槫的，因此姑且将檐柱缝上的槫称作"檐槫"。

[27] 唯西北转角间替木未刻人字交手栱头，应为后换构件。

[28] 北方佛光寺大殿，其原初应为前廊开敞的形式。推测至晚在明代前廊已被包入殿内，板门由前内柱推出至前檐柱位置。北方宋金三间小殿前廊开敞之例也不在少数，如榆次永寿寺雨花宫等。

大殿空间构成上，以四内柱方间为核心的意识，显著而突出。

（2）殿内空间形式

后五椽殿内空间是大殿空间的主体，相对于前廊礼佛空间，表现为封闭的佛域空间，其空间特色与内部庄严，在很大程度上，取决于三点：其一，四内柱核心空间与三面环绕的两椽披厦空间的对比；其二，佛像迎面前内柱扶壁栱照壁的造型处理，这是殿内造型设计的焦点，其无论在尺度还是形式上，皆颇具匠心；其三，周圈栱眼壁的处理与做法，其既是殿内空间的围合，又可能是殿内壁画所在。前内柱分位上的三间扶壁栱，应都设有栱眼壁，以封闭殿内空间，其东西两次间扶壁栱的两面异形做法，不仅是空间分隔的标志，而且也提示了内面栱眼壁上壁画存在的可能。封闭的后五椽殿内空间，栱眼壁壁画装饰很可能是一个特色。大殿现状仍残存有诸多彩绘痕迹，虽未必是宋绘，但有可能是宋代彩绘特色的传承。

殿内空间尺度的设计，有可能考虑了视线的因素。如前内柱间扶壁栱的装饰造型和高大尺度，与佛像之间具有照壁对应的关联；而前内柱分位柱间门额，取单楣而非重楣形式，此应是为了保证由前廊礼佛有足够的视线角度。若作重楣，则遮挡礼佛视线(图2-17)。

三、历史痕迹解析与复原二：瓜楞柱样式与构造

1. 大殿瓜楞柱现状

1-1. 诸柱现状

瓜楞柱，以柱面的瓜楞形分瓣而得名。在保国寺大殿上，瓜楞分瓣正是其构件造型的一个显著特征，大殿宋构部分檐柱12根，内柱4根，16根柱现状皆为瓜楞柱的形式。

根据文献记载及遗构勘察，大殿宋构原柱在后世历次修缮中，或撤换更替，或修缮改造，16根柱应都非原物或原状。尤其是乾隆十年（1745）的大殿修缮，"移梁换柱，立磉植楹"[29]，更换和改造了大殿的柱与础；关于此次修缮究竟更换了几根柱子，还需进一步的分辨考证，但至少所有16根柱皆经过改造，即截短了柱根，更换了柱础。文献与现状清楚地表明了这一点。

近代以来，大殿又有多次修缮，其中尤以1975年的修缮影响较大，此次修缮的抽换构件有明确的记录。

1975年大殿修缮，抽换了东北角柱、东前内柱；对东西两后内柱，去除糟朽部分，填充新木，并用高分子粘合；东山后柱也以环氧树脂加固，保持了此前的外观原貌[30]。

现大殿柱础形式多样，高低不一，皆非原物，都是后世多次修缮更替的结果。其中前部八柱下的清式鼓墩，推测应是乾隆十年大殿修缮时"移梁换柱，立磉植楹"的结果。且清代鼓墩之下，仍存有疑为宋代覆盆柱础的遗痕。比较现状四内柱柱径，皆大于柱下覆盆遗痕。如若柱下覆盆遗痕确认为宋构原初柱础的话，那么现状四内柱柱径，都大于原柱直径，此也间接说明四内柱应非原物。

12根檐柱中，从材料及形制上看，后世更换者也不在少数。具体而言，12根檐柱中唯前檐东平柱、东南角柱、东山前柱、西山后柱等5柱，有可能仍是宋构原柱。而其他诸柱，应都经后世抽换改造，或保持了宋式，或连宋式特征也几不存。如后檐两平柱，柱头平直无收分，应是后世换柱过程中丢失了原柱的宋式特征。

大殿现状瓜楞柱的形式特征，如前文所述，依柱面设瓣形式，分作三种，即全柱面8瓣、角柱面（3/4面）4瓣、半柱面（1/2面）2瓣。12根柱中，除西山前柱在后世修缮换柱过程中，弄错了瓜楞分瓣形式[31]，其他诸柱分瓣形式，应都为原初的宋式。

大殿现状两后内柱柱脚位置，也非宋初原状。根据石佛座年代的分析，推测大殿东西两后内柱柱脚，原先应直接落于佛坛背面的地面上，崇宁年间捐造石佛座，将后内柱柱脚围砌于佛座内。因恐柱脚糟朽，故将柱脚抬至石佛座上，成现状形式。因此可以认为四内柱的柱脚高差始自崇宁元年的佛坛改造（图2-18）。

江南真如寺大殿的后内柱柱脚做法，与保国寺大殿相似（图2-19）。

1-2. 样式与构造

历来瓜楞柱做法，具有样式与构造两方面的意义。即在样式上表现为瓜瓣形式，在构造上则有拼合柱与整木柱这两种不同的形式。本节对大殿瓜楞柱的现状构造形式作分析探讨。

（1）段合拼柱与包镶拼柱

大殿现状瓜楞柱在构造上，拼合柱与整木柱这两种形式并存，

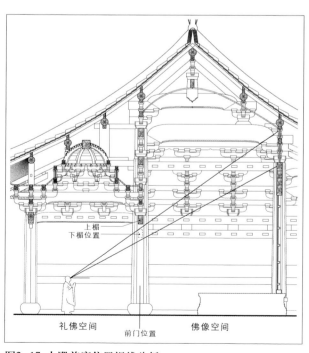

图2-17 大殿前廊位置视线分析

图2-18 大殿后内柱柱脚现状位置

图2-19 真如寺大殿后内柱柱脚形式

[29] 嘉庆十年《保国寺志》。

[30] 宁波市文物管理委员会. 谈谈保国寺大殿的维修. 文物与考古, 1979(9)

[31] 此柱应为角柱面（3/4面）4瓣，与东山前柱对称相同，然后世换柱中被误加工成全柱面8瓣的形式。

且拼合柱又根据构造做法，分作段合拼柱与包镶拼柱两种。具体而言，段合拼柱以中心四小柱加外嵌四辅瓣小料组成，形成外观八瓣的瓜楞柱形式。其中心四小柱组合承重，外嵌四瓣装饰，整体八瓣形式。大殿现状四内柱，为此四段合八拼构造形式（图2-20）；包镶拼柱以心柱和外围八瓣小料组成，也形成外观八瓣的瓜楞柱形式。其中心柱承重，外镶八瓣装饰，整体九拼形式。大殿现状唯前檐西平柱、西山前柱为此包镶九拼构造形式[32]（图2-21）。保国寺大殿拼合柱的八拼柱与九拼柱，在构造形式上相应表现为段合拼柱与包镶拼柱这两种形式。

段合拼柱与包镶拼柱，是两种不同类型的以小拼大的构造方法。从拼合构造的角度而言，大殿段合拼柱的实质是以小拼大的结构性拼合，包镶拼柱的实质是以小拼大的装饰性拼合。

（2）独特的西南角柱

拼合诸柱中，西南角柱的拼合做法较为独特。以往认为此柱也为包镶九拼柱，实则不然。根据现状勘测分析，西南角柱应为不规则的段合拼柱形式。具体而言，主体以三根不同断面的圆料拼合，圆料外露部分剜刻瓜楞，接缝处再以三块小料补嵌，大小不等的六木相拼，形成八瓣瓜楞形式。此柱虽拼料甚不规则，然就拼合构造的性质而言，仍可归属段合拼柱的形式（图2-22）。在柱形外观上，此柱瓜瓣大小不一，且柱头瓜瓣与栌斗分瓣的对位不甚吻合。因此推测，现状此柱应为后世修缮所换，其不规则的段合拼法，也可能来自于旧料的改造。

（3）前檐柱的认识

大殿现状前檐四柱的构造形式，做法不一。其中前檐东平柱与东南角柱为整木柱形式，西南角柱为段合拼柱形式，前檐西平柱为包镶九拼的形式。

前檐东平柱与东南角柱为整木瓜楞柱，瓜楞由整木剜刻而成，此二柱有可能仍是宋构原柱。大殿前檐柱现状，四柱中有三种构造形式，零乱而不统一，这一现象背后所透露的信息是什么？显然其最直接的指向是历代的替换修缮。推测大殿前檐瓜楞柱原先并无特殊之处，其原初构造形式同其他檐柱一样，也都是整木柱的形式。详见后文分析。

（4）关于整木柱

大殿现状16根瓜楞柱，分瓣形式多样，断面构造亦各不相同。然实际上诸柱构造做法可归纳为两种，一是拼合柱，一是整木柱。

关于大殿的柱构造，以往由于较多地重视和强调拼合柱，相应忽视了对整木柱的认识。根据目前的勘察分析，大殿现状诸柱中，拼合柱计7根，不到半数，分布位置上为四内柱与三檐柱；而整木柱则占多数，计9根，皆为檐柱，檐柱12根中，仅西山前柱、西南角柱与前檐西平柱为拼合柱形式。整木瓜楞柱是保国寺大殿值得注意的一个重要现象和线索。

关于保国寺大殿柱构造现状的勘察分析，其意义之一是作为对其原初构造形式认识的线索和依据。然迄今为止，关于大殿原初柱构造形式的认识，多拘泥于现状。然是否能将现状瓜楞柱视作原初的宋物，以及将现状瓜楞柱拼合构造视作原初的宋式，都是值得怀疑的问题，有必要深究和探讨。柱构造这一线索，对于保国寺大殿的复原研究，具有重要的意义。

2. 历史痕迹与复原线索

2-1. 传承与变化

虽然大殿宋构原柱在后世修缮中，或更替或改造，16根柱多已非原物或原状，但大殿瓜楞柱形式的宋式特征应是没有疑问的，现存与瓜楞柱对应的瓜瓣斗，间接地佐证了这一点。然而，尽管大殿现状瓜楞柱在样式上传承了宋式，但现状瓜楞柱本身却未必一定是宋物，其拼合构造做法，也不一定就是宋构原初的构造形式。在复原分析思路上，有必要辨析瓜楞柱的瓜楞形式与拼合构造的关系。

或有认为，瓜楞柱应具有拼合做法的构造特点，实则不然。瓜楞柱与拼合柱二者并不等同，瓜瓣形式与拼合构造之间，也不具有必然的逻辑或因果关系。也就是说，瓜楞柱不一定用拼合构造，拼合柱也不一定是瓜楞形式。

理清了这一逻辑关系和分析思路后，再根据大殿现状仍有半数以上的整木瓜楞柱的存在，有理由产生如下的推测和设想：大殿现状的拼合瓜楞柱，原初有可能也是整木瓜楞柱的形式，只是在后世修缮换柱时改为拼合柱形式。这一推测的另一方面原因还在于，现状的拼合瓜楞柱现象，与大殿的一些历史痕迹不相吻合，存有疑问。

2-2. 拼合构造的疑问

关于现状瓜楞柱的拼合构造现象，有如下一些疑问值得探讨：

其一，从用料的角度而言，拼合瓜楞柱的构造做法，其目的无疑在于以小拼大。然根据大殿构件用料状况的分析，大殿营造当初，应并不缺大材。通过大殿构件截纹的纹理分析，可大致推测相应的料材尺寸。勘察中以此方法推知，当时斗、栱料材尺寸有在直径60厘米以上者[33]。能以如此大材解割成斗、栱小料，说明当时不缺大材；而直径60厘米以上材，足以充大殿任何柱材。再如，作为大殿最重要的四内柱，现状中心四小柱径约30厘米，较栿尺寸小得多。大殿栿尺度甚大，不仅栿径粗壮，且栿长皆通跨三间（除檐栿外），也就是说当时大料充足，应无小料拼大材的需要。更何况大殿诸柱中较次要的檐柱，都采用了整木瓜楞柱的形式[34]，为何最重要的四内柱却采用拼合瓜楞柱的形式？

其二，四内柱是大殿整体受力最重要的主柱，即使是为了拼合瓜瓣造型，也应采用以中心柱和外围八瓣小柱组成的包镶柱较为合理。包镶拼柱的结构整体性，远胜于段合拼柱，然为何大殿现状四内柱却采用了结构整体性较差的段合拼柱的形式？

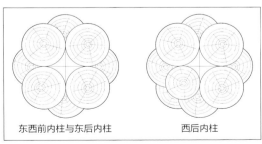

东西前内柱与东后内柱　　西后内柱

图2-20 大殿现状四内柱段合拼柱形式

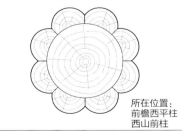

所在位置：
前檐西平柱
西山前柱

图2-21 大殿现状包镶拼柱形式

所在位置：
西南角柱

图2-22 大殿现状西南角柱拼合做法

[32] 以往多认为大殿多柱为包镶式，实际上仅此二柱，包镶拼合做法只是大殿现状柱构造的一个少数和次要形式。

[33] 大殿后檐心间东补间栌斗，截纹木心在边靠角，此显示该斗下料时所用原木尺度甚大，直径应在60厘米以上。大殿栌斗相似者有多处。

[34] 大殿现状12檐柱中仅三柱为拼合柱，且根据分析判断，应皆为后世抽换。

上述两个关于现状瓜楞柱构造的疑问，为四内柱原初为整木瓜楞柱形式的推测，提供了间接的支持。基于以上的疑问和推测，我们又从大殿构件特征和历史痕迹上，进一步找到了相关的线索和证据，为四内柱原初为整木瓜楞柱形式的推测，提供了直接的依据和证明。

2-3. 四内柱构造分析

如前节分析，根据修缮记载与现状勘察，大殿现状四内柱应已非宋物。不仅如此，四内柱拼合构造做法，也未必就是宋构原初的形式。如何推断和判定四内柱的宋构原初构造形式，需要相应的证据与线索，然而既推定原柱不存，故无法在现状四内柱上找到直接的证据和线索。但由于与原柱有交接关系的其他构件尚在，如与原四内柱交接的柱顶栌斗、三椽栿、顺栿串、内额等构件，从这些构件的交接构造特征和历史痕迹上，有可能找到关于四内柱原初构造形式的直接证据和线索。

根据这一思路，在大殿勘察中，从构件交接关系的线索入手，重点、细致地勘察了上述相关构件与四内柱的交接构造特征和历史痕迹。虽然在不落架的状况下，勘察这些构件的交接构造特征相当困难，然终究还是确切地找到了关于四内柱原初构造形式的直接证据和线索，具体有两条：一是柱顶栌斗线索，二是与柱头交接的串额线索。以下依次分析讨论。

（1）栌斗线索：斗底卯口

仔细勘察大殿四内柱柱头，从柱头裂缝及斗底隙缝中发现栌斗存有卯口痕迹。现状四内柱上的四个栌斗中，东、西前内柱与西后内柱这三个栌斗，均已确认斗底卯口的存在。唯东后内柱上栌斗缺失，现状为后世替换的圆形石斗[35]，故原栌斗状况无从得知。然根据其他三栌斗判断，大殿四内柱栌斗的构造形式应是相同一致的。

关于栌斗底卯口具体状况，其中西后内柱栌斗底卯口破损；西前内柱栌斗底卯口，保存完整，卯口方形，方约9厘米；东前内柱栌斗斗底卯口，从缝隙中看较大，约方10厘米左右。

斗底卯口与柱顶榫头（馒头榫）是一对相互依存的构造做法，用于固定柱头栌斗的位置，以防栌斗偏移。保国寺大殿这一构造做法，是柱头与栌斗交接的通常形式，在同时期的江南罗汉院大殿遗迹上也能看到，其遗存石柱上雕刻出柱顶榫头（馒头榫）（图2-23）。

除上述四内柱栌斗以外，保国寺大殿其他所有的斗与柱、斗与枋、斗与栱及斗与昂尾的交接构造，都设有卯口与榫头，以作连接固定。其榫头尺寸一般大者约方8厘米，小者约方1.5厘米。

大殿四内柱栌斗的底部卯口构造做法，证明了大殿四内柱原初必为整木柱形式。大殿现状拼合四内柱，柱顶中心为拼合孔洞，而非榫头，在构造形式上，与柱顶栌斗底的卯口做法不合。据此可以认为，现状四内柱不是与栌斗匹配的原柱。在宋构原初的构造中，内柱栌斗底部卯口与整木柱的柱顶榫头卯合，以达到固定栌斗位置的目的。

分析至此，关于四内柱柱头栌斗的斗型问题，有必要作一讨论。现状四内柱柱头栌斗为讹角斗形式，不同于周圈檐柱栌斗的瓜瓣斗形式。讹角斗作为大殿栌斗斗型，一般用于补间铺作栌斗。因此现状四内柱讹角栌斗是否为宋物或宋式便是一个问题。

从现状讹角栌斗的残损及材质退化程度看，应不似后换构件，且现状四斗统一（除东后内柱改为石斗），皆为讹角斗形式。因此推测现状讹角斗非宋物或非宋式的可能较小，退一步说，即便不是原栌斗，现状栌斗至少也可以证明四内柱曾经为整木柱形式。至于内柱用讹角栌斗的原因，推测一是为了与前后内柱扶壁栱讹角栌斗相协调一致，二是有可能因其高居内柱柱顶，为视线不及，故仅以

简单的讹角斗代之。

由内柱栌斗底部的卯口构造这一线索，分析推测了大殿现状拼合四内柱，并非宋构原初的构造形式，原初四内柱应为整木柱的形式。现状拼合四内柱应是后世修缮更换的结果，也即以拼合柱替换了整木柱。相应地，栌斗底部卯口失去了原有的构造作用。然作为历史痕迹，斗底卯口所表露的信息，却成为判定四内柱构造的一个间接依据。

（2）额串线索：镊口鼓卯构造

与大殿四内柱柱头交接的枋类构件有两种：一是顺栿串，二是屋内额。

如前节所述，为了分析判定四内柱原初的构造特点，在方法上可借助与四内柱有交接关系的构件，寻找相关的交接构造特征及其历史痕迹。根据这一思路，我们有针对性地对四内柱柱头与顺栿串、屋内额的交接构造作重点勘察。

由于构件交接部分或糟朽严重，或叠合密实，其内部构造形式多难分辨。在与四内柱柱头交接的东西顺栿串、前后屋内额这四个构件中，仅有两处可见交接构造痕迹，一为东顺栿串，一为前内额。勘察发现上述东顺栿串及前内额与四内柱柱头交接的构造做法有一个共同的特征，即采用特殊的燕尾榫构造形式，也就是《营造法式》所称的"镊口鼓卯"形式（图2-24）。所谓镊口鼓卯，表现为通常燕尾榫的榫、卯套叠构造做法，即一端卯口内作榫，另一端榫上又开卯口的形式。其特点是与一般常见的柱上做卯口、串额做榫头的形式不同，而是在柱头卯口内做榫头、串额榫头上又开卯口的形式（图2-25）。

经勘察发现，大殿东顺栿串北端与东后内柱柱头交接上，顺栿串端头构造形式为镊口鼓卯形式。根据构架对称原则，糟朽的西顺

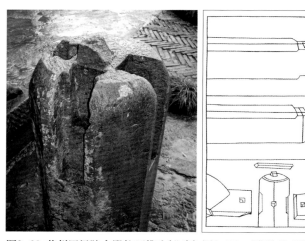

图2-23 苏州罗汉院大殿柱顶榫头（北宋） 图2-24 《营造法式》柱额榫卯三种
（《营造法式》卷三十图样）

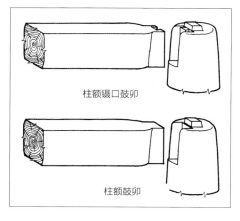

图2-25 镊口鼓卯形式及比较

宁波保国寺大殿：勘测分析与基础研究
下篇 第二章 保国寺大殿复原研究

（35）大殿现状后内柱东柱头栌斗，看似石质莲瓣纹栌斗，应是后世修缮时所替换之物，或是小型经幢上的一个莲瓣幢身局部。

栿串北端构造形式应与东顺栿串相同。

再看屋内额的构造形式。拉结东西前内柱的前内额，西端与西前内柱柱头交接，构造形式为镜口鼓卯形式（图2-26）。其东端由于压缝密实，无法探知，然根据构架对称原则，前内额东端以及后内额东西两端的构造形式，也都应为镜口鼓卯形式。实际上，镜口鼓卯做法是保国寺大殿额串类构件与柱头交接构造所通用的榫卯形式。也就是说，除四内柱以外，大殿檐柱与阑额的交接构造，经勘察发现也都是镜口鼓卯的形式。

大殿周圈檐柱与上楣交接构造的镜口鼓卯做法，具体发现以下几处：其一是东山前柱柱头与南、北、西三向上楣的交接（图2-27），其二是前檐东平柱与东次间阑额的交接，其三是西山后柱与南、北二向上楣的交接，其四是后檐西平柱与心间上楣的交接。此外，还有西山平梁蜀柱与顺脊串西端的交接。

在未落架的限制条件下，目前掌握的大殿柱与额串交接的镜口鼓卯做法共计七处，其中内柱两处，檐柱四处，蜀柱一处。镜口鼓卯做法应是保国寺大殿宋构原初柱额交接构造的统一榫卯形式。

榫卯构造的特点表现为交接构件的对应构造形式。镜口鼓卯构造形式的特点在于，额串端头开卯口，柱头侧面设榫头，二者是一对应的整体存在。比较保国寺大殿现状柱额交接构造及痕迹，在内柱节点上，额串一方存有卯口构造，柱头一方则无对应的榫头构造，究其原因，内柱现状的拼合构造使然。然而在整木构造的檐柱柱头节点上，柱头与楣、额交接的镜口鼓卯则完整存在。

基于以上的分析比较，大殿内柱的柱额交接构造的现象及痕迹也就易于解释了：大殿现状的拼合内柱，应非与额串对应的原初构件，内柱现状的拼合做法，不可能存有相应于镜口鼓卯的构造形式。因此，大殿内柱的现状构造痕迹和现象，意味着这样一个事实：四内柱原初构造不可能是拼柱的形式，而必定是整木柱的形式。

实际上，本节所列的两个线索，即串额榫卯线索与斗底卯口线索的指向是一致的，二者都证实了原初四内柱的整木柱构造特点（图2-28）。

镜口鼓卯做法是一种不多见的特殊燕尾榫形式[36]。镜口鼓卯的构造做法，较通常燕尾榫复杂，据当地工匠口述，一般多用在尺度较大的柱额构件的交接构造上，而不适用于较小尺度构件，至于拼合柱上，就更不可能采用。这一信息也间接地证明了大殿内柱的整木构造特点。

2-4. 分析推论

上文根据勘察中所发现的诸柱构造现象和历史痕迹，分析推定这些构造现象和历史痕迹背后的原因都指向一种可能，即大殿现状内柱及其拼合构造，既非原初宋物，也非原初宋式。尤其是栌斗和串额线索的分析表明，大殿现状的拼合四内柱，皆非宋构原物，而是后代修缮所替换者，宋构原柱应为整木柱形式。后世修缮不仅更换了宋构原柱，而且改变了宋构原柱的构造形式，从原初的整木柱变为现状的拼合柱。但在这一过程中，瓜瓣造型的宋式特征得以保持和延续，然瓜瓣造型的构造做法，则由原初的整木剜刻，变为现状的小料拼合。如若此分析成立的话，那么前述关于内柱拼合构造现象的疑问，由此得以解答。

除四内柱的段合拼柱外，大殿檐柱的3根拼合柱，同样也非宋物和宋式，而是后世修缮改造或更换的结果。大殿12根瓜楞檐柱中，现状仍有9根为整木剜刻的瓜楞柱形式，其虽未必都是宋构原物，但皆传承了宋式。综上分析，大殿原初所有16根瓜楞柱，在构造和样式上应皆为整木柱柱身剜刻瓜瓣而成的瓜楞柱形式。

3. 从整木柱到拼合柱
3-1. 何时与何因

上文复原分析了保国寺大殿瓜楞柱原初的构造形式及后世的变化，认为大殿部分原初的整木柱，在后世修缮中替换为拼合柱。然其中有两个问题值得探究：一是何时替换改造，二是为何替换改造？

关于何时替换改造的问题，根据目前已有资料和线索分析，现状拼合柱，尤其是拼合四内柱，很可能是清乾隆年间"移梁换柱，立磉植楹"的结果。而大殿拼合构造的出现，或许更早于此。也就是说，从整木柱到拼合柱的改造，有可能早在清代之前就已经开始。

大殿立柱，因其直接接触地面潮气，使其相对于上部梁架构件而言，更易糟朽腐烂，特别是作为主构架的四内柱，所承荷载既大，相连梁枋额串亦多，尤易损坏。因此，在清乾隆之前的700余年间，大殿曾经有过移梁换柱的修缮，乃或整体落架的大修，都是十分自然和常见的事情。然关于具体的细节，还需要更多资料、线索的分析和证明。

关于为何替换改造的问题，也就是从整木柱到拼合柱的改造原因，有理由认为基于厅堂构架特征的换柱施工要求，是其主要因素。这一推测尤其是针对四内柱的性质及其相应的段合拼柱构造形

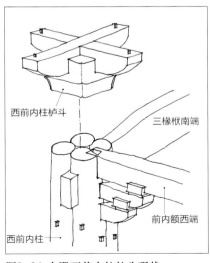
图2-26 大殿西前内柱柱头现状构造节点示意

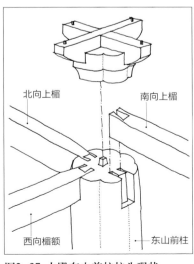
图2-27 大殿东山前柱柱头现状构造节点示意

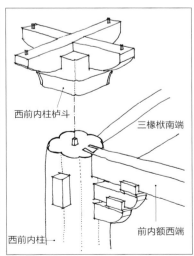
图2-28 大殿西前内柱柱头构造节点复原示意

（36）东南大学2010年浙江景宁时思寺勘察测绘时，发现大殿柱额交接构造也为镜口鼓卯形式，结合《营造法式》的相关记录，推测镜口鼓卯做法有可能是江南宋元时期多用的一种榫卯形式。镜口鼓卯做法应也可视为《营造法式》南方因素的一个表现。

式，且其换柱施工，是指厅堂整体构架在不落架的情况下抽换内柱的施工，即文献所记乾隆十年修缮大殿时的"移梁换柱"[37]。

3-2. 厅堂构架的换柱施工

对于保国寺大殿的厅堂构架而言，后代修缮换柱，作为构架主柱的四内柱首当其冲。大殿四内柱是承担整体荷载的主要构架，经年历久，尤易糟朽损坏，不堪使用，抽换则是必然。文献记载清乾隆年间大殿"移梁换柱"的修缮，根据传统施工工艺，应指不落架而换柱。所谓"移梁换柱"也就是托梁换柱，通过支撑托顶相交的梁额构件，抽换损坏的柱子。大殿现状梁枋底部所存顶痕，正是历史上托梁换柱施工操作的明证（图2-29）。

江南厅堂构架，由于连架式的整体性构架特征，檐柱相对较易抽换，而随举势升抵平槫的内柱抽换则非易事。具体而言，南方厅堂构架中构件的相互关系，檐柱与四内柱的差别甚大：周圈檐柱的构件拉结关系相对简单，修缮时的抽换施工尚可操作；而上抵平槫的四内柱则与梁、额、串、枋、栱的上下左右拉结关系繁多而复杂。保国寺大殿四内柱，前后左右、由上至下的梁栿额串拉结多达15道，相关交接构件则有30个[38]。故在不作整体落架的条件下，修缮施工时欲抽换整木内柱，并保证所有相关构件安装复位且榫卯不受损伤，应是十分困难的，甚至是不可能的。在内柱构架关系上，江南厅堂连架式构架与北方层叠式构架大不相同。

《营造法式》大木作功限中，规定了薦拔、抽换柱、栿等功限。关于薦拔抽换殿宇楼阁的柱、栿的功限："以平柱为则，无副阶者，以长一丈七尺为率，六功"[39]，然未有关于厅堂换柱施工的功限规定。比较殿阁无副阶平柱尚需六功，如若厅堂内柱抽换，当更为复杂和费功。

以四内柱为核心主体的厅堂构架，四内柱的抽换工程浩大，且极具难度。基于这一特点和线索，可以思考一下现状四内柱构造做法的成因：大殿四内柱的替换改造，为何既不取檐柱的整木构造形式，也不取檐柱的包镶拼合构造形式，独独采用了四段拼合构造形式，推测其原因正是在于唯四段拼合的构造形式，可解决四内柱的抽换施工操作的困难。

与四内柱抽换采用拼合柱比较，大殿檐柱的抽换，则采用了结构整体性更好的包镶拼合或整木柱形式。从厅堂构架换柱施工操作的角度，比较内柱与檐柱的构造形式差异，对认识大殿四内柱拼合构造的成因，或有益处。

保国寺大殿1975年维修时，在未落架的情况下，抽换了大殿的东前内柱。其抽换过程对于认识大殿四内柱构造的变化具有重要的参照意义。以下通过大殿东前内柱的抽换施工分析，进一步证实上

图2-29 大殿额底顶痕（前内柱缝西次间阑额与西山前柱）

述关于四内柱拼合构造成因的推析。

3-3. 东前内柱的抽换施工分析

1975年的保国寺大殿维修，是大殿自1954年发现以来最重要的一次修缮。关于这次维修，除了少数现场照片之外，现有两份相关文献，一是1979年发表的《谈谈保国寺大殿的维修》，一是2003年发表的《保国寺大殿现存建筑之探索》[40]。两文作者都是1975年修缮的当事者，且谈到了当时抽换大殿东前内柱的施工过程，其中所透露的信息尤值得关注。得益于这两份文献的记录，从而对大殿抽换内柱的施工过程有所了解。

（1）维修前的四内柱构造状况

保国寺大殿四内柱现状为统一的四段合拼柱形式[41]，然在1975年维修之前，并非如此，现状四内柱统一的构造形式是1975年维修的结果。此前大殿四内柱的构造形式分作两种，两后内柱与西前内柱三者相同，为四段合拼柱形式，唯东前内柱为包镶拼柱形式，大殿四内柱的构造并不统一。

1975年维修检查时发现，大殿东前内柱糟朽严重。这次检查东前内柱的过程中，也明确了其构造形式：一是外圈有包镶的木条，二是内部糟朽中空。文献是这样记载的："除去包镶上去的木条之后，露出许多大洞，柱子中间全是空的，不知哪个时代修缮时塞进直径39公分的几段木头，亦大部糟朽，柱子表皮也已经大面积烂尽。"[42]正是这次检查，发现了大殿东前内柱构造为中心整木、周圈包镶小木的包镶柱形式。然此时并不知道四内柱的其他三柱为段合拼柱形式。直至为更换东前内柱而对西前内柱进行钻孔探查时，才发现西前内柱构造为四段合拼柱形式。

（2）内柱构造形式的认识过程

大殿内柱四段拼合的构造形式，是1975年大殿维修的最重要的发现。而在此前，学界一直以为大殿仅为包镶拼柱形式。中国建筑研究室1955年发表的《余姚保国寺大雄宝殿》一文，并不知大殿四内柱的段合拼柱形式，只知道大殿有包镶做法，故文中记述"柱身外包镶木条"，成瓜棱形式。

1979年发表的宁波市文物管理委员会《谈谈保国寺大殿的维修》一文，记述了保国寺大殿1975年的这次维修，第一次公布了关于大殿四内柱构造形式的新发现。

学界论文中首次指出大殿四内柱段合拼柱做法的是潘谷西1980年完成的《营造法式初探（一）》，文中指出大殿"四根内柱是用拼合法制成的，其中三根是由八根木料拼成的八瓣形柱子，一根是由九根木料拼成的八瓣柱子"，并配有两种柱子的拼合示意图。也就是三根为四段合拼柱，一根为包镶拼柱。该文并明确注明根据1975年调查及戚德耀提供的资料[43]。至此，保国寺大殿1975年这次重要的维修和调查结果，开始为学界所知。

其后，1985年出版的《中国古代建筑技术史》中祁英涛执笔的"宋代木结构"一节，更直接指出了1975年保国寺大殿维修的新发现："在1975年维修时发现，外檐十二根柱与过去估计一致，由整根木料制成，

[37] 清嘉庆十年《保国寺志》。

[38] 根据1975年修缮时的统计，与前内柱相关的交接构件多达46个。宁波市文物管理委员会. 谈谈保国寺大殿的维修. 文物与考古，1979（9）

[39] 《营造法式》卷十九·大木作功限三。

[40] 宁波市文物管理委员会. 谈谈保国寺大殿的维修. 文物与考古，1979（9）；林浩，林士民. 保国寺大殿现存建筑之探索//纪念宋《营造法式》刊行900周年暨宁波保国寺大殿建成990周年学术研讨会论文集，2003

[41] 大殿西后内柱的拼合略有变化。

[42] 宁波市文物管理委员会. 谈谈保国寺大殿的维修. 文物与考古，1979（9）：5

[43] 潘谷西. 《营造法式》初探（一）. 南京工学院学报，1980（4）。另，潘谷西文中将1975年的调查误记作1973年。

殿内四根金柱全是拼合柱，其中三根是用四条圆木相拼，接缝处各贴四根瓜棱，严格计算是由八根木料拼成，另一根是中心为整根圆木，周围用八根半圆枋木贴成瓜棱状，这根柱共由九根木料拼成。"[44]

1975年维修之前的大殿四内柱构造形式，正是在不断深入的调查过程中，逐渐为人们所认识和掌握，即现代维修之前的大殿四内柱状况为：三根为段合拼柱，一根为包镶拼柱。

（3）现代修缮的换柱施工方法

1975年大殿的维修检查中，因东前内柱糟朽严重，不堪使用，经国家文物局同意更换新柱。

不落架的托梁换柱，有相应的条件和限制。对于厅堂大木构架而言，并非所有的构件都能安全无损地抽换，这决定于抽换构件和与之相交连接构件之间的构造和榫卯关系。而于厅堂构架中，构造和榫卯关系复杂的四内柱，则有诸多的约束和限制，其抽换极为困难。也就是说，既要保证所换新柱与所有相交构件能够顺利安装就位，又要使得与柱相交的所有构件榫卯不被损坏，保国寺大殿东前内柱的抽换，是几乎不可能的。从记述保国寺大殿施工过程的文献中，可以看到当年工匠抽换大殿东前内柱时所遇到的困难[45]：

"糟朽的东前内柱，东面承受着内额、丁头栱、乳栿、劄牵、挑斡（昂尾）等十二个构件，西面承受着内额、柱头枋等八个构件，南面和北面也还承受许多构件。要拆除这根内柱，调换一个新

图2-30 大殿东前内柱复杂的构架交接关系

柱，在不落架、不影响屋面的前提下，四面几十个构件的榫头如何安装上去，是个大问题"（图2-30）。

那么当时的工匠是如何解决了这个大问题呢？根据修缮文献记载："最后从西前内柱的四段合做法中得到启示，就是用四根柱子拼合的办法，顺利地解决了这个难题。"

当时工匠在抽换东前内柱不成、毫无办法的情况下，试着对西前内柱进行钻孔探查，结果不仅发现了西前内柱的四段合拼柱的构造形式，而且受其启发，采用同样的拼合做法，终于顺利地解决了东前内柱的抽换施工，并由此统一了四内柱的构造形式。

1975年抽换保国寺大殿东前内柱的施工过程，证明了抽换内柱施工是大殿内柱整木做法改用段合拼柱做法的直接成因。这从另一个角度验证了前文关于大殿四内柱原初为整木柱的分析。大殿抽换内柱施工过程见图2-31。

由上述分析进而推测，大殿另外三根四段合拼柱，应是清乾隆年间"移梁换柱"时，将原初整木柱改作四段合拼柱的。当时只换了三根内柱，唯东前内柱尚好，故未作更换。此后，乾隆十年（1745）至1975年又历两个多世纪，至1975年大殿维修检查时，四内柱中，唯清代未更换的东前内柱糟朽最甚，故而单独抽换了东前内柱。

关于大殿四内柱构造做法的分析，尚有一个问题需要解答，即1975年抽换的大殿东前内柱，是否是宋构原柱，其中心整木、外镶瓜瓣的包镶柱构造形式，是否是四内柱的宋式做法？

根据前节栌斗卯口线索以及额串榫卯构造线索的分析，四内柱无疑应是整木柱形式，而1975年维修前的东前内柱的包镶柱形式，从构造的角度而言，与前述的栌斗和额串榫卯做法尚能大致吻合。然尽管如此，根据南方气候潮湿、虫害严重、木构易糟朽损坏的特点推测，大殿主柱难以维持962年而不更换，且其间完全存在着落架大修换柱的可能。再加上现状四内柱柱径，皆大于柱下宋式柱础残痕，故1975年换柱前的旧柱应非宋构原柱，其包镶做法也非宋式。根据大殿檐柱普遍采用整木柱的特点分析，宋代初建时的四内柱应是整木柱形式。当然关于这一点只是推测，然至少可以肯定的是，大殿宋构原初的四内柱不是四段合的拼柱形式。

3-4. 对拼卯口形式

大殿现状四内柱的拼合构造，采用中心四段拼合承重，外嵌四瓣装饰的形式。中心四段拼柱与梁枋交接的榫卯构造，采用在相邻两拼料上各开半个卯口的形式，以便于换柱施工时的拼合操作。故现状四内柱的瓜瓣分位，皆为外嵌辅瓣坐柱中缝的形式，而其他整木柱及包镶拼柱，因无上述拼合卯口的构造要求，则都采用的是瓜缝对柱中缝的形式（图2-32）。保国寺大殿唯四内柱瓜瓣坐柱中缝，其他诸柱皆瓜缝对柱中缝，这一现象正反映了四内柱在拼合构造上，追求便于换柱施工的对拼卯口构造的特色。

由于大殿四内柱的段合拼柱构造特点，带来了拼合内柱的结构整体性较弱的问题。尤其是在拼合构件之间的拉结构造糟朽损坏的情况下，柱之整体强度则大为减弱，成为大殿内柱倾斜的一个影响因素。比较江南元构天宁寺大殿，尽管所有的梁栿皆为拼合做法，独柱子用整木柱形式。此或说明江南匠人意识到厅堂构架上柱子对于整体结构稳定的重要性，从而避免采用拼合柱形式。

大殿现状四内柱的结构整体性，以中心四小柱的拼合构造最为重要，其做法为四小柱之间各以木楔两两贯通，拼合成整体。然作为大殿受力主架的四内柱，现状拼合构造多有松脱、开散现象，为此近代以来的修缮又外加梢栓及铁箍，以作固定。

[44] 张驭寰. 中国古代建筑技术史. 北京：科学出版社，1985：98
[45] 宁波市文物管理委员会. 谈谈保国寺大殿的维修. 文物与考古，1979（9）：5

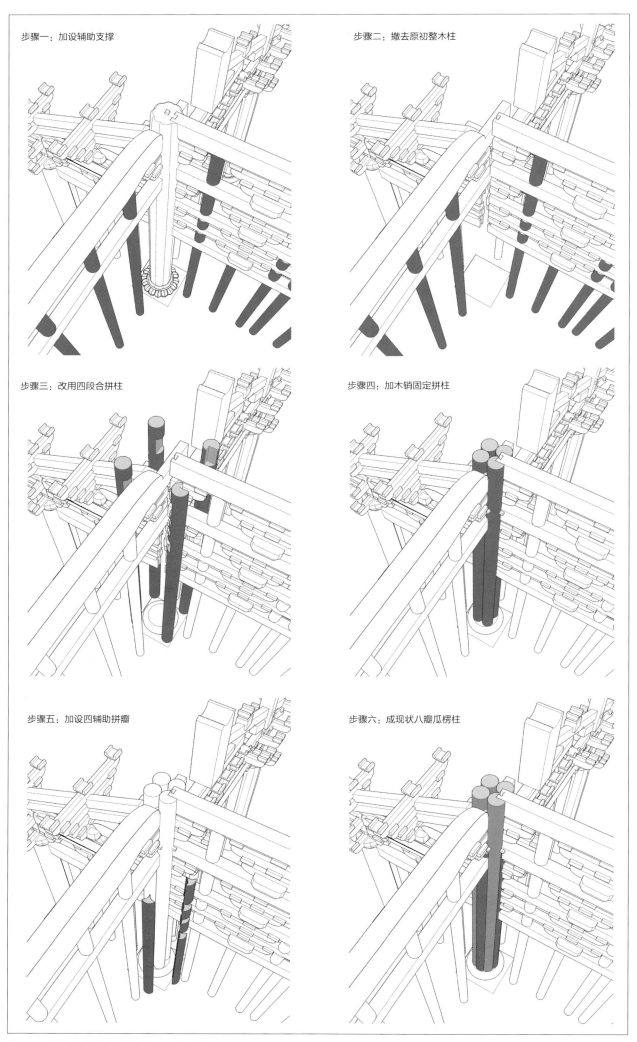

步骤一：加设辅助支撑　　　　　　　　　　　步骤二：撤去原初整木柱

步骤三：改用四段合拼柱　　　　　　　　　　步骤四：加木销固定拼柱

步骤五：加设四辅助拼瓣　　　　　　　　　　步骤六：成现状八瓣瓜楞柱

图2-31 大殿东前内柱抽换施工过程示意

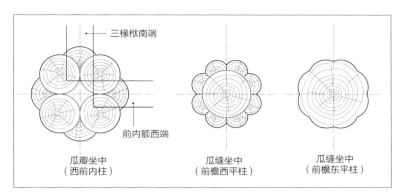

图2-32 大殿内柱对拼卯口及柱缝关系比较

（上排标注）三椽栿南端 / 前内额西端

瓜瓣坐中
（西前内柱）

瓜缝坐中
（前檐西平柱）

瓜缝坐中
（前檐东平柱）

4.原状分析与节点形式

4-1.尺寸分析

综上分析，大殿原初所有16根瓜楞柱，在构造上应皆为整木柱形式。诸柱根据所在位置而有形式与尺度的区别，在形式上根据分瓣特色，分作8瓣、4瓣和2瓣三种；在尺度上根据所处位置，分作檐柱、前内柱和后内柱三种。其中周圈檐柱等高，实测柱高均值4.26米（包括鼓墩在内，下同）：内柱随举架升高，高于檐柱。四内柱中前内柱又高于后内柱，前内柱在前上平槫分位，实测柱高均值8.06米，后内柱在后中平槫分位，实测柱高约6.56米，在架槫分位关系上，前内柱高于后内柱一架，高差1.50米。

清乾隆十年（1745）对大殿"移梁换柱，立礎植楄"，以高鼓墩柱础替代了宋构的覆盆柱础，并相应截短了柱脚，以吻合原柱之总高。据此推测宋构原初木柱之实长（不包括柱础在内），应较现柱长出约20余厘米。

关于瓜楞柱之柱径，由于拼合构造的关系，现状四内柱的拼合柱径应大于原初整木柱的柱径。现状四内柱，柱身上下收分显著，四柱柱径相差较大，前内柱底径均值77厘米，顶径55厘米；后内柱底径均值70厘米，顶径均值65厘米。至于原初整木瓜楞柱直径，由于宋构础石已被更换，缺少直接的分析证据，然如下几条线索可作依据和参照：

其一，现存整木檐柱，部分应仍为宋物，且檐柱较为统一，柱径约在52厘米左右，推测应保持了宋柱原初柱径尺寸。

其二，现状檐柱柱头的收分、卷杀及分瓣，自然柔顺，且与栌斗底的交接关系，吻合精密，应保持了原初柱头的形式与尺寸。故其柱之顶径，也可作为推测原初柱身直径的依据。现状檐柱顶径均值44厘米，底径均值54厘米，中径均值52厘米，柱身收分约8厘米。

其三，现状柱础礎石有可能部分仍是宋物，推测宋代原初为覆盆柱础形式，在清康熙十年的改造中，凿去覆盆与楄的部分，其上置高形鼓墩。现状部分礎石表面残存的凿痕，应为原初础石残迹，或可依之推测原初柱径尺寸。现状带有凿痕之檐柱礎石尺寸，约在方90～95厘米之间，如东山前柱礎方96厘米，前檐东平柱礎方95厘米，东南角柱礎方90厘米。礎石残存的周圈凿痕，应是宋构柱楄之位置。考虑覆盆可能贴近礎石边缘起脚，故依此礎石尺寸，其楄径可达约55～60厘米之间，相应地，檐柱直径约在50厘米余，这与现状整木檐柱直径吻合，且与《营造法式》厅堂柱径两材一栔的规定完全相符[46]。保国寺大殿的两材一栔，正合52厘米，檐柱径与柱高之比为8.2倍，比例较为粗壮。

其四，现状四内柱直径都大于鼓墩下覆盆残痕的现象，说明现状拼合柱的直径，大于原初整木柱的直径。推测作为大殿受力主柱的四内柱，其原初直径应在60余厘米，大于檐柱直径。

4-2.节点形式

柱的整体造型上，柱身与柱头栌斗及柱脚柱础是一个关联整体。上下节点形式的对应是保国寺大殿瓜楞柱整体造型的显著特色。以瓜楞分瓣为特征，大殿瓜楞柱与瓜瓣斗在分瓣形式上，保持着上下吻合一致的对应关系。

再看柱础形式，大殿柱础在清乾隆年间修缮时，替换为现状鼓墩，宋构原状不明。但从现状礎石残存旧痕分析，原初柱础应为宋代典型的覆盆柱础形式，然覆盆柱础的装饰形式则不得而知。复原分析中，柱础形式可有两个选择：一是取用宋式一般的素覆盆柱础形式，二是根据大殿瓜瓣造型的整体风格和上下对应的形式特征，采用瓜瓣装饰的覆盆柱础形式，具体而言，即瓜瓣楄的覆盆柱础形式。

江南宋代建筑的构件造型上，追求瓜瓣形式的对应关联这一特色，有可能是一多见的现象，应不限于保国寺大殿这一孤例。果然，我们在江南同时代的罗汉院大殿上也见到了相同类似的做法。

苏州罗汉院大殿，重修于北宋太平兴国七年（982），与保国寺大殿地域相同，年代相近。罗汉院大殿的遗址遗迹，现存石柱与石础，柱上木构栌斗不存。在瓜瓣造型上，罗汉院大殿的特征在于，瓜楞柱与瓜瓣础的上下对应关系[47]（图2-33）。罗汉院大殿之例证明了江南北宋时期，在瓜楞柱整体造型上，追求上下关联对应特色的存在。同时也提示了瓜楞柱、瓜瓣斗与瓜瓣础三者，在造型上作为一个关联整体存在的可能性，这为分析保国寺大殿原初柱础形式，提供了参照的依据。据此推测保国寺大殿的柱础形式，有可能是瓜瓣楄的覆盆柱础形式，也就是说，保国寺大殿瓜楞柱的整体造型，存在着瓜楞柱、瓜瓣斗和瓜瓣础三者对应的可能（图2-34）。

实际上，柱下楄的造型本身也存在着与柱上栌斗的对应关联性，柱上斗和柱下楄，其造型相同，呈互为倒置的对应关系，即斗形为上平下敧，楄形为上敧下平。这一现象或说明，在柱的整体造型上，柱上斗、柱身与柱下楄是一个关联的整体存在。

现存南通天宁寺大殿，其木作瓜楞柱与瓜瓣础的关联造型[48]（图2-35），也佐证了上述关于保国寺大殿柱础形式的推测。

关于大殿瓜瓣楄形式的推测，虽无直接的证据，但通过大殿本身瓜瓣造型关联性的分析，以及江南样式比较的参照和旁证，其可能性还是存在的，故作为大殿柱础的一种复原形式。

构件的瓜瓣造型，是江南一直以来的传统，年代更早的有保国寺天王殿前移建唐幢，六面体幢身形式对应于须弥座底座的六瓣形式，而至明清时期，浙江祠堂、民居中瓜瓣及瓜瓣础，仍是相当普遍（图2-36）。

小结

瓜瓣形式是保国寺大殿构件造型的一个显著特征。历来瓜楞柱做法，具有样式与构造两方面的意义，然保国寺大殿宋构瓜楞做法的意义则在于装饰。根据上文分析论证，大殿诸柱现状的拼合构造现象，皆是后世修缮的结果。尤其是大殿现状四内柱及其四段合拼合构造，既非原初宋物，也非原初宋式，而是后世修缮时，因应于厅堂构架换柱施工所采取的构造措施。因此，保国寺大殿现状瓜楞柱，并不能成为宋代江南使用拼合柱之例证，同样也不能成为印证《营造法式》拼柱做法与江南技术关联的线索。倒是此次保国寺大殿及时思寺大殿上发现的镙口鼓卯做法，却有可能成为推析《营造法式》南方因素的一个新线索。

瓜瓣造型与拼合构造之间，并无必然的关联。江南地区瓜楞柱

[46] 《营造法式》卷五·大木作制度二·用柱之制。

[47] 罗汉院大殿遗址现存诸石柱与石础中，有成对的瓜楞柱与瓜瓣础，其柱身与下楄皆刻作十瓣。虽刘敦桢推测有可能明代更换，然宋物的可能性更大。罗汉院大殿诸柱中，除瓜楞柱与瓜瓣础的对应形式外，同时并存的还有八角柱与八角楄的对应形式，雕花柱与雕花础的对应形式，上下对应是其不变的特色。

[48] 南通天宁寺大殿的瓜楞柱为包镶做法，十二瓣。柱下覆盆柱础的木楄为对应的瓜瓣形式。凌振荣. 南通天宁寺大雄之殿维修记略. 东南文化, 1996(2)

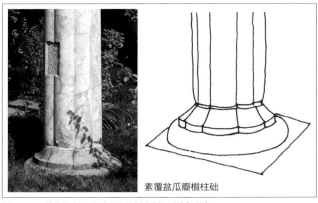

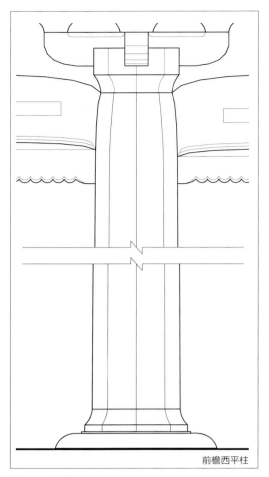

图2-33 苏州罗汉院大殿瓜瓣槏柱础(宋代)

图2-35 南通天宁寺大殿宋式瓜瓣槏覆盆柱础

前檐西平柱

图2-34 大殿瓜楞柱造型整体形式复原分析

江山南坞杨氏宗祠里祠

武义延福寺观音堂

图2-36 浙江传统建筑中的瓜瓣础形式

或更多表现的是装饰意义。至少保国寺大殿宋构原初的瓜楞柱形式并非源自拼合构造的因素。大殿宋构原初诸柱，应皆为整木瓜楞柱做法，以柱面剟刻瓜瓣的形式，表现瓜楞的装饰意味，并与柱头栌斗的整木瓜瓣做法，在造型与构造上，形成对应关联的整体存在。

构件的修缮更换是古代木构建筑生存延续的常态，其中主体构架的修缮抽换更是至关重要。从复原研究的角度而言，实物真实与样式真实这两方面是相关联的整体，考察保国寺大殿修缮过程中的构件更换，伴随着不同程度的构造形式的改变，而相应的历史痕迹和修缮现象，恰也成为保国寺大殿复原研究的一个重要线索。

历代修缮改易以及相应的施工操作，对始建原初的原物与原式的改变，是建筑史研究值得关注的现象和线索；从另一个角度而言，现代修缮施工有必要完整、全面地记录原状特征及修缮的改易替换，否则后人的相关研究将陷入盲目和偏离历史的真实。

关于保国寺大殿柱构造线索的复原分析，对于真实、完整地认识保国寺大殿，具有重要的意义。

四、历史痕迹解析与复原三：厦两头构架形式

1.厦两头构架现状

唐宋"厦"指坡屋面、披厦，"厦两头"指两山披厦形式，即清代歇山的唐宋称。厦两头做法是厅堂构架中最复杂多变的部分，包括转角及厦架的做法与形式，且具有较显著的时代与地域性特征。

保国寺宋构大殿屋顶为单檐厦两头造的形式。其厦两头构架做法上，于东西次间中部下平槫缝上，别立一缝山面梁架，用以支承两山出际。现状山面两厦由檐柱缝向内深一架椽，至下平槫缝止，并以下平槫承厦椽后尾及山面梁架（图2-37）。大殿现状厦两头构架做法，大致代表了宋以后厦两头的通常形式。北方明清以后，多数歇山做法中，厦椽后尾及山面梁架，改由踩步金构件承托，由此与南方厦两头做法形成相应的区别。

大殿现状两山构架，虽大致尚存宋式规制，然后世修缮改造亦

较明显，如清代于两山出际端头博风处重做山花，改变了宋式山花出际的形象；另外，大殿现状山面梁架、披厦及出际等处，多见构件残损、撤换和改造的现象及痕迹，也就是说，大殿两山构架不仅部分构件已非宋物，而且一些做法也已非宋式原状。

2.历史痕迹与复原线索

2-1.两山斗栱残件

在勘察大殿两山构架的过程中，我们发现如下几处较特殊的构件残痕及修缮改造的历史痕迹。首先是大殿进深中间的东西三椽栿北端头外侧，各有一缝斗栱残件，现状向南出跳华栱一道，其功能不明，形制奇异，推测应是后世对宋构两厦构架改造后所残留的历史痕迹。此东西两缝斗栱残件，残损程度大致相同，东缝斗栱现状如下图所示（图2-38、图2-39），西缝斗栱现状如下图所示（图2-40、图2-41）。然而，关于这一斗栱残件和历史痕迹，前人研究皆置之而未作讨论，更不用说深究。

那么，这一斗栱残件和历史痕迹，到底与宋构原状是何关系？对于宋构复原，有何信息与线索的意义？通过大殿山面构架与构造的分析，并联系江南同时期保圣寺大殿，以及元构天宁寺大殿的厦两头做法，我们推测这一斗栱残件，应是大殿原初两山披厦的深两架椽形式，经后世改造为深一架椽的残存痕迹。

两山披厦的深两架椽形式，是早期厦两头做法之古制。其所谓深两架椽的形式，指山面两厦由檐柱缝向内深两架椽，至中平槫缝止；宋以后逐渐演变为深一架椽、止于下平槫缝的形式。南方宋构如北宋华林寺大殿、保圣寺大殿，都表现为厦架深两椽的形式（图2-42、图2-43）。且江南直至元构天宁寺大殿，也仍保持着厦架深两椽的形式（图2-44）。

江南厦两架做法的特色在于，间心两缝三椽栿（或四椽栿）外侧另设承椽枋，承山面两厦深两架椽的上架椽尾，以使得椽尾不直接搭于梁栿上。华林寺大殿、保圣寺大殿及天宁寺大殿皆同此做法（图2-45）。正是保圣、天宁诸殿厦架承椽枋做法这一特色，为保国寺大殿厦两头构架的分析复原，提供了思路和线索。据此我们推测，保国寺大殿进深中间的东西三椽栿北端外侧所见功能不明、形制奇异的一缝斗栱残件，应就是上述分析的厦两架做法的相关构件。

2-2.厦两架的相关痕迹

基于上述的推测和设想，进一步勘察大殿相应部位的构件特征以及改造痕迹，果然又找到了进一步的相关证据和历史痕迹。具体有以下几点：

（1）相应于北端斗栱残件，大殿东西三椽栿南端柱外侧，也见相应痕迹，即前内柱分位的外檐柱头铺作昂尾端头的凹曲残痕，其当为抵压曲面栱背的痕迹（图2-46）。也就是说前内柱的外侧也曾有承托承椽枋的丁头栱存在，且栱背压于昂尾上。

图2-37 大殿现状东厦构架

图2-38 大殿东后三椽栿北端外侧斗栱残件

图2-39 大殿东后三椽栿北端外侧斗栱残件大样

图2-40 大殿西后三椽栿北端外侧斗栱残件

图2-41 大殿西后三椽栿北端外侧斗栱残件大样

图2-42 华林寺大殿厦两架形式

图2-43 保圣寺大殿厦两架形式

（2）在东山下平槫上，找到了被掩没遮盖的双面椽椀遗存，即内外两侧都开有椽口的椽椀。这表明了下平槫内侧的上架椽的曾经存在。也就是说，原初山面厦架并非如现状的止于下平槫，下平槫内侧原初设有上架椽，只不过在后世的山面构架改造时被撤去。双面椽椀这一构件和历史痕迹，是宋构大殿两山厦架深两椽的一个直接证据。

大殿两山下平槫上所置双面椽椀，现尚存有东山下平槫上的两处，一处位于东山中进间下平槫上，此前为后世改造的山花板所遮掩（图2-47），一处位于东山前进间下平槫上，因在草架中，后世改造时未做遮掩（图2-48）。

（3）大殿两山梁架构件的加工特征，也暗示了大殿厦两架做法的存在。大殿两山的山面梁架构件，其内外两侧的加工特征不同，即外侧为精细加工做法，内侧为粗略的草作加工做法，如栱头垂直截割不作分瓣等。同样，中进间上的心间两缝横架，外侧一面的上部构件，也只作粗略的草作加工，如平梁上蜀柱下部，里侧做鹰嘴形式，外侧素平截切；蜀柱上栌斗，里侧做讹角形式，外侧平直，甚至不做斗欹等。这意味着两山山面梁架的内侧与心间两缝横架上部的外侧，于殿内是视线所不及的，而山面梁架与心间横架之间的空隙，正是所推测厦两架的上架椽的位置所在。构件细部加工的粗

略与精细，决定于构件所处位置及其可见与否。而草作加工的部分，则都是遮蔽不可见的。因此，两山构件在特定位置上的草作加工特征，成为推证大殿两山上架椽存在的一个依据，因为正是上架椽的存在，形成了对其上部构架的遮蔽（图2-49）。

以上由大殿山面斗栱残件以及改造痕迹，引出关于大殿原初厦两头做法的推测和设想，并最终找到宋构山面厦架深两椽做法的相关证据和历史痕迹。以此为基础，可进一步复原分析大殿原初厦两架的构架形式及相应构造节点。

3.厦两架的复原及其构造节点

3-1.厦两架形式

根据大殿山面构架的残存构件及历史痕迹，分析复原大殿的厦两架形式，具体有如下几个要点：

（1）承椽枋位置与做法

承托厦两架的上架椽椽尾的通枋为承椽枋，位于贴近三椽栿外侧的柱头第一跳横栱跳头分位，现状西厦架的横栱上，现仍存有部分截断的承椽枋后尾残件，由此可推断其位置。承椽枋位置，距三椽栿外皮约30余厘米。承椽枋与三椽栿间这一小段空隙，其目的是为了避免

图2-44 天宁寺大殿厦两架形式

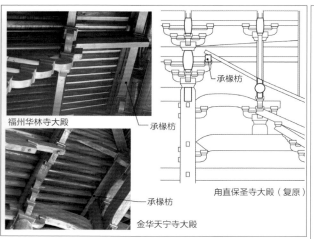

图2-45 江南宋元厅堂厦架承椽枋做法

图2-46 大殿西前内柱西侧昂尾顶面凹曲痕迹

图2-47 大殿东山中进间下平槫上残存双面椽椀

图2-48 大殿东山前进间下平槫上残存双面椽椀

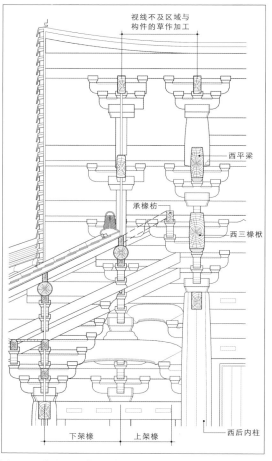

图2-49 大殿西厦架构件加工与视线关系分析

上架椽后尾直接搭于作为主梁的三椽栿上，以保证月梁的造型完整。

（2）上架椽坡度

根据现状实测数据分析，大殿檐槫至下平槫的坡度为五举，下平槫至中平槫的坡度为六举，故大殿厦两架的下架椽坡度同为五举，上架椽坡度也应为六举，唯架深变小，即山面下平槫至中平槫的架深1520毫米，减去承椽枋与三椽栿的距离（中到中540毫米），上架椽架深为980毫米。

（3）双面椽椀形式

现状残存的双面椽椀如前图所示，此残存的双面开口椽椀，不敢说就一定是宋物，因厦两头椽椀，后世有可能修缮更换；但其无疑是宋式，因为厦两架改造为厦一架的时间，应并不遥远，推测就在民国时期，与佛坛上部增设木板卷棚同时。

3-2.构造节点复原

（1）承椽枋交接构造

大殿东西三椽栿北端头外侧现存的斗栱残件，其构造节点的复原，是大殿厦两架形式复原分析的关键。

残存的东西两缝斗栱形式基本相同，仅略有差别。二者皆在后内柱缝上，分别骑三椽栿头向外侧出横栱两跳，并在第一跳栱头上，顺梁身出栱一跳，其栱上所承枋木构件已在改造时被撤掉或截去。现状西侧栱上，仍残存有带截痕的枋木；而现状东侧栱上，仍存有撤掉枋木后残存的交接卯口，并在卯口处，填塞上一个齐心斗（与大殿原斗栱材质不同的新料），用以遮挡卯口空洞残痕。如上文复原分析，东西两侧栱上被截去及撤掉的枋木，正是承托两厦上架椽尾的承椽枋（图2-50、图2-51）。

以上讨论的东西三椽栿北端所存斗栱残件，是承椽枋的北端支点，东西三椽栿南端理应也存有相应痕迹，以作为承椽枋的南端支点。但南端前内柱缝上，相应的斗栱残件已不存。然也并非毫无痕迹，我们在抵于前内柱外侧的外檐铺作昂尾端头，发现了与栱背交接的曲面痕迹，足以证明原先存在过与北端对应的出栱做法（图2-52）。

分析至此，大殿后内柱分位上现状残存的两缝斗栱，原初的功能与形式已基本清晰。前后内柱分位承椽枋的构造节点复原如下图所示（图2-53）。

江南宋元厦两头做法，其厦椽后尾一般都不搭在梁栿主构件上，而是在梁栿外侧另添设承椽枋。保国寺大殿厦两头的承椽枋构造做法，正是这一传统的早期实例（图2-54、图2-55）。元构则见

有天宁寺大殿之例，其承上架椽的承椽枋贴近三椽栿主梁，承椽枋两端构造较保国寺大殿简化，其北端直接置于伸出的中平槫上，南端由斗栱承托（图2-56）。两山承椽枋做法的目的主要是为了避免在月梁上直接凿刻椽椀，以保持月梁造型的完整。

保国寺大殿厦两头做法上的承椽枋，北方宋、辽、金遗构上亦多见，如蓟县独乐寺观音阁、太原晋祠献殿及朔州崇福寺弥陀殿等，都有此承椽枋构造做法。其实质也就是将歇山构架的承架与承椽的功能分作两个构件，在边缝横架主梁外侧，别设承椽枋以承厦椽（图2-57）。

（2）从厦两架到厦一架的改造

如上分析，保国寺大殿的厦两头构架形式，经历了一个从厦两架到厦一架的改造和变化。这是后世对保国寺大殿宋构原状的一个较大改变。即后世撤除了大殿宋构原初厦两架中的上一架，使得原初的厦两架形式消失殆尽。

那么是何时改造的呢？又是为何改造的呢？通过对大殿现状的勘察分析，我们注意到大殿的中进间上部，现有后世所铺设的薄板卷棚，与厦两头构架在空间上有一定的关联和交集。原厦两架的上一架空间，现状为卷棚所占。故大殿厦两头形式的改造，很可能就是因此卷棚之加设而起。

大殿薄板卷棚的做法，应为近代的形式，材料也较新，且在构造上，采用铁钉固定的方式，故推测其加设时间距今不远。至于加设卷棚的原因，民间传说是因为大殿主尊无量寿佛，故以卷棚遮去大殿上部梁架，取"无梁"谐音"无量"之意。

基于以上的推析，大殿厦两架的改造时间并不遥远，应就在卷棚加设之时，推测约为民国时期。

在厦两架的改造上，延福寺大殿与保国寺大殿甚似。延福寺大殿原初两山构架有可能也为厦两架的形式，后世修缮时改作厦一架形式。

3-3.关联性与整体性

保国寺大殿的复原厦两架形式，与大殿整体构架构成之间，具有充分的关联性与整体性。保国寺大殿构架构成上的两架现象应作为一个关联整体看待，也就是说，大殿厦两架做法，与柱头铺作下昂两架以及角梁转过两架，并非孤立的存在，而是相互关联的整体构成，三者表现了南方早期构架的构成特征。

再从大殿整体构架与空间形式的角度分析厦两架做法，大殿东、

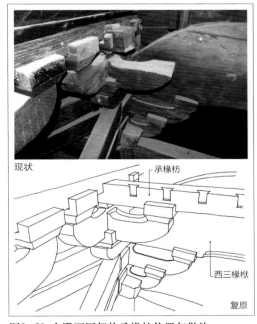

图2-50 大殿西厦架的承椽枋位置与做法

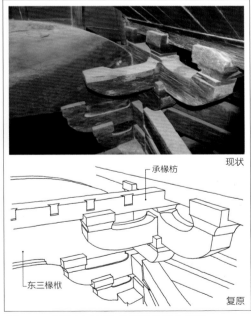

图2-51 大殿东厦架的承椽枋位置与做法

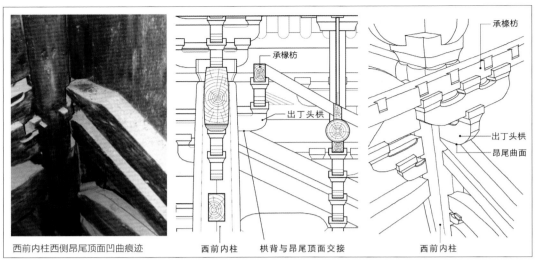

西前内柱西侧昂尾顶面凹曲痕迹　　　　西前内柱　　拱背与昂尾顶面交接　　　　西前内柱

图2-52　大殿西前内柱分位承椽枋构造做法复原分析

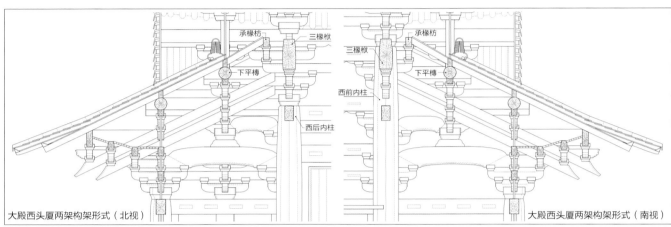

大殿西头厦两架构架形式（北视）　　　　　　　　　　　　　大殿西头厦两架构架形式（南视）

图2-53　大殿西头厦两架形式及构造节点复原

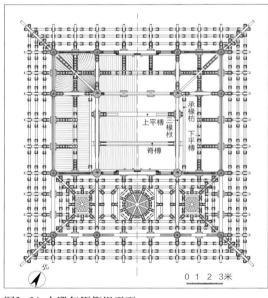

图2-54　大殿复原仰视平面

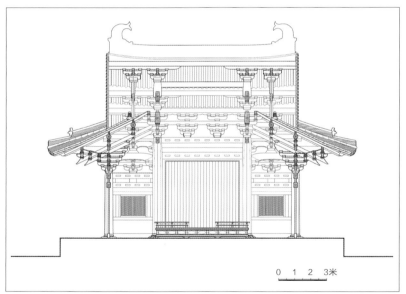

图2-55　大殿复原心间纵剖面

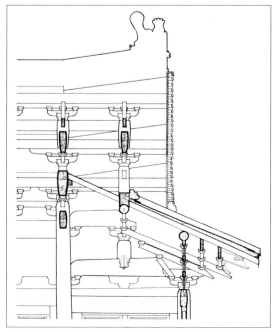

图2-56　天宁寺大殿厦两架承椽枋做法

图2-57　晋祠献殿两厦承椽枋做法

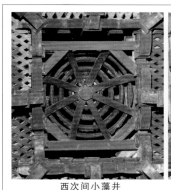

西次间小藻井　　　　　　当心间大藻井　　　　　　东次间小藻井

图2-58　大殿藻井空透现状

图2-59　大殿藻井肋条与阳马背面的交接状况（1975年维修旧照）

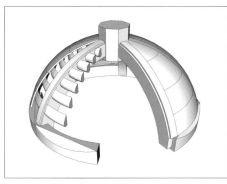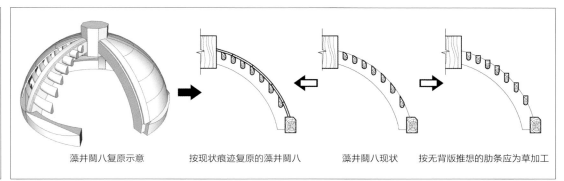

图2-60　大殿大藻井鬭八复原示意　　图2-61　大殿藻井鬭八复原分析

藻井鬭八复原示意　　按现状痕迹复原的藻井鬭八　　藻井鬭八现状　　按无背版推想的肋条应为草加工

西两山构架与后檐构架，在整体构架构成上，是围绕四内柱中心主架的三面辅架，且三面辅架的构成，无论在构架形式上，还是空间形式上，都是相同的构架单元，即以四内柱主架为核心，东、西、北三面围合的两椽构架及相应的空间形式。而大殿两山厦两架形式的复原，正还原了宋构大殿在构架形制与空间形式上的整体性特征。

厦两架做法是江南厅堂宋元以来的传统。自北宋保国寺大殿和保圣寺大殿以来，江南直至元构天宁寺大殿，仍为厦两架形式。然同时厦两头做法也逐渐向厦一架演变，现存真如寺大殿及轩辕宫正殿，皆已是厦一架做法。在歇山转角的椽架关系上，无论南北，都是由两椽退至一椽。且因地域滞后因素，早期的两椽做法，作为遗存古制又转化为地域特征，这在南方地区尤为显著。

关于厦两头做法的进一步比较分析，详见第四章"保国寺大殿与江南建筑"第二节相关内容。

五.藻井形制复原探讨

1.大殿藻井现状

前廊三间排置三个鬭八藻井，是保国寺大殿构成上的一个重要特色。关于藻井构成的具体分析，参见第四章第二节相关内容。本节主要就大殿藻井形制复原作一探讨。

大殿前廊心间设大鬭八藻井一个，藻井两侧作平棊，东西两次间各设一个小鬭八藻井，藻井周边设棱形遮椽平闇。三个藻井形制相近，在构成上皆于鬭八井口枋上立阳马、施弧形肋条数重，形成鬭八造型。

大殿三个藻井现状整体保存尚好，形制基本完整。鬭八藻井整体穹隆形式，由阳马及其间密肋围合而成。其中大殿阳马间施肋条七道，小藻井施肋条五道，现状大小藻井肋条之间皆空透，且大藻井井口枋与鬭八随瓣枋之间亦呈空透状态，由下上望藻井，可透见上部草架，故藻井整体显得空透轻巧（图2-58）。

然而藻井的空透现状，是否就是宋构原状呢？根据现状勘察分析，大殿藻井的一些痕迹表明了藻井原初并非空透的形式，有可能安装有背版。进而又据材质退化程度分析，现状藻井部分构件较新，应为后世修缮所换，推测在此过程中，有可能取消了背版，改变了藻井的原初形制。因此，有必要在解析现有历史痕迹的基础上，参照比较相关藻井做法，分析探讨大殿藻井的原初形制。

藻井形制的复原，是保国寺大殿整体形制复原的一个重要部分。

2.痕迹解析与形制复原

关于藻井形制复原主要包括背版与压厦版这两个方面。

首先是关于藻井背版的分析。

根据大殿藻井构件形式及相应痕迹来看，现状阳马上所嵌肋条，断面均成水滴状，其下部圆弧形的造型，应是考虑露明的装饰效果，然其背部向草架的一面，也特意加工修整为平整弧面，使之与弧形阳马的背面曲线契合（图2-59），这一构件细部做法值得追究其目的所在。

对于不规则形状的肋条而言，其下部的水滴造型，在加工上无疑费时耗功，其目的在于追求视线所及部分的造型效果。然而其背面朝向草架的部分，本没有必要如此细致加工处理，草作加工即可。保国寺大殿上其他诸多面向草架的构件，都是采取草作加工的做法。因此推测，藻井肋条背面的抹平加工，应是工匠刻意的构造追求，即通过肋条背面的加工，使之与阳马背面轮廓严密平整，以便于某种构造的需求。而这一构造要求，我们认为就是为了敷设曲面薄板，否则作为不可见的上部草作部分，不会费力做如此修整。也就是说，大殿藻井肋条背面应安装有背版，藻井整体背面原初应是以背版封实的（图2-60、图2-61）。

对照比较时代相近的北方诸多藻井实例，无论平棊型抑或平闇型装饰，均用背版，《营造法式》藻井制度亦明确采用背版。南方虽然早期参考实例无存，但明清时期的戏台尚留存诸多藻井，亦皆有背版，且其基本形式与保国寺大殿藻井又有较多相似之处，应有传承关系，故亦可作为参考（图2-62）。

实际上，即便从视觉效果而言，藻井也应安装背版；若无背版，则上部草架梁外露，影响藻井的装饰效果。

其次是关于藻井压厦版的分析。

如上分析，既然藻井肋条背面有背版之设，那么心间大藻井井口枋与斗八层随瓣枋之间的空透现状，也不应是原初形式，原先此处应安有压厦板，以形成藻井整体的空间效果。关于这一推测，我们在大藻井的井口枋构件上，也找到了相应的痕迹。

其一，大藻井东北角井口枋朝向阳马侧开有凹槽一道，虽然其他井口枋无此凹槽，但有凹槽者当为原初形态（图2-63）；其二，斗八层随瓣枋在外侧上部均有一斜面抹角（图2-64），结合这两个残存痕迹现象，可知井口枋与斗八随瓣枋之间原初应有斜置平板或竣脚椽，即如《营造法式》所谓压厦版者。

根据上述关于大殿藻井形制复原的分析，我们认为大殿藻井原初形制为背版封闭的形式（图2-65）。后世背版率先朽烂脱落，其后藻井其他构件也大多糟朽而被更换，而修缮藻井的匠人，或机械地依照拆换下来的斗八构件（阳马、背版肋条等）样式模制新件，然却未相应地安装背版，从而形成现今所见大殿藻井的空透现状。

3.彩画装饰推测

保国寺藻井以阳马上覆肋条成多个同心圆相套，后覆背版。这种装饰构成不仅《营造法式》制度与图样中未载，而且北方亦未见类似做法，然而南方则多有与之相近实例，从北宋保国寺大殿到南宋报恩寺塔以及元代颐浩寺大殿，其藻井形制一脉相承（图2-66）。由此可知保国寺大殿的藻井形制，具有显著的南方地域性，或为南方所特有，而《营造法式》所载者侧重于北方制度。

装饰造型是保国寺大殿藻井所追求的目标。由此引发设想，宋构原初会否以彩绘形式，进一步加强藻井的装饰效果，以及彩绘有可能采取怎样的形式？

以构成主次而言，保国寺大殿藻井在阳马间以肋条为骨，后覆背版，这种方式略似"平闇式"装饰方法。参考北方平闇椽装饰藻井者，均在椽上画作，而以素版作底；南方晚期的戏台藻井装饰上，亦是强调肋条而以素版作底（图2-67）。同样地，保国寺大殿藻井肋条布置密集，轮廓突出，背版隐藏在其阴影中，前者较之后者更为突出，因此推测保国寺大殿藻井若施用彩画，亦应如平闇式，以背版为底，以肋条阳马为图，强调同心圆的几何构成。考虑到与整体用七朱八白的简洁装饰风格呼应，藻井彩画亦可能为套色刷饰。另外，在斗八随瓣枋与井口枋上现状更有隐刻七朱八白，虽未必为原物，亦可作参考。

北方辽金时期藻井中的斗八层多为八边形，并不似南方强调同心圆式构图。南方藻井中除斗八井口外，其他构图多为圆形，更是以肋条突出同心圆式构图，对圆的强调是南方藻井的装饰特点。推测这种构成有可能源自古制，早期文献中，对藻井的描述均称"方井圆渊"、"圆泉方井"，即以方象井、以圆象水之意，相应地这种早期的装饰构成，强调圆泉垂莲以厌火祥。但在藻井的后期发展中，这层含义逐渐退去，等级象征的意义不断加强，如北方宋辽藻井实例中，多见顶心木以龙凤图样取代莲荷图样即是其证。相对照

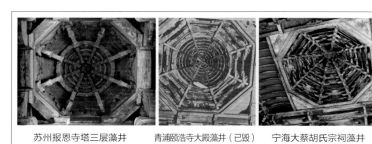

苏州报恩寺塔三层藻井　青浦颐浩寺大殿藻井（已毁）　宁海大蔡胡氏宗祠藻井

图2-62 江南斗八藻井样式比对

图2-63 大殿大藻井东北井口枋凹槽 图2-64 大殿斗八随瓣枋外侧斜面抹角痕迹
痕迹

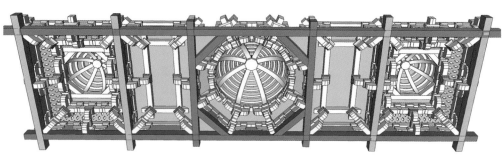

图2-65 大殿藻井总体复原示意

图2-66 苏州报恩寺塔三层甬道顶藻井（南宋）

| 独乐寺观音阁藻井 | 应县木塔一层藻井 | 易县开元寺毗卢殿藻井 |

图2-67 北方平闇填充式鬪八藻井样式比对

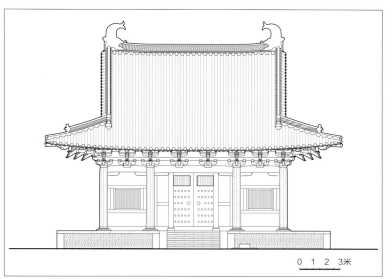

图2-68 大殿复原正立面

0 1 2 3米

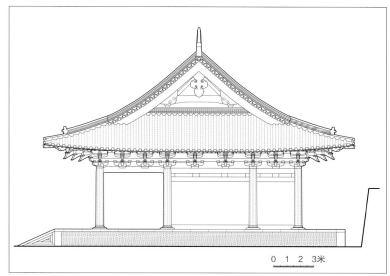

图2-69 大殿复原侧立面

0 1 2 3米

的是，古制浓厚的南方地区，以对圆形因素的强调，较多地保留了早期的象征意义。以保国寺大殿为代表的南方藻井的同心圆构成形式，亦可理解为井中水样，有可能是藻井古制的反映。

关于大殿形制的复原分析，上文分别分析探讨了四个相关问题，即大殿空间围合形式、瓜楞柱样式构造、厦两架做法以及藻井形制这四个方面，而这四个方面正是大殿形制复原的关键所在。历经千年的保国寺大殿，其主体大木构架形制的改易变化，也主要表现在这四个方面。除此之外，大殿在外檐小木作装修、阶基、瓦作等方面，原初的宋物与宋式已皆无存，这一部分的形制复原，由于直接依据和线索不足，故姑且参照现有相关资料，以时代性和地域性为约束限定，推测其样式形制（图2-68、图2-69）。所参照依据的资料，主要是江南两宋考古发掘资料、宋画形象、现存相关遗构以及《营造法式》等内容。故这一部分内容，带有主观的推测和选择，以及形式、构造上的不定性。

结 语

关于大殿宋代大木形制的复原分析，本章主要以历史痕迹解析的方法，寻找复原线索和依据，考证宋构原初形制。然从样式分析的角度而言，千年以来，保国寺大殿由修缮改易所造成的构件宋式特征的改变和样式纯度的降低，亦是一个显著的现象，因而以样式分析为参照，探讨大殿构件的宋式特征，对于大殿的复原分析亦是重要的依据和线索。以大殿内柱丁头栱为例，其宋式特征表现为单材丁头栱形式，据此推定大殿东后内柱的足材丁头栱，已非宋构原物，而为后世所换者，其样式特征较原初宋式有了部分的改变。再如，根据大殿额、串入柱处卷杀收肩的宋式特征，可推定与宋式不符的前内柱间下额、东山后间下楣、西山中间下楣等构件皆为后世更换者。历代修缮过程中的构件更换，不同程度地失去了原初的宋式特征。

保国寺大殿耍头构件，是复原分析中一个值得推敲的节点，根据江南样式谱系的比较分析，大殿耍头的存在是一个相当突兀的现象，就江南样式谱系而言，耍头的时代性要迟于大殿年代，然而根据现状耍头的构造交接状况分析，并无明显后加的痕迹，其样式亦有独特之处。因此，在大殿的复原上，仍保留了耍头这一构件，并将其作为一个存疑待考的问题。

保国寺大殿的复原分析研究，是一个认识逐步深入的过程。目前我们关于保国寺大殿的复原分析，也只是一个阶段性的认识，且尚有诸多存疑待考之处，故相应的复原分析研究，有待今后基于新资料和新思路的推进与深化。

保国寺大殿经年历久，目前构架整体所面临的问题较多，亟待整体性修缮，故在不远将来的大殿落架修缮过程中，必然会有更多资料和线索的出现，对大殿的认识也将更加深入、全面和贴近于历史的真实。

101

第三章 保国寺大殿尺度研究

一、尺度研究的相关问题

1.研究目的与意义

尺度研究是遗构复原研究的一个重要内容。保国寺大殿遗构复原研究，主要包括两方面的内容：一是形制复原，一是尺度复原。形制复原的目的是从遗存现状探讨原初形制，尺度复原的目的是根据现状实测数据探讨原初的设计尺寸。

设计尺寸复原与尺度构成分析，是尺度研究的两个层面。设计尺寸复原重在分析实测数据与设计尺寸之间的关系；尺度构成分析则是探讨尺度设计的意图和方法。后者以前者为前提，故设计尺寸复原是尺度研究的基础和根本。

尺度研究上，公制单位的实测数据与比例关系，只有通过还原成营造设计尺寸，才能真实地认识和把握其原初的设计意图和手法。以往我们对于保国寺大殿的认识，较多地偏重于形制方面，而尺度研究方面还有待进一步的探索和深化，即希望在全面勘测的基础上，通过分析淹没于无序数据中的原初设计意图，探寻纷乱尺度现象背后的构成规律，从而对保国寺大殿的认识，更加全面和丰富，并贴近历史的真实。

2.研究条件与基础

2-1.研究条件

精细而全面的勘察实测数据，是尺度研究必要的基础条件。自保国寺大殿发现以来，大殿已经过多轮的勘察实测，积累了较充分的实测数据资料，虽精确详细的程度不一，但在国内诸多遗构中，保国寺大殿或算是研究条件最好的了。

比较而言，早期实测报告所提供的测量数据，因诸多因素的影响，其精细度和全面性都有一定的限制。实际上，任何勘察测绘都不可避免地存在着误差和局限，不断地改进方法、提高精度、减少误差是后续勘察测绘的努力方向。以此为目标，2009—2010年，东南大学建筑研究所对保国寺大殿进行了三维激光扫描和全面的构件手工勘测，获得了迄今最完整的大殿勘察资料和实测数据，为保国寺大殿的尺度研究提供了更加扎实和充分的基础资料。

2-2.相关研究

近年来随着遗构勘察工作的深入及实测数据的发表，学界关于古代建筑尺度研究有了显著的进展，不仅成果丰富，且研究思路及方法也趋丰富和成熟。仅就保国寺大殿的尺度研究而言，专篇论文有清华大学刘畅、孙闯的《保国寺大殿大木结构测量数据解读》[1]，此外，涉及保国寺大殿尺度分析的论文也为数不少[2]。因此可以说，保国寺大殿的尺度研究并非新题，学界已有研究积累和相应成果。然随着勘察测绘的深入以及研究思路与方法的拓展，保国寺大殿仍有可能在新资料与新视角下，作进一步的分析研究。

相对于基础性的勘察实测而言，研究思路和方法则是尺度研究的另一个重要方面。近年来学界的尺度研究，在思路及方法上亦具新意和特色，建筑尺度研究由此得以推进和深化。本文关于保国寺大殿的尺度研究，不仅着重于基础勘察和实测数据，而且追求研究思路和方法的探讨与拓展。

3.思路、方法与线索

尺度复原研究上，将现状实测数据正确地还原为原初的设计尺寸，并非易事。其中有两个关键：一是如何处理遗构变形带来的数据失真，二是如何分析推定营造尺长。前者有赖于对遗构变形的认识及修正，后者取决于对遗构尺度关系的整体认识与把握，并且无论哪一方面，针对性的思路与方法尤为重要。以下就此两方面的问题，探讨保国寺大殿尺度复原分析的思路与方法。

3-1.从间架关系入手

保国寺大殿尺度复原分析面临诸多问题，其中遗构变形带来的实测数据失真，影响最大。如若简单地将现状数据视作原状尺寸的话，那在复原分析上是十分危险和不可靠的。

历经千年的保国寺大殿现状，各种变形十分严重，实测数据驳杂离散，整体间架尺寸尤甚。严重的构架位移变形，使得实测数据的失真绝非小数，成为影响和干扰尺寸复原分析的重要因素，甚至掩盖和淹没原初的尺度设计意图。严格地说，以现状追究历史原真，是几乎难以达到的目标。形制复原如此，尺度复原就更是难上加难。

对于大殿勘察测绘越是深入，越能深知和体会到大殿经由历代的修理改造及变形移动，现状已远非宋构原初的状态。而关于历代积累叠加的位移变化，现今也几乎是难以完全准确地勘察和把握的。因此，就大殿整体间架尺度分析而言，对于如此杂散偏差的实测数据，如若一味拘泥于失真的现状实测数据，仅以机械地统计归纳、单纯地排列数据的方法，或是难以把握和还原间架真实的尺度关系的。故而有必要根据间架构成的基本对应关系及规律，合理地梳理、分析和修正失真数据，以利于复原分析思路的清晰化和显现间架尺寸内在的有序关系。

单纯追求精确测绘，并不一定就能趋近历史的真实。在目前的测量技术条件下，数据失真问题，主要不在测量误差，而在位移变形。故精度不是问题，认识和把握位移变形才是关键。对于保国寺大殿尺度研究而言，如若缺乏对构架关系的整体把握以及对大殿位移变形的深入认识，精细测绘的意义则无从体现。以大殿平面实测数据为例，由于大殿间架结构上各种变形严重，导致现状平面开间实测数据离散杂乱，如大殿后内柱分位上的东次间与西次间的实测数据竟然相差277毫米，几近一尺，变形数据之大，约开间数值的1/10。然而基于大殿间架结构对称关系的认识，使得变形数据不至于掩盖东西两次间尺度的对等关系，从而将变形因素置于间架数据的整体关系中作修正和调整。再如，大殿槫架位移变形尤为严重，侧样八架椽长的实测数据杂乱无序，以致完全掩盖了原初有序的椽架配置形式。只有在认

[1]刘畅，孙闯.保国寺大殿大木结构测量数据解读//王贵祥.中国建筑史论汇刊：第1辑.北京：清华大学出版社，2009

[2]在古代建筑尺度研究上，保国寺大殿是重要的南方实例，学界相关研究多有论及，主要有陈明达、傅熹年、王贵祥、肖旻、刘畅等相关研究。

识和把握大殿椽架配置有序规律的前提下，杂乱失真的实测数据才有其意义并显现与椽架构成的对应关系。

间架关系的认识和把握，是整体尺度关系分析的基础与前提，忽略整体关系而专注于局部数据的认识，往往陷于盲目无序。实际上，从整体构架设计的角度而言，间架关系本就先于尺度关系。从间架关系入手的数据分析，也即从间架关系再到尺度关系这样一个过程，或更为真实、可靠和有序，实际上二者之间本也是一个关联互动的过程。从间架关系入手的尺度分析，是本章保国寺大殿尺度研究的一个思路和方法。

3-2.关于侧脚的讨论

（1）尺度基准：柱头还是柱脚

关于平面和间架尺度的分析，必然涉及侧脚问题。然值得讨论的是平面尺寸以何为基准，是柱头还是柱脚？

对于尺度研究而言，尺度分析的基准平面，如果不是营造当时地盘设计和施工的基准平面的话，那么相关的尺度研究就无从追求历史的真实。然而，关于现状平面尺寸的勘测，由于以下两点因素的存在，即严重的位移变形因素与可能的侧脚因素，使得柱头平面与柱脚平面的实测数据产生差异。因此，选择和认定基准平面，成为尺度复原研究的一个前提。

然而，尺度复原分析中，如何正确地选择或认定基准平面，却是实在的难题。这一难题的实质也就是今人对于营造当初间架地盘设计、施工的认识与把握的不足。然而有理由相信建筑基准平面的性质，与相应时代的地域匠作传统和建筑体系等诸因素密切相关，而不会是一种超越地域传统及构架体系的独立存在。

问题的另一方面是，目前学界关于基准平面的选择，往往简单地认定柱头平面，忽视基准平面的其他可能性，对于时代、地域及体系等相关因素不加考虑。然而其中或有疑问，对于内外柱等高的北方建筑，如果柱头基准平面可以成立的话，那么对于柱高随举架而变化的南方厅堂构架而言，或许就未必一定如此，有必要针对南方独特的地域体系因素进行分析。

尺度研究上以柱头平面为基准的思路，是基于北方构架体系的特色，与北方层叠式构架特征相关联。即便如此，目前北方建筑中也仅少数早期遗存实例，较肯定了以柱头平面为基准的这一特点。然而，这种基于北方殿阁构架的认识定势，或有可能形成对南方厅堂构架的认识偏差。如目前学界关于保国寺大殿的尺度研究，皆取大殿柱头平面作为尺寸分析的基准，直接排除柱脚平面的可能。然这种选择判定，是否合理和可靠，还值得讨论。

关于侧脚做法、位移变形以及基准平面这三个相关因素的认识，至少以下两点值得注意：其一，不是所有的建筑都有侧脚，许多柱倾斜现象都不是侧脚做法，而是位移变形所致；其二，未必所有带侧脚的建筑，平面都以柱头为基准。

（2）侧脚做法与厅堂构架

侧脚做法必然带来相关构件尺寸的折算问题。对于北系层叠式构架而言，横向枋材大都位于柱头之上，故以柱头平面尺寸为设计基准，较以柱脚平面为基准更为方便。若以柱脚尺寸为设计基准，则柱头上的相关横向枋材长度尺寸，须经折算确定，形成零碎尺寸。然南方厅堂构架，内柱随举架升高，数量众多的横向联系枋串额等构件，都在柱脚之下。若仍以柱头尺寸为基准，则所有横向联系构件，都须经折算确定长度尺寸，并无便利性可言；更重要的是厅堂柱高随举势而定，高度不等，如保国寺大殿16根立柱，分作檐

柱、前内柱和后内柱三种不同高度，既不存在着统一的柱头平面，也无明确的柱头平面意识。比较之下，柱脚平面则是实在而明确的，以之为基准，在设计与施工上更便捷可行。关于这一认识，在浙江工匠的访谈中也得到确认和支持。

再从施工操作的角度来看，即使是北方层叠式建筑以柱头平面为基准，在最终的操作实施上，仍是要将柱头尺寸折算在柱脚平面上的，因为最终柱网放线还是在柱脚所在的地盘上进行的。对于柱高变化不等的南方厅堂构架而言，尤其是如保国寺大殿3-3-2间架形式，要确定内外柱统一的柱头平面，无疑是个难题，若再加入侧脚因素，而且现状还是进深与面阔的两向倾斜[3]，即使在虚拟的柱头投影平面上，也是无法形成统一对位的柱网轴线的。如若硬是要确定大殿柱头平面的话，那么是以周圈檐柱为准，还是内外柱统一的柱头平面？前者显然无法反映内柱的状况，后者则非真实存在的状况。

考虑到保国寺大殿柱身歪闪扭转、柱头位移变形严重，以及侧脚因素难以确认的现状，关于尺度分析的基准平面，且不论南北构架体系及技术特征的区别，就以变形失真而言，柱头平面也远大于柱脚平面。因此，我们在保国寺大殿尺度复原分析上，并不以平面间广数据作为推算营造尺的唯一指标，相反更注重变形较小的大量性构件尺寸数据的复原分析，希望在多项指标的互证检验下，修正位移变形的失真，并消解由基准平面选择所带来的不定性和可能的微差。

（3）大殿侧脚现象分析

木构技术上侧脚做法，是保持构架整体稳定性的一种技术措施，通过侧脚产生的柱头内向挤压，以避免构件拔脱散架，从而达到加强构架整体稳定性的目的。因而，侧脚做法应有其相应的针对性目标：

其一，针对横向拉结联系薄弱的构架，主要是北方层叠式殿堂构架，元明之前的北方殿堂构架大都横向拉结联系薄弱，侧脚是其保持构架整体稳定性的一个重要因素；

其二，针对抗拔脱性能薄弱的榫卯构造，部分早期的南方厅堂构架榫卯似尚未完全成熟，仍有可能需要以侧脚补强构架的整体稳定性；

其三，南方串斗式构架，从理论上而言，应不需要也不存在侧脚做法。

根据上述分析，侧脚做法并非木构架的普遍性技术要素，应具有相应的时代性与体系性特征。因此，根据保国寺大殿的整体构架形式以及相关榫卯做法，在现状勘测分析的基础上，考察大殿的侧脚因素。

就构架类型比较而言，南方厅堂构架的整体性要远胜于北方殿堂构架。江南厅堂构架的串额横向拉结联系，是保持构架整体稳定性的主要方法，而串额榫卯构造的抗拔脱性能，则成为影响构架整体稳定性强弱的因素。

保国寺大殿串额榫卯构造为燕尾榫形式，而入柱梁枋及丁头栱交接采用的是直榫形式。就整体状况而言，大殿榫卯做法虽不如后世那样成熟发达，但其厅堂构架构成上大量纵横交错的串、额、枋、栱的拉结联系，有效地保证了大殿构架的整体稳定性。另一方面，从大殿井字构架构成的受力角度而言，若檐柱存在侧脚做法，确也能起到弥补榫卯构造的薄弱、补强构架整体稳定性的作用。

侧脚与生起是两个不同的技术做法，一是针对梁柱交接，一是针对铺作交接，然二者的目的却是相同的，即都以加强构架整体稳定性为目的。故二者的存在，多是一种共生相伴现象，具有一定的关联性。根据侧脚与生起做法相关联的技术特点，因此可以将较易于分辨的生起现象，作为判断侧脚存在与否的一个间接依据。保国寺大殿檐柱近于等高，无生起现象[4]，就这一线索而言，大殿侧脚

---

[3] 分析大殿现状柱的倾斜，诸柱除了向内倾斜外，四面檐柱及四内柱同时还顺身向中心倾斜显著。

[4] 现状前后檐的平柱与角柱高度差只有1至2厘米，只是变形误差现象，无生起做法。福州华林寺大殿角柱有生起8厘米，但柱身无侧脚。

的存在或是一疑问。从现存遗构现象来看，在加强构架稳定性的两个技术做法上，生起较侧脚更为多用。早期的佛光寺大殿与华林寺大殿，都是只有生起而无侧脚，而少见有侧脚无生起之例。

生起做法具有显性易辨的形式特征，而侧脚做法则较难辨认，或为倾斜变形所掩盖，或将倾斜变形误认作侧脚做法。因而，对于倾斜变形严重的保国寺大殿而言，到底有无侧脚，以及如何从倾斜变形中分辨侧脚做法的存在并剥离出侧脚数值，都是大殿勘察分析中感到困惑的问题。

勘察保国寺大殿现状，柱身倾斜现象较为显著，不仅向内倾斜，而且还向心间倾斜。此外还有后倾（北）、甚至外倾的现象。大殿显著的倾斜变形之下，是否掩盖了可能存在的侧脚现象呢？实际上，正如前章大殿复原分析所论证的那样，大殿现状16根柱，大都已被替换，而非宋构原柱，而且大殿饱经历代改造变易，尤其是乾隆年间大殿山门所遭风灾毁坏，几无完屋[5]，现状已远非原状，位移变形十分严重。在此状况下，若仅依现状是难以作出分辨和判断的，还需要多线索的综合分析。

首先，柱头内倾现象并不一定就是侧脚做法。在屋顶重压及外力侧推的情况下，柱头会有内倾变形，日本唐招提寺金堂修缮中即发现了这一现象[6]。因此，保国寺大殿立柱倾斜现象，应有两种因素的作用，一是倾斜变形，一是可能的侧脚。

比较南方其他宋元厅堂遗构，福州华林寺大殿、莆田元妙观三清殿都明确不用侧脚[7]。即使是如北方佛光寺大殿的层叠式构架，也无侧脚做法的存在[8]。作为综合的分析判断，保国寺大殿部分柱子的倾斜，其中位移变形应是一个主要因素，至于大殿可能的侧脚做法，目前尚无法判定，且也难以从位移变形中分辨和剥离出其侧脚数值。

基于上述关于保国寺大殿侧脚的分析和认识，我们在分析大殿平面及间架尺度关系上，忽略可能的侧脚因素，姑且以柱脚平面数值作为营造尺推算的一个验算指标。然即便如此，分析中也尽可能地考虑可能的侧脚因素及交杂的位移变形的影响，并在多指标验算的基础上，作综合的分析推算。

3-3.营造尺的推算与校验

尺度复原研究上，遗构营造尺的推算，是另一个关键问题。

要将现状实测数据正确地还原为原初的设计尺寸，并非易事。在尺度复原分析上，营造尺的推定与设计尺寸的复原之间，基本上是一个相互依存和自洽互证的关系，而非因果性的逻辑关系。从思路和方法上而言，其复原求证的过程，也就是利用间架、构件等诸要素之间数据关系的简洁性和自洽性进行分析和论证的过程。

在尺度分项数据中，开间尺寸作为建筑整体的基本尺度，是尺度复原研究的基本和重点。就尺度复原的一般方法而言，通常多以平面开间数据的还原为主指标，推算营造尺。然而，营造尺推算与基本尺度复原的最主要干扰因素是构架变形，实际上，包括开间、椽架平长、屋架举高等在内的空间尺寸的数理统计，在消除变形影响之前是不具备决定性意义的。考虑到保国寺大殿现状整体构架变形严重，在间架空间尺寸上尤为突出，平面及间架实测数据偏差离散较大，且又有基准平面选择上的不确定性因素，故在尺度复原分析上，不仅以平面开间数据结合间架构成关系进行分析推算，并通

过多项独立指标的设定，从而减小平面开间指标的权重，以此应对可能的侧脚、严重的变形以及基准平面的选择等不确定因素。

在设置多项独立分析指标上，选择变形较小的大量性构件尺寸数据作为复原分析的重要指标，推算和验证营造尺，如斗栱尺寸、檐柱高度以及分心石尺寸等。希望在多项独立指标的互证校验下，作综合的分析比较，最终推定营造尺长。推算营造尺与尺度复原分析在此反复的过程中，有可能逐渐接近历史的真实。

3-4.关于尺度关系的概念

将实测数据正确地还原为营造设计尺寸，是尺度研究的根本。然而完全"正确地还原"，或是难以企及的目标。因此，努力接近历史的真实，是本书关于保国寺大殿尺度研究的追求。同时本书提出"尺度关系"的概念，用以分析和描述大殿平面和间架复原尺度之间的相互关系。其目的是基于如下的两个设想：

其一，大殿的营造尺推算如果未能达到完全"正确地还原"当初的营造设计尺寸，那么，以推定营造尺所复原的大殿平面及间架尺度，至少表达了平面及间架的以推定营造尺为单位的比例关系，这种关系可称之为"尺度关系"，以相对于"正确地还原"的真实尺度。

其二，保国寺大殿平面及间架尺度复原上，排除柱身倾斜变形并忽略可能的侧脚因素，以柱脚平面作为分析的基准。因此，作为开间细分单位的椽架复原尺寸，则与开间复原尺寸对应。这种设定状态下的八个椽架的复原尺度及其关系，也称之为"尺度关系"，以相对于可能的侧脚因素下的椽架尺度，其值应略小。

实际上，在遗构现状位移变形及人为扰动严重的情况下，间架结构测绘数据的精确已相对不那么重要了。再者，可能的侧脚与倾斜变形交杂一体，如何将可能的侧脚数值从中剥离，也实在是一个难题。在此状况下，转而关注尺寸与间架的关系，从间架关系中梳理尺度关系，其营造尺复原有可能未及完全的精确和历史的真实，但构架的尺度关系或许更贴近和吻合于真实原状的。

以上关于研究思路、方法与线索的讨论，是下文尺度复原分析的前提与基础。

二、间架关系的推理与分析

在间架构成关系上，椽架是开间的细分，还是开间是椽架的叠加？根据分析，在间架构成的互动关系中，椽架应具主导的地位，至少在唐宋时期，椽架是厅堂间架构成的基本单位。这一认识对于厅堂间架关系的分析至为重要。

平面柱网形式是间架关系在平面上的投影。基于间架关系先于尺度关系的理念，本节首先梳理、分析大殿的间架构成关系，在此基础上，进而分析大殿平面及间架的尺度关系，以使失真杂乱的实测数据，在有序的间架关系映衬下，显现出其隐在的秩序及被掩盖的尺度关系。

基于从间架关系入手的尺度分析，本书在大殿间架尺度的复原分析上，对于变形构架的失真实测数据，采取以间架构成关系进行拟合校正的方法。方三间、厦两头、八架椽屋的保国寺大殿，其明晰而有序的间架构成关系，是大殿空间尺度复原的重要线索和依据。

[5] 清嘉庆十年《保国寺志》。

[6] 日本唐招提寺金堂十年大修过程中，发现金堂由于屋顶重压，产生檐柱头向内倾斜的变形。唐招提寺金堂此次大修的主要目的之一就是解决柱的内倾构造问题。

[7] 杨秉纶，王贵祥，钟晓青.福州华林寺大殿//清华大学建筑系.建筑史论文集：第9辑.北京：清华大学出版社，1988；另据华南理工大学李哲杨博士的了解，广东潮州系、客家系多无侧脚，广府系大多数也是没有侧脚的。

[8] 清华大学建筑设计研究院.佛光寺东大殿建筑勘察研究报告（打印稿），2007：47-48

1.侧样间架关系分析

1-1.间架关系与实测数据分析

方三间规模的保国寺大殿,其侧样间架构成为三间八椽、前三椽栿对后乳栿用四柱的形式,侧样上三间与八椽的对应关系为3-3-2的间架形式。虽其侧样间架为前后不对称式,然椽架配置则必是对称的。而八椽椽长的构成关系,江南厅堂构架通常表现为两种椽长的配置形式,而几无例外(详见第四章第三节"江南厅堂间架结构")。

椽架平长在侧样上表现为槫缝间距,由檐槫[9]、下平槫、中平槫、上平槫及脊槫共九缝槫架构成。

槫缝间距的测量位置,选取东西山面梁架两缝与当心间两缝,共四缝,作为测量的切片位置。每一槫缝间距,分别由此四缝位置测量,获得相应的四组数据,八个槫缝间距共获得32组测量数据。相应于两槫缝间距为椽架平长的关系,椽架的命名由南至北,名为第一架至第八架。根据实测的槫缝间距数据,分项整理见表3-1(图3-1)。

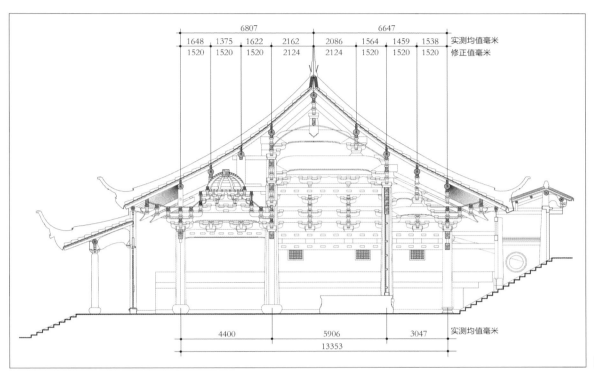

图3-1 大殿侧样间架实测数据(均值)

表3-1 椽架间距实测数据(扫描数据) (单位:毫米)

切片位置	南架槫缝间距(架深)				北架槫缝间距(架深)			
	第一架	第二架	第三架	第四架	第五架	第六架	第七架	第八架
西山梁架缝	1603	1425	1592	2196	2073	1583	1460	1556
当心间西缝	1672	1348	1633	2165	2078	1577	1462	1557
当心间东缝	1688	1354	1618	2177	2108	1561	1447	1532
东山梁架缝	1630	1371	1644	2110	2084	1533	1467	1505
最小值	1603	1348	1592	2110	2073	1533	1447	1505
最大值	1688	1425	1644	2196	2108	1583	1467	1557
平均值	1648	1375	1622	2162	2086	1564	1459	1538
通架深	6807				6647			
修正值	1520	1520	1520	2124	2124	1520	1520	1520
	前进间			中进间			后进间		

作为扫描数据的参照,附大殿椽架间距的手测数据,以与表3-1扫描数据对照比较(表3-2)。

表3-2 椽架间距实测数据(手测数据) (单位:毫米)

当量位置	南架槫缝间距(架深)				北架槫缝间距(架深)			
	第一架	第二架	第三架	第四架	第五架	第六架	第七架	第八架
西侧椽架	1616	1368	1644	2083	2105	1586	1526	1534
东侧椽架	1612	1326	1647	2206	1988	1524	1532	1567
平均值	1614	1347	1646	2145	2047	1555	1529	1551
通架深	6752				6682			
	前进间			中进间			后进间		

根据上文图、表的比照分析,以及构架间架结构对应关系的特点,大殿现状侧样间架实测数据,反映有如下一些特点:

(1)间架结构变形严重

侧样间架结构上各种变形严重,对称性八椽架的测量数据,杂

---

[9] 关于檐柱缝上的槫,有称牛脊槫者,而《营造法式》卷五·大木作制度二"栋"条曰:"凡下昂作,第一跳心之上用槫承椽,谓之牛脊槫。"然梁思成指出:《营造法式》"殿堂草架侧样"各图都将牛脊槫画于柱头方心之上,与文字有矛盾,故梁思成对之另作定义:"若用牛脊槫,或在檐柱缝上,或在外跳上"。实际上江南厅堂外跳是不用槫的,因此我们姑且将檐柱缝上的槫称作"檐槫"。

散偏差显著，且相比较而言，南架的变形偏差大于北架。分析其原因有如下几点：一是由于槫构件的扭曲滚动产生的位移变形所致，影响最大；二是后世修缮及替换改易所造成的位移扰动，尤其是南架藻井上承中平槫的草柱、草地栿在1975年大修中都有改易变动，故南架槫位应受到较多扰动；三是测量切片位置及取值误差的关系。因此，在如此严重变形状况下，大殿构架对应关系的解析，是分析推算大殿间架尺度关系的重要线索与依据。

（2）南架与北架的变形差异

大殿南架架深除第二架以外，其他三架都大于北架，南架通架深也大北架160毫米，且此南北架深差值160毫米，大部分表现在南北边架上（第一架与第八架），两架数值差为110毫米。此说明大殿整体构架在北倾状态下，北架受压、南架受拉的变形特点。南架第一架架深均值达1648毫米，反映了前檐檐槫显著的外倾变形，其架深数值偏差近130毫米。现状勘测也可见前檐及两山铺作显著的外倾。尤其是前檐檐槫，由扶壁栱上所立草架蜀柱支撑，其外倾变形相当明显[10]。

（3）前进间构架的变形

侧样间架上的前三架对应于前进间。分析前三架测量数据之和为：1648＋1375＋1622＝4645毫米，显著大于柱脚平面的前进间测量数据均值4400毫米，其差值达245毫米，这表明前进间柱头位移变形相当严重。同时，在修缮易柱过程中，前内柱柱脚南移，使得前进间柱脚间广变小的可能也是充分存在的。

（4）架深偏小的变形因素

根据大殿构架对应关系的特点，第一、二架与第七、八架的南北椽架应对称相等。然分析比较测量数据，第二架与第七架，也即前后下平槫至中平槫的架深，明显偏小，尤其是南架的第二架，均值仅1375毫米。根据大殿构架形制分析，首先可以排除南北第一、二架设计尺寸不等的可能，故其架深偏差原因应主要在于槫构件扭曲滚动产生的位移变形。分析大殿诸缝槫架中，下平槫在整体构架中不仅结构

作用重要，且构造交接应是最为稳固的，变形也是较小的。下平槫构件长跨两间并与外檐斗栱里跳交接扶持，再加上自身交圈绞角咬接，形成整体而稳固的下平槫构造特点。因此，影响第二架与第七架的变形因素，推测主要是中平槫下滚，致使第二架与第七架架深值变小。

关于椽架的空间变形勘测分析，详见上篇勘测分析篇第三章相关内容。

（5）前后六个椽架等距

第三架与第六架作为南北对称椽架，在江南厅堂3-3-2构架的椽架配置上，此两架椽长在理论上有两种可能：一是分别与前后椽架相同，一是分别小于前后椽架（详见后文架尺度关系分析）。然两种可能中，后者未见其例，遗构中皆为前者。分析大殿前后六个椽架数据，并考虑中平槫下滚的变形因素，可以认为大殿第三架与第六架的椽长配置，与江南其他遗构一样，也应为两种可能中的前者。也即大殿前后六个椽架为等距形式。

比较南三架与北三架的架深均值，前者1548毫米，后者1520毫米，与对应的平面间广数值相比，前三架数值显然偏大，受拉变形显著。而北三架受压，相对变形较小，其架深均值应较近于原初尺寸，故取北三架架深均值1520毫米，作为南三架与北三架共同的架深推算均值。

（6）加大脊步两架椽长

脊步两架是大殿侧样八架中架深最大者，大殿侧样间架配置上，通过增加脊步两架椽长，以达到加大中进间尺度的目的。脊步两架椽长均值2124毫米。脊步两架以外的其余六架，椽长相同，修正值1520毫米。保国寺大殿椽架配置也采取的是江南通常的两种椽长形式。

1-2. 不同时期测绘数据的比较

关于保国寺大殿的实测数据，目前已发表的大致有四个版本，可分别称作陈测、文测、06清测和09东测[11]。四个不同时期的测绘，数据有一定的差异，除了测绘的主要因素外，近几十年来大殿的变形，或也是一个次要因素。取四种测绘数据中的侧样椽架部分，作排比对照，以比较和验证前节关于大殿侧样椽架关系的分析论证（表3-3）。

表3-3 椽架间距测量数据比较（槫缝间距数据）

(单位：毫米)

测量者	南架槫缝间距（架深）				北架槫缝间距（架深）			
	第一架	第二架	第三架	第四架	第五架	第六架	第七架	第八架
陈测	1510	1480	1490	2120	2120	1510	1490	1520
文测	1490	1490	1480	2160	2160	1480	1520	1510
06清测	1503	1503	1447	2153	2153	1447	1503	1503
09东测	1648	1375	1622	2162	2086	1564	1459	1538
	前进间			中进间			后进间	

注：（1）侧样椽架排序，由南至北；（2）06清测数的椽架据系根据朵距的推算值，列此以作参考。

由上表的比较可见，陈测、文测和清测的数据，各架椽长的离散偏差不大，仅从数据来看，其构架变形偏差似并不十分显著，推测其中应存在着测量数据的修正。对比09东测数据可知，大殿构架变形偏差实际上是相当严重的。同时，陈测、文测的数据也验证和支持了本书上节关于大殿椽架构成的分析推论，也即大殿八架椽的配置上，采用大小两种的椽长形式，脊步两架为大者，其余等距的六架为小者。

1-3. 侧样间架的构成模式

综上分析，关于保国寺大殿侧样椽架的构成关系，得到如下几点认识：

其一，大殿厦两头厅堂构架，其椽架配置的对称性特征，是椽

架关系分析的前提；

其二，相应于大殿侧样3-3-2间架形式，八个椽架的配置采用了大小两种椽长的形式，分别以A、B表示，且椽架B＞椽架A；

其三，侧样前后六个椽架等距（A），增大脊步两架椽长（B），以加大中进间尺度；

其四，相应于大殿3-3-2间架结构，八个椽架的配置模式为：AAA-BBA-AA，B＞A。

以上根据实测数据与间架关系的分析，推定了大殿侧样椽架配置形式为AAA-BBA-AA，而这一间架配置模式具有典型意义。江南现存宋

[10] 根据现状勘察，大殿前廊三面外檐铺作上道昂的下皮本是与天花井口枋咬合的，而现状昂底凹口已脱离井口枋，则表明了铺作的整体外倾。其脱开的距离约有10厘米。另外，外檐铺作出跳华栱栱头略下，也是铺作明显外倾的痕迹。

[11] 陈测指陈明达1970年代《唐宋木构建筑实测记录表或营造法式大木作制度》中记录整理者，文测指中国文物研究所测量、1981年清华大学整理者，06清测指清华大学2006年测量，09东测指2009年东南大学测量者。

元方三间厅堂遗构，其椽架配置皆为两种椽长形式，且在3-3-2间架上，表现为AAA-BBA-AA的配置模式（详见本篇第四章相关内容）。

本节关于侧样间架关系的分析，将成为大殿平面与间架尺度复原的一个依据。

2. 四内柱方间分析

2-1. 正样间架关系

椽架作为厅堂构架构成上的基本单位，不仅构成侧样的间架关系，同时，基于厦两头造角梁转过两椽的构成特征，方三间厅堂的正样次间亦在椽架制约之下，形成与侧样间架的对应关系，即正样次间对应于侧样两椽架[12]。根据这一间架构成关系，保国寺大殿的平面开间构成上，东西两次间与后进间相等，皆为两椽构成。这一基于间架关系的平面构成特征，是保国寺大殿平面与间架尺度复原的另一依据。

保国寺大殿正样构成上，明确了东西次间的间架构成关系，而当心间的构成关系则成为问题的焦点：面阔当心间在整体间架构成上，具有何种关系？通过解析保国寺大殿井字型构架的构成特征可以看到，其核心四内柱方间的比例关系，应是一个重要线索。

2-2. 四内柱方间的尺度关系

保国寺大殿井字型构架构成上，以居中的四内柱构成主架，其意义不仅是整体结构的核心，而且也是大殿空间构成的核心。四内柱方间作为大殿构成中心的意识是十分显著的。另一方面在尺度关系上，四内柱方间追求正方构成的意识也是一个突出的特色。

四内柱方间在整体间架结构上，其两向尺度分别对应于侧样的中进间与面阔的当心间。以下抽取大殿四内柱方间现状的双向实测数据，作比较分析（表3-4、表3-5）。

表3-4 大殿四内柱方间实测数据分析（柱脚平面—扫描数据） （单位：毫米）

	后檐柱分位	后内柱分位	前内柱分位	前檐柱分位	平均值
面阔当心间	5755	5865	5833	5778	5808
进深中进间	5829	5919	5980	5894	5906
	西檐柱分位	西平柱分位	东平柱分位	东檐柱分位	平均值

表3-5 大殿四内柱方间实测数据分析（柱脚平面—手测数据） （单位：毫米）

	后檐柱分位	后内柱分位	前内柱分位	前檐柱分位	平均值
面阔当心间	5749	5863	5825	5772	5802
进深中进间	5830	5891	5974	5882	5894
	西檐柱分位	西平柱分位	东平柱分位	东檐柱分位	平均值

以上两表的实测数据，一为扫描数据，一为手测数据，二者十分接近。另外，关于四内柱方间的两向尺度，表中除了四内柱开间的实测数据外（当中两组），又将对应的檐柱缝数据一并列入，形成四组数据，以作比较。

分析四组数据，四内柱数据略大于对应的檐柱数据。其中除了大殿构架的变形因素外，从施工程序而言，大殿井字型构架的立架顺序，中心四内柱应是先于周圈檐柱的，此或许也是一个相关因素。

从上表数据比较来看，四内柱方间面阔与进深的两向数据十分接近，其差值大致在几个厘米左右，均值为92毫米。比较中国文物研究所测绘的保国寺大殿平面数据，其面阔当心间5800毫米，进深中进间5820毫米，两向尺度几近相同。

对于作为正中核心的四内柱方间，其两向尺度上小于一尺的差值，在尺度和比例设计上应是毫无意义的。保国寺大殿构架尺度设计上，如果原初四内柱方间的两向设计尺度不相等的话，那么其差值至少也应在一尺之上，而非现状几个厘米的畸零小数。因此现状实测数据的差值，应是由构架变形所致，而非设计尺寸。实际上，大殿构架严重变形所产生的数据变化和失真，远在此差值之上。仍以大殿后内柱分位的东次间与西次间的实测数据为例，由于构架变形的影响，原本对称相等的东西两次间，现状实测数据的偏差竟高达277毫米。大殿构架的位移变形，又尤以四内柱为甚，除历次灾害影响外，历代修缮改造、乃至抽换内柱，都对内柱构架影响甚大。尽管如此，现状四内柱方间所表现的正方意识仍是十分清晰和显著的，以下几个现象亦反映了这一特色：

其一，面阔当心间与侧样中进间同为补间铺作两朵，表现出面阔当心间与进深中进间的对等关系；

其二，四内柱方间两向阑额重楣的七朱八白装饰完全相同，表现了尺度设计上对应相等的关系，即四内柱面阔与进深的重楣上所

饰朱、白的数量，皆为七朱与八白，数量相同，尺寸相等。

综上分析，可以推定保国寺大殿四内柱方间的正方比例关系，并以此四内柱方间的特性，建立起大殿正、侧样间架的对应关系。而这一对应关系，也成为保国寺大殿平面与间架尺度复原的重要依据。

四内柱正方间是基于大殿现状实测数据综合分析的推定，即简单有序的间、架整数尺度关系。

3. 平面构成分析

以上两节，从间架构成关系的角度，分别对保国寺大殿正侧样以及四内柱方间的实测数据和间架关系，作了梳理解析，其结果概括为如下三条：

其一，相应于保国寺大殿3-3-2间架结构，其椽架采用两种椽长形式，配置形式为AAA-BBA-AA，B＞A；

其二，椽架是厅堂间架构成上的基本单位，基于厦两头造的构成特征，保国寺大殿的平面开间构成上，东西两次间与后进间相等，皆为两椽构成；

其三，大殿四内柱方间呈正方关系，其正样构成对应于侧样中进间椽架。

以上三条关于间架构成关系的认识，成为大殿平面与间架尺度复原的前提和依据。

平面构成形式是间架关系在平面上的投影。根据以上关于大殿间架构成关系的认识，以厅堂间架构成的基本单位"椽架"，也即A、B两种椽长，表示大殿平面开间构成关系如下：

大殿进深三间：AAA-BBA-AA （前进间一中进间一后进间）
大殿面阔三间：AA-BBA-AA （西次间一当心间一东次间）

基于厅堂构架设计上，间架关系先于尺度关系的理念，在上述间架关系认识的基础上，进而分析大殿平面及间架的尺度关系。详见下文分析。

---

[12] 陈明达认为，厅堂侧面一间两椽，梢间的间广确定侧面间广，见：陈明达.关于《营造法式》的研究//张复合.建筑史论文集：第11辑.北京：清华大学出版社，1999，实际上更可能是侧样椽架决定梢间间广。这是指厅堂梢间补间铺作一朵的情况。

三、尺度复原分析与营造尺推算

1.宋代尺制与营造尺特点

关于宋代尺制，学界已有相关成果，大致而言，宋代常用尺长在31厘米左右。然实际上宋代尺制甚为复杂，就北宋尺制而言，通行官尺有太府和三司尺。北宋初至熙宁四年（1071）以前为太府尺时代，熙宁四年（1071）以前太府寺制作发出的太府尺，因用途的不同，又有布帛尺、营造尺等分别。

与保国寺大殿营造尺相关的用尺应为太府尺。宋代的营造官尺，宋人也称曲尺。1921年巨鹿北宋故城出土的三木尺中的一把矩尺，长度在30.91厘米左右。相近的宋尺实物，还有罗福颐《古尺图录》第43图著录的鎏金铜尺和1975年湖北江陵北宋墓出土的铜星木尺，两尺长度分别为30.9厘米和30.8厘米，亦应属营造官尺，北宋官定营造尺长应在30至31厘米间。

从宋承唐制的角度而言，唐尺至后期增长至30厘米余[13]，北宋初期尺长应近于唐尺，约30厘米余，较唐尺微有增长。也有学者认为，与其说宋尺承用唐制，还莫如说宋尺承用五代尺制更接近史实。五代时之尺长仍在唐尺30厘米与31厘米之间，无何增延[14]。保国寺大殿营建的北宋祥符六年（1013），上距吴越国灭亡的978年仅35年，其营造尺长应在30至31厘米间。

另一方面，尺制的差异变化还表现在多种尺的并存，即使在同一时期或同一区域，尺度也不一定完全统一。就营造工程而言，不同建筑之间营造用尺的差异，更是常见的现象。不同工程的营造用尺，即使尺系

相同，也会有尺长的微差，不可能是完全相同的。故特定遗构营造尺的推算，在尺制背景下，主要还是以遗构自身尺寸数据关系为依据。

2.平面尺度分析与营造尺推算

前节推理分析了大殿间架的构成关系，在此基础上，进而分析大殿平面及间架的尺度关系。

大殿构架现状的变形失真，间架空间尺寸尤较构件尺寸显著。从间架关系入手的尺度分析，通过间架关系拟合校正现状实测数据，以使失真杂乱的数据，在有序的间架关系映衬指引下，显现出其被掩盖的内在秩序和关联。

尺度复原的关键，在于营造尺的推算。而营造尺的推算，则主要依赖于遗构自身尺寸数据关系的分析，并辅以一定的约束条件。若无一定的约束条件，营造尺的推算是难以认定的。

间架尺寸与用材尺寸是大殿尺度复原研究的两个重点，分属整体尺寸与构件尺寸这两类大小尺度。基于对唐宋建筑尺度规律的认识，设定相应于间架尺寸与用材尺寸的两个约束条件，其一，间架尺寸合于整数尺形式；其二，用材尺寸合于简单寸形式。以此约束条件结合实测数据分析，反推和验算大殿所用营造尺长。

2-1.平面开间实测数据分析

如前节分析，关于大殿的平面尺寸数据分析，以柱脚平面为基准。大殿方三间地盘形式，面阔与进深共六项开间形式，每一项开间相应于四种柱分位，又有四个开间数据，六项开间共计24个开间数据。根据三维激光扫描拼站模型所提取的大殿柱脚平面开间数据，分项整理见表3-6（图3-2）。

表3-6 大殿平面开间实测数据分析（柱脚平面扫描数据） （单位：毫米）

		西次间	当心间	东次间	通面阔	东西次间均值	备注
面阔	后檐柱分位	3023	5755	3084	11862	3054	
	后内柱分位	2896	5865	3173	11934	3035	
	前内柱分位	2992	5833	2987	11812	2990	
	前檐柱分位	2994	5778	3037	11809	3016	
	四缝均值	2976	5808	3070	11854	3023	
		前进间	中进间	后进间	通进深		
进深	西檐柱分位	4413	5829	3059	13301		
	西平柱分位	4336	5919	2993	13248		
	东平柱分位	4412	5980	3086	13478		
	东檐柱分位	4438	5894	3050	13382		
	四缝均值	4400	5906	3047	13353		
	檐柱均值	4426	5862	3055	13327		

作为扫描数据的参照，附大殿平面开间的手测数据，以与表3-6扫描数据对照比较（图3-3）。

根据上文图、表的对照分析，并结合间架构成关系的分析，大殿现状平面开间尺寸实测数据，反映有如下一些特点：

（1）大殿间架结构上各种变形严重，导致间广实测数据杂散偏差显著。在实测数值的偏离上，变形数值远大于误差数值，变形偏差的干扰令尺度复原分析成为十分困难的事情。单纯地提高实测数据精度并不足以推算和复原间架设计尺寸；单凭现状实测数据的简单归纳平均，也未必能有效地接近原初设计尺寸，因而大殿的尺度复原分析，在实测数据分析的基础上，一是结合间架构成关系进行分析，二是综合多指标的指向趋势。

（2）根据间架构成对应关系分析，开间尺寸数据的变形偏差数

值，四内柱较檐柱显著。从实测数据及平面柱轴线关系可见，四内柱的位移变形较大，柱位偏离檐柱轴线，尤以两前内柱显著。这应与前章分析的四内柱作为受力主柱以及清代风灾影响和修缮替换相关。因此，四内柱相关的开间尺寸数据，对尺寸分析的干扰影响较大，较显著的是前进间与中进间数据。

（3）如前节间架关系的分析，根据大殿间架结构关系与实测数据的综合分析，大殿四内柱方向的正方形指向是十分显著的。对应于檐柱分位，即表现为面阔当心间与进深中进间相等的尺度设计关系。实测数据上进深中进间略大于面阔当心间，应是构架变形偏差所致，也就是说是变形尺寸，而非设计尺寸。大殿四内柱方向应以正方为尺度设计目标。

大殿当心间与中进间实测数据比较，中国文物研究所测绘数据为

[13] 日本今尺即唐大尺，长30.3厘米。

[14] 曾秀武.中国历代尺度概论.历史研究，1964（3）

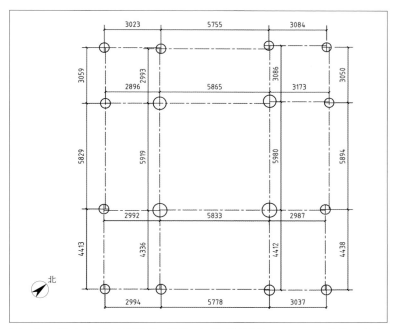

图3-2 大殿平面开间实测数据（柱脚平面扫描数据）　　（单位：毫米）

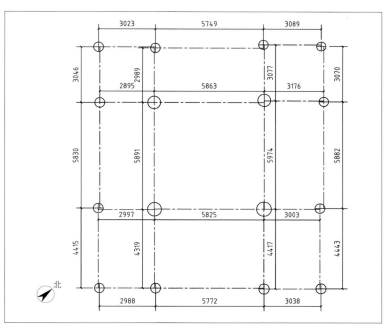

图3-3 大殿平面开间实测数据（柱脚平面手测数据）　　（单位：毫米）

5800毫米与5820毫米，两项尺寸十分接近；09东测为5808毫米与5906毫米，进深中进间数据稍大，然此值为进深四缝柱分位的平均值，考虑到内柱可能的位移偏差，若取两山檐柱分位中进间的平均数据，则为5862毫米，与当心间5808毫米更加接近，仅相差54毫米。综合分析多方面因素，可取大殿面阔当心间的5808毫米数值，作为复原尺寸分析的数值。

（4）大殿西次间与东次间实测数据偏差较大，平均值分别为2976毫米与3070毫米，东次间明显有压缩变形，东西次间的平均值为3023毫米。此外，后进间平均值为3047毫米。根据间架构成对应关系，东西次间与后进间的平均值为3035毫米；作为比较，中国文物研究所测绘数据的东西次间与后进间分别为3050毫米与3100毫米。

2-2.平面数据的营造尺推算

关于保国寺大殿营造尺的推算，迄今学界相关研究有如下几种：29.4厘米、30.2厘米、31.0厘米、31.3厘米，诸说不一[15]。如此分歧的营造尺推算，其原因大致有三，其一，所依实测数据不同，其二，对实测数据的解读不同，其三，所取基准平面的不同。

基于前节的分析，本章选择以柱脚平面为基准，通过大殿间架实测数据的综合分析和解读，推算大殿营造尺长，并以多项辅助指标进行校验，具体见以下分析。

平面开间数据是营造尺分析的一个重要指标。综合大殿间架构成关系以及实测数据分析，推定大殿当心间、东西次间、中进间及后进间这四项开间设计尺寸分别为19尺、10尺、19尺、10尺，相应营造尺长在303.5～305.7毫米之间。实测数据与推算营造尺的折算权衡关系如下：

当心间四缝均值5808毫米，合19尺，营造尺长305.7毫米；若考虑四内柱的变形偏差，以檐柱数据推算分析当心间尺寸，檐柱分位当心间平均值为5767毫米，合19尺，营造尺长303.5毫米。

东西次间与后进间的平均值3035毫米，合10尺，营造尺长303.5毫米。

中进间四缝均值5906毫米，根据间架结构对应关系，四内柱方间应为正方开间，中进间与当心间相等，同为19尺。现状四缝平均数值略大，如前节所析，应为前内柱位移变形的影响，比较两山檐柱分位中进间数据，两缝均值为5861毫米，与当心间数据甚近。同时，前内柱的位移变形，应主要表现在前移的变形，从而导致中进间的尺度增大，相应地前进间的尺度变小。

前进间现状数据4400毫米，根据间架构成关系的分析，前进间

理应为15尺（详见下节），考虑到前内柱位移变形对前进间与中进间测量数据的影响，且在数据关系上表现的是一个对应增减关系，故可先以前进间与中进间作为一个整体进行尺度分析。前进间与中进间二者实测数据之和为：4400＋5906＝10306毫米，若合34尺，尺长303.1毫米，相当接近于推算的营造尺长。依此推测前进间与中进间的尺度关系为：15＋19＝34尺。

通面阔平均值11854毫米，合39尺，营造尺长303.9毫米；

通进深平均值13353毫米，合44尺，营造尺长303.5毫米。

根据以上分析，大殿平面开间推算尺寸整理如下（图3-4）：

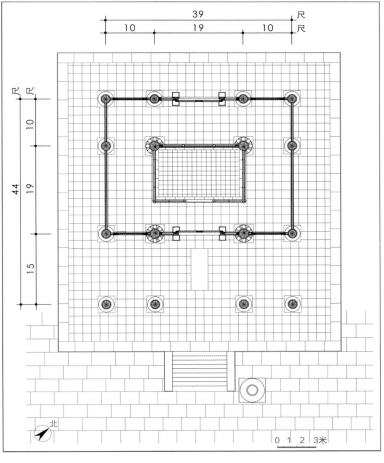

图3-4 大殿平面尺度复原

---

[15] 关于保国寺大殿营造尺推算的相关研究为：傅熹年推定为29.4厘米，肖旻推定为30.2厘米，杜启明推定为31.0厘米，刘畅推定为31.3厘米。且以上诸家都以柱头平面为复原基准。从尺制发展的角度而言，保国寺大殿营造尺推定为初唐尺的29.4厘米，可能性应比较小，宋尺应在30厘米以上。

面阔开间：10.0＋19.0＋10.0＝39.0尺

（西次间－当心间－东次间）

进深开间：15.0＋19.0＋10.0＝44.0尺

（前进间－中进间－后进间）

推算营造尺为：303.5～305.7毫米

以上通过大殿平面实测数据分析，推算了开间设计尺寸以及相应营造尺长区间。下节通过侧样间架尺度复原分析，并根据间架对应关系，进一步分析确认平面开间尺度关系，推算和校验营造尺长。

3.椽架尺度关系分析

3-1.椽架尺度关系推算

前节"间架关系的推理与分析"中，根据大殿间架关系及椽架实测数据的分析，推定了保国寺大殿侧样椽架的构成关系，概括为如下三点：

其一，相应于大殿侧样的3-3-2间架结构，八个椽架的配置采用了大小两种椽长的形式，分别以A、B表示，且椽架B＞椽架A；

其二，侧样前后六个椽架等距（A），增大脊步两架椽长（B），以加大中进间尺度；

其三，相应于大殿3-3-2间架结构，八个椽架的配置模式为：AAA-BBA-AA，B＞A。

再根据前节关于平面尺度推算的结果，即：

面阔开间：10.0＋19.0＋10.0＝39.0尺

进深开间：15.0＋19.0＋10.0＝44.0尺

综合以上的分析推算，大殿侧样椽架的构成关系分析，可以概括为表3-7。

由表3-7侧样椽架尺度关系分析，可以推算出侧样间架构成模式"AAA-BBA-AA"中的椽长尺度，也即两种椽长A、B的尺度，即A＝5尺，B＝7尺。

大殿八个椽架的尺度构成关系上，前后六个椽架等距，各5尺，增大脊步两架椽长至7尺，以此加大中进间尺度。

表中椽架修正值1520毫米，是在现状实测数据的基础上，根据间架构成关系所推定的椽架数值，具体见前表3-1的分析。由椽架修正值所推算的营造尺长304毫米，略小于平面开间数据所推算的营造尺长。

3-2.椽架尺度关系分析

上述椽架尺度关系推算，是基于大殿间架关系与椽架实测数据的综合分析。然由于大殿构架各种变形严重，如柱身的歪闪倾斜变形以及槫架本身的扭曲滚动变形，其实测数据的失真必然会影响相应的尺度复原分析。

椽架作为开间的细分单位，在尺度构成上与开间对应关联。分析大殿现状侧样柱脚、柱头及槫架三个层面的竖向对位关系，从地面残存旧础痕迹以及历史上换柱立碛的改造来看，现状柱脚应存有位移变形；柱头的倾斜变形则更为显著，不仅内倾，且有部分外倾现象；槫架的变形则表现为檐槫的外倾以及各缝槫的扭曲滚动。因此，大殿侧样上柱脚、柱头及槫架的竖向对位关系，受位移变形因素影响极大。由表3-8、表3-9的数据比较，可见大殿现状槫架、柱头及柱脚的尺寸变化。

表3-7 侧样椽架尺度关系分析　　　　　　　　　　　　　　　　　　　　　　　　　　　　　　　　　　　　（单位：毫米）

椽架位置	南架槫缝间距（架深）				北架槫缝间距（架深）			
	第一架	第二架	第三架	第四架	第五架	第六架	第七架	第八架
四缝测量均值	1648	1375	1622	2162	2086	1564	1459	1538
通架深	6807				6647			
修正值	1520	1520	1520	2124	2124	1520	1520	1520
构成关系	A	A	A	B	B	A	A	A
复原尺寸（尺）	15				19			10
开间位置	前进间				中进间			后进间

注：（1）大殿侧样椽架排序，由前（南）至后（北）；（2）A、B为两种椽长，且B＞A。

表3-8 大殿柱头平面实测数据分析　　　　　　　　　　　　　　　　　　　　　　　　　　　　　　　　　　（单位：毫米）

		西次间	当心间	东次间	通面阔	东西次间均值	备注
面阔	后檐柱分位	3013	5613	3007	11633	3010	
	后内柱分位	3021	5621	3080	11722	3051	
	前内柱分位	2986	5638	3041	11665	3014	
	前檐柱分位	2986	5627	3005	11618	2996	
	平均值	3002	5625	3033	11660	3018	
		前进间	中进间	后进间	通进深		
进深	西檐柱分位	4451	5770	2967	13188		
	西平柱分位	4550	5746	2879	13175		
	东平柱分位	4558	5743	3030	13331		
	东檐柱分位	4457	5749	2993	13199		
	平均值	4504	5752	2967	13223		

表3-9 大殿侧样间架测量数据比较：榑架、柱头、柱脚　　　　　　　　　　　　　　　　　　　　　（单位：毫米）

位置	前进间			中进间			后进间		通进深
	第一架	第二架	第三架	第四架	第五架	第六架	第七架	第八架	共八架
榑架	1648	1375	1622	2162	2086	1564	1459	1538	13454
	4645			5812			2997		
柱头	4504			5752			2967		13223
柱脚	4400			5906			3047		13353

注：（1）侧样椽架排序，由南至北；（2）测量数据为四缝均值。

根据上表数据分析，在竖向间架对应关系上，有两个变形现象值得注意，其一，榑架间广数据皆大于柱头间广数据，其中或存在着相向位移变形的可能，即榑架的外倾变形与柱头的内倾变形。比较现状侧样上三个层面的开间实测数据，即柱脚层面、柱头层面与榑架层面，呈现出柱头层面开间最小，榑架层面开间皆大于柱头层面开间，而接近于柱脚层面开间。这一现象提示了大殿柱头内倾变形严重，现状柱头内倾数值中，大部分应是位移变形，而非可能的侧脚做法。其二，前进间的榑架间广及柱头间广皆大于柱脚间广这一反常现象，说明前进间的位移变形十分严重。这一变形的原因，除了榑架及柱头外倾变形外，如同前节"平面数据的营造尺推算"中分析的那样，应还存在着前内柱柱脚前移的变形因素，从而导致前进间的尺度变小。

实际上大殿真实的宋构原状，为一千年来的各种变形所淹没，要从现状失真数据中完全精准地把握原状尺寸，或是难以企及的目标，相对而言对尺度关系的把握或更有可能。比照前节的平面尺度推算结果，进而分析侧样椽架尺度关系，有如下几点认识：

侧样前进间三椽架应为等架形式，基于后进间两架各5尺的对应关系，前进间三架的尺度关系，应为三个5尺椽架。也即进深三间尺寸推算为：15.0+19.0+10.0=44.0尺。椽架通进深均值为13454毫米，较柱脚平面通进深13353毫米大101毫米，为榑架外倾变形所致。椽架通进深均值以44尺折算，合尺长305.8毫米，较推算营造尺略大。除前进间外，其他榑架椽长数据折合的尺长，皆略小于推定营造尺。

基于侧样椽架数据所推算的尺长302.5~303.4毫米，略小于基于柱脚平面数据所推算的营造尺303.5~305.7毫米。

根据以上平面与侧样尺度关系的综合分析，大殿间架尺寸推算如下，其中架深尺寸为理想状态下，相应于对应开间的细分尺寸（图3-5）：

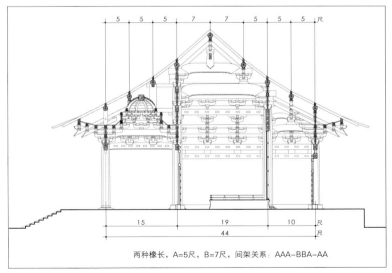

两种椽长，A=5尺，B=7尺，间架关系：AAA-BBA-AA

图3-5 大殿侧样间架尺度复原

面阔：10.0+19.0+10.0=39.0尺
进深：15.0+19.0+10.0=44.0尺
侧样间架：（5+5+5）+（7+7+5）+（5+5）=44.0尺
推算营造尺以平面数据为基准：303.5~305.7毫米

以上通过大殿平面实测数据以及间架尺度关系的分析，推算了平面与间架尺度以及营造尺长。下节通过用材、柱高等其他相关数据指标的分析，进一步推算和校验营造尺长。

4. 用材尺寸分析与营造尺校验

4-1. 材尺寸数据统计

用材尺寸分析是营造尺推算的重要指标之一。本节通过用材尺寸的复原分析，进一步分析校验上文所推算的营造尺长。

材尺寸复原分析有三个主要数据指标，即材广、材厚与足材尺寸。目前学界关于大殿材尺寸实测数据的记录和分析，主要有如下几家：首先是1957年中国建筑研究室《余姚保国寺大雄宝殿》所记材尺寸为21.5厘米×14.5厘米，足材30.2厘米；其后是1970年代陈明达《唐宋木结构建筑实测记录表》记录的大殿外檐斗栱材广厚为21.5厘米×14.5厘米，足材30.2厘米；其三是2003年郭黛姮《东来第一山保国寺》中所记录外檐斗栱材广在21.5~22.0厘米之间，均值为21.75厘米，材厚14.5厘米；其四是2006年刘畅、孙闯《保国寺大殿大木结构测量数据解读》采集分析的材尺寸为材厚14.2厘米，足材30.3厘米，材广数据文中未记；2009年东南大学除对大殿进行全面的三维激光扫描外，又对大殿所有斗栱构件进行了全面的手工测量，获得了关于斗栱构件全面和精确的实测数据。在此基础上，进一步重新分析校检斗栱用材尺寸。

大殿斗栱分作内檐与外檐两类，内檐斗栱构件尺寸相应于不同的位置有所变化，略显驳杂。故关于用材尺寸分析，主要取相对规整统一的外檐栱构件尺寸作为分析对象。

外檐斗栱根据位置分作柱头斗栱、补间斗栱和转角斗栱三类，共计28朵。本次手工测量，基本上遍及所有构件，仅少数位置的斗栱构件未及测量。统计测量数据的时候，根据栱的种类，按泥道栱、瓜子栱、慢栱、令栱和华栱分类整理。分析用材广厚的时候，去掉离散太大的测量值，取数据集中段为有效区间。最终将测得的栱构件尺寸数据分项整理见表3-10[16]。

大殿用材尺寸分析，取外檐斗栱的栱构件作为分析对象，根据栱的种类，按泥道栱、瓜子栱、慢栱和华栱的分类，整理统计栱的广厚测量数据。测量数据统计分析上，去掉部分离散性偏大的测量数据，取数据集中区间为有效区间。对照上表，再梳理归纳测量数据如下：

（1）泥道栱

材广：统计样本32个，最大值220毫米，最小值206毫米，全部在有效区间内，均值214.1毫米

材厚：统计样本32个，最大值148毫米，最小值138毫米，

（16）大殿斗栱原始测量数据，详见勘测分析篇相关内容。

表3-10 外檐斗栱用材尺寸实测数据分析 （单位：毫米）

项目		有效样本数	最大值	最小值	有效样本平均值	有效区间边界平均值
泥道栱	广	32	220	206	214.1	213
	厚	32	148	138	142.6	143
扶壁瓜子栱	广	14	222	215	217.5	218.5
	厚	16	147	138	144.1	142.5
扶壁慢栱	广	16	218	208	214.8	213
	厚	16	148	141	145.1	144.5
令栱	广	113	220	208	215.5	214
	厚	124	148	135	142.2	141.5
华栱	足材广	30	313	297	304.1	305
	单材广	101	221	210	215.8	215.5
	厚	137	152	136	143.5	144

全部在有效区间内，均值142.6毫米

（2）扶壁瓜子栱

材广：统计样本16个，最大值225毫米，最小值210毫米，有效区间215～222毫米，14个，均值217.5毫米

材厚：统计样本16个，最大值147毫米，最小值138毫米，全部在有效区间内，均值144.1毫米

（3）扶壁慢栱

材广：统计样本16个，最大值218毫米，最小值208毫米，全部在有效区间内，均值214.8毫米

材厚：统计样本16个，最大值148毫米，最小值141毫米，全部在有效区间内，均值145.1毫米

（4）令栱（外檐柱头、补间铺作）

材广：统计样本126个，最大值225毫米，最小值200毫米，有效区间208～220毫米，113个，均值215.5毫米

材厚：统计样本125个，最大值148毫米，最小值133毫米，有效区间135～148毫米，124个，均值142.2毫米

（5）华栱（含部分内檐斗栱）

足材广：统计样本36个，最大值327毫米，最小值285毫米，有效区间297～313毫米，30个，均值304.1毫米

单材广：统计样本104个，最大值222毫米，最小值203毫米，有效区间210～221毫米，101个，均值215.8毫米

材厚：统计样本142个，最大值165毫米，最小值100毫米，有效区间136～152毫米，137个，均值143.5毫米

4-2.材尺寸复原分析

（1）材广的推定

分析以上整理统计的大殿五种栱之广厚尺寸数据，经年历久的大殿栱构件尺寸虽显得零散不整，但其尺寸数据的指向区间仍是相当明确和一致的。

统计分析测量数据，大殿用材尺寸，材广除扶壁瓜子栱稍偏大一些（均值217.5毫米），其他数值多集中于213～215毫米区间，材厚数值集中于142～144毫米区间，足材数值集中于304～306毫米区间，栔广数值集中于86～91毫米区间。根据前节推算的营造尺303.5～305.7毫米区间值，权衡上述材尺寸统计数值，并考虑栱构件的变形和误差等因素，可以确认推算营造尺长区间与材广尺寸测量数据之间，具有简洁的权衡折算关系。相应于前节推算的营造尺长303.5～305.7毫米区间值，大殿用材尺寸复原推算可以表达为如下两组权衡折算关系：

材广213毫米，合0.7尺，足材304.3毫米，合1尺，营造尺304.3毫米；

材广214毫米，合0.7尺，足材305.7毫米，合1尺，营造尺305.7毫米。

上述两组折算关系的营造尺区间为304.3～305.7毫米，与前节推定的营造尺长303.5～305.7毫米区间重叠吻合。

比较两组折算关系和相应数据，其间微差已无关本质，两组尺寸数据表达的尺度关系是相同的。保国寺大殿尺度复原分析上，对真实尺度关系的追求更重于精细尺寸数据。实际上对于大殿斗栱构件而言，构件的加工和变形误差远在此两组数据的1毫米微差之上。至于两组尺寸数据的选择和确定，则有赖于大殿尺度分析中诸项指标的综合判定。

作为材尺寸复原分析的依据，最初引人注意的线索是，实测数据中大量足材及跳高尺寸数据趋于和围绕304～306毫米区间的指向现象。而这一突出的数据指向现象，又恰与前节推定的营造尺长303.5～305.7毫米区间高度吻合。从尺度复原分析的互证校验的角度而言，这一指向现象和线索，不仅提示了足材1尺的可能性，同时也校验了前节所推算营造尺的可信度；进而，材广7寸的推算，也恰精准地吻合了材广实测数据（213～215毫米区间）。大殿材尺寸复原值与营造尺推算值之间的互证、自洽可称圆满。

保国寺大殿复原材尺寸，以足材1尺、单材7寸、栔广3寸的简单尺寸形式，表现了早期材尺寸形式的典型特征，别具意义。唐宋建筑尺度构成上存在着两个简单关系，一是整数尺的开间尺寸，二是简单寸的用材尺寸。而保国寺大殿的用材尺寸推算，正吻合于这一特征。实际上，上述尺度构成上的两个简单关系，也就是保国寺大殿尺度复原的两个约束条件。

大殿的足材1尺、单材7寸，约当《营造法式》的四等材，应是唐宋时期建筑较多采用的一种材等形式。以往学界通常认为大殿材尺寸相当于《营造法式》五等材，复原材等的不同，实际上反映的是复原营造尺的差异。

（2）材厚的推定

材厚是材尺寸的另一数据指标，其重要性不亚于材广。关于材厚尺寸复原，通过权衡比较材厚实测数据，推定材厚为4.67寸，根据前节材广的权衡折算关系，材厚折算关系如下：

材广213毫米，合0.7尺，材厚142毫米，合4.67尺，营造尺304.3毫米；

材广214毫米，合0.7尺，材厚143毫米，合4.67尺，营造尺

305.7毫米。

推定材厚142毫米或143毫米，十分吻合于测量数据的统计分析（142~144毫米区间）。然值得分析的是，此复原材厚尺寸为何取非简单寸的形式，这一问题的重要性在于：这既是认识大殿材尺寸性质的关键，也是论证材厚4.67寸的复原依据。其分析推证简而言之，材厚4.67寸的设定，应是在材广7寸的基础上，追求简洁材比例（3:2）的结果，具体详见下节分析。

概括上述材尺寸分析与营造尺校验结果如下：

大殿材尺寸推定为材广7寸，材厚4.67寸，足材1尺，栔广3寸。

基于两组权衡折算关系所得营造尺为304.3毫米与305.7毫米，其相应的材尺寸数据为：

营造尺304.3毫米：材广213毫米，材厚142毫米，栔广91毫米，足材304.3毫米；

营造尺305.7毫米：材广214毫米，材厚143毫米，栔广92毫米，足材305.7毫米。

材尺寸的复原分析，作为大殿尺度分析的一项指标，互证校验了推算营造尺在304.3~305.7毫米区间的可能性。

4-3. 材比例关系

（1）简单材尺寸

前节复原推定大殿材尺寸为足材1尺，单材7寸，栔3寸的形式。分析材尺寸演化的历程，取简单寸是早期用材形式的显著特点。而保国寺大殿足材1尺、单材7寸，不仅尺寸简单，且别具意义。

七寸材应是宋代中型规模殿堂多用的材等尺寸。在唐宋建筑中，七寸材特别值得注意。龙庆忠曾指出七寸材的特殊意味，引《说文通训定声》："材，木梃也，从木才声。才方三尺五寸为章。唐人言一橦，橦章双声，故言木之盛曰千章。"以及《类编》："唐式柴方三尺五寸曰橦。"认为："材是一条直横长有一定尺寸的木梃。章是这种材的计量单位。"并提出"唐式柴方三尺五寸曰橦"中"方"为立方之意，方三尺五寸为一根标准方桁的体积，表示为：0.7×0.5×10=3.5立方尺。故7寸×5寸材应是唐代的一种常用材[17]。

保国寺大殿取足材1尺、单材7寸的简单材尺寸，其中应还寓意有特定的数字比例关系。方五斜七与方七斜十是古代矩形多用的数字比例，在足材与单材的尺寸关系上，也同样表现有这种数字比例关系。保国寺大殿的单足材的7寸与1尺，正为方七斜十之数字比，也就是说，其足材1尺的设定，为单材7寸的正方斜长。10与7是中国古代喜用的数字比例关系[18]。实际上，宋《营造法式》和清《工程做法》的单足材比例的设定，也都建立在这一数字比例之上。宋式单足材的15份与21份，为方五斜七之数字比；清式单足材的14份与20份，为方七斜十之数字比。

如上所析，保国寺大殿足材1尺、单材7寸的材尺寸设定，除取简单尺寸的特色之外，另更有一层数字比例的别样意味。

（2）简洁材比例

材尺寸设定上，简单尺寸与简洁比例是两种不同的追求和阶段形式。一般早期材尺寸设定上，以取简单尺寸为特色，并不刻意追求简洁比例。如唐代7寸×5寸常用材，虽取简单尺寸，然并无追求简洁比例的意图。材尺寸设定上，以追求简洁比例为首要的特点，应是自宋以来逐渐形成和定型的。比较唐代常用材、保国寺大殿用材以及《营造法式》三等材这三者材尺寸的特点，可大致体会唐宋时期材尺寸设定的追求及意图的变化。

唐代常用材：	7寸×5寸
保国寺大殿用材：	7寸×4.67寸
《营造法式》三等材：	7.5寸×5寸

分析比较上述三种用材形式，7寸×5寸表现的是简单材尺寸特色，7.5寸×5寸表现的是简洁材比例特色，而保国寺大殿的7寸×4.67寸的用材形式，正处于二者之间，即在旧有的简单材尺寸形式之上，开始出现对简洁材比例3:2的新追求。其方法是在保持材广7寸不变的同时，以材广2/3为材厚，即4.67寸。然因材广7寸为非3之倍数，故所得材厚为零散小数尺寸。而至《营造法式》时期，材广厚比3:2成为材尺寸设定的先决条件，比较三等材7.5寸×5寸的设定，已完善地协调了简单尺寸与简洁比例的尺寸关系，《营造法式》所有八个材等的尺寸设定，材广皆为3之倍数尺寸，其目的正在于追求材广厚的简洁比例关系。

以上从简单材尺寸与简洁材比例的演化关系这一角度，分析论证了保国寺大殿用材尺寸的性质与特色，认为大殿用材7寸×4.67寸，是从简单材尺寸向简洁材比例变化过渡的中间形式和变通结果。至宋代《营造法式》，在材尺寸设定上，明确规定了以简洁比例为前提的原则和做法。材尺寸的设定，从此由简单尺寸优先转变为简洁比例优先。

在材尺寸比例的设定上，由唐至宋，有可能正处于简单材尺寸优先向简洁材比例优先的发展时期。保国寺大殿是现存遗构中，具有明确材比例意识（3:2）的早期之例[19]，且保国寺大殿明确的简洁材比例意识，是早于《营造法式》近百年的存在。因此或可推测，《营造法式》材比例优先的材尺寸设定方法，有可能受到江南做法的影响。

材尺寸与材比例是一关联的整体存在，材比例关系与材尺寸复原之间的分析推敲，是认识大殿材尺寸性质和特色的重要线索。在推定材广7寸的前提下，大殿材厚尺寸的推算，依据实测数据统计分析，在4.67寸左右。然由于测量数据的驳杂，复原尺寸的分厘精度是难以确认和达到的。因此，复原分析至此阶段，决定材厚尺寸的关键不再是精度，而是思路。基于正确思路的判断，有可能更接近历史的真实。最终在材比例这一线索下，推定对简洁比例3:2的追求，是保国寺大殿材厚4.67寸这一不整之数的内在成因。

保国寺大殿栔取3寸，不到7寸材之半，为材的0.43倍，其比例已较早期趋小。早期唐、辽遗构，栔值多取材广之半，华林寺大殿亦然。至《营造法式》，则明确规定栔为材的0.4倍，而保国寺大殿，正处于栔比例趋小进程的中间阶段。

分析折算大殿用材时，发现藻井用材恰为外檐铺作用材的0.8倍这一现象[20]，也即大小木作用材尺寸关系呈5:4的形式，藻井用材尺寸为5.6寸×3.73寸。

5. 其他数据指标的营造尺校验

5-1. 柱高尺寸

多项数据指标的校验，是营造尺推算的有效方法。柱高作为大殿基本尺度之一，其实测数据是校验营造尺的一个重要指标。大殿柱有檐柱、前内柱与后内柱三种。此处以周圈12根檐柱为对象，通过其实测数据的分析，作营造尺推算和校验。

现状12根檐柱均非宋构原状，历史上或修缮改易，或换柱立礎，在不同程度上改变了柱之原状。现状柱礎皆为后代所换，柱脚亦相应截短，然尽管柱之状况改变甚大，但柱之总高（柱高加礎高）一般是难以改变的，也就是说，历代修缮过程中，柱顶高度应

---

[17] 龙庆忠. 中国古建筑"材份"的起源//龙庆忠. 中国建筑与中华民族. 广州：华南理工大学出版社，1990

[18] 东方的勾股率与西方的黄金比有其可比之处，日本有学者将七五之比和十七之比称作东方的白银比。

[19] 早于保国寺大殿的现存遗构中，南禅寺大殿、永寿雨花宫有可能在材尺寸设定上具有类似的特点。

[20] 0.8倍是相关斗的常用比例关系。日本中世圆觉寺佛殿古图中副阶斗是殿身斗的0.8倍，《营造法式》四六斗与五七斗之间，也存在着0.8倍的比例关系。

是保持不变的。这一假设是大殿柱高尺寸分析的前提。

对于柱高尺寸的分析，大殿柱身倾斜变形应是一个干扰和影响因素，大殿柱身倾斜不等，故在数据分析校验中，根据变形勘测分析，作相应的修正。另外，古代建筑营缮上，柱高的构成应包括柱础高度在内，柱高与础高之和的柱总高，是一个整体尺度单位，南宋工程营造记录《思陵录》所记思陵建筑的柱高，即包括柱櫍在内[21]。

柱之生起，是与柱高相关的因素，柱高尺寸分析以平柱为基准，平柱加上可能的生起，构成角柱高度。大殿12根檐柱按平柱与角柱分类，即4角柱和8平柱，根据柱高的测量数据[22]，分类整理见表3-11。

表3-11 檐柱柱高实测数据分析 （单位：毫米）

	柱垂高	柱实长	垂高均值	说明
东南角柱	4253	4255	前檐角柱	
西南角柱	4291	4292	4272	
东北角柱	4257	4258	后檐角柱	
西北角柱	4334	4339	4295.5	特异值，偏大
前檐西平柱	4259	4260	前檐平柱	
前檐东平柱	4291	4293	4275	
后檐西平柱	4230	4234	后檐平柱	
后檐东平柱	4219	4220	4224.5	特异值，偏小
西山前柱	4217	4220	西山前后柱	特异值，偏小
西山后柱	4249	4250	4233	
东山前柱	4270	4279	东山前后柱	
东山后柱	4174+88	4174	4266	础底地面较东山前柱高88

分析大殿檐柱柱高的测量数据，有如下特点：

（1）檐柱柱高的12项测量数值中，除去三项特异值外，其余数值虽仍有离散偏差，但多在4260毫米左右，表现出稳定的数值趋向特征。

（2）前后檐柱测量数据的差异，主要为前檐平柱柱高较明显地大于后檐平柱，其差值50.5毫米。推测应是受大殿整体北倾变形的影响。

（3）大殿除西北角柱数值异常偏大之外，其余角柱与平柱近于等高。考虑到变形偏差、修缮改易及测量误差等因素，角柱并无明显的生起迹象，柱高间的微差，应非生起做法。

（4）前檐柱数值较整齐，角柱均值4272毫米，平柱均值4275毫米，平柱反而略高3毫米，应是地表沉降或柱歪斜所致。

（5）后檐柱数值偏差稍大，其中西北角柱高4334毫米，数值偏大，后檐东平柱4219毫米数值偏小。去除此二特异数值，得前后檐柱柱高：角柱均值4267毫米，平柱4260毫米。

（6）两山前后柱并入平柱中一起分析计算。除去特异偏小的后檐东平柱与西山前柱这二数值，得其余六个平柱均值4260.2毫米，此值与前后檐平柱均值相同。

归纳上述分析推算的结果如下：

大殿檐柱高度，角柱均值4267毫米，平柱均值4260毫米，角柱与平柱均值4264毫米。平柱与角柱近于相等，角柱应无生起做法。

作为比较，《东来第一山保国寺》所记大殿檐柱高度为4270毫米，角柱无生起。

在柱高尺寸分析上，以柱高均值4264毫米作为檐柱高度分析的基准数值。以前文推算的营造尺长，权衡折算檐柱柱高4264毫米，合14尺，尺长304.6毫米。而这一尺长304.6毫米，正在前文推算的营造尺区间303.5～305.7毫米内，并与用材尺寸分析推算的营造尺相同。此外，考虑到柱高的压缩和倾斜变形，现状高度应略小于原柱高度，故真实营造尺应较304.6毫米略大。

分析至此，可将大殿营造尺长的推算验证，进一步确定在304.6～305.7毫米区间之内。

大殿檐柱高14尺的分析推算，不仅作为尺度分析的指标之一，互证校验了大殿营造尺长，同时也由此确认作为大殿基本尺度的檐柱柱高。檐柱高14尺的特色，就目前所知，在江南北宋保圣寺大殿以及南宋思陵下宫殿门上也见，应是宋代中型厅堂所习用的檐柱尺度。

5-2. 分心石尺寸

大殿经年历久，木构部分易朽多变，尺寸变化是难免和不定的。而大殿营建当初的石构遗存，则有可能成为尺寸分析的可靠依据。现状殿内墁地石板，为乾隆三十一年（1766）所铺[23]，已非宋时原物。然前进敞廊心间正中，现存一块纵向的分心石，周边镌刻花纹，与其他铺地石板截然不同（图3-6）。分心石制作规整，雕饰精美，材质与其他铺地石亦不相同。分析分心石与相邻铺地石板的交接关系，皆为以铺地石板拼凑分心石的形式，这说明了分心石的存在先于其他的铺地石板。

此外，分心石所处位置，又与上部鬬八藻井相应对位。分心石纵轴与当心间中轴相合，而分心石横轴则相较前进间横轴，略退而近前檐柱，与敞廊空间形势相配吻合。因此推测分心石极有可能仍是营建当时的宋物。试以此分心石为线索，作尺寸分析的校验与互证。

分心石实测尺寸，长2741毫米，宽1098毫米[24]，长宽之比为精确的5:2。这说明当初制作时是经过精心加工的。以前节推算的营造尺长权衡折算，恰为9.0尺×3.6尺。

营造尺折算：2741毫米 —— 9.0尺，合304.6毫米/尺
1098毫米 —— 3.6尺，合305.0毫米/尺

考虑分心石的磨损和误差因素，分心石的推算用尺与推算营造尺高度吻合，作为大殿尺度分析的一项独特的数据指标，互证校验了大殿营造尺的推算。

根据分心石9.0尺×3.6尺的设计尺寸，进而分析其10:4的比例关系，显然其整体由10×4的方格所构成，即长10格，宽4格，每方格0.9尺×0.9尺（图3-7）。推测此方格形式，应是加工石面雕饰纹

图3-6 大殿前廊心间分心石

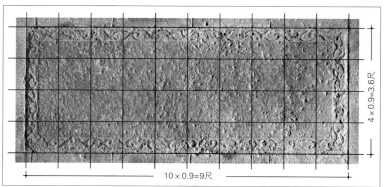

图3-7 大殿分心石比例方格

[21] 周必大《思陵录》所记柱高，特地注明"柱櫍在内"，可为印证。

[22] 柱垂高，指各柱柱头到柱础底的垂直高度；柱实长，指各柱柱头几何中心到柱础几何中心轴距，基本相当于构件实际长度。

[23] 清嘉庆十年《保国寺志》。

[24] 《东来第一山保国寺》记保国寺大殿分心石尺寸为274厘米×110厘米，记此以作比较。

样的放样格子。从分心石的现状痕迹来看，原先分心石的当中部分应也有雕饰。根据上述分析，分心石在尺度和比例上的设计匠心清晰可见，同时也揭示了分心石仍为宋物的可能性。

5-3. 讨论与小结

以上诸节，在间架关系与实测数据分析的基础上，推算复原了保国寺大殿的基本尺度关系。在推算方法上，通过多项指标的反复互证校验，作综合的分析比较，从可能的数值区间，最终推定营造尺长为305.7毫米。

推定营造尺305.7毫米的特点在于，其不仅在间架尺寸复原上，数据吻合性较好，且同时在材尺寸指标、柱高指标以及分心石指标上，都与实测数据圆满恰合。也就是说，推定的305.7毫米营造尺，同时满足了各项指标的约束条件，即整数尺的间架尺寸与简单寸的用材尺寸，因而据此推定大殿营造尺长305.7毫米。

以上通过多项数据指标的分析，推定了大殿营造尺长。然大殿历经千年，各种变形误差严重，尺度复原分析过程中，所面临的选择、取舍是必然和不可避免的。从方法上而言，只盯着局部而忽略构架的整体关系，在尺度复原上往往会陷入盲目的境地。单以失真杂乱的测量数据，是无法复原变形严重的间架尺度的，尺度分析与间架分析应成为相互依存的整体。因此，在间架尺度分析、材尺寸厘定、营造尺推算的过程中，注重尺度关系的把握或较精细数据的追求，更为本质和重要。由此建立起来的尺度关系模型，或更贴近大殿原初的尺度关系和设计意图。

四、大殿尺度构成分析

1. 构架整体尺度关系：整数尺制

1-1. 大殿尺度构成特点

尺度构成分析是保国寺大殿尺度研究的另一层面内容，即在尺度复原研究的基础上，进一步分析和探讨尺度设计的意图与方法，从而推进和深化对保国寺大殿的认识。

所谓尺度构成，指大殿构架整体尺度的取值规律和设计方法，主要包括间架、柱高、屋架等尺度，也即大殿长、宽、高三向基本尺度的取值规律和设计方法。

虽然大殿尺度数据上，呈现出多样的尺度关系及偶合现象，但基于唐宋尺度构成特色的认识，并根据大殿整体尺度关系的综合分析和把握，有理由认为大殿在整体尺度构成上，更倾向于以下两个特色：即整数尺制以及整数尺制下的比例控制这两种方法。

整数尺制是保国寺大殿整体尺度构成最重要的特色，前节的尺度复原研究证明了这一点。而关于整数尺制下的比例控制，则表现有多种的可能，如学界在尺度构成研究上所提出的材份控制、柱高基准等思路。

在《营造法式》的背景下，材份控制的存在与否令人想象。然出于控制基准的对象性特征，细微的份基准，在整体尺度构成上应无存在的可能。即使在构件比例关系上，保国寺大殿是否存在份制，以及份制的形式如何，目前也仅是一个推测，而难以完全确证。更何况在材广7寸、材厚4.67寸的情况下，材广的1/15抑或材厚的1/10，都无法得到简单的份值。

至于材基准控制的存在与否，则关系到构架整体尺度模数化进程的认识。至少在保国寺大殿90多年之后的《营造法式》上，我们还难以看到整体尺度模数化的表现，五代北宋时期构架整体尺度的整数尺制应是可以肯定的。此外，材基准控制与整数尺制之间，虽

在尺度关系上并不一定完全对立，然保国寺大殿单材7寸的数字特点，使之难以与整数尺相合，若以之为基准确定构架基本尺度，将减少大多可用的整数尺选项。因此，保国寺大殿整体尺度构成上，单一材基准控制的设计方法应可以排除。

关于柱高基准的讨论，如傅熹年所总结，檐柱高作为扩大模数，在控制屋架高度时有相当高的吻合性。保国寺大殿复原檐柱高14尺，恰为平梁长度，也相当接近中平槫背高的一半，但柱高14尺毕竟过大，性质与朵当模数类似，或可视作扩大模数，而无法单一地以柱高表记间架尺度的基本构成。

排除上述材分控制、柱高基准的选择外，在保国寺大殿整体尺度构成分析上，我们注意到与间架直接相关的椽长，并进一步分析推认了整数尺制下的椽长基准的存在，其性质为保国寺大殿构架整体尺度构成上的比例控制方法（详见后节分析）。

以下从整数尺制入手，分析探讨保国寺大殿尺度构成的性质与特色。

1-2. 构架整体尺度关系

前文通过实测数据的分析和营造尺的推算，对大殿构架的整体尺度关系进行了复原分析，其尺度构成上整数尺制的特色显著，整理归纳前文复原分析的大殿整体尺度关系如下：

大殿整体构架构成上，以核心主架加周圈辅架为特色，其尺度关系表现为：作为主架的四内柱方间，表现为正方尺度关系，其对应间架为面阔当心间与进深中进间，设计尺度为19尺方间；作为辅架的八个槫架，分两椽槫架和三椽槫架两种，两椽槫架对应间架为东西次间与后进间，设计尺度为10尺；三椽槫架对应间架为前进间，设计尺度为15尺。

相应于主架与辅架的构成关系，地盘平面的开间尺度构成为：

面阔开间：10.0＋19.0＋10.0＝39.0尺

进深开间：15.0＋19.0＋10.0＝44.0尺

大殿平面开间尺度为整数尺构成，分别为10尺、15尺及19尺三种简单的整数尺形式。通面阔39尺，通进深44尺，通进深大于通面阔5尺。

檐柱高度是大殿构架的另一基本尺度，通过实测数据分析，大殿檐柱高的设计尺度为14尺。

整数尺规制表现了保国寺大殿构架基本尺度的取值规律和特色。在整数尺规制下，椽架基准成为大殿间架尺度设计与比例控制的基本方法。

2. 间架尺度构成关系：椽架基准

2-1. 整数尺制下的椽架基准

椽长是与间架直接相关的尺度单位，作为间架构成的基准，椽长直接制约和控制着大殿的尺度构成和比例关系。构架地盘的尺度关系，实际上是椽架尺度关系的投影与叠压。

大殿复原椽长分作两种，即脊步椽平长B为7尺，其余各步椽平长A为5尺。A、B两种椽长基准及其组合尺度关系，成为大殿构架尺度构成的重要特色。

虽然前节我们排除了保国寺大殿整体尺度构成上，材基准存在的可能。然实际上，大殿椽长、柱高、甚至部分屋架尺寸与材广之间，确也存在着一定的关联，相互间在比例关系上，可替代转换：7尺椽架＝10材，14尺柱高＝2椽架＝20材。进而以份值折算，也呈现出有意味的数值关系，即7尺椽架合150份，5尺椽架107份，如果份制存在的话，那么或许可以想象大殿椽架尺度关系表现为上限150

份，下限110份的可能。

　　然仅此并不足以表明整体尺度构成上材份基准的存在，因为7寸材广与构架整体尺度的吻合关系，只是部分，而未及全面，如5尺椽架以及10尺和19尺开间，都不在7寸材广的制约下，故只能视作尺度数值的偶合现象。相对而言，整数尺制下的椽架基准，更贴近大殿尺度构成的真实状况。也即保国寺大殿的整体尺度构成，表现为整数尺制下，5尺与7尺两种椽长基准交互组合的构成特色。

　　尺度构成规律的分析，重在探讨符合于构架设计与施工的尺度特点，而非单纯地排比尺寸数据的偶合关系。对于早期唐宋建筑而言，制约其构架整体尺度的诸因素中，椽架尺寸相对是最重要的尺度单位。保国寺大殿整体尺度构成上，椽架基准所表达的构成关系不仅具有简单的构成逻辑性，且其内在关联性亦直接与明晰。构成关系的简单和明晰这一特点，应该是最接近工匠的设计初衷的。

　　从构架整体尺度设计的角度来看，工匠运用5尺与7尺这两个椽长基准，交互组合形成大殿的间架尺度及相应的地盘尺度（图3-8）。

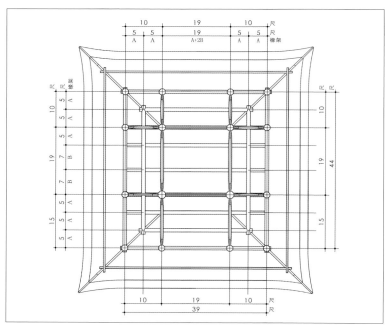

图3-8　大殿间架尺度构成分析

2-2. 椽架基准的构成关系

　　从整体构架设计的角度而言，间架关系先于尺度关系，故在选定八架椽屋的3-3-2间架形式之后，确定椽长及其变化形式，即脊步两架B为7尺，其余六架A为5尺，以形成特定的侧样间架尺度关系。并通过次间椽架的对称关系以及四内柱正方间的设定，以单一的椽架基准，建立起侧样间架与正样间架的对应关系，也即其一，次间广同两椽；其二，面阔当心间由进深中进间三椽（2B+A）对应衍生。在两种椽长基准的交互组合下，形成正侧样间架及相应地盘开间的尺度构成。

　　椽长基准的大殿侧样间架尺度构成如下：

　　　　前进间：5.0＋5.0＋5.0＝15.0尺　　　A-A-A
　　　　中进间：7.0＋7.0＋5.0＝19.0尺　　　B-B-A
　　　　后进间：5.0＋5.0＝10尺　　　　　　A-A

　　大殿八架椽屋由两种椽长构成，椽架构成关系归纳为：AAA-BBA-AA，其中A=5尺，B=7尺，大殿通过椽长A与椽长B的组合，形成侧样间架构成上的小三架15尺与大三架19的尺度构成关系。

　　椽长基准的大殿正样间架尺度构成如下：

　　　　西次间：5.0＋5.0＝10.0尺　　　　　A-A
　　　　当心间：7.0＋7.0＋5.0＝19.0尺　　　B-B-A

　　东次间：5.0＋5.0＝10.0尺　　　　　　　A-A

　　大殿正样东西两次间的两椽10尺开间，合2个5尺椽长基准，唯当心间虽不与椽长直接相关，然通过与进深中进间的对等关联，而有19尺、三椽（2B+A）的构成形式。

　　地盘开间尺度构成，受制于椽长基准的支配和制约，是正侧样间架尺度关系的投影。

　　根据间架尺度关系，大殿相应于间广的梁栿额串尺度，皆由椽架基准控制，如平梁长2B、合14尺，乳栿长2A、合10尺，前三椽栿长3A、合15尺，后三椽栿长2B+A、合19尺。大殿柱高尺度构成上，檐柱高2B、合14尺。当心间19尺与檐柱高14尺之差5尺，正为椽长A。

　　椽长A与椽长B，成为大殿尺度构成上两个交互组合的基准尺度和表达方式。

3. 构架竖向尺度构成关系

3-1. 柱高尺度分析

　　（1）内外柱高的尺度关系

　　厅堂构架以内柱升高抵槫、梁尾入柱拉结为特色。内外柱高不等的厅堂构架，其柱高尺度的设定与屋架举势相关。《营造法式》规定："若厅堂等屋内柱，皆随举势定其长短，以下檐柱为则"[25]。厅堂举势由侧样而定，"然后可见屋内梁柱之高下，卯眼之远近"[26]。故内柱高下决定于侧样设计，并以下檐柱为则。

　　基于3-3-2的不对称间架形式，保国寺大殿前后内柱高度不等，前内柱在前上平槫分位，后内柱在后中平槫分位，在槫架分位上，前内柱高于后内柱一架。

　　大殿檐柱复原高度14尺，是内柱高度设定的基准。内柱与檐柱的尺度高差，最直观的表现为内外柱之间铺作材栔格线的对照。如福建宋构华林、三清两殿，其内柱较檐柱高出五个足材，内柱高度及其设定方法直观而明晰。然保国寺大殿虽与华林寺大殿同为厅堂七铺作形式，而内外柱之间，却不存明确的材栔格线关系，其前后内柱柱高的复原及构成关系，还需寻找另外的线索。

　　关于内柱高度，所谓以下檐柱为则，或指始于檐柱的举折关系。檐柱高14尺，取整数尺形式，应是基于整体比例关系而确定的。而随举势而定的内柱高度，应还与柱上铺作形式相关。

　　分析大殿内柱实测数据，前内柱柱高均值8060毫米，后内柱柱高均值6560毫米。考虑到变形位移等因素，前内柱高合26.5尺，后内柱高合21.5尺，前内柱高于后内柱5尺。前后内柱之间5尺高差的设定，应包含了柱头铺作的调节因素。此5尺之数的意义应在于一椽架的尺度关系。

　　相应于大殿3-3-2间架结构，前内柱对应的上平槫分位，高于后内柱对应中平槫分位一椽架高度。而前后内柱高差也恰为一椽架平长，二者形成对应关联。再比较檐柱高14尺的构成关系，以椽长基准权衡，正为两架7尺椽长。保国寺大殿柱高尺度构成上，椽长基准的特色也相当显著。

　　（2）檐柱基准的比例关系

　　构架整体尺度构成上，关于柱高基准的存在及其重要性，学界多有相关讨论，主要集中在两点：一是柱高基准对于面阔、进深尺度的控制，一是柱高基准对于侧样高度的控制，并将这种尺度构成方法定性为扩大模数[27]。

　　《营造法式》关于柱高基准，有两条相关规定：其一，"下檐柱虽长，不越间之广"[28]。实际上只是对柱高与间广的比例关系控制；其二，厅堂内柱"皆随举势定其长短，以下檐柱为则"[29]，表

〔25〕《营造法式》卷五·大木作制度二·柱。
〔26〕《营造法式》卷五·大木作制度二·举折。
〔27〕关于柱高扩大模数的尺度构成方法，陈明达、傅熹年两位有相关研究。
〔28〕《营造法式》卷五·大木作制度二·柱。
〔29〕《营造法式》卷五·大木作制度二·柱。

明以下檐柱高为基准的特点。据此推析，柱高基准在整体尺度构成上，应有其相应的作用和意义。

关于柱高与间广的比例关系，保国寺大殿柱高14尺，显著小于当心间19尺，这与江南宋代以来厅堂当心间尺度趋大的特色相关联。在尺度关系上，当心间大于檐柱高5尺，正合一椽架，可视作大殿柱高与间广比例关系的一个特色，且这一柱高与间广的比例关系，在同为江南宋构的保圣寺大殿上也有完全相同的表现，即此两宋构都表现为心间19尺、檐柱高14尺、椽架5尺这样的尺度关系。

关于檐柱与槫架高度的尺度关系，以往研究表明中平槫高度近于或等于檐柱高度的两倍。分析保国寺大殿相关实测数据，檐柱高4260毫米，合14尺；中平槫高8450毫米，接近于28尺，两实测数据之比值为1.98。因此，以往学界研究中所指出的中平槫高近于檐柱高2倍的比例关系，在保国寺大殿上也有非常相近的表现。

大殿侧样整体高度，可划分作三段：柱高（地面至柱顶）、扶壁栱高（柱顶至檐槫下皮）、屋架高（檐槫下皮至脊槫上皮），三段相关实测数据均值及其复原尺寸分别为：

柱高4264毫米，　　　　合14尺
檐槫底高6418毫米，　　合21尺
扶壁栱高2137毫米，　　合7.0尺
脊槫背高11587毫米，　 合38尺

脊槫背高38尺＝柱高14尺＋扶壁栱高7.0尺＋屋架高17尺。

由于大殿构架变形严重以及各种误差因素，上述构架高度的设计尺度推定，或有其不确定性及偶合的可能，然其整数尺制下的比例构成关系的特色还是较为显著的。如扶壁栱高7尺为檐柱高14尺的一半，这一简单比例关系与檐柱高为中平槫背高一半的比例关系相类似，有可能二者都是构架整体尺度设定上的控制性比例关系。此外，构架总高（脊槫背高）38尺，近于通面阔的39尺，此或也是整体尺度构成上的一个控制性比例关系。日本广岛不动院金堂（1543）也有类似的比例关系，即在比例构成设计上，取脊高等于殿身面阔尺度[30]。

保国寺大殿侧样高度构成上，相应于檐柱的尺度现象和比例关系，应是比较清晰可见的，且有可能是柱高基准的表现和作用。然若从椽长基准的角度着眼，扶壁栱高相当于一个7尺椽架，檐柱高可分解为两个7尺椽架。

3-2. 屋架尺度构成分析

完整的尺度复原及其构成分析，一定是要包括屋架尺度及举屋方法的设计规律。然从现状痕迹来看，屋架变形严重以及后世改易变化的可能，使得屋架部分的尺度复原甚为困难。因此，下文关于屋架尺度的相关分析，并无充足的把握，只能视作一种分析思路和探讨。

大殿屋架尺度及举屋做法分析上，设定檐槫背高作为分析的起算基准。分析大殿屋架实测数据，根据大殿整数尺制的特色，假设槫位

高度及其变化以尺为单位，考察约整后的槫高尺度及其递变关系，各槫高推算值与现状数据的吻合度较高，是一值得关注的尺度现象。

按照相应三间的三个切片所得各缝均值计算，檐槫背高6.767米，下平槫背高7.537米，中平槫背高8.450米，上平槫背高9.618米，脊槫背高11.587米。檐槫和各道平槫直径围绕350毫米浮动，脊槫较小，大致在320毫米上下。槫高设计尺寸的推算见表3-12。

表3-12　大殿槫位高度复原及其递变关系分析

槫位	三间实测均值（米）	推算值		递变	举架
		合尺（尺）	吻合率（%）		
檐槫背高	6.767	22.0	99.39	2.5尺	5举
下平槫背高	7.537	24.5	99.37	3.0尺	6举
中平槫背高	8.450	27.5	99.49	4.0尺	8举
上平槫背高	9.618	31.5	99.88	6.5尺	9.3举
脊槫背高	11.587	38.0	99.75		

根据上表分析，自檐槫至脊槫，其高度逐槫按2.5-3.0-4.0-6.5尺递增。脊槫背高38尺较檐槫背高22尺升高16尺，再加上檐槫直径约1尺，推算屋架总高合17尺。需要说明的是，屋架部分的尺度推算，因平梁以上构件改易的可能而存变数。

根据大殿槫位高度及递变关系的尺度现象分析，大殿举屋的尺度设计方法，应更近于举架的方法，其对称四架，第一架为5举，第二架为6举，第三架为8举，第四架近于9.3举。外檐出跳虽变形严重，然其举架尺寸的比例关系应同于第一架。分析外檐总出跳实测数据，扣除特异值后的均值为1698毫米，与陈明达所记的1650毫米尺寸相近，据此推算外檐出跳设计尺寸应为5.5尺，举高2.75尺。

按前后撩檐枋心距55尺、总举高18.75尺计，大殿举屋尺度相当接近于举折之制的三分举一的比例关系。此外，大殿各架举高的组合尺度关系，大都由基本椽长5尺、7尺组成，如上、下平槫间高差恰为7尺的尺度关系（图3-9）。

举折与举架是举屋做法上的两种方法。概括两种方法的差异特色，举折的尺度关系是通过几何作图方法画出来的，举架的尺度关系则是通过数字比例方法算出来的。举架的计算方法，表现了古代以算求样的尺度设计方法。如果上述关于保国寺大殿举屋做法的分析可以成立的话，那么举折之法与举架之法，就有可能不是通常所认为的线性发展关系，而有可能是并存的不同地域做法。由保国寺大殿的举架现象，或提示了北宋时期举架之法的南方特色。

综上分析，保国寺大殿的整体尺度构成，有可能存在如下的方法和特色：在整数尺规制下，以两种椽长基准的交互组合方式，制约并形成大殿间架、地盘及构架高度的对应尺度关系。从保国寺大殿的尺度构成特色，或可进一步推想：整数尺制下的椽长基准分析方法，有可能成为认识早期唐宋辽金建筑尺度构成的一个有益的线索和思路。

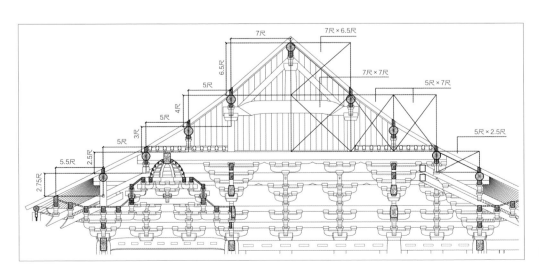

图3-9　大殿屋架尺度关系分析

（30）张十庆. 中日古代建筑大木技术的源流与变迁. 天津：天津大学出版社，2004：139

第四章　保国寺大殿与江南建筑

一、整体视野下的江南保国寺大殿

1.保国寺大殿的江南背景

1-1.江南区划

江南社会文化的发展及其地域特色，是认识江南早期建筑保国寺大殿的重要背景和视角。

中国的地域特色，大而分之，可以长江为界分为南北两大地域，四川盆地的周边，则可视作为南北两地的中间区域。进而南方的江南地区又有其自身的特色。所谓江南，在历史上是一相对独立和稳定的行政和文化区域，其地理范围有广义和狭义之分，且随年代的不同而有所变化。广义的江南，一般泛指长江以南，狭义的江南是指长江下游江浙等地区。历史上江南作为地理和行政区划，最早出现在唐代，即江南道[1]。经五代至北宋，相应形成所谓江南路和两浙路[2]。南宋时期，与金对峙，以秦岭淮水为界，境内分路十六，其区划大体同北宋南方之地，唯北宋之两浙路，于南宋又分作两浙西路和两浙东路。江南地域大致包括江南东路和西路，以及两浙东、西路。以上这一行政区划及相应的文化地域，一直影响至后代，形成历史上所谓的"江南"概念，其范围大致相当于今之苏南、两浙、皖南、赣东北地区。

政治地理不可替代文化区域，然相互又密切关联，历史上的江南地域是极具特色的地理单元，并孕育了相应的江南地域文化。

1-2.江南的发展

中国历史的发展在4世纪初的4晋末年以前，北方经济和文化发展的水平，都远超过南方。其时汉文化的中心地带，在黄河的中下游流域。永嘉之乱和晋室南迁，初步改变了这一传统形势。至8世纪中的"安史之乱"，唐由盛而衰，大批北人南迁，汉文化进一步向东南推进。此后在经济发展上，南方已超越北方，南方繁荣，代之兴起。12世纪的宋室偏安，是中国文化中心南迁的真正分野，自此文化中心移至江南。"南方"的概念，唐宋时代，一般以淮河、秦岭为界。这一南北分界，对其后中国地域文化的发展尤具意义，一直影响至今。

历史上江南是全国经济文化的重心所在。早在中唐时期，江南的发展即已趋繁盛。所谓"赋出于天下，江南居十九"[3]。历史上江南杭州两度置都，一是吴越国都，一是南宋行在，更促进了江南的全面繁盛。

五代时期南北分裂，中原五代更迭，南方十国割据。然北方战乱尤甚，南方十国相对而言则较为安稳，吴越国更是平安富庶之地，所谓"烽火遍天下，平安独此邦"，吴越之富"甲于天下"[4]。而吴越首府杭州更日趋繁盛，"杭州在唐，繁雄不及姑苏、会稽二郡，因钱氏建国始盛"[5]，"钱唐富庶，盛于东南"[6]。

宋代南方文化，江南尤为重要。对于宋代江南的发展，宋仁宗嘉祐年间吴孝宗称："古者江南不能与中土等，宋受天命，然后七闽、两浙与夫江之东、西，冠带诗书，翕然大盛，人才之盛，遂甲天下"[7]。南宋时期，江南更是宋王朝的心腹之地，由此益趋繁荣富盛。其时两浙人文之盛，亦冠于全国。朱熹慨叹："岂非天旋地转，闽浙反为天下之中"。

江南由于汉文化的兴盛以及独特的地理关系，在东亚整体文化版图上，具有重要的意义和地位。秦汉时期，南方文化已传播东亚，自南北朝时期以来，江南成为东亚佛教文化传播的一个源头。唐宋时期，江南更是与东亚诸国经济文化交流的重要窗口。尤其是两浙之地，面临东海，与日本、高丽隔海相望，相互间的文化交往和贸易极盛。两浙的临安、明州作为国际交通和贸易枢纽的地位，也使得江南文化在东亚的传播十分兴盛。在此背景下，江南文化与东亚诸国之间，具有密切的关联性。

2.江南的宋代建筑

2-1.吴越建筑技术的发达

江南自晚唐五代以来，经济文化繁盛，建筑技术发达，这成为江南宋代建筑发展的基础与背景。北宋保国寺大殿所在的两浙地区，为吴越国辖地，故在建筑技术上，保国寺大殿应与吴越建筑存在着密切的关系。

唐五代以后，江南佛法繁盛，尤以吴越为最。吴越寺塔之盛，为南方诸国之首，甚至"倍于九国"[8]，首府杭州更有佛国之称。由此所促成的佛寺建筑技术的先进和发达，是十分显著和突出的。

历史上自唐末以来，江南地区即一直保持着技术领先的地位，有着很高的建筑技术水平，喻浩进京主持工程以及《营造法式》中所表现的江南技术因素等，都可视为其例。其实早在隋炀帝造洛阳宫殿时，即盛仿江南样式。江南素以名工巧匠及技艺精湛而闻名，正如苏轼所云："华堂夏屋，有吴蜀之巧"（《灵璧张氏亭园记》），被推崇为"国朝以来，木工一人而已"（欧阳修《归田

---

[1] 唐初，以山川形便，分天下为十道，于南方设有江南道，此时主要是地理区划，范围广大。唐开元年间，又分十道为十五道，旧江南道分作江南东道、江南西道及黔中道。江南东道的范围即约今之江、浙、闽之地。五代十国时期，淮南及江南东西道为南唐之地，两浙为吴越，福建为闽。

[2] 北宋初分全国十五路，后又增至二十四路，唐之江南东、西道相应地分作江南东路、江南西路、两浙路及福建路。

[3] 韩愈《韩昌黎集·送陆歙州诗序》。

[4] 北宋时杭州知州苏轼《表忠观记》："吴越地方千里，带甲十万，铸山煮海，象犀珠玉之富甲于天下。"

[5] 宋·王明清《玉照新志》卷五。

[6] 《资治通鉴》卷267《后梁纪》二。

[7] 洪迈《容斋四笔》卷5《饶州风俗》，所记吴孝宗，江西人，王安石之舅。

[8] 朱彝尊《曝书亭集》："寺塔之建，吴越武肃王倍于九国。"

录》）的喻浩，代表的正是五代至宋江南建筑技术的水平。

五代吴越归地北宋后，宋太宗令征集天下建塔名匠，尤其是浙江工匠，选杭州喻皓主持汴梁开宝寺塔工程。其时浙江工匠代表了最先进的木构建筑技术。

10世纪吴越建筑技术的发达和积累，对此后江南建筑的发展具有重要的意义。

2-2. 江南宋代建筑

五代两宋以来的江南建筑，在中国建筑发展史上具有鲜明的个性和独特的地位。其中江南宋代建筑的作用和贡献尤为重要。在此之前，中国建筑的发展一直以北方官式建筑为中心和主体，然五代两宋以来的江南建筑，其生机勃勃的进步发展以及相应的角色地位，使之不再是偏居一隅的地方建筑，甚至可以"江南时代"概括这一时期的中国建筑发展的一个特色。历史上自晚唐以来，江南实际上是建筑技术发展的中心地区，在技术进步上扮演着主角的作用。

10世纪至13世纪的中国佛教建筑兴盛，江南是其主要舞台之一。以保国寺大殿为代表的江南宋代建筑，代表了当时最先进的木构技术。

江南宋代建筑的发展，上承吴越建筑技术的特点，并有进一步的发展。如江南早期遗构保国寺大殿，其技术的诸多方面，应仍存吴越建筑的特点，并发展形成江南宋代建筑形制与技术的新特点。宋官式《营造法式》对江南技术因素的吸收，应与其时保国寺大殿所代表的江南建筑技术的先进性所分不开的。

除保国寺大殿之外，与其时代及地域相近的木构建筑尚有福州华林寺大殿，另有仿木石构如杭州灵隐寺石塔、闸口白塔等；砖木混合塔有苏州瑞光塔、松阳延庆寺塔等；遗址遗迹则有苏州罗汉院大殿、甪直保圣寺大殿（已毁）[9]等，再有传承两宋技术的若干元构，这些都是分析和认识两宋时期江南木构建筑技术的重要史料和线索。

南宋是中国建筑地域风格显著化时期，地域因素的作用趋于显要。在中国建筑发展历程上，南宋是一转折时期，继往开来，至为重要。以江南经济文化繁盛发展为背景，两宋以来江南地域建筑技术在诸多方面，丰富和促进了中国建筑乃至东亚建筑的发展。

江南在中国古代建筑史上具有特殊地位。自南朝以来，江南地区先进的建筑技术不仅对大陆北方，而且对整个东亚都有重要影响。以东亚视野看待江南，江南建筑技术是东亚建筑发展的重要影响和推动因素。其中，江南宋代建筑技术的东传，引领和推动了日本中世建筑的发展。

2-3. 保国寺大殿的意义

建于11世纪初的保国寺大殿，是江南现存最早的木作遗构，也是江南现存唯一的北宋木构建筑。相比较北方而言，南方早期木构所存极少，这与南方地区潮湿多雨、虫蛀蚁蠹，存之不易相关，故现存唐宋木作遗构绝大多数保存在北方地区。因而，保国寺大殿作为江南宋初遗构，尤为珍贵。

保国寺大殿作为早期江南建筑的木构实例，其承上启下的技术特征，在建筑史研究上具有重要的意义。保国寺大殿在年代上，上距吴越国灭亡仅35年，故其技术的诸多方面，应保存有吴越建筑的特点。保国寺大殿与大致同期的灵隐寺石塔及闸口白塔，是追溯和认识吴越木构建筑的重要实物和线索。同时，保国寺大殿自身形制与技术特点，也决定了其在江南宋代建筑技术发展进程上，具有相应的地位和意义。北宋官颁《营造法式》中江南技术因素与保国寺大殿形制的相合，也间接证明了保国寺大殿形制与技术上的独特意义。

保国寺殿作为断代较为明确的江南早期遗构，对于江南建筑史的研究以及南北建筑的比较，具有坐标的意义，是认识与比较江南木构技术发展序列的重要参照基点。

《营造法式》中的南方技术因素及其与江南建筑的关联，是《营造法式》研究的一个重要线索和内容。而保国寺大殿在诸多方面与《营造法式》关联一致，是现存遗构中最接近《营造法式》制度者。因而，保国寺大殿在《营造法式》研究上，具有特殊的意义和价值，保国寺大殿是分析和拆解《营造法式》中南方技术因素的最重要的实物线索和参照印证。

二、江南厅堂型构架

就保国寺大殿与江南建筑这一论题而言，厅堂构架线索应是最本质和核心的内容。本节围绕着厅堂构架线索展开若干方面的探讨，以期从厅堂构架的视角深入认识保国寺大殿的性质与特点。

1. 构架类型与特征

1-1. 殿堂型与厅堂型

（1）构架分类的地域特色

中国古代木构建筑构架形制随地域和时代表现出多元性和多样化的特征，其中追求空间跨度的抬梁式构架，是最成熟和多用的主流构架形式。同样，抬梁式构架的发展在时空上也表现出不同的形式及相应的变化。《营造法式》大木作制度中所定义和概括的殿堂和厅堂，是对抬梁式构架的一种分类，其相应构架可称之为殿堂型构架与厅堂型构架。

构架体系的分类，是认识与把握构架本质的重要方法。历史上木构建筑丰富多样的差异和变化，在很大程度上源于地域性的体系特征，且其中又以构架形制的表现尤为突出，最具本质意义。

一般而言，类型的不同，表露的是地域性的变化；形态的演化，反映的是时代性的作用。《营造法式》殿堂与厅堂的分类概念，虽融有结构、形制、等级等多重意义，然地域性祖源特征，也是其不可忽视的重要因素。以地域性视角看待《营造法式》殿堂与厅堂的构架分类，其反映了南北建筑构架体系的主要精神，南方地域性因素，无疑是《营造法式》厅堂型构架一个重要的原型和基础。

（2）殿堂与厅堂的构架区分

《营造法式》关于殿堂与厅堂的抬梁式构架，收录有18种构架侧样，应已大致包罗了宋代南北抬梁式构架的主要形式，再辅以现存大致同期的诸多遗构，对于这一时期抬梁式构架的体系特色，可作进一步的认识和把握。因此，在《营造法式》殿堂与厅堂的分类基础上，试对抬梁式构架作进一步的分类分析，其目的是在唐宋整体构架的分类体系中，定位保国寺大殿构架的性质与特色，并在南北构架的比较中，进一步认识以保国寺大殿为代表的江南宋代厅堂构架的本质特色。

抬梁构架分类中，首先是殿堂与厅堂的构架区分，以下三个指标尤为重要：其一，在结构逻辑关系上，殿堂与厅堂表现为水平分层叠构与垂直分架连接的不同特色；其二，在梁栿铺作关系上，殿堂构架采取两套梁栿做法，即上层草栿直梁压于铺作上，下层明栿月梁绞于铺作中[10]，而厅堂构架则为一套梁栿做法，即明栿直梁或月梁绞于铺作中；其三，在梁柱交接关系上，殿堂构架的梁与柱通过铺作间接交接，厅堂构架则内柱升高，梁尾入柱，梁柱直接拉结。

殿堂与厅堂构架的区别，还有诸如内外柱关系、平棊天花、尺度规模、铺作等级等因素，然这些多为构架现象而非构架本质，而

[9] 苏州保圣寺大殿，建于宋熙宁六年（1073），1928年毁，是至民国年间南方仅存的几座宋代木构殿堂之一，在江南遗存宋构中，年代仅次于宁波保国寺大殿（1013），且在形制做法上，亦与保国寺大殿有许多相同可比之处，是认识江南宋代建筑的重要实例。

[10] 典型的殿堂构架，平棊将梁架分隔为"明栿"与"草栿"两个部分。明栿为月梁形式，只起承托平棊和拉结联系铺作的作用；草栿为直梁形式，起承负屋盖之重的作用。此即《营造法式》卷五·大木作制度二所言："明栿只阁平棊，草栿在上，承屋盖之重"。

以上三个指标，即结构逻辑关系、梁栿铺作关系、梁柱交接关系则为较本质的构架特征。

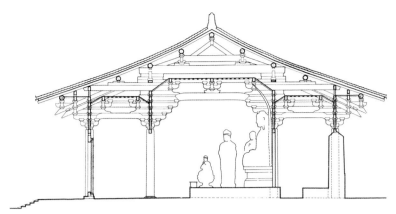

图4-1 佛光寺大殿横剖面(857)

典型的殿堂与厅堂的构架区分，应是相当分明而显著的。然构架现象的丰富，并非上述简单的分类可概括。尤其是殿堂构架变化多样，实际上完备的殿堂构架所见甚少，如佛光寺大殿（图4-1）、独乐寺观音阁，而更多见的是简化、变异及滋生和交杂的殿堂构架形式。同时，殿阁与厅堂二者也表现出相互靠近和交融的倾向，以至交杂构成反成为主流，实际构架中少有纯粹的殿阁或厅堂。因此，上述三项构架类型的区分指标，也呈现出不同的变化：其一，三项指标不一定同时存在，其二，指标特征的交杂和含混。然而，在内柱存在的情况下，殿堂的叠构（叠柱、叠梁）与厅堂的通柱构成，仍是最本质和显著的区分特征。

1-2.殿堂构架的简化

在完备殿堂构架的基础上作部分简化及变异处理，以形成较简单的构架形式，称作简化殿堂构架。其方法大多是从简化殿堂构架繁复的梁栿体系入手，然不改殿堂构架分层叠构的本质特征。

简化殿堂构架，将殿堂构架明草两套梁栿做法，简化成一套梁栿做法，即保留压于铺作上的草栿直梁，省去交于铺作中的明栿月梁，并撤去其间的天花。简化殿堂构架是现存遗构中殿堂构架的主要形式。尤其北方唐、五代和宋金遗构中，有相当一部分属于此简化殿堂构架的形式，如五代的平顺大云院弥陀殿、宋代的晋祠圣母殿、少林寺初祖庵大殿、长子崇庆寺大殿、平顺龙门寺正殿、晋城青莲寺转佛殿等（图4-2），金构中亦有诸多简化殿堂实例。上述宋金诸构，或呈殿堂的叠柱特征，或为梁栿压于铺作上的做法，皆简化殿堂的典型特色。

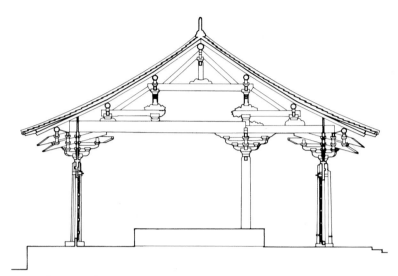

图4-2 简化殿堂宋构——晋城青莲寺转佛殿横剖面

简化殿堂做法，在其他指标因素弱化或变异的情况下，唯水平分层叠构是其不变的构架关系和构成意识。殿堂构架的分层叠构包括柱额层、铺作层和梁架层这三个层面的构架关系，然在简化殿堂构架中，其内檐铺作多趋于简化，出现以叠柱的形式简化铺作和梁架形式，北方宋金诸多遗构，多以独特的叠柱做法，显示分层叠构的殿堂构架特征（图4-3）。尤具特色的是金构汾阳大符观正殿内柱的三段叠柱，更显殿堂叠构的本质特征。

简化殿堂构架的叠柱做法显著区分于厅堂的内柱升高做法。

在简化殿堂做法中，平遥镇国寺万佛殿是一具有典型意义的构架形式，其表现了殿堂构架简化进程上的中间形态。万佛殿整体梁架之所以显得层次繁复，在于其部分遗存了殿堂两套梁栿的做法（图4-4）。在梁架构成上，万佛殿虽上下梁栿已融为一体，然仍存原初两套梁栿的遗意：上层直梁压于铺作上，下层月梁交于铺作中，其下梁虽为直梁，但梁端隐刻出月梁曲线，显示了原初月梁的遗意（图4-5），万佛殿是简化殿堂构架的一个重要阶段和标本。

图4-3 少林寺初祖庵大殿叠柱构架

与平遥镇国寺万佛殿相似的是高平崇明寺中佛殿，其简化殿堂构架做法上，也仍存两套梁栿遗痕，上层梁栿压于铺作上，下层梁栿交于铺作中，梁端隐刻月梁曲线，柱头铺作昂尾上穿下层梁背，抵压于上层梁栿之下。

中国古代木构建筑构架，实际上很早就开始了简约方向的发展，并表现出多元的变化和地域化的倾向。其一方面以殿堂构架的简化为一种变化趋势；另一方面，厅堂构架形式则代表构架简约发展的另一方向。而且上述这两个简化发展方向，在一定程度上又产生了相互影响和交叉。其中厅堂构架代表的简约发展方向，在两宋时期尤为显著和重要。也就是说，北方殿阁构架的简化过程中，伴随着程度不同的厅堂化倾向。其中，江南厅堂技术的推动，有可能是影响北方殿堂构架简约发展的因素之一。

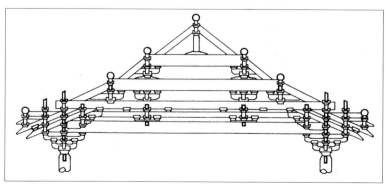

图4-4 镇国寺万佛殿梁架形式

图4-5 镇国寺万佛殿双层梁栿做法

上层直梁压
于铺作上

昂尾抵压于
上层直梁下

下层月梁（隐刻）
绞于铺作中

1-3. 南式厅堂与北式厅堂

关于抬梁式构架的分类分析，首先是殿阁与厅堂之别。其次，在殿堂构架中，又有殿堂的简化与变异做法。而关于厅堂构架，则有南式厅堂与北式厅堂的区别。

分析《营造法式》所录厅堂构架形式并比较现存遗构，厅堂构架分类中应还包括了两个子系，且根据其性质与特点可定义为南式厅堂构架与北式厅堂构架。南北两式厅堂构架，在厅堂构架的基本属性上，又表现有各自不同的地域特色。

实际上内柱升高、梁尾入柱的厅堂构架，其构架精神近于以柱承槫的穿斗构架形式，故《营造法式》厅堂侧样中所谓南北两式的厅堂谱系，都有显著的南方技术倾向，推测其源头应皆在南方。

厅堂构架相对于殿堂构架，是一独立的构架体系。对比殿堂构架特色，厅堂构架的基本特征如下：其一是垂直分架的构架特色，其二是内柱升高抵槫、梁尾入柱拉结，其三是梁栿绞于铺作中。其他如彻上明造、铺作简洁等，也都是厅堂相对于殿堂的形式特征。

相对于殿堂构架较单一的北方地域属性，厅堂构架的地域因素则较为复杂。相应于地域因素的变化，厅堂构架可大致概括为南式厅堂与北式厅堂。实际上，南北两式或也难以完全概括厅堂构架的所有地域因素，至少对于南方厅堂构架而言，还可以进一步分出江南厅堂与华南厅堂的不同构架特色。

南北两式厅堂构架的差异，最直观地表现在梁栿形式上。南式厅堂以月梁造为特色，北式厅堂以直梁造为代表，月梁与直梁成为南北厅堂最直观的形象特征和区别所在。月梁本为南北通用的梁栿形式，是作为明栿的装饰形式而存在。北方月梁的消失，或与殿堂构架简化的演变密切相关。因此，月梁之于南北构架，于北方殿堂而言是退化，于南方厅堂而言是强化。

与北方殿堂演化相对应的是，在晚唐五代以来的江南厅堂构架上，月梁的装饰性得以强化，月梁的南方地域性特色也由此而生。其地域性之显著，以至在《营造法式》厅堂构架侧样中，可以借月梁线索，区分出厅堂构架的南北技术属性。

《营造法式》录厅堂构架18种，其中北式厅堂的构架形式，远较南式厅堂更为多样。其一反映了《营造法式》收录对象的地域取舍，其二表现了宋代南北厅堂构架形式的状况。现存辽金遗构中，见有部分北式厅堂构架，辽构如涞源阁院寺文殊殿（图4-6）、大同善化寺大殿等；金构如朔州崇福寺弥陀殿、文水则天圣母庙后殿、平顺回龙寺正殿等。

北方现存宋构中少见典型的厅堂构架，尤不见内柱升高、梁尾入柱的构架之例，故梁栿与铺作的交接关系，成为其构架体系判定

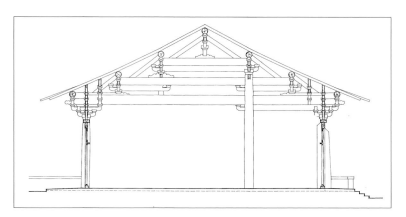

图4-6 阁院寺文殊殿剖面

的主要标准。如宋构永寿寺雨花宫，其梁头绞于铺作中，昂尾由梁背上挑平槫的做法，应是典型的厅堂特征，然其内外柱等高的构架形式，又具殿阁倾向，总体上表现了交融混杂的特色。又如早于宋代的芮城广仁王庙大殿，四架椽屋通檐用两柱，然其梁栿绞于铺作中，直梁两端刓刻月梁曲线，其构架意识应属北式厅堂。

北方部分构架类型特征不甚典型，或含混交杂，或变异沿化。如部分简化殿堂构架中，压于铺作之上的梁栿，也存有逐渐下移的倾向。实际上，实例中的殿阁与厅堂都不那么纯粹，类型的混融反是主流形式，只不过程度的不同和类似的倾向。

《营造法式》南式厅堂构架，在地源属性上，应与江南密切相关。南方现存宋元遗构皆南式厅堂构架，而南方的江南与华南两地，厅堂构架又有细微的差异。比较保国寺大殿与华林寺大殿，二者仍有诸多不同之处。

保国寺大殿作为宋代江南遗构，表现了厅堂型构架早期的形式与特征，是认识江南厅堂构架形式及其演化的重要实例。基于以上抬梁构架的体系特征与地域属性的分类分析，关于保国寺大殿构架的认识，有必要在如下两个方面作进一步的分析：一是厅堂构架地域性特征的认识，二是厅堂构架构成关系的认识。以下分作若干专题对以保国寺大殿为代表的江南厅堂构架作进一步分析和比较。

2. 方三间厅堂构架
2-1. 保国寺大殿构架形式

在建筑平面形式上，南北多见的方三间佛殿虽有其相似之处，然以构架形制而言，江南方三间厅堂构架却迥异于北方。所谓江南厅堂建筑的地域特色，最充分地表露在构架形制上。

方三间厅堂构架，是江南自宋以来普遍多用的中小型佛殿形式，保国寺大殿是江南现存最早的方三间厅堂遗构。大殿面阔三间，进深八椽四柱，单檐歇山顶。面阔、进深尺度相近，且进深略大于面阔，平面近方形。檐柱12根，内柱4根，柱网呈九宫格形式。

大殿构架形式，横架四缝梁架，心间两缝为"八架椽屋前三椽栿后乳栿用四柱"的形式；两次间各一缝山面梁架，由平梁、蜀柱

和叉手构成，承两山出际。

大殿构架内柱随举势升高，内柱高于檐柱，且前内柱高于后内柱；周圈梁栿的尾端插入内柱柱身，以丁头栱承托，梁头绞入外檐柱头铺作；前后内柱间之三椽栿，前端插入前内柱柱头，后端入后内柱柱头铺作，其上架平梁蜀柱叉手承脊槫，下施顺栿串，以拉结稳定前后内柱；心间两缝构架的平梁蜀柱柱头间，施顺脊串拉结。周圈檐柱柱头以阑额连接，后檐与两山为重楣，前进间三面为月梁式阑额，阑额至角不出头。构架构成上梁柱枋串相互拉结联系，铺作与构架穿插咬合，形成大殿稳定的构架整体。

保国寺大殿构架形式，代表了江南方三间厅堂构架的传统，其自宋以来传承发展，成为江南厅堂构架形制上的一个基本范式。现存宋元厅堂遗构中武义延福寺大殿、金华天宁寺大殿的构架基本形制与保国寺大殿如出一辙，正在于三者基于共同的厅堂构架范式。

2-2. 井字型构架传统

井字型构架是对江南方三间厅堂构架形式的概括，言其构架关系的平面投影呈井字形式，保国寺大殿是其现存最早之例。大殿平面方三间，进深八椽，呈九宫格的平面柱网形式，中心4内柱，周圈12檐柱，共16柱，檐柱与内柱尽皆对位，并以梁栿拉结，构架主体由两缝横架与两缝纵架组成，纵横相交呈井字型构架形式。比较华南三间厅堂的华林寺大殿构成，中心4内柱，外檐14柱，共18柱，较江南多用两柱，即山面的两中柱。实际上是江南厅堂省去了此山面的两中柱。

井字型构架是江南方三间厅堂独特的传统构架形式，宋元一脉相承（图4-7）。关于井字型构架的解析，其意义在于对江南方三间厅堂构架构成特征的认识和把握。保国寺大殿作为典型的井字型构架形式，对于分析探讨江南北宋以来厅堂构架特征及其演变，具有重要的标本意义。

方三间井字型构架，形象地表达了江南厅堂构架的井字型楅架构成方式和结构逻辑。依据构成方式与结构逻辑，井字型构架可分解为如下两个部分的组合：核心主架＋周匝辅架。

核心主架，是井字型构架的主体，由四内柱架构成；周匝辅架，是井字型构架的辅体，由檐柱与联系梁构成。四面各两楅辅架围绕核心主架，构成井字型构架的整体（图4-8）。

2-3. 构架构成解析

井字型构架的本质，还在于厅堂构架构成与结构逻辑的意义。如上所述，江南传统的井字型构架可拆解为"核心主架＋周匝辅架"两个构成部分，因而可通过解析主架与辅架的构成关系，进一步认识和把握江南厅堂构架的性质与特点。

（1）构架分解与单元分析

井字型构架的"核心主架＋周匝辅架"两个构成部分，表达了其各自构成的性质与关系，即主架居中，是构架的核心；辅架周匝，是主架的附体。从构架整体受力的角度而言，中心四内柱架为独立性主架，周匝楅架为依附性辅架。这一构架秩序与结构逻辑，成为江南井字型构架的重要特点，也是认识保国寺大殿构架的线索与视角。

根据以上井字型构架的构成解析，进一步分析保国寺大殿构架主、辅构成单元的特点。

大殿中心四内柱构架作为整体构架的核心主架，在构成上，其四内柱由四面交圈的额串拉结联系，形成口字形的自稳定构架单元。大殿构架构成，即以此四内柱构架为核心，既是构架受力的主体，也是周匝辅架的依靠。其所谓核心的意义，不仅表现在构架构成关系上，而且也是结构逻辑与建造思维的体现。总之，江南方三

间厅堂构架，其核心必定由四内柱形成自稳定的空间结构。

江南方三间厅堂构架，多将四内柱的柱础取高等级的装饰柱础，以区别于檐柱的简单柱础，从而强调四内柱方间的中心性（图4-9）。

图4-7 武义延福寺大殿井字型构架

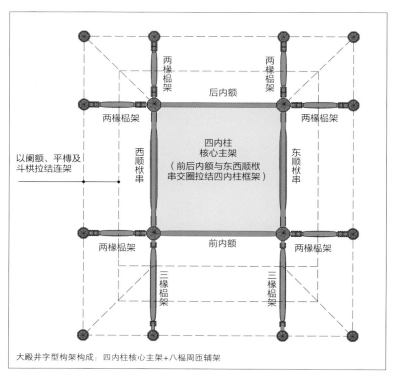

大殿井字型构架构成：四内柱核心主架＋八楅周匝辅架

图4-8 大殿井字型构架构成分析

图4-9 武义延福寺大殿内柱装饰柱础

作为整体构架的周匝八榀辅架，四面围绕核心主架而设，成井字状分布。八榀辅架由檐柱与联系梁构成，依附于四内柱框架，并通过四面交圈的铺作、平槫拉结，形成辅架之间的连架构成形式。在构架的整体构成关系上，四内柱主架四面的八榀辅架的性质完全相同，不因方位的区别而有构造的差异。

周匝榀架，是大殿构架整体构成上，相对独立的构成单元。其以四内柱主架为中心，每面各设两榀与主架拉结，四面共八个榀架单元。八个榀架中，又分作两种单元形式，即两椽榀架与三椽榀架。两椽榀架位于四内柱主架的东、西、北三面，共六榀架；三椽榀架位于四内柱主架南面，共两榀架。

两椽榀架的构成形式为，大殿东、西、北檐柱与内柱间施乳栿、劄牵两层月梁，两层梁尾插于内柱柱身，柱身分别出两跳丁头栱和单跳丁头栱承之；下层乳栿的梁首交于外檐柱头铺作中。两椽榀架承檐槫与下平槫，并以铺作拉结成整体，形成一个完整的两椽榀架构成单元。中心主架三面围绕六个两椽榀架单元，其性质及构成完全相同，差别只是与主架的相对位置关系。

三椽榀架因前廊设置藻井而较特殊，相应形成明架与草架相叠的形式。其构成形式为，大殿南檐平柱与前内柱间施三椽栿，上承藻井、平棊与草架。三椽栿的尾端插于内柱柱身，柱身出单跳丁头栱承托，梁首交于外檐柱头铺作中。三椽榀架承檐槫、下平槫与中平槫，并以铺作拉结成整体。

根据以上分析，大殿井字型构架的构成关系，可解析为中心四内柱主架与周匝两椽榀架和三椽榀架的组合（图4-10）。

江南厅堂构架构成上，以榀架为单元，竖向分架连接的构成特点，在保国寺大殿井字型构架上有典型和突出的表现。

江南厅堂构架有"八架椽屋前三椽栿后乳栿用四柱"与"八架椽屋前后乳栿用四柱"这两种基本形式，前者如保国寺大殿，后者如保圣寺大殿，井字型构架是二者的共同特征。唯前者周匝辅架分二椽榀架与三椽榀架两种，而后者周匝辅架统一为二椽榀架。

（2）结构逻辑与建造思维

保国寺大殿井字型构架的构成特征，同时也与其结构逻辑与建造思维的特点相一致和吻合。实际上，大殿构架构成形式，即是结构秩序与建造思维的物化表现。

根据以上大殿构架的构成关系分析以及江南工匠访谈，以保国寺大殿为代表的江南方三间厅堂井字型构架，其施工立架秩序正与其结构逻辑相吻合：先立核心四内柱主架，再依附周匝八个榀架，构成大殿构架整体。

核心四内柱主架的建构方式为，分别立两前内柱与两后内柱，各以额枋拉结成整体，再在前后内柱之间施顺栿串拉结柱头，在后内柱柱头标高上，形成由前后内额与左右顺栿串所构成的交圈拉结，以使四内柱成稳定框架；在四内柱核心主架稳定之后，周匝二椽榀架和三椽榀架，依之附立。其后再安阑额、铺作、平槫拉结连架，形成大殿构架的整体。

保国寺大殿施工立架秩序及过程如下图所示（图4-11）。

江南厅堂构架形制与结构逻辑是一个统一的整体存在。

3.厦两头与山面构架

第二章复原篇就保国寺大殿厦两头与山面构架进行了复原分析，厦两头是厅堂构架的一个重要部分，其形制特征与江南厅堂架密切相关。本节再就厦两头做法与江南厅堂构架的关系作进一步

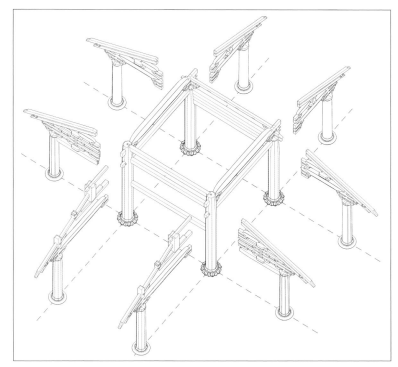

图4-10 大殿井字型构架构成关系"核心主架＋周匝辅架"

的讨论分析。

3-1.厦山原型与属性

厦两头是歇山之唐宋称谓，歇山作为中国古代屋顶形式之一，不仅有时代的变化，且又有地域的差异，其源头属性及形式构造多有不同，这里姑且以歇山统称之。而所谓厦两头，厦指坡屋面、披厦，两头，指两山部位，厦两头即指两山设有披厦的构架形式。从屋顶类型上而言，厦两头应是相对于两厦（悬山）而言的。厦两头与两厦都是唐宋习用的词语，而所谓不厦两头仅见于《营造法式》，相信是因应于厦两头而生出的对应用语。

关于厦两头的地域属性与祖型源流，学界已多有探讨分析，认为两厦（悬山）加披是厦两头的原始形式，也是南方歇山的一个源头。尽管有对此质疑者，但诸多证据表明，悬山加披作为南方歇山源头之一的认识应是可信的。从字面而言，所谓厦两头也应指的是悬山两际加披的构成，这在南方是一显著和突出的现象，至今在民居上仍有残留表现。

厦两头于汉代南方就已相当流行，如西汉云南晋宁墓葬出土铜器中即见此厦两头形象，汉代以来南方长脊短檐的两厦与厦两头，其长脊与两山加披做法具有相似的目的：防止山面雨水侵蚀。

分析南北地域体系的诸样屋顶形式，溯其源流或可归结到两个原型：一是唐宋称两厦的两坡悬山顶，一是唐宋称四阿的四坡庑殿顶。此二者是最古老的屋顶形式，且有显著的地域性，即两厦的南方倾向与四阿的北方倾向。

如若沿着这一地域性线索追溯的话，那么后世多样变化的南北两地歇山，或许就难以用单一源头和线性演化来解释了。前面讨论了悬山加披被认为是南方歇山的一个源头，那么北地歇山是否仅仅只是南方歇山的流播和线性的延续，北地歇山或另有源头？如同南方悬山作为歇山的一个源头，北地四阿或可能是歇山的另一源头。北地四阿向歇山的演化，有可能始于四阿脊部两侧开孔采光通风的需要，并以四阿脊槫延伸出际遮雨，形成了四阿两侧脊下的小山花，是为四阿型歇山的原始形式[11]。此外也有研究认为，歇山建筑是四阿与悬山的结合，其实说的是同一个现象，均描绘的是北式歇山演变的轨迹。

[11] 王其亨也认为庑殿两侧顶部开孔是歇山源头之一，但认为起源于南方，南方解决屋架内通风而开孔。王其亨.歇山沿革试析.古建园林技术，1991(1)

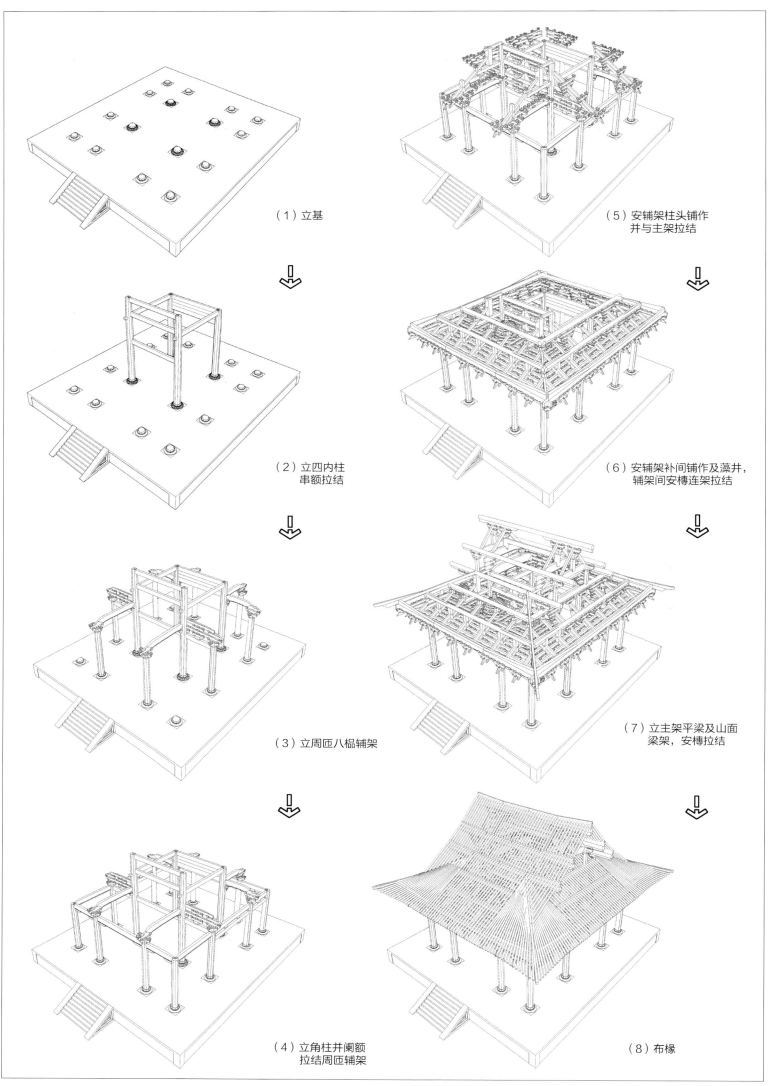

（1）立基

（5）安辅架柱头铺作
并与主架拉结

（2）立四内柱
串额拉结

（6）安辅架补间铺作及藻井，
辅架间安槫连架拉结

（3）立周匝八椽辅架

（7）立主架平梁及山面
梁架，安槫拉结

（4）立角柱并阑额
拉结周匝辅架

（8）布椽

图4-11 大殿施工立架过程示意

根据《营造法式》记述，宋代歇山分基于厅堂的厦两头和基于殿阁的九脊殿这两种形式。若以厅堂与殿堂的地域性视之，殿堂型九脊殿应为北式歇山，并有可能与上述四阿型歇山同源。其原因一，九脊殿在构成上为殿堂构架与厦两头做法的结合[12]，这与上述四阿型歇山构成的推析吻合；其原因二，由五脊而九脊的演化线索的暗示，四阿殿亦称为五脊殿[13]，五脊殿与九脊殿在称谓上的相称对应，暗示了其相互之间体系的相同与构成的关联。

概括上述分析，歇山虽未必都起源于南方，然厦两头做法的南方属性却是相当显著的。从地域体系的角度看待歇山丰富多变的现象，厅堂歇山与殿堂歇山很可能各有源头。而保国寺大殿作为江南宋代厅堂遗构，为我们提供了一个认识早期厦两头做法的实例。

3-2.厦两头转角做法比较

关于宋代歇山多样性的认识，《营造法式》的相关记述是重要线索之一。《营造法式》大木作制度记述了宋代歇山的两种形式：厦两头与九脊殿。因而《营造法式》厦两头与九脊殿内容的解读，对于分析和认识宋代厦两头做法具有重要意义。

《营造法式》关于歇山的相关记载主要有两条，其一为大木作制度的造角梁之制："凡厅堂若厦两头造，则两梢间用角梁转过两椽（小字注：亭榭之类转过一椽。今亦用此制为殿阁者，俗谓之曹殿，亦曰汉殿，亦曰九脊殿）。"

据以上《营造法式》记述可知，宋代歇山应有厦两头与九脊殿两种形式，厦两头造用于厅堂，宋以后也可转用于殿阁，称作九脊殿。厦两头与九脊殿由于构架体系的差异，二者虽造型相似，然构造做法互有不同。根据《营造法式》内容分析，二者的不同应主要表现在梢间角梁椽数、山面梁架构造以及出际尺寸与做法等多方面。

（1）转过一椽与两椽之别

歇山构架的特点在于转角做法，即《营造法式》所谓转角造，指梢间椽架转过90度的构造做法，而角梁转过的椽数则是转角做法上的一个重点。

《营造法式》梁架以椽数为模量，转角做法上有角梁转过一椽和两椽之别，依《营造法式》造角梁之制规定，殿阁大角梁长一架，转角一椽[14]，厅堂厦两头造用角梁转过两椽，且此制亦可转用于殿阁。据此可以推知：《营造法式》时期厅堂厦两头造，大角梁一定是转过两椽，而殿阁歇山大角梁只转过一椽。"今用此制为殿阁者"，指其时殿阁若用厦两头造，也可采用角梁转过两椽的做法。然"今"字表明《营造法式》编纂的北宋末期，殿阁歇山角梁转过一椽已然普遍，北地现存宋代遗构也表明了这一点。而成对比的是，南方宋元厅堂遗构，则大多数仍是角梁转过两椽做法，保国寺大殿、保圣寺大殿等都是其例。

值得分析的是，转角做法上角梁转过一椽与两椽的差别，是时代因素还是地域因素的结果？实际上，时代因素与地域因素不可能完全分开，且二者是相互转化的。从转角结构受力的角度而言，角梁转过一椽与转过两椽首先与构架规模相关，正如《营造法式》造角梁之制所称"亭榭之类转过一椽"，而相对于亭榭之类小型构架，间架规模较大者早期应该都是转过两椽的做法，如佛光寺大殿、大云院弥陀殿、隆兴寺摩尼殿等。而后随着转角构架的发展，逐渐向转过一椽演化，且这一演化是始于北方殿堂构架的，而南方厅堂构架则远滞后于北方。所以说，角梁转过一椽与转过两椽之别，最初表现的应是时代因素，即由转过两椽向转过一椽演化，随后由于南方滞后于北地而转为地域因素，即南方倾向于转过两椽，北地倾向于转过一椽。

基于上述分析，对于《营造法式》造角梁之制的解读，就首先需要有对其时间与背景的认识。其时间指《营造法式》编纂的北宋末这一时间节点，即"造角梁之制"所谓"今"；其背景指至北宋末南北两地转角构架的地域差异。如此的话，《营造法式》造角梁之制就易于理解了：北宋末期，北地殿堂转角做法大多已由角梁转过两椽演化为角梁转过一椽，而南方厅堂厦两头仍停留在角梁转过两椽的古制。比较南北现存遗构，北方宋构中绝大部分为角梁转过一椽者，而南方宋元遗构中则皆为转过两椽者[15]。在这一背景下，《营造法式》造角梁之制规定，殿阁角梁转过一椽，厅堂角梁转过两椽，且殿堂亦可用厅堂厦两头做法，其中应也包括角梁转过两椽。

角梁转过椽数，还与构架的椽数规模有一定的关系。比较南北三间规模的构架，南方皆八架椽屋，北方则不过六架椽屋。因此，在侧样椽架分配上，南方的八架椽屋有充足的余地令角梁转过两椽，而北方由于不过六架椽的限制，较适于角梁转过一椽，以留出山花的宽度。然此亦非绝对，北方六架椽屋的歇山构架，可通过设置山面梁架，外推出际起点，仍可采用角梁转过两椽的做法，现存五代遗构平顺大云院弥陀殿即为其例。弥陀殿三间六椽，角梁转过两椽，梢间丁栿上设山面梁架（图4-12），再加上较大的出际，形成适宜的山花尺度。然比较而言，南方的八架椽屋较北方的六架椽屋，确更适合于角梁转过两椽的做法。

图4-12 大云院弥陀殿山面梁架

---

[12]《营造法式》卷五·大木作制度二·造角梁之制。

[13]《营造法式》卷五·大木作制度二·阳马："凡造四阿殿……俗谓之吴殿，亦曰五脊殿。"

[14]《营造法式》卷五·大木作制度二·阳马："凡角梁之长，大角梁自下平槫至下架檐头，以斜长加之"，此为殿阁大角梁，其长一架，转一椽。紧接其后，"凡厅堂若厦两头造，则两梢间用角梁转过两椽"，厅堂大角梁长两椽。

[15]北方宋构角梁转过一椽做法的有：平遥镇国寺万佛殿（北汉）、山西榆次雨花宫（1008）、太原晋祠圣母殿（1102）、河南少林寺初祖庵大殿（1125）；《营造法式》之前北方角梁转过两椽者有：平顺大云院弥陀殿（940）、正定隆兴寺摩尼殿（1052）、蓟县独乐寺观音阁（984）、大同华严寺薄伽教藏殿（1038），其中除大云院弥陀殿为方三间六椽屋外，余皆为三间以上的八架椽屋；南方宋元构角梁转过两椽者有：宁波保国寺大殿、福州华林寺大殿、角直保圣寺大殿、金华天宁寺大殿和武义延福寺大殿。

（2）角梁构造形式

角梁是转角造的关键构件之一，其做法随时代和地域变化不同。前节讨论了角梁转过椽数的区别，而角梁后尾构造做法亦具时代与地域特色，且与角梁转过椽数的变化相关联。角梁后尾做法，也成为认识南北歇山构架做法的一个线索。

歇山转角构造做法上，大角梁前端支点在撩檐枋（撩风槫），后尾支点则在平槫。然宋代大角梁后尾与平槫的构造关系，南北不尽相同，大角梁后尾构造在宋以后表现出明显的南北差异：北方大角梁后尾逐渐由搭于平槫上转至压于平槫下，而南方大角梁则始终保持搭于平槫上的古制。北地角梁后尾构造的变化，应也经历了一个与角梁转过椽数类似的演变，且二者有可能是同步相随的变化。推测北地角梁后尾由槫上移至槫下，与角梁由转过两椽改为转过一椽，应是互为因果的相关现象。正是北地角梁后尾改为压于槫下，为角梁转过一椽做法提供了受力平衡的保证。而南方宋元厦两头做法，则始终保持着角梁转过两椽以及角梁后尾搭于槫上的整体古制。南北二地转角做法的差异，由此角梁做法的对比而分明显著。

《营造法式》造角梁之制，虽言及厅堂厦两头造可转用于殿堂，然此仅是特例。《营造法式》造角梁之制明确规定了殿阁大角梁长一架的做法，且与角梁后尾压于平槫下的构造做法相配。关于《营造法式》殿阁大角梁后尾压于平槫下做法的推定，是根据《营造法式》殿堂角梁做法上隐角梁的认识而得到的。在角梁做法上，唯当大角梁转过一椽且后尾压于平槫下时，才需要隐角梁这一构件。其位于大角梁上，"随架之广，自下平槫至子角梁尾"[16]。北地现存宋金遗构的转角做法，大多采用的是以隐角梁配合角梁转过一椽的做法。

保国寺大殿现状角梁虽已非原物，但仍基本保持江南角梁的传统做法。此外，根据保国寺大殿现状痕迹所复原的厦两架原初形制，更可以佐证保国寺大殿厦两头角梁必定转过两椽这一特点。也就是说，保国寺大殿角梁做法应与《营造法式》厦两头做法相一致。

3-3. 从厦两架到厦一架

（1）厦两架与厦一架

歇山转角做法中，山面披厦形式是最重要的特征，厦两头造因之而得名。宋代梁架以椽数为模量，山面披厦的梁架也是以椽数标识的。根据歇山披厦的椽架构成，有厦一架与厦两架之分。厦一架指山面披厦自檐柱至下平槫止，深一椽架；厦两架指山面披厦自檐柱至中平槫止，深两椽架。

厦两架做法是宋元江南厅堂做法的基本形式，而保国寺大殿则是其现存遗构最早者。北方早期遗构中也见厦两架做法。

如前篇复原分析所示，保国寺宋构大殿厦两头造，两山披厦由檐柱缝至内柱缝横架止，深两椽架。其厦头椽分作下架椽与上架椽，下架椽由檐柱缝至下平槫止，上架椽由下平槫至内柱缝横架外侧的承椽枋止。通常上架椽尾不搭于横架梁栿上，而是贴梁栿外侧另设承椽枋，以承上架椽尾。也即在厦两架的构造做法上，上架椽尾处另设承椽枋承托，与横架主梁脱开。此为宋代江南厅堂厦两架的基本形式，北方宋金遗构中亦多见类似的承椽枋做法。至明代北方官式做法，不仅歇山构架定型为厦一架的形式，且于踩步金梁上刻椽椀直接承椽。

相对于南方宋元时期厅堂厦两架的特色，北方宋代中期以后，歇山通常以厦一架做法为主要形式。现存北地宋金遗构中，也多数

为厦一架形式，两山披厦至下平槫止，与山面梁架处于同一缝上。而如保国寺大殿的厦两架做法，山面披厦向内越过位于下平槫缝的山面梁架，直抵内柱横架。在空间形式上，其厦两架实际上是厦一间，即大殿梢间空间是一完整的披厦空间[17]。厦两架形式，是保国寺大殿歇山做法的重要特色。

（2）厦两架与厦一间

厦两头做法中，山面梁架的位置是一个重要因素。在梢间深两椽架的情况下，一般有两种做法，一是于梢间中缝下平槫上增设山面梁架，一是以梢间里缝横架作为山面梁架。

由梢间里缝横架外增设山面梁架，是南北方三间歇山做法的一般性特征，其目的在于加大纵架正脊长度，这一点对于平面近方的南北方三间构架尤为重要，由此促进歇山转角构造的发展。然北地小型歇山构架，由于椽架数少，梢间多为一椽架，故时有以平柱横架作为山面梁架的做法，以梢间整间作为披厦，成为特殊的厦一间形式。

北地厦一间小殿实例甚多，如莫高窟盛唐壁画拆屋图中三间小殿，即为厦一间形式。其梢间一椽，厦椽直接搭于平梁上，角梁转过一间，梁尾搭于平槫上，不用丁栿，不设山面梁架。此为北地早期小型歇山建筑的一般做法，天台庵大殿、原起寺大殿等，皆属此类小殿。以间架结构而言，北地三间四椽小殿，歇山披厦必然是厦一间或接近厦一间的形式。

比较南北方三间歇山构架，因间架构成不同，歇山构造亦各具特点。南方宋元方三间厅堂，即使尺寸再小，进深亦是八椽形式，故梢间必对应两椽，且设山面梁架，两山披厦取厦两架做法，对应的空间为厦一间形式，至元明以后逐渐演化为厦一架的形式。

（3）歇山构架的演变

从厦两架到厦一架，代表了歇山构架的总体演化趋势，且这种演变因受诸多因素的制约而显得错综复杂。以地域的视角来看，南北演化并不同步，南方显著滞后于北方。因而，厦两架古制的遗存，反成南方厦两头做法的一个地域特色。

从南方五代的华林寺大殿至北宋的保国寺大殿、保圣寺大殿，皆为厦两架的形式。甚至明清时期，江南仍保持着厦两架的古制，如元构金华天宁寺大殿等。比较北方构架，自北宋以后厦两架做法已较少见[18]，北方现存宋、金遗构中的极少数厦两架之例，推测其一或是古制遗存现象，其二与椽架规模相关，即其皆为面阔七间、八架椽屋的构架规模。

概而言之，厅堂厦两头造的厦两架做法，以时代性而言，是厦两头造的早期形式；以地域性而言，则表现为江南遗存古制的地域特色。

（4）转角椽架的整体关系

前面几节从歇山构架的角度，分别讨论了角梁的椽数、角梁后尾做法以及厦架的椽数等问题，实际上这三者是一个整体的三个相关内容。无论是角梁椽数，还是厦架椽数的变化，以及角梁后尾做法的变化，都是对应关联的或互为因果的。也就是说，在歇山做法上，角梁转过两椽与厦两架以及角梁后尾搭于槫上三者应是关联存在的整体；而角梁转过一椽与厦一架以及角梁后尾压于槫下三者，也同样如此。且两椽做法与一椽做法之间具有演化传承的关系。也就是说，在歇山转角的椽架关系上，是由两椽退至一椽的。且因地域滞后因素，早期的两椽做法，作为遗存古制又转化为地域特征，这在南方地区尤为显著。

[16] 《营造法式》卷五·大木作制度二·阳马。

[17] 以整个梢间作为一个完整的披厦空间，即所谓厦一间的做法，应是早期做法。《新唐书·礼乐志》："庙之制，三品以上九架，厦两头。三庙者五间，中为三室，左右厦一间，前后虚之，无重栱藻井"。

[18] 北宋隆兴寺摩尼殿，厦两架，角梁转过两椽，然不用山面梁架，两山披厦直接收于横架主梁上。故摩尼殿做法与江南宋元方三间厦两头做法，并不相同。金代朔州崇福寺弥陀殿，八椽七间，厦两架，角梁转过两椽，也不设山面梁架。

两椽做法的整体性，在保国寺大殿上的表现典型而突出。且此两椽做法的整体特征，有可能还表现在大殿铺作昂制上。有理由认为大殿昂身长两椽做法，亦与之相关，应同样也是两椽做法整体特征中的一个内容。南方五代的华林寺大殿，其角梁、厦架及下昂，也表现出了同样的两椽做法的整体特征。

歇山做法上的角梁转过两椽与转过一椽之别，以及厦两架与厦一架之分，从一个侧面反映了歇山做法时代与地域的特色。保国寺大殿厦两头做法的性质和特色，只有置于歇山做法发展的南北整体大背景中，才有其比较的意义和相对的定位。

3-4.山面梁架做法

（1）关于山面梁架

歇山构架上的山面梁架，专指于梢间里缝横架外别立的一缝梁架，位于山面，故称山面梁架。山面梁架是为歇山出际和厦两架构造而设的。其作用主要在于外推出际起点、增加纵架长度以及角梁椽架配置等方面，这对于平面近方的三间构架尤为重要。

山面梁架的设置，带来了歇山构造上的相应变化。别立的这一缝山面梁架，因落于梢间中缝，故需加以支承。山面梁架一般多由平梁、蜀柱和叉手构成。南北歇山的山面梁架各具特点，主要表现在山面梁架的构成与支承，以及出际等相关做法上。

保国寺大殿的山面构架，是江南宋代厅堂厦两头造的代表，大殿两山以双丁栿为山面梁架的下层支点，其上叠斗连枋承山面下平槫。以下平槫为底座，上立两蜀柱、置大斗，两斗间施平梁，平梁两端承上平槫，中立蜀柱，其上置斗栱施承脊槫，槫侧施叉手，由此构成山面梁架。大殿两山下平槫交圈，上、中平槫及脊槫自此向外出际。

别立山面梁架，外推出际起点，并保持厦两架做法，是保国寺大殿歇山构架的重要特色。外推出际起点，对于方三间构架而言，尤为必要，然厦两架做法往往多随之演变为厦一架做法。保国寺大殿的二者并存做法，在江南直至元构金华天宁寺大殿仍在沿用。相比之下，北方同期宋金遗构，无论是六架椽屋还是八架椽屋上，皆不见别立山面梁架与厦两架做法并存的歇山构架做法[19]。

丁栿做法是南北歇山构架的主要形式，即以丁栿作为承托山面梁架的底层支点，如保国寺大殿的双丁栿做法，即是江南宋元厅堂歇山构架的典型形式。然江南丁栿皆为梁尾入柱做法，而北方构架则丁栿后尾搭于横架梁栿上，类似清代的顺梁做法。

丁栿一般多为丁乳栿，丁三椽栿则较少见，保国寺大殿即为丁乳栿形式。

与横架主梁成丁字相交的山面次梁称丁栿，以其位置而得名。但从单元构架的角度而言，保国寺大殿两山丁栿槫架，与大殿北面的乳栿槫架完全相同。也就是说，大殿四内柱东、西、北三面的两椽槫架，在构架形式上是完全相同的，所不同的只是与横架主梁的位置关系。清代所谓顺梁，也是指方向而言的，即顺身之梁。

（2）山面出际做法

山面出际做法，是厦两头与九脊殿的区别之一，如殿阁出际做法上的夹际柱子与系头栿，即是区别于南方厦两头出际的构造做法。

《营造法式》关于殿阁转角造中记有夹际柱子与系头栿构件，然其相关记述文字简略，做法不甚明晰肯定，至今学界仍有分歧争议。其焦点主要在于夹际柱子和系头栿的所指、位置及构造做法。

首先就性质而言，《营造法式》将九脊殿和四阿统称为转角造，转角构造上视为同一，并与厅堂厦两头做法区分开来。因此，《营造法式》夹际柱子、系头栿概念，均是针对殿阁转角造而言

的。南方厅堂厦两头做法中，并不存在夹际柱子与系头栿做法。

其次，有必要判定夹际柱子与系头栿构件在殿阁歇山做法中归属哪一部分。由《营造法式》记载可知，二者为殿阁出际做法中的相关构件。以上关于夹际柱子与系头栿性质与所属的认定，是分析认识此二构件的前提和铺垫。

夹际柱子与系头栿的相关记载，见于《营造法式》卷五大木作制度·出际之制："凡出际之制，槫至两梢间，两际各出柱头（又谓之屋废）。如两椽屋，出二尺至二尺五寸；四椽屋，出三尺至三尺五寸；六椽屋，出三尺五寸至四尺；八椽至十椽屋，出四尺五寸至五尺。若殿阁转角造，即出际长随架（小字注：于丁栿上随架立夹际柱子，以柱槫梢；或更于丁栿背上添系头栿）。"

关于殿阁歇山做法，从现存北地唐宋遗构来看，其大致构架关系应与厦两头的丁栿做法相似，唯《营造法式》出际之制所记厅堂与殿阁做法上互有差异，其一，厅堂厦两头出际以椽架规模确定具体尺寸，而殿阁转角造则出际长随架；其二，殿阁出际做法中，采用夹际柱子与系头栿构件，而厅堂厦两头则不用。

分析《营造法式》出际制度，厅堂出际根据椽架规模确定具体尺寸，其最大者"八椽至十椽屋，出四尺五寸至五尺"。根据《营造法式》厅堂架深不过六尺，故其最大出际的五尺也不过架。而殿阁转角造"出际长随架"，按《营造法式》规定殿阁架深可达七尺五寸，故其出际尺寸显著大于厅堂，按宋尺折算，可达2.4米左右。因此，其两山出际是一相当大的悬挑。

《营造法式》"出际长随架"之后，紧接以小字附注："于丁栿上随架立夹际柱子，以柱槫梢；或更于丁栿背上添系头栿"，根据上下文意与接续关系，此小注为殿阁"出际"条目下的附注，其所记做法必是针对"殿阁出际长随架"而言的，具体地说，也就是作为殿阁出际尺寸过大时的弥补措施，即以夹际柱子支承出际悬挑的槫梢。

基于上述《营造法式》出际制度内容的解读，推测夹际柱子的构造形式如下：

凡殿阁出际尺寸偏大时，于山面梁架外侧丁栿上别立夹际柱子，以支承出际悬挑的槫梢。又因只是作为辅助支承构件，故夹际柱径应相应减小。

考察北方宋金遗构出际做法，以柱槫梢的夹际柱子实例不少，其典型的有：五代大云院弥陀殿、北宋少林寺初祖庵大殿（图4-13）、

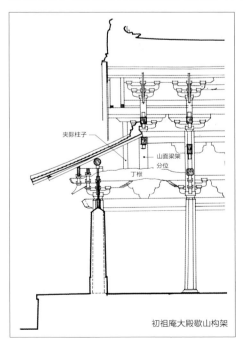

初祖庵大殿歇山构架

夹际柱子

山面梁架分位

丁栿

图4-13 少林寺初祖庵大殿夹际柱子

---

[19] 大云院弥陀殿，六架椽屋、厦两架，其别立的山面梁架贴近主梁架，是为特例，与南方华林寺大殿甚似。

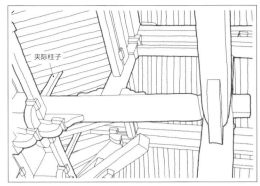

图4-14 崇福寺观音殿夹际柱子

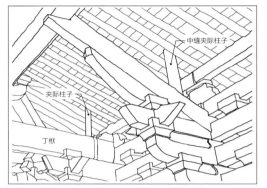

图4-16 晋祠献殿逐槫用夹际柱子

图4-15 镇国寺万佛殿中缝补间用夹际柱子

图4-17 镇国寺万佛殿脊槫夹际柱子

金代崇福寺观音殿等诸例（图4-14）。

至于与夹际柱子并提的系头栿，应是出际做法上与夹际柱子配合使用的构件。由《营造法式》"或更于丁栿背上添系头栿"的表述可推知。其一，夹际柱子可单独使用，系头栿不是一定必需的构件，在某种情况下也可添用，更多场合下或是不用的；其二，关于系头栿的位置，根据"于丁栿背上"推测，系头栿应紧贴或靠近丁栿上皮，因而在构造上或与立于丁栿上的夹际柱脚相关，再加之其作为梁类构件的性质，故系头栿有可能是承托夹际柱子的柱脚枋或柱底类似地栿的构件[20]。

根据夹际柱子立于丁栿上的构造做法可知，如若逐槫用夹际柱子，则出现丁栿与槫缝不能一一对位的现象，尤其对于方三间殿堂而言，脊槫缝下无对位的丁栿及相应的夹际柱子。而殿阁脊槫恰又鸱尾沉重，槫梢尤需支承。因而系头栿有可能是为逐槫用夹际柱子而添设的柱脚枋，也即"更于丁栿背上添系头栿"，以作为逐槫夹际柱子的落脚点。

然从北方现存遗构实例来看，关于夹际柱子的柱脚落点构造，或有更简便的方法，如脊槫用夹际柱子，其柱脚可落于山面中间补间铺作里跳上。其实例见于镇国寺万佛殿（图4-15）、平顺大云院弥陀殿，以及晋祠献殿的出际三槫逐缝用夹际柱子（图4-16）。这也与系头栿并非出际做法所必需的特色相吻合，或也因此，遗构实例中并无典型的系头栿做法留存。

此外，脊槫夹际柱子，似还有固定、扶持悬鱼的作用。《营造法式》规定"垂鱼长三尺至一丈"[21]，而如此高大的悬鱼，则极有可能是为了遮挡脊缝夹际柱子的（图4-17）。

北方殿阁歇山用夹际柱子，除出际尺度大、槫梢承载荷重大等原因外，还与其纵架分间用槫相关。北方构架分间拼缝用槫的做法，致使悬挑出际的边槫或有倾覆失衡的危险，故需以柱槫梢的夹际柱子作为构造补强。北方拼缝用槫的做法，或因地域用材上缺乏长直料所致，因此，北方厅堂多用夹际柱子的原因应也与此相关。

相比较于北方所用松木，江南所用杉木则以长直料为特色。江南厅堂方三间构架用槫，多为纵架三间的通槫形式，即以通长整料为之，不分间拼缝，故出际受力合理，如保国寺大殿、天宁寺大殿等例。保国寺大殿纵架三间，自下平槫至脊槫，皆用三间通长整料。这些都是形成南北歇山出际做法差异的相关因素。

保国寺大殿出际尺寸，实测均值1531毫米，正合5.0尺。依《营造法式》厅堂出际规制，八架椽的保国寺大殿出际应在4.5尺至5尺之间，大殿出际尺寸与之吻合，且此5尺出际长度，恰也随架，即大殿檐槫至下平槫间的5尺椽架。

《营造法式》夹际柱子这一线索，表明了厦两头与九脊殿出际尺寸与做法的不同。在这一线索上，厅堂与殿阁的歇山构造做法的地域特色显著。

唐宋歇山做法的诸多区别，《营造法式》最终归结于厅堂厦两头与殿阁九脊殿的构架区别。而影响厅堂与殿阁歇山做法的诸因素中，外观造型的不同追求应也是一个重要因素，其中包括屋顶造型。对比厅堂与殿阁的歇山外观形式，以侧样椽数、举折及出际这几项指标可见，追求屋顶构架体量及纵架正脊长度，是殿阁歇山造型的一个显著特征，而这一造型追求必然成为殿阁歇山构架演化的内在动因。如上文所分析的《营造法式》殿阁出际制度，正是因为追求出际尺寸，相应形成了夹际柱子和系头栿做法。而殿阁角梁率先由两椽转为一椽以及厦两架转为厦一架的做法，应包含有对屋顶外观追求的因素在内，即通过增设山面梁架，从而达到增加纵架规模、加大正脊长度的目的。且这种增大歇山屋顶体量尺度的意识，尤其表现在平面近方的三间规模小殿上。

以上通过唐宋殿阁歇山做法的比对分析，保国寺大殿所代表的江南厅堂厦两头做法的特色更显分明。

4.藻井与厅堂构架
4-1.藻井的意义与礼佛空间

保国寺大殿构成上，天花藻井是一个重要特征。大殿前廊三间

（20）梁思成《营造法式注释》中将系头栿释作相当于清式的踩步金梁，或未必合于《营造法式》原意。

（21）《营造法式》卷七·小木作制度二·造垂鱼惹草之制。

图4-18 大殿前廊天花藻井

图4-19 华林寺大殿前廊平棊

排置三个鬬八藻井,并结合藻井设置平棊,天花藻井作为大殿的木作装饰,丰富和表现了大殿空间的形象及意义(图4-18)。

保国寺大殿整体空间上最突出的特点就是前后两部分空间的划分,基于前后两个空间不同的性质与功能,通过厅堂间架结构的配置,营造出相应的空间形式和意义。藻井设置与厅堂构架的互动关联,是保国寺大殿厅堂做法上的一个显著特色。

(1)礼佛空间的演变

自隋唐以来,佛殿空间形式的演变,在很大程度上沿着这样一个主轴推进,即礼佛空间的发展和强化。佛域空间与礼佛空间的独立和分离,是早期佛殿空间形式的最大特征。早期佛殿内部是佛的单一空间,礼佛及法事多是在殿外前庭和回廊进行。

佛殿空间形式及其演变受制于佛教仪式要求。唐宋以后,礼佛空间逐渐开始移入佛殿,在佛殿整体构架中,与佛域空间形成前后并置的关系。其初始阶段表现为以开敞前廊为礼佛空间的形式,以借前庭与回廊延伸礼佛空间。中国北方的佛光寺大殿、晋祠圣母殿、日本唐招提寺金堂,以及中国南方的保国寺大殿、华林寺大殿等,都正处于这一阶段形式。佛殿前廊开敞是唐宋时期流行的做法,大致宋代以后,前廊礼佛空间的做法逐渐消失,礼佛空间被完全包入殿内。

礼佛空间的形成、拓展和变化,是唐宋佛殿形制发展上最重要的动因和主线。而保国寺大殿代表了宋代江南礼佛空间的特点及其与厅堂构架的关联。

(2)前廊礼佛空间的强化

前廊礼佛空间形式,是礼佛空间从殿外向殿内变化的一种中间形态。保国寺大殿前廊开敞的做法,表现的正是这种空间形态特征。实际上,殿外礼佛法事,对于多雨的南方尤其不便,故推测礼佛仪式移入殿内的变化,很可能始自南方;且在时代上,应是伴随着佛教世俗化而出现的,其普及的时间应在晚唐五代至北宋。因此,前廊礼佛空间做法,江南之地应可上溯至唐代,宋代保国寺大殿的前廊空间设置,已是十分成熟的做法。

对前部礼佛空间的强调是保国寺大殿空间意向的主要特色。相较于一般的前廊礼佛空间做法,保国寺大殿表现了两个特点:一是礼佛空间的拓展,二是礼佛空间的装饰。前者是通过厅堂间架配置,以3-3-2的间架形式,形成前三椽的开敞礼佛空间与后五椽的封闭佛域空间的并置形式,礼佛空间较一般的两椽前廊增大了一椽空间。比较前廊两椽的华林寺大殿,其与保国寺大殿的空间差异,即主要表现在前廊礼佛空间的椽架数上。而在礼佛空间的装饰上,相

对于华林寺大殿较简素的平棊形式(图4-19),保国寺大殿的装饰做法更为丰富和突出,表现为前廊平棊藻井之设以及前廊三面装饰化的月梁式阑额。

保国寺大殿前廊藻井的意义,在于其以装饰的形式,表现对礼佛空间的强化和重塑。

4-2.藻井、天花与厅堂构架

(1)厅堂局部天花做法

按通常的概念,彻上明造为厅堂内部空间的主要特色,成为厅堂区分于殿堂结构的主要标志。而南方厅堂的局部天花做法则显得别具特色,且于现存遗构中并不少见。南方宋元遗构中,华林寺大殿、保国寺大殿、虎丘二山门以及延福寺和真如寺大殿,皆为厅堂局部天花做法之例,其中尤以保国寺大殿的局部天花藻井形式,形制等级最高,空间效果也最为突出,保国寺大殿是其中唯一使用藻井者,且为高等级的鬬八藻井形式[22],表现了保国寺大殿礼佛空间装饰的等级意义。

南方厅堂的局部天花做法,皆为礼佛空间而设,位于佛殿整体空间前部,华林寺大殿为前廊两椽空间处,保国寺大殿则为前廊三椽空间处,即大殿前廊三间并置三个鬬八藻井及平棊,由此形成前廊三椽空间的局部天花做法。其上做草架结构,天花以下为明栿梁架。大殿的空间围合及功能属性,与天花形式相对应,即前三椽敞廊的礼佛空间设天花藻井,后五椽封闭的佛域空间为彻上明造。

比较北方佛殿天花藻井配置,其位置多在佛像空间,而不见礼佛空间配置藻井的实例(图4-20),与南方以平棊藻井强调礼佛空间的做法形成对比。保国寺大殿礼佛空间的装饰性,甚至超过了佛像空间。

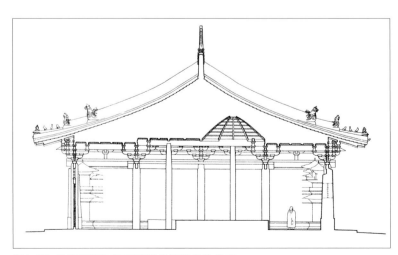

图4-20 华严寺薄伽教藏殿藻井与佛像的关系

[22] 北宋景祐三年(1036)二月,"诏两制、礼官详定京师士民服用、居室之制"(《宋史·本纪第十》仁宗二),八月又作详细规定:"天下士庶家,屋宇非邸店、楼阁临街市,毋得为四铺作及鬬八,非品官毋得起门屋,非宫室寺观,毋得绘栋宇及朱漆梁柱窗牖、雕镂柱础"(宋李焘《续资治通鉴长编》卷一百十九)。

保国寺大殿厅堂局部天花做法，在结构上以大木铺作相叠承托，天花铺作取大木材等，从现存遗构来看，这种做法仅见于南方，推测应为南方遗存古制的一种表现。其用材偏大的特点以及结构性的构造做法，或体现了室内木作装修从早期大木范畴转向小木范畴的演变阶段形式。

（2）藻井与草架结构

天花藻井本质上应属殿阁做法，江南厅堂的局部天花做法在不同程度上表现有殿阁做法的影响和因素，尤其是保国寺大殿的天花藻井及其构造做法，殿阁化的倾向尤为显著，实际上保国寺大殿外檐繁复的七铺作斗栱，亦有部分殿阁做法的因素。

厅堂的部分殿阁化倾向，应是出于追求殿阁的等级性和装饰性的目的。

厅堂局部天花做法，在结构上则相应产生局部草架结构。以天花为界，形成草架与明栿上下层叠的构架做法。保国寺大殿天花之上的草架部分，以方柱、地栿、连枋及昂尾挑蜀柱等粗略形式，支撑固济，以承檐槫、下平槫和中平槫(图4-21)，一如《营造法式》卷五大木作制度所记："凡平棊之上，须随槫栿用枋木及矮柱敦添，随宜枝樘固济"。天花藻井之下为明栿部分，施月梁造三椽栿，前端绞于外檐铺作中，后尾插入内柱柱身，相对于草架的粗略加工，明栿制作工整而精细。

保国寺大殿上，其局部草架、明栿的构架形式，虽部分类似于北方殿阁做法，然却表现出别样的特色：上部草架与下部明栿之间，并未如北方殿阁那样形成两套层叠的独立梁架形式。上部草栿结构叠压于下部铺作及三椽明栿上，在承载受力关系上，完全依赖于下部明栿结构。而天花铺作则叠压于上下梁栿之间，起承载垫托的结构作用，不同于后世小木装饰做法，这些都反映了主体厅堂构架对部分殿阁化做法的制约和影响。

（3）天花设置对构架形式的影响

大殿前廊横置的三个斗八藻井，是保国寺大殿的精华所在。然作为殿阁要素的天花藻井，在置入厅堂构架的过程中，对构架原形亦产生了相应的影响，这种影响有可能是互动的，也可能是单向制约的，其影响涉及间架的调整、空间的划分、构架的避让以及尺度构成等方面。

天花设置与大殿3-3-2间架结构之间，应是一个互动的关系。3-3-2间架结构本是江南厅堂构架的一个定式，是基于扩大前廊空间目的而产生的间架形式，其背后应也存在着礼佛空间拓展的因素。此3-3-2间架结构，正为保国寺大殿前廊设置天花斗八藻井，提供了合适的构架空间和条件；而前廊天花藻井的设置，也影响和决定了大殿前三椽与后五椽的空间形式。

保国寺大殿井字型构架构成上，以四内柱方为核心，四面围合八楞辅架，其中东、西、北三面六楞的乳栿，外端绞于檐柱铺作的第二跳华栱上，梁尾插于内柱上；唯南面两楞的三椽栿降低一足材高度，其外端绞于檐柱铺作的第一跳华栱上，以此满足前廊所设天花藻井对上部空间的要求。这是大殿厅堂梁架为天花藻井之设所作的避让和调整。另外，大殿前檐补间铺作里转挑抵下平槫的两道长昂，因与平棊藻井的井口枋相犯互碍，为保证天花的整体结构性而将下道昂尾截短避让，甚至将上道昂身切削掉部分而垫于井口枋上（图4-22）。大殿前檐补间铺作昂身虽有弱化，然也通过藻井构架对补间铺作的垫托得以弥补。

大殿厅堂构架与置入的平棊藻井，在空间与构造关系上相互制

图4-21 大殿前廊草架做法

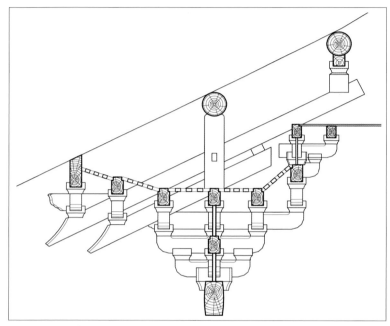

图4-22 大殿前檐补间铺作侧样

约和限制。在结构与构造层面上，大殿藻井天花主要体现为对厅堂结构的从属性与附加性，其独立性更多体现在形式与尺度层面上。这与北方殿阁藻井形态的独立性和完整性形成对比。南方天花藻井独立性的削弱，与作为载体的厅堂构架的特点及制约相关联。

4-3. 大殿藻井的形式与特点

（1）藻井的构成与装饰

保国寺大殿前廊三间排置的三个斗八藻井，形式相近，大小不同。其当心间藻井最大，两次间藻井次之。当心间大藻井两侧设平棊，铺作间设遮椽平闇。大殿于局部天花设置上，结合藻井、平棊、平闇三者于一体，极具装饰性，是现存遗构中仅见者。

大殿三个藻井在构成上，均以大木作铺作为基座，唯大小藻井的构成略有不同。当心间大藻井的构成，由算桯枋搭构成方形井口，以随瓣枋抹角勒算桯枋成八角井口，其上叠置藻井铺作一层，于交角处出华栱两跳，后尾于草架中出方头直截，至此形成藻井的八角井层。华栱跳头承弧形令栱与斗八井口枋，其上立弧形阳马，合拢成饱满的穹窿状，阳马顶端交集于顶心木，并于阳马背上施肋条七重，形成藻井的斗八部分（图4-23）。

次间小藻井与大藻井类似，同样分为两层，但下层算桯枋构成

矩形井口，至鬭八井口枋处，施随瓣枋将矩形井口勒作八边形，以立阳马。

藻井的构成，从算桯枋起往上以小木铺作依次组成方井或八角井向鬭八穹窿逐步过渡。其简洁有序的构成形式、高耸丰富的样式形态，对礼佛空间起到强烈的装饰与强调作用（图4-24）。

大殿藻井铺作用材尺度稍小于大木铺作，相当于大木用材的0.8倍，其设计尺寸推定为5.6寸×3.73寸，介于《营造法式》大木用材的六、七等材之间，现存遗构中，藻井铺作用大木材等者仅此一例。且大殿藻井补间斗栱配置也与大木部分相当，设补间铺作一朵，藻井与大木部分的结合浑然一体。这与北方藻井在尺度及装饰上与大木部分显著分离的特点，形成鲜明的对比。

（2）藻井天花的类型与变化

保国寺大殿藻井天花采用叠压的方式置于梁栿之上，并以交圈铺作层作为基座，这种构造形式以层叠为特点（图4-25）。另有将藻井天花侧挂于梁身的构造做法，实例中北方厅堂多见，南方则仅见于虎丘二山门的次间平闇。

如果将以上两种构造方式分别称为叠压型与侧挂型，那么叠压型具有殿堂层叠的意味，从实例看也是殿堂结构中多用，现存遗构中最早的有佛光寺大殿；而侧挂型所依托的更多是厅堂型的结构背景，其或是由于厅堂结构上铺作弱化所致，天花的安装需更多地依附于梁身，以小木作装饰为特征，最早实例为善化寺大殿，其他如易县开元寺毗卢殿藻井（已毁）（图4-26）、应县净土寺大殿藻井等。

就时代性而言，叠压型天花构成形式要早于侧挂型天花，然从辽构善化寺大殿成熟的藻井来看，这种天花藻井趋于小木装饰化的

过程，北方至少在10世纪已经实现，并且《营造法式》中藻井内容亦主要体现为侧挂型的构成形式。这说明在北宋晚期，小木作的装饰天花及其侧挂式构造是北方官式建筑的主流。而保国寺大殿上叠压型天花藻井的使用，很可能是南方遗存古制的表现，且这种构造形式在南方一直沿续至元代。

综上所述，保国寺大殿的藻井天花以主体厅堂结构为依托，以划分和重塑空间为目的，反映了北宋初期江南厅堂构架吸收殿堂因素的历史现象，或可以认为是室内木装修从早期大木范畴转向小木范畴的阶段形式。

图4-23 大殿当心间大藻井仰视

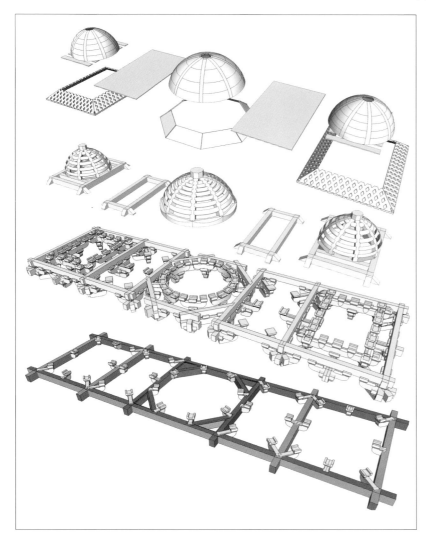

图4-24 大殿藻井构成分层示意

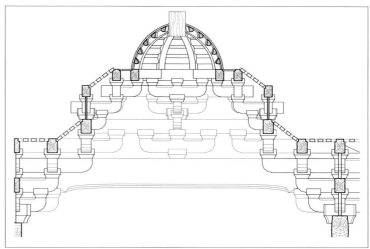

图4-25 大殿小鬭八藻井剖面

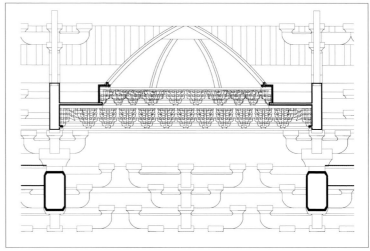

图4-26 易县开元寺毗卢殿的侧挂型藻井

5.厅堂构架的整体稳定性

5-1.构架整体稳定性的意义

（1）构架体系特征

关于保国寺大殿与江南建筑的分析，抽象至厅堂构架这一层面进行探讨，所引发的思路和线索，对于认识保国寺大殿以及江南厅堂构架的演进是十分重要和有意义的。而本节关于构架整体稳定性的讨论，即是其中一个特别的线索和视角。

中国古代木构建筑主体，由众多预制构件拼合连接形成完整的构架整体。因而保持和加强构架的整体稳定性尤为重要。通常将构架整体抗变形及散架的能力称刚度，也即构架整体稳定性，这一特性是古代木构技术的一个关键。中国古代建筑自从脱离原始草创阶段而成体系发展以来，所面临的重要技术问题之一即是整体结构的稳定性问题，且其成为中国古代建筑长期以来的技术追求。中国建筑史上的许多现象，大都直接或间接地与此稳定问题相关联。

构架整体稳定性的技术发展，具有时代与地域两方面的特征，且地域属性特征尤为突出。因而，构架整体稳定性技术，成为地域性构架体系特征的表现形式之一，并且影响和关系到不同地域建筑技术的发展。江南厅堂体系特征，在很大程度上表现在其独特的构架整体稳定性技术上。

关于厅堂构架的认识，若只停留在诸如内外柱高不等和彻上明造这样表象的描述，是难以深入把握其内在本质特征的。相比较而言，厅堂构架在整体稳定性技术上所表露的体系特征，或更具本质意义。在构架整体稳定性技术上，厅堂与殿阁截然不同，二者形成鲜明的对照。构架整体稳定性特征，成为区分构架体系的重要标志。

（2）技术进步的标志

建筑构架整体稳定性的技术进步，同时还是中国古代建筑技术发展的一个标志性表现，其意味着在构架整体稳定性技术发展的支持下，独立木结构从土木混合结构中分立而出以及构架技术的成熟、构架规模的增大、形式与比例的改变、构件尺度的变化等等。在这一过程中，南方厅堂构架体系的表现尤为突出，并有可能影响和推动了北方殿阁构架技术的发展。就地域构架体系的影响关系而言，早期构架整体稳定性的技术问题主要表现在北方层叠型构架上，而其最终的解决和进步，又恰是在南方连架型构架的影响和作用下取得的。

实际上放眼东亚建筑发展的历程，从构架技术的角度而言，也同样表现为一个构架整体稳定性进步的过程，然其特点在于这一技术进步来自于外来影响的推动，而宋代江南厅堂构架技术，恰又充当了这一技术的源地。日本中世建筑技术发展最突出的表现，即在于构架整体稳定性的进步。构架整体稳定性的进步，是整个东亚建筑技术发展共同的追求和标志。

构架整体稳定性技术的进步，是一逐渐成熟和不断发展的过程，作为江南厅堂建筑的早期遗构，保国寺大殿应反映了五代至北宋前期江南厅堂构架技术的主要特色，且与其后南宋及元明时期建筑比较，几百年间江南构架技术的进步亦是相当显著的。因而，构架整体稳定性技术，是认识以保国寺大殿为代表的江南厅堂建筑的重要视角和线索。

构架的整体稳定性，在技术层面上决定于两个方面，一是构架关系，二是构造做法。以下就此两方面的相关线索，作具体的讨论分析。

5-2.构架关系与整体稳定性

（1）构架稳定性的体系特征

构架整体稳定性，是构架体系最具特征的一个表现。厅堂构架与殿阁构架各有其相应的构架稳定方法。概括而言，南方厅堂构架在构成关系上，由垂直分架的连接而成，主要由构架相互拉结而获得整体稳定性；北方殿阁构架在构成关系上，由水平分层的叠构而成，主要由构架自重叠压而获得整体稳定性。也就是说，比较厅堂与殿阁的构架整体稳定性，厅堂源于拉的关联性，殿阁源于叠压的自重性。因而相对而言，连架式厅堂构架，更加关注的是由拉接系而成的整体性，相互拉结咬合成整体的意识强烈；层叠式殿阁构架，则较关注的是由自重体量而成的稳定性，相互拉结咬合成整体的意识薄弱。

不同体系的构架整体稳定性，与其相应的建造思维密切关联，其技术思路与方法也大不相同。层叠式殿阁结构在早期，不仅采用粗柱和增加体量、减小高度的方法，求得自重稳固，而且常辅以侧脚向心及厚重墙体的方法，扶持整体构架的稳定。粗柱厚墙的厚重外表背后，反映的是层叠式结构整体稳定的方法和特色。而连架式厅堂结构由于追求构件相互拉结的整体构成，促使了相互拉结联系技术的强化和榫卯技术的发达，反映了连架型结构整体稳定的技术特征。就构架整体稳定性而言，连架式厅堂构架胜于层叠式殿阁构架。

从整体稳定性的角度认识南北构架关系，厅堂与殿阁构架的体系特征由此对比而分明。

（2）梁柱交接关系的比较

构架构成关系，是决定构架整体稳定性的因素之一。其中梁柱交接关系，尤为重要。

梁柱关系作为构架构成的主体，其交接形式与构架稳定性直接相关。根据梁柱交接的构造关系，其交接形式有直接与间接两种。直接交接即指《营造法式》的柱梁作和清式的小式做法，间接交接指通过斗栱的梁柱交接形式。在构架整体刚度上，梁柱直接交接形式无疑大于梁柱间接交接形式。

根据以上分析，殿阁构架的梁柱交接为间接交接形式，厅堂构架的梁柱交接则介于直接与间接之间，为半直接形式，也即厅堂构架的内柱升高，梁尾入柱的结构形式。单就此梁柱交接关系而言，殿阁构架的整体性不及厅堂构架。相比较而言，厅堂构架构成上，较关注梁柱的交接，且更以顺栿串、丁头栱作为梁柱交接的补强，以进一步加强厅堂构架的整体刚度。

为了加强梁柱关系，部分厅堂构架甚至梁栿两头入柱，形成梁柱完全的直接交接形式。如武义延福寺大殿，通过降低梁栿高度的方式，使前后内柱间的三椽栿两头入柱，其注重梁柱交接的目的显而易见（图4-27）。再如肇庆梅庵大殿，主梁亦两头入柱。厅堂构架内柱升高、梁柱直接拉结的结构意识，近于以柱承槫的穿斗构架，应是南方技术因素的显著特征。实际上其梁栿的性质有所改变，表现为梁栿的串功能化，从而梁以串的形式，直接与柱拉结。

梁柱关系这一线索，充分表现了厅堂构架的构成特色。从梁柱交接关系演变的角度而言，以斗栱为中介的梁柱间接交接做法于后世逐渐蜕化，其表现为斗栱缩小和简化的趋势，最终沦为檐下装饰，从而改变了早期硕大斗栱将梁柱远远隔开的交接关系，显著拉近了梁柱的交接距离，进而，简洁直接的梁柱交接关系成为主流。通过加强梁柱交接联系而追求构架整体稳定性，应是这一演变背后的原因之一，且厅堂构架构成的整体意识，成为这一演变的重要推动因素。

5-3.构造做法与整体稳定性

（1）拉结联系构件：额与串

保持构架稳定的传统方法，在殿阁构架上一般表现为侧脚向心、墙体扶持、厚重叠压、加大构件尺度、降低构架高度，其思路集中在降低重心及厚重叠压的方法上。相对殿阁做法，厅堂构架则表现出另一番思路，即强化拉结联系而获得整体稳定性。因而，拉结构造做法对于厅堂构架尤为重要。

厅堂构架的拉结构造做法，是保证厅堂构架整体稳定性的技术手段。通过拉结联系而达到分楹构架的整体性是厅堂构架最具有本质意义的特征。拉结联系的思维，也成为厅堂构造做法的依据和特色所在。

对于厅堂构架整体稳定性而言，楹架立柱之间的拉结最为重要。厅堂柱间拉结联系构件甚为发达，除上节讨论的梁柱之间的拉结外，直接拉结构件则有额与串这两类形式[23]。

额类构件根据位置有阑额与屋内额之分，位于檐柱头间者为阑额，位于内柱头间者为屋内额[24]。此外，阑额做法上又有称楣者，在形式上有单楣与重楣之分[25]。保国寺大殿檐柱间的阑额形式，后檐与两山为重楣，前进间三面为月梁式阑额，且阑额至角不出头。大殿阑额的重楣形式以及至角不出头做法，仍是阑额的早期构造形式[26]。

串类构件根据柱间拉结方向的不同，有顺栿串与顺身串之分，以此形成构架纵横两向的拉结；又依拉结部位的不同有顺脊串、承椽串、腰串、地串[27]的分别。串的拉结是厅堂构架的独特现象。

厅堂做法上，通过额、串构件将构架拉结联系成一个稳定整体。作为厅堂拉结联系构件的额与串，在性质与作用上是有区别的。二者性质上的不同，大致可用基本构件与补强构件的特点来区分。额构件在功能上既作为柱间的拉结，又作为补间铺作的承载，是厅堂构架构成上必要的基本构件；厅堂构架上串构件的出现应在额之后，且其初始形式应较为单一，并逐渐演化出多种形式，但拉结补强的功能始终如一，是厅堂构架构成上的补强构件。

顺栿串是厅堂构架上最重要的串形式，且应是出现最早的串构件。从立架施工的角度而言，顺栿串等构件，实际上很可能是由施工立架时的临时扶持构件转化而来的。

厅堂构架构成上，额、串两构件在性质及功能上虽有一定的交

叉，但串作为保持构架稳定性的拉结构件的特色更为显著。

（2）串技术的发达与意义

串作为一种构造技术，代表了南方木构技术的精神，是一典型的地域技术做法。南方原生的串斗构架是串技术生成与存在的主体形式，而厅堂构架则是串技术存在的另一种衍生形式。对于南方地域建筑而言，与其说串是一种构造技术，还不如说是一种整体性构架思维，串以不同的表现形式，运用于南方所有的构架体系中。进而在串技术的作用下，厅堂构架的梁、额构件的功能向串靠近，进一步强化了厅堂构架拉结联系的整体性特征。

串技术对于厅堂构架的发展，别具意义。在加强厅堂构架整体稳定性以及推进厅堂构架形制的发展上，串技术的作用尤为显要。串技术的发达，标志着厅堂整体构架形制的成熟。

保国寺大殿的串技术，表现的是五代北宋时期江南厅堂构架串技术发展的阶段形态。与保国寺大殿大致同期的福州华林寺大殿、元妙观三清殿皆用顺栿串做法，因而厅堂串技术的发展有显著的地域性。保国寺大殿的串技术表明，厅堂串技术源于江南，应是晚唐五代以来江南吴越建筑的特色。现存遗构中顺栿串做法以保国寺大殿为初见，其后的保圣寺大殿等江南宋元遗构无不采用顺栿串做法。

流行于江南的厅堂串技术，至宋以后亦影响至北方建筑体系。北宋末《营造法式》记有江南串做法，表明江南技术在北宋时期成为官式做法的来源之一。然从现存遗构来看，北方直至金元时代，建筑上仍不用顺栿串做法。宋元时期顺栿串做法只流行于江南地区，其地域限定相当显著。

（3）保国寺大殿的串额做法

分析保国寺大殿串额构造做法，大殿核心四内柱上承两缝横架，其三椽栿下各施顺栿串一道，拉结前后内柱。顺栿串前端交于前内柱柱身，后端交于后内柱柱头（图4-28）。四内柱间的纵向构架形式为：两前内柱柱头间以屋内额拉结联系，额上承内檐补间铺作；柱头屋内额下，又分设两道内额，一同拉结柱身，并承托前内柱的整壁面扶壁栱。两后内柱柱头间之屋内额，以四道额枋实拍而成，拉结联系柱头。

除柱间串、额拉结之外，大殿上部梁架间亦设串的拉结以及类

图4-27 延福寺大殿梁栿两头入柱

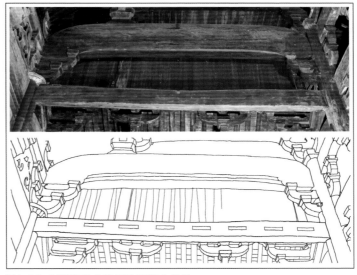

图4-28 大殿前后内柱间的顺栿串做法

---

[23] 《营造法式》关于拉结构件也分作两种，一为串，一为额，其中串为厅堂所独有。

[24] 屋内额即内柱阑额。根据《营造法式》卷五·大木作制度二·阑额篇内容，大木作额类构件有四，即檐额、阑额、由额、屋内额。另，陈明达认为，凡额上坐补间铺作者均为阑额，屋内额用于屋内柱头或驼峰之间，不用补间铺作，纯为联系构件。见陈明达.《营造法式》研究札记：续二// 贾珺.建筑史：23.北京：清华大学出版社，2008

[25] 唐宋之前，阑额是一较小的枋材，汉唐时期称楣，上下两楣称重楣。重楣并不等同于《营造法式》的阑额与由额做法。

[26] 华林寺大殿前廊阑额月梁造特点，与保国寺大殿相同，然其两山及后檐阑额为单楣形式，且阑额至角出头，故华林寺大殿阑额做法的时代性要晚于保国寺大殿。

[27] 南方建筑中多见有拉结柱脚的串构件，《营造法式》阑额条下所记"地栿"构件，功能上实为拉结柱脚的地串，上与阑额相对，为联系构件。

似襻间的做法，即心间两缝横架平梁上之相向蜀柱间连以顺脊串，既是两缝梁架间的拉结联系，又起脊槫的补强作用；襻间是串、额之外的另一种联系构件，施用于梁架槫下，起拉结补强作用。大殿于前后内柱缝心间的柱上槫下施用类似襻间的做法，分别对应于前内柱缝的前槫上平槫与后内柱缝的后檐中平槫。

相于大殿构架的"核心主架＋周匝辅架"的构成形式，在拉结联系做法上，尤注重核心主架部分。大殿所用顺栿串和顺脊串，都只施于四内柱主架上，辅架梁下则不施顺栿串，以此强调主架的柱间拉结及梁架补强。同样，襻间做法亦只用于前后内柱缝对应之槫下，其他槫缝则不用襻间，也是着眼于保证四内柱核心主架的稳定。

中心四内柱间所施顺栿串对于四内柱构架的稳定尤为重要。两缝顺栿串与前后顺身额交圈拉结，形成稳定的四内柱框架，以此加强核心主架的稳定。四内柱方间的串额交圈拉结，成为江南厅堂构架之特色。自保国寺大殿后的江南方三间厅堂皆是如此。比较同期的福建华林寺大殿、元妙观三清殿构架，尚无顺栿串构件，故其四内柱间也未形成串额交圈拉结的做法。

保国寺大殿四内柱间的串额交圈拉结，也是"核心主架＋周匝辅架"的厅堂立架施工之必需。厅堂构架上顺栿串的作用及意义于此尤显重要。实际上，即使在顺栿串构件出现之前，厅堂构架施工立架时，前后内柱柱头之间也要加设临时性的辅助稳定构件，以保证四内柱框架的稳定，然后才于柱上架设梁架。也就是说，从构架稳定及立架施工角度而言，顺栿串构件的出现，很可能是由临时性的立架辅助扶持构件，转化为构架补强构件的。即使在现代的江南施工现场，也仍时常看见立架时为保持榀架稳定而加设的立架辅助扶持构件，其功能及形式与顺栿串或地串无异。

拉结补强的串构件，最初应是一小尺度构件。唐宋时期的串材，应主要是单材的形式。即使至《营造法式》时期，仍然是串、襻间并同材[28]。然《营造法式》单材串中并不包括顺栿串，诸串中唯顺栿串广至一足材[29]，这表现了顺栿串在构架拉结上的重要性。值得注意的是，北宋前期的保国寺大殿，其顺栿串尺度已在足材之上，如大殿顺栿串实测值为35.3厘米×17.9厘米，约合1.2尺×0.6尺，表现了顺栿串构件尺度增大的倾向。大殿重楣尺寸也有类似现象，早期重楣做法上，楣尺寸不过单材，然大殿重楣尺寸33.2厘米×23.2厘米，相当于1.1尺×0.75尺，已略大于足材尺寸。保国寺大殿串、楣表现了相同的尺度增大现象，应是串构件发展和强化的表现。

（4）保国寺大殿榫卯形式

以拉结为特色的厅堂构架，其整体稳定性最终决定于拉结的构造做法，即榫卯做法。榫卯成为影响厅堂构架整体稳定性的一个重要因素。

榫卯是木作构件连接的自然构造做法，将分散的构件或单元构架连接成一个整体构架，是中国古代榫卯技术的出发点和特色所在。厅堂构架注重拉结联系，在榫卯做法上亦有相应的表现。榫卯技术是江南木构技术先进的表现，相对于其他构架体系而言，南方厅堂构架的榫卯技术更为发达。

榫卯的初衷是有效地连接构件，针对不同部位及连接要求，又

形成不同的榫卯形式。且随着技术进步，榫卯构造做法也在不断改进，以增强榫卯的连接作用和效果。对于厅堂构架整体稳定性而言，立柱与水平拉结构件的连接最为重要。其主要连接节点有柱梁连接、柱额连接以及柱串连接这三种形式。

厅堂构架上，梁、额及串的功能有二，一是承托荷载，二是拉结联系，其中梁为承重受弯构件。梁与柱的交接，在厅堂构架上表现为一端入柱，一端通过斗栱与柱拉结，故厅堂梁柱的拉结功能是次要和间接的。额、串与柱的关系则为直接拉结，在功能上，额不仅有承载补间铺作的功能，亦起柱间联系的作用。而串的功能则是单一的柱间拉结作用。梁、额、串三者的角色和作用，虽各有区分或偏重，但相互间在功能和形式是有交叉叠合的，三者的榫卯做法互有异同，且与其功能相吻合。

在构件交接的构造处理上，古代匠人根据构件的受力特点，采取相应的榫卯形式，以保证构架的整体稳定性。以下分析保国寺大殿立柱与水平构件交接的榫卯形式，并按柱梁、柱额、柱串的形式作分类比较。

大殿柱梁交接形式，分作两种情况：其一是周匝辅架梁栿与中心主架的连接，其二是中心主架构成上，前后内柱间的三椽栿连接。第一种情况，辅架梁栿前端入檐柱斗栱，后尾插于内柱柱身，梁尾以直榫入柱，并以单跳丁头栱承托；第二种情况，主架三椽栿北端入后内柱斗栱，南端直榫插入前内柱柱头，以丁头栱两跳承托。在大殿柱梁交接关系上，匠人是将梁栿作为承重受弯构件对待的，不考虑梁的拉结作用，故其柱梁交接榫卯采用直榫形式，而未用抗拉脱拔榫的燕尾榫构造做法。

大殿柱额交接形式，分檐柱与内柱两种情况。周圈檐柱阑额，除前廊三面为月梁式阑额外，余皆为重楣形式。内柱屋内额的形式，前内柱上间隔设三道，后内柱上实拍四道。大殿柱额在功能上，既有拉结联系作用，又有承载补间铺作的作用。然匠人强调额的拉结作用，柱额交接榫卯采用了抗拔脱的燕尾榫形式。又因安装构造的缘故，柱额燕尾榫只限于与柱头交接的头道额，其下与柱身交接诸额，皆为直榫形式。也就是说，唯前廊三面的月梁式阑额、重楣的上楣以及内柱上的头道屋内额，为燕尾榫形式；大殿重楣中的下楣，仅在转角处为透榫过柱出头的形式。

大殿柱串交接形式，即四内柱上的两道顺栿串与前后内柱的交接。根据勘察分析，顺栿串北端与后内柱柱头交接为燕尾榫形式，南端为过前内柱身出头加梢固定的形式[30]。串作为完全的拉结构件，其与柱的交接，采用了抗拔脱的燕尾榫形式和过柱加梢的做法。

在柱与水平构件的交接做法上，保国寺大殿根据受力形式及功能特点，采用了两种不同的榫卯构造做法，即承重的梁栿构件采用直榫形式，不考虑抗拔脱的构造要求；拉结的额串构件采用燕尾榫的形式，以达到其抗拔脱的构造要求。

除立柱与水平构件的榫卯连接外，大殿其他构件的交接，亦皆有相应的榫卯固定，对于构架整体稳定性亦是重要的构造措施。如以柱顶馒头榫固定栌斗，栱、斗、昂等构件之间以销串连接固定，槫构件以燕尾榫拉结，扶壁栱以长销贯穿连接固定等等。

（28）《营造法式》卷十九·大木作功限三："殿堂梁、柱等事件功限。襻间、脊串、顺串，并同材。"《营造法式》卷五·大木作制度二："凡蜀柱，量所用长短，于中心安顺脊串，广厚如材，或加三份至四份，长随间，隔间用之。"

（29）《营造法式》卷五·大木作制度二·侏儒柱条："凡顺栿串，并出柱作丁头栱，其广一足材。"

（30）大殿前后内柱心间两缝梁架，现状顺栿串有残损。西架顺栿串南端过柱出头加梢固定的交接形式仍存，北端入柱交接形式，因顺栿串端头槽枘不明。东架顺栿串南端交接形式不存，北端入柱交接存燕尾榫做法。此两缝梁架顺栿串的四个端头交接中，存留与残损各二，而两个存留的端部交接构造，恰能合成一个完整的南北端交接形式。

构架榫卯形式为隐蔽的构造做法，非落架难以全面考察。在勘察可及范围内所掌握和认识的保国寺大殿榫卯状况，对分析大殿构架亦是十分重要。保国寺大殿在榫卯做法上，以受力形式区分梁、额、串构件与柱交接的榫卯构造形式，是一重要特色。

（5）《营造法式》梁柱榫卯的比较

关于宋代梁额榫卯做法，《营造法式》大木作制度有相关记载，可作为保国寺大殿的比较参照。《营造法式》所记梁额榫卯做法三种形式，即梁柱镊口鼓卯、梁柱鼓卯与梁柱对卯这三种形式[31]（图4-29）。其中第一、二种榫卯为燕尾榫形式，其差别在于镊口鼓卯是一种特殊和复杂的燕尾榫形式，表现为通常燕尾榫的榫、卯套叠做法，即一端榫口内作榫，另一端榫上又开卯口的形式。

镊口鼓卯是十分少见的榫卯做法，然值得注意的是保国寺大殿柱额及柱串榫卯做法正为镊口鼓卯形式（图4-30）。推测此镊口鼓卯有可能是江南宋代所多用的榫卯做法，目前已知实例还见有浙江景宁时思寺大殿另一例。如果关于镊口鼓卯地域特征的推测成立的话，那么镊口鼓卯也成为《营造法式》与江南技术关联的一个线索

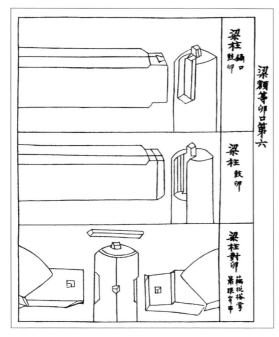

图4-29 《营造法式》柱额榫卯三种（《营造法式》卷三十图样）

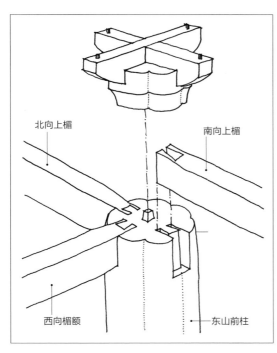

图4-30 大殿东山前柱柱头榫卯形式示意

和例证。实际上抗拔脱的燕尾榫形式，一直是南方厅堂多用的榫卯形式[32]。

相比较而言，镊口鼓卯做法复杂且不甚合理，拉结能力亦较弱，然却在《营造法式》三种榫卯做法中居首，或有其特殊的意义，推测也可能与强调南方技术相关。

第三种梁柱对卯，为透榫的一种做法，形式为藕批搭掌、萧眼穿串，是一种抗拔牢固的榫卯构造做法。这种榫卯形式与江南串斗构造有一定相似之处，尤其是萧眼穿串的销钉做法，更是江南多用的榫卯形式。应也是《营造法式》中南方技术因素的表现。

另外，《营造法式》中未提及串的榫卯做法，推测其顺栿串的榫卯做法应与额相同，即为鼓卯做法。实际上《营造法式》所录三种梁额榫卯形式，皆为柱额榫卯形式，而未见柱梁榫卯[33]。

5-4. 构架整体稳定性的技术进步

中国古代建筑技术发展的历程，以特定的角度而言，就是构架整体稳定性不断进步的过程，且这一进步，南方建筑技术的推动与贡献至关重要。自宋以来，南方建筑在构架整体稳定性上的发展尤为显著，其特征主要表现在拉结联系构件的发达与榫卯构造做法的进步。以保国寺大殿为参照，至元明的几百年间，江南厅堂构架整体稳定性的技术进步是相当显著和精彩的，其影响也是广泛和深远的。

关于拉结联系构件的进步，主要表现为柱间拉结联系构件的发达，串技术在厅堂构架上得到进一步的发展。不仅柱间联系构件增多，且梁架间的拉结联系亦得到强化，这些都大大提高了构架整体的稳定性。

榫卯构造做法的进步是构架整体稳定性得以加强的另一个重要因素。

从中国木构技术发展的整体状况而言，江南一直是木构传统深厚、木作技术先进之地，也包括榫卯技术。南方原生的全木作构架体系，尤其促进了榫卯技术发展。早在6000年前河姆渡遗址的木构榫卯技术已具相当的水平，后世榫卯的技术要素已都基本具备。

木作榫卯技术的发展是一渐进的过程，且与地域技术以及构架体系密切相关。作为江南早期遗构，保国寺大殿应反映的是北宋前期厅堂构架的榫卯状况和技术水平，与后世厅堂榫卯技术的发展仍有差距，如大殿构架整体低矮以及构件尺度硕大等状况，应也与其整体稳定技术相关联。实际上，与保国寺大殿时代相近的保圣寺大殿上，已见透榫做法；南宋径山法堂图上，与内柱交接的梁栿及丁头栱，也都为透榫的形式。后世厅堂榫卯技术的发展，主要表现在拉结构造做法的加强，透榫、销栓的普遍使用。

宋代以后江南厅堂建筑技术的发展，在构架整体稳定性方面是一突出表现，其中榫卯做法的进步，应提供了重要的技术支持。宋元以来榫卯构造技术发展的特点，一是形式简化，二是用销栓固定，二者相互关联。简化榫卯构造形式的方法归纳起来，一是减少榫卯类型，取消了复杂的镊口鼓卯做法，构件交接多用燕尾榫；二是采用直榫加销栓的简单形式。

直榫加销栓的做法，加固榫卯的效果十分显著，尤其在柱与水平构件的交接上。元明以后的江南厅堂建筑上，柱与梁额串的交接，无论是半榫还是透榫，都尽可能地用销栓固定，解决了拔榫问题，大大加强了构架的整体稳定性。

加强柱间联系的串构件的发达，是构架整体稳定性进步的最具意义的表现。后世南北建筑流行的随梁枋及穿插枋，应都是源于宋代江南厅堂构架的顺栿串。日本中世以后出现的柱间拉结联系的

[31]《营造法式》卷三十·大木作制度图样上·梁额等卯口第六。

[32] 南北所用榫卯形式各有其不同的倾向，如存在着北螳螂头榫、南燕尾榫的大致倾向。

[33]《营造法式》卷三十·大木作制度图样上·梁额等卯口第六，虽名为梁额榫卯，然所录三图应都是柱额榫卯，柱梁榫卯图或有缺失。

"系梁"，也同样源于宋元时期的江南厅堂建筑。

构架整体稳定性的加强和提高，亦促进了建筑形式与风格的相应变化。江南宋元时期厅堂建筑形式与风格的发展，直接或间接地都与之相关。如构架高敞、体量增加、间广增大、柱子变细、梁枋高大等现象，其背后多有构架整体稳定性所提供的技术支持。

构架整体稳定性的追求，是南北构架技术演进的重要推动力。江南厅堂技术是促进构架稳定性进步的主要因素，并对北方殿阁建筑乃至东亚建筑的技术发展，都产生了重要的影响作用。

三、江南厅堂间架结构

1. 江南方三间厅堂间架

1-1. 间架的性质与意义

作为中国古代建筑主体的木构建筑，自秦汉以来随着技术的发展，木构体系逐渐成熟和定型，形成了以间架为特色的大木结构体系。独特的间架规制，在很大程度上表现了中国木构传统的特色。中国古代木构建筑的发展，间架形制的成熟与完善是一个重要的表现。

间与架是木构建筑规模的两向量度，即面阔与进深的规模分别由"间"与"架"表示。所谓"架"者，宋代指椽架，或也直接称"椽"[34]。

间架规制是中国古代木构建筑标准化、制度化的必然结果。由唐至宋，是中国古代建筑发展的鼎盛时期，建筑间架形制高度成熟和定型化，间架形式成为建筑规模与等级的重要标志。

间架规制作为木构建筑的一个技术因素，是不同地域和体系建筑所共有的，然又是有分别的。厅堂与殿阁的间架形制大不相同，江南厅堂构架的诸多特色，都由间架配置而出。厅堂构架所指，若只是诸如内柱升高和彻上明造的话，那么极易模糊厅堂构架的本质内涵，厅堂与殿阁的体系区分也往往难以说清。而厅堂间架规制的意义，较诸多表相性特征更为本质。间架规制是厅堂构架内涵的重要表现形式，在性质上可称是构架文法，对认识厅堂构架至关重要。

1-2. 江南方三间厅堂

方形平面是唐宋以来南北小型佛殿形式的一个共同现象。在佛殿仪式的要求及建筑规模的限制下，对于中小规模的三间佛殿而言，方形平面是一突出而自然的现象，所谓方三间即是针对这类小型佛殿平面形式而言的，指其平面柱网构成上，面阔、进深各三间的方形平面形式。

比较南北现存宋金元时期的方三间遗构，虽平面形式大体相似，然其所对应的间架结构形式却迥然不同。方三间佛殿的南北地域差异，根本地表现在间架结构形式上。

江南现存宋元佛殿遗构，无一例外都是方三间的形式。其实例有六：宁波保国寺大殿、角直保圣寺大殿（已毁）、金华天宁寺大殿、武义延福寺大殿、上海真如寺大殿、东山轩辕宫正殿。比照现存遗构并参照五山十刹图以及日本禅宗样实例推知，江南南宋佛殿亦基本同此，也就是说，方三间形式是宋元江南中小型佛殿最基本的形式。而保国寺大殿则是江南现存最早的方三间厅堂遗构。

江南方三间厅堂间架构成，以面阔三间、进深八椽为主要形式，进深上以四柱三间对应八椽。其间缝用梁柱形式虽有若干变化，但八架椽屋的规模是不变的。现存江南宋元诸构在间架构成上，唯上海真如寺大殿有所不同，其平面虽仍为方三间的形式，然进深增为十椽。方三间十架椽屋形式，宋元江南厅堂遗构中唯此一例。

江南方三间厅堂的尺度规模，随开间大小而变化，从而在运用上有相当的适应性和广泛性。此外，现存宋元方三间佛殿，原初都是不带副阶的形式。现存副阶皆非原物，为后世所加，保国寺大殿副阶为清康熙年间所增扩。

2. 厅堂间架范式

2-1. 两种基本间架形式

江南厅堂方三间八架椽屋，根据间架配置的变化，形成不同的间架构成形式，其中最主要的有两种，其一是以保圣寺大殿为代表的"八架椽屋前后乳栿用四柱"间架形式，其二是以保国寺大殿为代表的"八架椽屋前三椽栿后乳栿用四柱"间架形式。

分析比较二者的间架配置形式。保圣寺的八架椽屋间架配置为"2-4-2"式（数字代表进深上各间梁栿所对应的椽架数，下同），其实例有保圣寺大殿、轩辕宫正殿等诸例；保国寺的八架椽屋间架配置为"3-3-2"式，其实例有保国寺大殿、延福寺大殿、天宁寺大殿等诸例。

唐宋时期以来，殿阁厅堂成熟的基本间架规制，以对称型的"八架椽屋前后乳栿用四柱"为基本形式，从而有一间对应二架椽的基本定式，且梁栿跨度一般不过二间四椽。后世间架形式的诸多变化，大多是在此基本形式上演化变异而来。

比较江南厅堂间架构成形式，保圣寺大殿的"2-4-2"间架形式，在性质上为传统的基本间架形式，自唐宋以来已是十分成熟的空间模式；而保国寺大殿的"3-3-2"间架形式，则是基于"2-4-2"传统间架形式的演化，且其形成的时间，推测应在晚唐五代，保国寺大殿是其早期之例。因此，可将保圣寺的"2-4-2"间架形式称为基本型，将保国寺的"3-3-2"间架形式称为演化型。

概而言之，江南厅堂构架以方三间八架椽为基本规模和主要标志，其间架配置形式则以上述基本型和演化型为两个主要形式，二者代表和概括了江南厅堂间架形制的主要特色。

2-2. 间架形式的地域性

"2-4-2"基本型与"3-3-2"演化型，以其典型性和代表性，构成了江南厅堂构架的两个基本范式。作为范式，其意义还表现在二者所独具的江南地域特色。以"2-4-2"基本型而言，比照传统间架形式，江南厅堂"2-4-2"间架，在山面开间上，由传统的四间演化为三间的形式，实际上是省去了山面的中柱。而同样作为三间厅堂的福州华林寺大殿，其山面间架构成上，不减中柱，仍保持着传统的四间形式。唯江南厅堂真正形成了方三间八架椽的间架构成形式。

相较于"2-4-2"基本型的对称性构架，"3-3-2"演化型为不对称性构架，其间架形式更具江南地域特色。从现存遗构来看，北宋保国寺大殿是其最早之例，此后元代诸构，如出一辙，间架构成皆此"3-3-2"形式。"3-3-2"间架形式，不仅是宋元江南厅堂普遍多用的间架形式，而且是江南独有的间架形式。这一间架形式，最能反映和表现江南厅堂构架独具的地域特色。

《营造法式》大木作制度图样，收录南式厅堂侧样六种，然独未收此"3-3-2"间架形式。这一现象或也表明了"3-3-2"间架形式的独特性及其地域限定性。

（34）在间架表记上，唐架不同于宋架，其差异在于槫架与椽架之区别。

3.间架的变化与调整

3-1.架数的调整与变化

（1）间架调整的方法

对于佛殿而言，间架形式的变化，源自于内部空间的需要，其中最重要的是礼佛空间拓展的需要。而地域、时代及构架体系的差异也成为间架形式变化的关联因素。

江南厅堂间架配置的变化，从2-4-2基本型到3-3-2演化型的变化，其动力主要在于前部礼佛空间拓展的需要，也就是说，基本型的前部两椽空间已满足不了需要，于是在三间八椽的进深空间内进行间架分配的调整重组，以达空间需求的目的。

江南厅堂间架配置的调整，即通过进深上三间梁栿所对应椽架数的调整，从而有"2-4-2"与"3-3-2"这两种间架配置形式。后者由前者通过移架的方法而形成。移架做法表现了基本型与演化型之间的变化关系：将基本型的前内柱缝纵架后移一椽架，变"2-4-2"间架形式为"3-3-2"间架形式，相应地，传统的对称式间架演变为非对称式间架。

（2）间架形式的意义

从佛殿空间的角度看待间架形式，"2-4-2"间架形式在空间上分作两椽的礼佛空间与四椽的佛域空间，这意味着四椽的佛域空间占绝对主导地位。从"2-4-2"间架到"3-3-2"间架的演化，其主要的推动来自于礼佛空间的拓展要求。"3-3-2"间架的意义不在于形式，而在于对礼佛空间的重视和强化，并以特定的间架形式，满足礼佛空间的新需求，室内佛域空间与礼佛空间，从以往的绝对主次关系，演化为近于并列关系。实际上，真如寺大殿"4-4-2"间架形式，在空间关系上与保国寺大殿是相似一致的。

前廊开敞，是早期佛殿设置礼佛空间的多见形式，且敞廊以两椽空间为基本形式。而礼佛敞廊空间的拓展，保国寺大殿是一种形式，晋祠圣母殿是另一种形式。前者在传统的两椽空间基础上增加一椽，后者将前檐副阶两椽空间向殿身扩展两椽。

保国寺大殿在空间设置上，不仅通过"3-3-2"间架配置，拓展了前部礼佛空间，同时更以平棊藻井装饰，强化礼佛空间的形象与氛围[35]。礼佛空间的重要性在保国寺大殿上得到极大的强化，而这种调整间架的强化方式，应是江南佛殿所独有的形式。

间架的形式与内涵，是中国古代建筑技术与文化的一个重要内容。从间架配置这一视角去认识厅堂构架的性质，从中可看到保国寺大殿构架形式的别样意味。

3-2.架深的调整与变化

（1）3-3-2间架尺度的调整

架数与架深是进深椽架构成上的两个要素，通过架数的调整，形成变化的间架形式；而架深的调整，则是进一步对间架尺度关系的区分和调整。尤其对于3-3-2间架形式，架深的调整更为重要。保国寺大殿3-3-2间架构成的特色，即离不开架深调整的作用。

从厅堂构架设计的角度而言，间架关系在前，尺度关系在后。确定3-3-2的间架关系之后，再以变化"架"的大小，调整进深"间"的尺度。对于3-3-2型的厅堂构架而言，前进间与中进间这两个三椽架的大小区分，是进深上间架尺度关系的主要着眼点。因此，江南厅堂3-3-2的间架形式，根据椽长的变化，有如下三种间架尺度关系的可能（以A、B、C分别代表不同的椽长）：

AAA-AAA-AA： 一种椽长 （椽架等距）

AAA-BBA-AA： 二种椽长 （B＞A）

AAC-BBC-AA： 三种椽长 （B＞A＞C）

以上三种间架尺度关系中，第一种为单一椽长形式，特点是椽架等距，前进间与中进间两个三架空间大小相等；第二种为两种椽长形式，特点是以加大脊步二架椽长（B）的形式，形成大三架与小三架的空间区分，即前进间为小三架，中进间为大三架的形式；第三种为三种椽长形式，特点是在小三架与大三架的基础上，进一步调整前进间与中进间的尺度大小，形成更细微的间架尺度调整。

根据现存遗构实际情况分析三种椽长配置形式，第一种间架尺度关系虽然简单，然未见实例，应无存在的可能，其原因是前进间与中进间的两个三架空间相等，所对应的礼佛空间与佛域空间无主次之分，故非合适的空间形式。第三种间架尺度关系则稍复杂，然实际上并无此需要，现存遗构中也未见实例，存在的可能也较小。

而两种椽长的配置形式，则是江南厅堂间架尺度关系最主要和简便的形式。即仅以加大脊步对称两架的简单方法，达到前进间小三架与中进间大三架的空间效果，保国寺大殿即此间架尺度关系的典型之例。

保国寺大殿"3-3-2"的间架形式，即进深上前进间与中进间各三椽架，后进间两椽架。前两间虽同为三椽架，然在性质上，前三架的礼佛空间为次，后三架的佛域空间为主，而其主次之分则在于空间尺度的差别。为此大殿所取方法是，加大脊步对称的两架椽长，形成小三架与大三架，从而达到主次空间之别。

根据保国寺大殿的尺度复原分析，其间架尺度关系上，A、B两种椽长尺寸分别为：A＝5尺，B＝7尺。其侧样三间的间架尺度关系如下：

前进间AAA：5.0＋5.0＋5.0＝15.0（尺）

中进间BBA：7.0＋7.0＋5.0＝19.0（尺）

后进间A A：5.0＋5.0＝10.0（尺）

大殿间架尺度关系上，以5尺为基本椽长，通过加大脊步对称两架椽长至7尺，形成小三架15尺与大三架19尺，中进间佛域空间较前进间礼佛空间大4尺，由此形成主次空间的效果。保国寺大殿的间架尺寸斟酌与椽长设置，简洁明晰而有序（图4-31）。

江南3-3-2间架形式的宋元遗构，除保国寺大殿外，另有元构

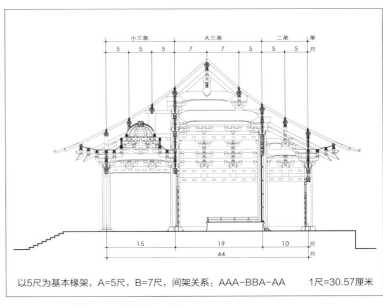

以5尺为基本椽架，A＝5尺，B＝7尺，间架关系：AAA-BBA-AA   1尺=30.57厘米

图4-31 大殿侧样间架尺度关系分析

[35] 对礼佛空间顶部天花的装饰处理，南方除保国寺大殿外，华林寺、真如寺等大殿，也见类似做法。

延福寺大殿和天宁寺大殿两例。三者不仅间架形式相同，且间架尺度关系一致，皆为两种橡长的间架尺度构成。唯天宁寺大殿在间架尺度配置上，与保国寺大殿略有不同，即其不仅加大脊步对称的两架橡长，且又加大前后檐步橡长，其尺度构成关系变为：BAA-BBA-AB，但仍保持着共同一致的两种橡长以及小三架与大三架的尺度关系（详见后文分析）。

（2）2-4-2间架尺度的调整

间架配置上，2-4-2间架形式的尺度关系不同于3-3-2间架形式。

相对于3-3-2间架所采取的加大脊步橡长的调整形式，对于2-4-2间架而言，由于前进间与中进间尺度相差已大，故而往往采取加大前进间与后进间橡长的调整形式，由此形成相应的间架尺度关系。江南宋构的2-4-2间架实例，唯已知的保圣寺大殿一例，可作为分析比较的对象[36]。

根据保圣寺大殿的间架尺度复原分析，其侧样间架尺度关系如下（以A、B分别代表两种橡长）：

BB-AAAA-BB：　两种橡长　（B＞A）

其间架尺度关系上，A、B两种橡长尺寸分别为：A＝5尺，B＝5.75尺。其侧样三间的间架尺度关系如下：

前进间BB：　5.75＋5.75＝11.5（尺）

中进间AAAA：5＋5＋5＋5＝20.0（尺）

后进间BB：　5.75＋5.75＝11.5（尺）

保圣寺大殿侧样间架尺度关系上，与保国寺大殿一样，都以5尺为基本橡长，其中进间四架取5尺基本橡长，前进间与后进间的两架橡长加大至5.75尺，由此形成中进间20尺、前进间与后进间各11.5尺的间架尺度关系(图4-32)。保圣寺大殿的间架尺度关系，应代表了江南宋构2-4-2间架的一般形式。江南元构轩辕宫正殿2-4-2间架的尺度关系，与保圣寺大殿类似，表现为：BA-AAAA-AB的形式（B＞A），同样为两种橡长形式，所不同的是，只加大前后檐步橡长，而非加大前后间两架橡长，这一点与天宁寺大殿相同。

华林寺大殿是南方厅堂2-4-2间架形式的另一早期之例，其侧样间架尺度关系同于保圣寺大殿，进一步证实了南方厅堂2-4-2间架尺度关系的特色。华林寺大殿的间架尺度分析表明，其侧样间架尺度关系如下（以A、B分别代表两种橡长）：

BB-AAAA-BB：　二种橡长　（B＞A）

其间架尺度关系上，A、B两种橡长尺寸分别为：A＝6尺，B＝6.6尺，营造尺长28.9厘米[37]。

华林寺大殿侧样三间的间架尺度关系如下：

前进间BB：　6.6＋6.6＝13.2（尺）

中进间AAAA：6＋6＋6＋6＝24（尺）

后进间BB：　6.6＋6.6＝13.2（尺）

此28.9厘米的推定营造尺长，较通常唐宋尺略小，如若复原营造尺推定为29.5厘米，则A＝5.9尺，B＝6.5尺，间架尺度关系依然存在。

比较江南厅堂两种间架形式的尺度关系，3-3-2间架的加大中进间橡架尺度与2-4-2间架的加大前后间橡架尺度，是针对不同间架形式的尺度配置，皆出于空间调整的目的。江南宋元方三间厅堂构架，间架形式与尺度关系根据空间需要而灵活变化。

4.侧样与正样的间架关系

4-1 步架与步间

（1）关于"步"

方三间厅堂间架构成，在纵横两向上分作侧样间架与正样间架，二者是一个对应关联的整体存在。通过侧样间架与正样间架的对应关联性解析，得以进一步认识厅堂间架构成的整体特色，而这种认识，若仅局限于单一侧样或地盘的孤立分析，是无法达到的。

厅堂间架构成上，间、架要素的关系最为重要。而与间、架要素相关的诸概念中，步架与步间二者及其关系，尤值得重视，是分析侧样与正样间架关系的一个线索。

步是古代的长度计量单位。古时举足一次为跬，举足两次为

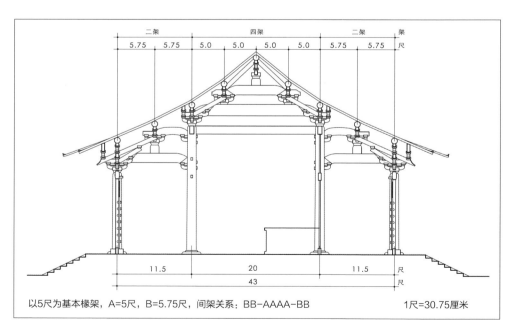

以5尺为基本橡架，A=5尺，B=5.75尺，间架关系：BB-AAAA-BB

1尺=30.75厘米

图4-32 保圣寺大殿间架尺度关系分析

[36] 关于保圣寺大殿尺度复原分析，参见张十庆.甪直保圣寺大殿复原探讨.文物，2005(11)

[37] 关于华林寺大殿营造尺分析，参见孙闯，刘畅，王雪莹.福州华林寺大殿大木结构实测数据解读//王贵祥.中国建筑史论汇刊.第3辑.北京:清华大学出版社，2010

步，也就是左右脚各举足一次，其跨距为长度单位"步"[38]。

步与尺之间又有相应的比率关系。秦汉以来以六尺为步[39]，唐以后行大小尺制，以旧来所用之尺为小尺，其1尺2寸为大尺，大小尺比率1.2∶1，大5尺与小6尺相当。大小尺功用不同，小尺用于"调钟律，测晷景，合汤药及冠冕之制则用之；内外官司悉用大者"[40]。唐以大尺为日常用尺，故将汉以来的六尺为步改为五尺为步，每步所含尺数减少，实际长度不变。自唐以后，皆以五尺为步。

唐宋一步约相当于现今的1.5米。因历代尺长略有变化，唐代小尺按24.5厘米，大尺按29.4厘米计，唐步约等于147厘米；宋尺略有增大，宋步约当152厘米。

早期步尺以其简略的度量方法为特色，后世又多将5至6尺的约略长度，以步称之，如建筑构架上的所谓"步架"和"步间"即是其例。

（2）步架尺度

古代建筑构架上，相邻两槫中心的平长称"步"，也称步架。宋《营造法式》称两槫间距为架或椽架，与步架相当。步架尺度是厅堂构架尺度构成的基本单位，从材料和等级的角度而言，步架尺度应具有相对稳定的取值限定。"步"的意义在于尺度，步架之称，表明了架的尺度与步尺相关，所谓步架，是以其尺度取值特色而得名的。以"步"指称架距，意味架距约略5至6尺，架距以5尺或6尺为基准。遗构现状及文献分析也表明了这一特色。

一般步架尺度，通常多为5至6尺，尤其是厅堂构架。《营造法式》规定厅堂椽架平长不过6尺，也说明5至6尺应是厅堂椽架的适宜尺度。殿阁椽架最大可加至7尺5寸。清式一步架为22斗口，按最常用的2.5寸斗口折算，则为5.5尺，与步相当。

由文献记载，北宋徽宗朝皇太后献殿椽长5.5尺[41]，南宋临安大内垂拱崇政殿椽架平长也只在5尺[42]，南宋永思陵主要建筑上宫殿门、攒宫献殿、攒宫龟头屋以及下宫殿门、殿门东西挟屋、前后殿、前后殿东西挟屋、神厨等诸构，除中心建筑攒宫龟头屋架深6尺外，余皆架深5尺[43]。更且江南宋元遗构保国寺大殿、保圣寺大殿以及天宁寺大殿的椽架复原尺度也都以5尺为基准（见后节）。因此，5至6尺椽架，应是厅堂构架尺度的一个近似常量的存在，并与步架之称相应对照。

（3）步间：补间之旧称

间架构成上，与步架相似的另一用语是"步间"。所谓相似，即二者都以"步"指称其尺度特色，前者以"步"示其"架"距，后者应以"步"示其"间"距。"步间"应是与间、架相关的重要概念。

"步间"一词首见于北宋皇陵营造记录，且根据记录文献分析，步间之意与《营造法式》补间相同。北宋皇陵营造记录中以"步间"与"柱头作事"作为相对应的概念，表达补间铺作与柱

头铺作的意义[44]；而宋《营造法式》中则明确指出步间为补间之旧称。《营造法式》大木作制度一·总铺作次序："凡于阑额上坐栌斗安铺作者，称之补间铺作（小字注：今俗谓之步间者非）。"据此可以推知，在《营造法式》之前，匠人习称补间铺作为步间铺作，至宋末李诫编纂《营造法式》，取步间之谐音，改称补间铺作。

补间之所以旧称步间，还是与其尺度相关，即以步尺为基准的尺度构成特色。因而所谓步间，意味着构架开间的细分单位，其尺度约略5至6尺；而步间铺作或补间铺作，则是位于开间的步间分位上的铺作。从补间铺作的角度而言，步间或补间尺度，即为补间铺作中距尺寸，也称朵当尺寸。

通过步间与补间关系所认识的补间尺度特点，对于分析间架尺度构成具有重要意义。

4-2.椽架与朵当的尺度关系

（1）厅堂间架构成要素

在前节关于步架尺度以及步间性质分析的基础上，进而讨论步架与步间也即椽架与朵当的尺度关系。

分解厅堂间架构成，间、架是两个基本的构成要素，其中尤以"架"为构成的基准。"架"作为"间"的细分单位，不仅对应于侧样"间"的构成，而且也制约着正样"间"的构成。基于厅堂厦两头转角构架的对称性，正样次间的设定同样是以椽架为基准的，而正样心间的构成，实际上亦与椽架间接相关（详见后文）。也就是说，"架"是厅堂间架整体构成的基准。

与椽架相关联的另一要素是补间或步间。如上节分析，补间是间距的概念，其意即朵当、朵距，指铺作中距（以下以朵当称补间或步间），位于补间分位上的斗栱称补间斗栱。朵当与椽架一样，都是"间"的细分单位。因此，椽架与朵当可分别作为构架侧样与正样的两向度量，如保国寺大殿构架，其侧样构成为三间八椽架，正样构成为三间七朵当，构成关系的表述形式如下：

侧样三间椽架构成：3＋3＋2＝8椽架（44尺）——以椽架为单位的侧样构成

正样三间朵当构成：2＋3＋2＝7朵当（39尺）——以朵当为单位的正样构成

厅堂间架构成上，椽架与朵当并非毫无关联的孤立存在，解析二者之间的对应关联，实质上也就是对厅堂构架侧样与正样的关联性的认识。而这种关联性，在江南方三间厅堂构架构成上，其表现尤具意味，从而形成江南方三间厅堂间架构成的特色。

（2）步架与步间的关联性

厅堂间架构成上，步架与步间，也即椽架与朵当的对应关联，其一表现在同作为开间的细分单位，二者性质相同；其二表现在二

---

[38] 《小尔雅·广度》："跬，一举足也，倍跬谓之步"。

[39] 《尔雅·释宫》疏引《白虎通》："人跬三尺，……再举足步。"《史记·索隐》："周秦汉而下，均以六尺为步。"《汉书·食货志上》说："理民之道，地着为本。故必建步立亩，正其经界。六尺为步，步百为亩，亩百为夫，夫三为屋，屋三为升，井方一里，是为九夫。"

[40] 《唐六典》卷三《金部郎中》："凡度以北方秬黍中者，一黍之广为分，十分为寸，十寸为尺，一尺二寸为大尺，十尺为丈。……凡积秬黍为度、量、权衡者，调钟律，测晷景，合汤药及冠冕之制则用之；内外官司悉用大者。"又，《唐律疏议》卷二六《杂律》"诸校斛斗秤度不平"条引《唐令·杂令》曰："度，以秬黍中者，一黍之广为分，十分为寸，十寸为尺，一尺二寸为大尺一尺，十尺为丈。"这里明确提到黍尺（即小尺）1尺2寸为大尺1尺。

[41] 《宋会要辑稿》："徽宗建中靖国元年正月十三日，皇太后崩于慈德殿，十三日太常寺言，大行皇太后山陵一行法物，欲依元丰二年慈圣皇太后故事，献殿一座共深55尺，殿身三间各六椽，五铺下昂作事，四转角，二厦头，步间修盖，平柱长二丈一尺八寸，副阶一十六间，各两椽，四铺下昂作事，四铺作，步间修盖，平柱长一丈。"献殿共深五十五尺，指殿身六椽加前后副阶四椽，共十椽，平均椽长5.5尺。

[42] 绍兴十二年，南宋宫室增建垂拱崇政殿，其修广仅如大郡之设厅。《宋史·舆服志》："其实垂拱崇政二殿，权更其号而已，殿为屋五间，十二架，修六丈，广八丈四尺。"以此计算，其进深6丈，12椽架，椽架平长5尺。

[43] 根据南宋周必大《思陵录》所记修奉司交割勘验公文内容。具体间架分析参见张十庆. 中日古代建筑大木技术的源流与变迁. 天津：天津大学出版社，2004：第三章第三节

[44] 《宋会要辑稿》第二十九册（礼三三）关于皇陵神门、献殿与亭的诸条相关记载中，凡"铺作事"者，并记皆"步间修盖"，唯"铺作柱头作事"，不记"步间修盖"，可证"步间修盖"与"铺作柱头作事"为相对应的概念，前者指设有补间铺作，后者指仅有柱头铺作。参见李容淮. 大木作补间与步间——从尺度构成角度的探讨. 华中建筑，2003（3）

者皆以步为基准的尺度特色。

关于椽架与朵当的尺度关系，如前节步架尺度的分析，厅堂椽架平长以5至6尺为基准；而称作步间的厅堂朵当，同样也是以步尺为特色，尺度一般也在5至6尺之间，《营造法式》相关内容中，也表露有这一信息。如《营造法式》铺作总秩序条中举例心间补间铺作两朵、次间一朵，其心间与次间尺度分别为15尺与10尺，朵当正为5尺，且以中等的三等材折算，5尺合100份，相较于慢栱长92份，可知5尺为朵当的下限；《营造法式》功限记小木作棋眼壁版长五尺[45]，故其铺作中距也就在五尺余，相当于一步之间距。再以《营造法式》间广上限与铺作匹配为例，补间铺作两朵，间广最大18尺；补间铺作一朵，间广最大12尺，朵当以6尺为上限。由以上分析可以推知，宋代步架与步间尺度，一般大多在5尺至6尺之间，尤其是厅堂做法。厅堂间架尺度构成上，椽架与朵当表现出相当的关联性。

（3）朵当与间架的尺度关系

随着江南厅堂构架补间铺作的发达，作为开间细分设置的朵当的重要性日显突出。朵当均分对应开间，是朵当设置的基本方法，进而朵当作为开间构成基准的性质不断强化。江南厅堂间架尺度构成上，朵当意义显著化的一个重要原因是，厅堂构架构成上对视觉匀称效果的追求，相比较而言，椽架与视觉关系较弱，而朵当则密切得多。朵当与间、架的对应关系由此逐渐加强，并促成厅堂侧样与正样间架构成的一体化特色。

厅堂间架构成上，椽架与朵当的对应关联具体表现在数量与尺度两方面，其内涵是：在间内椽架等距的情况下，同间椽架与朵当不仅数量相同，且尺寸相等，二者完全对应；在间内椽架不等的情况下，同间椽架与朵当数量相同，尺寸相关，朵当尺寸为对应开间之均分。椽架与朵当的这一关系在江南早期较为突出，至南宋元代以后逐渐发生变化，朵当的作用趋于显著。保国寺大殿作为江南厅堂早期遗构，其间架构成上，椽架与朵当的对应关联特色典型而突出。

保国寺大殿间架构成上，朵当与间架的尺度关系解析如下：

侧样构成：进深三间、八架椽，各间朵当数与椽架数相同，尺寸相关。

正样构成：面阔三间、七朵当，两梢间朵当与椽架的关系，数量及尺寸全同；面阔心间与进深中间对应相同。

根据保国寺大殿的尺度复原分析，大殿椽架、朵当、开间的尺度关系整理见表4-1。

由上表分析可见，大殿间架构成上，朵当与椽架关系密切。通过椽架与朵当的对应关系，建立起侧样与正样的关联性，从而形成统一的间架整体构成。比较侧样与正样间架构成，正样的七朵当构成，实际上完全等同于侧样八椽架构成中的后七椽架构成，朵当成为侧样与正样对应关联的中介。

基于厦两头造转角结构的对称性特征，大殿正样构成上，东西两次间朵当，直接对应于椽架；而当心间朵当，则是通过四内柱方间（19尺×19尺）的构成特征，建立起与侧样中进间椽架的间接对应关系。椽架因素不仅支配了侧样的尺度关系，同时通过与朵当的关联，也间接影响了正样的尺度关系。

厅堂间架构成上，基于椽架与朵当的对应关系所建立的侧样与正样的关联性，概括如下：

侧样：——开间——椽架

↑↓

正样：——开间——朵当

上述关于江南宋代厅堂构架的朵当与椽架关系可概括为：数量上的对应与尺度上的关联。在这一构成关系上，四内柱方间的构成，具有重要的意义，其确立了正样当心间与侧样中进间的对应关系。四内柱方间若为正方构成，相应地面阔当心间与进深中间相等；当然，面阔当心间尺度亦可根据需要作一调整，四内柱方间比例随之变化。

在江南厅堂构架演化进程上，椽架与朵当应有密切的内在关联。而保国寺大殿所表现的间架构成特色，也提示了江南方三间厅堂3-3-2间架上，一种共通的构成规律和设计方法的存在。保国寺大殿间架构成上椽架与朵当关联对应的技术特征，应是当时工匠间架设计意识的表现。

4-3. 间架尺度关系的演化

（1）进深与面阔的尺度关系：保国寺型

宋元江南方三间厅堂平面以接近方形为基本特征，其中有面阔等于进深的正方形平面，更有进深大于面阔的纵长方形，其源头至少可上溯至北宋保国寺大殿，下至元代传承沿用，且这一做法不见于北方乃至华南地区，应是江南宋元厅堂所特有的平面形式。

平面现象反映的是间架特征，平面形式是间架构成的投影。江南进深大于面阔的独特平面形式，与江南厅堂3-3-2间架形式直接相关。也就是说，进深大于面阔只是现象，其实质在于侧样间架与正样间架的尺度关系。江南现存三例3-3-2构架，即保国寺大殿、延福寺大殿、天宁寺大殿三殿，皆平面正方或进深大于面阔的形式。

表4-1 保国寺大殿椽架、朵当、开间的尺度关系　　　　　　　　　　　　　　　　　　　　　　　　　　　　　　　　（单位：尺）

		前进间			中进间			后进间		总量
进深 侧样	椽架	5	5	5	7	7	5	5	5	8椽架
	朵当	5	5	5	6.33	6.33	6.33	5	5	8朵当
	开间	15			19			10		44尺
		西次间		当心间			东次间			总量
面阔 正样	椽架	5	5	对应中进间三椽架			5	5		7椽架
	朵当	5	5	6.33	6.33	6.33	5	5		7朵当
	开间	10		19			10			39尺

参照前表4-1，比较保国寺大殿3-3-2间架的侧样与正样的构成关系，侧样三间八椽架44尺，正样三间七朵当39尺，基于大殿椽架与朵当的对应关系，故其正样七朵当构成，与侧样八椽架构成中的后七椽架构成完全相同。因此，大殿侧样大于正样一椽架5尺，反映

在平面形式上，也就是进深大于面阔5尺，而此平面5尺差值的意义在于一椽架。

由保国寺大殿间架分析可见，江南厅堂进深大于面阔的现象，在间架关系上是侧样椽架数大于正样朵当数的反映，在保国寺大

[45]《营造法式》卷二十一·小木作制度功限·棋眼壁版："棋眼壁版，一片，长五尺，广二尺六寸。"

上表现为侧样大于正样一椽架的形式。保国寺大殿这一间架构成特色，在现存宋式遗构中，还有类似之例，如日本禅寺佛殿广岛不动院金堂，可作为参照比较。

日本禅宗样建筑以南宋江南建筑为祖型，其佛殿间架形式为典型的江南宋式。广岛不动院金堂（1540），殿身面阔三间九朵当，进深四间十椽十朵当，铺作配置为宋式典型的补间铺作两朵。其平面形式也表现出进深大于面阔的独特现象。分析不动院金堂间架及朵当的构成，其朵当（4.2尺）已作为间架构成的基准，支配了正、侧样间架的构成形式。金堂间架、朵当的构成关系整理如下式：

侧样四间椽架构成：2＋3＋3＋2＝10椽架（42尺）——以椽架为单位的侧样构成

侧样四间朵当构成：2＋3＋3＋2＝10朵当（42尺）——以朵当为单位的侧样构成

正样三间朵当构成：3＋3＋3＝9朵当（37.8尺）——以朵当为单位的正样构成

如上式分析，不动院金堂殿身间架构成上，侧样四间十椽架、十朵当，合42尺；正样三间九朵当，合37.8尺。侧样大于正样一椽架或一朵当，合4.2尺。反映在平面形式上，也就是进深大于面阔4.2尺。

从不动院金堂间架构成上，我们看到了与保国寺大殿相同类似的间架构成方法。唯不动院金堂较保国寺大殿更进了一步，具体表现为两点，其一，间架构成上朵当的作用得到强化，其二，间架及朵当的构成趋于模数化。

保国寺大殿与不动院金堂不是两个孤立无关的现象，而是宋代

建筑技术背景下共同的技术表现。日本禅宗样建筑的间架构成方法，无疑源自于宋代的江南建筑。

（2）进深与面阔的尺度关系：保圣寺型

对于保国寺大殿的3-3-2间架形式而言，侧样大于正样是一种常态，那么宋构保圣寺大殿的2-4-2间架，其正侧样的间架尺度关系的决定性因素，则在于四内柱方间的两向间架尺度关系，具体而言也就是正样当心间与侧样中进间的对应尺度关系，而其正样东、西次间与侧样前、后进间分别对应相等，已成定式。

宋构保圣寺大殿，面阔12.95米，合42尺；进深13.2米，合43尺[46]，平面呈纵长方形，其实质也即侧样大于正样1尺。

分析拆解保圣寺大殿正侧样间架的构成关系，以朵当与椽架的形式表示如下：

侧样三间椽架构成：2＋4＋2＝8椽架（43尺）——以椽架为单位的侧样构成

侧样三间朵当构成：2＋3＋2＝7朵当（43尺）——以朵当为单位的侧样构成

正样三间朵当构成：2＋3＋2＝7朵当（42尺）——以朵当为单位的正样构成

由上式可见，在大殿正侧样的间架构成关系上，朵当已处于双向基准的地位。在侧样构成上，中进间以3朵当均分4椽架的形式，取得与正样当心间3朵当的对应关联，使得正侧样间架皆为7朵当构成。这是2-4-2型间架与3-3-2型间架在正侧样对应关系上的最主要的区别。

保圣大殿正侧样间架尺度关系见表4-2。

表4-2　保圣寺大殿椽架、朵当、开间的尺度关系　　　　　　　　　　　　　　　　　　　　　　　　（单位：尺）

		前进间		中进间				后进间		总量
进深侧样	椽架	5.75	5.75	5	5	5	5	5.75	5.75	8椽架
	朵当	5.75	5.75	6.66	6.66	6.66		5.75	5.75	7朵当
	开间	11.5		20				11.5		43尺
		西次间		当心间			东次间			总量
面阔正样	椽架	5.75	5.75	对应中进间四椽架			5.75	5.75		8椽架
	朵当	5.75	5.75	6.33	6.33	6.33	5.75	5.75		7朵当
	开间	11.5		19			11.5			42尺

保圣寺大殿正侧样间架尺度关系，决定于四内柱方间的尺度关系及其变化。其侧样中进间构成上，以3朵当均分4椽架20尺，朵当6.66尺；正样当心间构成上，以3朵当等分19尺，朵当6.33尺，从而侧样中进间朵当微大于正样当心间朵当0.33尺。大殿侧样与正样的间架尺度差别，唯在于四内柱方间的进深大于面阔1尺。保圣寺大殿间架尺度关系，表现了与保国寺大殿不同的特色，实际上也就是2-4-2间架与3-3-2间架的构架尺度关系的不同。

从佛殿平面形式比较来看，以保国寺大殿为代表的纵长方形平面，是一种异于传统的平面形式。保国寺大殿之后，江南方三间厅堂构成上，出现追求正方形平面的特色和倾向。元代遗构天宁寺大殿与延福寺大殿即其两例。

（3）元构间架的调整

江南厅堂正方形平面的出现，应是宋以后出于对完全正方形式追求的结果。元构天宁寺大殿、延福寺大殿为继保国寺大殿之后的3-3-2间架形式，然宋式的纵长方形平面已演变为元式的正方平面形式，其原因在于正侧样间架尺度关系的调整与变化。

元构间架尺度关系的变化，是基于对传统间架正侧样关系的修正与调整。具体而言，针对宋构保国寺大殿间架构成上，侧样大于正样一椽架的特点，元构间架采取将正样当心间补间铺作增为三朵的方法，形成正样三间八朵当与侧样三间八椽架相对应的构成形式，从而消除了宋式侧样大于正样一椽架的因素，并在对应椽架与朵当的尺度关系上进行协调，最终达到正样间架与侧样间架尺度相等的构成形式。

元构天宁寺大殿，面阔、进深相等，各12.72米，合42尺，平面正方形，其实质也即正样与侧样尺度相等。分析天宁寺大殿3-3-2间架构成形式，侧样三间八架椽，前进间与中进间补间铺作各两朵，后进间补间铺作一朵，三间朵当数与椽架数分别对应相等；正样三间八朵当，当心间补间铺作三朵，东西两次间补间铺作各一朵。面阔心间补间铺作三朵，是江南元构的典型特征，区别于宋构面阔心间补间铺作两朵的形式。

分析拆解天宁寺大殿正侧样间架构成关系，以朵当与椽架的形式表示如下：

（46）参见张十庆．甪直保圣寺大殿复原探讨．文物，2005（11）

侧样三间椽架构成：3＋3＋2＝8椽架（42尺）——以椽架为单位的侧样构成

侧样三间朵当构成：3＋3＋2＝8朵当（42尺）——以朵当为单位的侧样构成

正样三间朵当构成：2＋4＋2＝8朵当（42尺）——以朵当为单位的正样构成

天宁寺大殿通过修正调整正、侧样间架的构成关系，达到正、侧样构成上八朵当与八椽架的对应关联，较保国寺大殿正、侧样间架构成关系前进了一步。

进一步分析天宁寺大殿椽长变化及相应的间架尺度关系。天宁寺大殿椽架配置仍为两种椽长形式，同于保国寺大殿。唯有变化的是，天宁寺大殿不仅加大脊步两架椽长，同时还加大了前后檐步椽长[47]。比较保国与天宁两殿间架尺度关系如下：

保国寺大殿：AAA-BBA-AA：两种椽长（B＞A）——加大脊步两架椽长；

天宁寺大殿：BAA-BBA-AB：两种椽长（B＞A）——加大脊步两架椽长及前后檐步椽长。

根据天宁寺大殿尺度复原分析，其间架尺度关系上，A、B两种椽长尺寸分别推定为：A＝5.0尺，B＝5.5尺。天宁寺大殿正侧样间架、朵当尺度构成关系见表4-3(图4-33)。

分析天宁寺大殿正侧样的尺度关系，基于大殿厦两头造转角结构的对称性特点，大殿正样构成上，东西两次间本应为10.5尺，加上心间的20尺，总面阔41尺。但为了追求绝对正方的平面形式，将正样纵架厦头椽的上架椽长各加0.5尺，使得面阔达42尺，与进深相等。

根据上述分析，天宁寺大殿正、侧样间架构成关系，抽象表示如下：

侧样三间八椽架：BAA-BBA-AB

正样三间八朵当：BB-AAAA-BB

概括归纳以上分析，元构间架调整的思路与方法是：加大正当心间尺度，增加补间铺作一朵，以正样三间八朵当对应侧样三间八椽架，从而消除宋式间架侧样大于正样一椽架的尺度差，最终达到所追求的正侧样间架尺度相等的正方形平面形式。

元构延福寺大殿间架构成调整，与天宁寺大殿基本相同。另

表4-3 天宁寺大殿椽架、朵当、开间的尺度关系 　　　　　　　　　　　　　　　　　　　　　　　　　　（单位：尺）

		前进间			中进间			后进间		总量
进深侧样	椽架	5.5	5.0	5.0	5.5	5.5	5.0	5.0	5.5	8椽架
	朵当	5.5	5.0	5.0	三朵当等分(5.33)			5.0	5.5	8朵当
	开间	15.5			16			10.5		42尺
		西次间		当心间				东次间		总量
面阔正样	椽架	5.5	5.5	对应侧样四椽架				5.5	5.5	8椽架
	朵当	5.5	5.5	5.0	5.0	5.0	5.0	5.5	5.5	8朵当
	开间	11.0		20				11.0		42尺

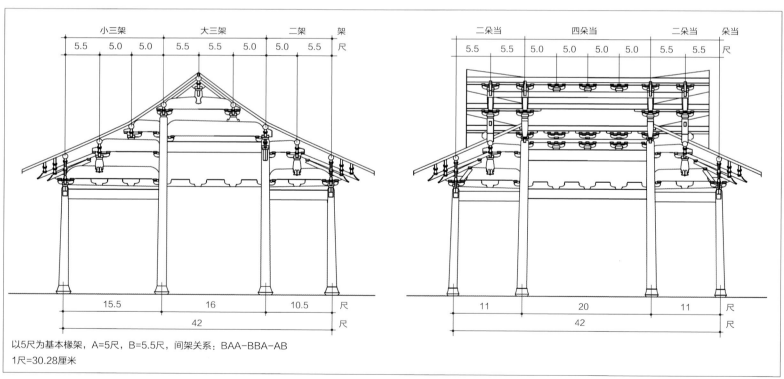

以5尺为基本椽架，A＝5尺，B＝5.5尺，间架关系：BAA-BBA-AB
1尺＝30.28厘米

图4-33 天宁寺大殿间架尺度关系分析

[47] 前后檐步椽架增大的做法，江南厅堂遗构中还见有苏州轩辕宫正殿、南通天宁寺金刚殿等例。

外，值得提及的是，源于宋元江南的日本禅宗样方三间佛殿，也表现出强烈的对正方形平面追求的特色。

从保国寺大殿到天宁寺大殿的分析，可以看到宋至元期间，江南厅堂间架构成的变化及其内在因素。江南方三间厅堂间架构成上，朵当与椽架关系之密切令人思索，在正、侧样间架互动过程中，四内柱方间所对应的面阔当心间与进深中进间的尺度关系最为重要，二者相互牵制影响，从而朵当间接地影响和制约着椽长。同样，宋代以后，元构间架尺度的变化及其内涵，也令人思考当心间尺度增大与补间铺作数增加之间的关系，或并非单纯的因果关系，更可能是间架互动的内在关联，其中面阔当心间尺度增大的需要，有可能是先行和主导的因素。

从江南宋元厅堂间架构成分析中，可感受到其纷繁尺度现象背后的关联性和秩序感。

5. 南北间架的比较

5-1. 三间八架与三间六架

（1）方形佛殿形式

前节分析了江南宋元方三间厅堂的间架构成形式，比较北地方三间佛殿，方形平面亦是一个显著的特色，且其间架构成的对应关系，较江南方三间厅堂简单，易于形成正方间架形式。

北地方三间佛殿侧样间架的一个基本形式是"六架椽屋、前后乳栿用四柱"，即"2-2-2"式，正样间架的基本形式为各间补间铺作一朵，三间六朵当的形式。在椽架与朵当的尺度相等时，侧样六椽架＝正样六朵当，由此形成进深与面阔相等的正方平面形式。而在朵当大于椽架时，即呈横方平面，反之为纵方平面。相比较而言，江南八架椽屋的厅堂间架构成，较北方间架丰富而变化，方形平面的间架对应关系也较北方复杂。

比较南北方三间佛殿，虽平面形式相近，尺度相仿，然南北之间的地域体系差异仍是分明和根本的，其中最显著的表现即间架形式。以间架线索深入分析比较南北构架形制，有助于进一步认识和把握江南宋代厅堂间架构成的特色及南北差异。

（2）南北用椽比较

南北方三间构架的间架特色，一言蔽之，即三间八架与三间六架的差异。侧样用八架椽与侧样用六架椽，是南北方三间构架最根本的差异所在。

三间八架是南方厅堂构架不变的法则，且与进深尺度无关，即使再小的进深尺度，侧样亦不离八架的规制，如尺度甚小的延福寺大殿。四、六架厅堂于南方不见。然北地三间构架，无论等级高下与尺度大小，只用六架椽或四架椽规制，迥异于南方的八架椽规制。

文献记载也表明北方间架构成的这一特色。北宋徽宗朝皇太后之献殿，"殿身三间各六椽"[48]，皇家也不违此三间六椽之制。且即使宋室南迁，间架仍沿用北地规制，如南宋永思陵上下宫主要建筑皆三间六椽，仍是典型的北地规制。

根据《营造法式》大木作制度规定，用椽数为建筑等级的标志之一，并与开间规模相匹配。然江南方三间厅堂用椽形式，远在《营造法式》规定之上。更有意味的是，根据《营造法式》大木作制度侧样，北式殿阁、厅堂用椽，从四架椽至十架椽不等，然其中

独无八架椽，而南式厅堂用椽则全为八架椽形式（详见后节）。《营造法式》大木作制度侧样这一用椽差异，从一个侧面反映了宋代南北两地实际用椽规制的特色。

（3）南北间架特色

比较南北间架形式，同样方三间构架，江南以八架椽屋为标准，北方则以六架椽屋为一般形式[49]。北方六架椽屋的间架配置，除少数六椽通栿外，主要有两式[50]：其一为"六架椽屋、四椽栿对乳栿用三柱"，间架配置形式为"4-2"，其实例如涞源阁院寺文殊殿（辽）、山西榆次县永寿寺雨花宫（1008）、山西晋城青莲寺大殿（1089）、山西高平开化寺大殿（北宋）等；其二为"六架椽屋、前后乳栿用四柱"，间架配置形式为"2-2-2"，其实例有少林初祖庵大殿（北宋）等[51]。试将南北二地方三间构架的常用间架形式归纳如下：

南方两式：面阔三间，进深八椽
① 八架椽屋、前后乳栿用四柱，"2-4-2"式
② 八架椽屋、前三椽栿对后乳栿用四柱，"3-3-2"式

北方两式：面阔三间，进深六椽
① 六架椽屋、四椽栿对乳栿用三柱，"4-2"式
② 六架椽屋、前后乳栿用四柱，"2-2-2"式

北方方三间构架用椽，只有四架椽屋与六架椽屋两种，且身内一般多只用两内柱。八架椽屋在北方只用于五间以上殿堂，这与江南方三间厅堂普遍采用八架椽、身内用四内柱的形式，成鲜明对照。

值得指出的是，南北用椽数的差异，与进深尺度并无直接的关系。比较南北方三间进深尺度，北方六架椽屋进深尺度多接近或大于南方八架椽屋的进深尺度，相应地，北方椽架平长也多大于南方椽架平长。也就是说六架与八架的取舍，并不以进深尺度为依据，进深尺度的大小，并非决定南北用椽数差异的直接原因。南北方三间构架的间架差异，在根本上表现和反映的是地域做法的特色。

总之，江南厅堂取小椽架、多椽数的形式，显著区别于北方殿堂大椽架、少椽数的形式。间架构成形式，典型地表现了南北方三间构架的地域特色。

5-2. 厅堂间缝内用梁柱

（1）厅堂侧样的地域特色

关于宋代南北厅堂构架形式，《营造法式》大木作制度图样中所收侧样，有自四架椽至十架椽的厅堂侧样18种。分析排比这18种侧样构架形制，梁栿样式的差异是显著的区别特征，即18种构架形制可大分自直梁造构架与月梁造构架两类，且直梁造构架配以踏头，月梁造构架配以丁头栱。进而在椽架规模上，月梁造构架皆八架椽屋，余者为直梁造的四架、六架和十架椽屋。由上述分析排比可以看出，《营造法式》厅堂侧样中，丁头栱、月梁造和八架椽屋这三要素是一个整体存在，而踏头、直梁造和四架椽、六架椽及十架椽屋，则是相对应的另一个整体存在。将《营造法式》厅堂侧样与南北现存遗构分析比较可见，上述两类厅堂构架形制，表现的是基于地域的体系特征。

简单而言，《营造法式》两类厅堂构架形制中，直梁造、用踏头的四架、六架与十架椽屋，属北式厅堂构架形制，月梁造、用丁头栱的八架椽屋，属南式厅堂构架形制，二者南北地域特色显著而分明。

---

[48]《宋会要辑稿》："徽宗建中靖国元年正月十三日，皇太后崩于慈德殿，十三日太常寺言，大行皇太后山陵一行法物，欲依元丰二年慈圣皇太后故事，献殿一座共深五十五尺，殿身三间各六椽，五铺下昂作事，四转角，二厦头，步间修盖，平柱长二丈一尺八寸，副阶一十六间，各两椽，四铺下昂作事，步间修盖，平柱长一丈。"

[49] 北地方三间构架，除六架椽屋外，还有四架椽屋的形式，其间架形式多数为四椽通栿，也见有"3-1"形式，如潞城原起寺大殿（宋）等。

[50] 北方六架椽屋的间架形式，还有少见的"5-1"形式，如汶水则天庙正殿（金）等。

[51] 北地方三间构架身内用四柱者较少，宋辽金方三间遗构中六架椽屋2-2-2间架者仅初祖庵大殿一例，且由于其后内柱后移半架，故非严格的2-2-2间架形式。其他如阳曲不二寺正殿（1195），为六架椽屋1-4-1间架形式。

143

以三间规模的构架作为比较对象，江南现存所有宋元方三间厅堂皆为月梁造八架椽屋，而北方三间规模的厅堂乃至简化殿堂，一律为直梁造构架，且为六架或四架椽屋，不取八架椽屋形式。因此可以认为《营造法式》厅堂侧样中所录"月梁造八架椽屋"的构架形式，应来自于宋代江南厅堂的地域做法。以南北典型的方三间厅堂构架为对照，江南的丁头栱月梁造八架椽屋形式，显著区别于北方的踏头直梁造六架椽屋形式。江南方三间八架椽屋具有显著的独立性与独特性。

保国寺大殿是宋代江南厅堂月梁造八架椽屋的典型，且其3-3-2间架形式尤具江南地域特色。然《营造法式》所录六种月梁造八架椽屋的南式厅堂侧样中，却独不见保国寺大殿的3-3-2间架形式。如何认识以保国寺大殿为代表的宋代江南厅堂构架形式及其与《营造法式》厅堂构架谱系的关系，可从厅堂间缝内用梁柱形式及变化的角度入手分析和比较。

（2）间缝内用梁柱形式比较

《营造法式》大木作制度图样，分录殿堂侧样4种与厅堂侧样18种，表示了殿堂与厅堂两种完全不同的侧样规制。其区别在于，殿堂侧样是根据地盘分槽及铺作形式而定，而厅堂侧样则是根据间缝内用梁柱形式而定。

厅堂构架形式的特色在于间缝内用梁柱的构成方法。所谓"间缝"指厅堂分间的柱缝，厅堂构架形式是按间缝上所用梁之椽数和柱数来区分的，也即随间缝上总椽数、用柱数及柱位的变化而异，且形式灵活，变化丰富。《营造法式》殿堂分槽侧样只列4种形式，而厅堂间缝内用梁柱侧样，则列有18种之多。

《营造法式》所录厅堂侧样18种中，北式厅堂间缝用梁柱形式有12种，南式厅堂间缝用梁柱形式有6种。以下按椽架规模，排列比较南北厅堂间缝用梁柱形式的特色。

① 北式厅堂分作十架椽屋、六架椽屋和四架椽屋这三个规模形式。

十架椽屋，间缝内用梁柱有五种形式；

六架椽屋，间缝内用梁柱有三种形式；

四架椽屋，间缝内用梁柱有四种形式。

北式厅堂间缝内用柱从二柱至六柱不等，用梁最大五椽，最小劄牵一椽。

② 南式厅堂唯八架椽屋一种规模。

八架椽屋，间缝内用梁柱有六种形式。

南式厅堂间缝内用柱从三柱至六柱不等，用梁最大六椽，最小劄牵一椽。

南式厅堂间缝内梁柱的六种椽架关系表示如下：

4-4	八架椽用三柱
6-2	八架椽用三柱
2-4-2	八架椽用四柱
3-2-3	八架椽用四柱
2-2-2-2	八架椽用五柱
1-2-2-2-1	八架椽用六柱

根据八架椽屋用梁柱形式及变化的分析，以上还少了一种用梁柱形式，而这一形式真实存在，且恰是以保国寺大殿为代表的宋元江南最具特色的厅堂构架形式，即：

3-3-2　　　　八架椽用四柱

也就是说，南方厅堂构架形式及其变化，应有上述七种间缝内用梁柱形式的可能。然实际上，南方厅堂构架，一般最普遍和适用

的还是用四柱的构架形式（心间间缝），而前后用四柱的构架形式有如下三种形式：

2-4-2	八架椽用四柱
3-3-2	八架椽用四柱
3-2-3	八架椽用四柱

这三种四柱厅堂构架形式中，"3-2-3"式，未见实例且空间使用不便，应非常用形式。而2-4-2与3-3-2二式，则是江南宋元厅堂普遍多见的形式。关于此二式的相互关系，前者对称的2-4-2构架，应是基本型，后者非对称的3-3-2构架，应属变化型构架，唯见于江南宋元厅堂。

八架椽用四柱是江南厅堂构架的基本形式，尤其对于江南方三间厅堂而言，以中心四内柱为核心的整体构架形式，更是不变的定式及其构架构成上最重要的特征。然《营造法式》南式厅堂侧样中又记有八架椽用三柱的"6-2"式（图4-34），这一间架形式，不仅与江南厅堂构架特征相悖，且实例中未见，应无实际存在的可能，其真实性值得怀疑。其原因在于六椽大跨月梁，不仅叠梁费料，且结构也不合理，盖其"梁首不以大小从，下高二十一分"[52]，也即无论梁高如何增大，其有效截面高不过一材一栔，难以承受六椽跨度荷载[53]。相比较而言，《营造法式》所录北式厅堂的"5-1"式，与江南厅堂的"6-2"式，在空间模式上相似，且其五椽直梁，结构相对合理，北方金构中也见其例，如文水则天圣母庙后殿（图4-35）。《营造法式》的南式厅堂"6-2"式，有可能是比照北式厅堂"5-1"式所拟作的翻版。

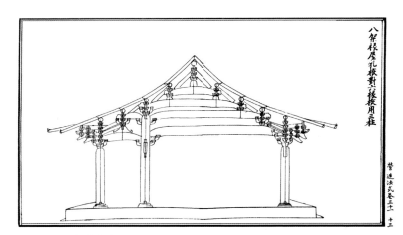

图4-34 《营造法式》6-2式厅堂侧样

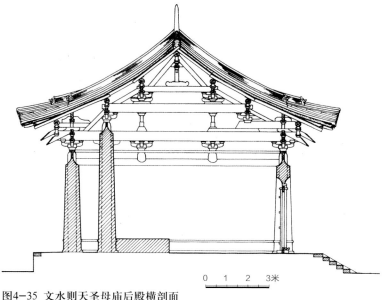

图4-35 文水则天圣母庙后殿横剖面

0　1　2　3米

[52]《营造法式》卷五·大木作制度二·造月梁之制。

[53] 至于《营造法式》卷三十·大木作制度图样上·举折屋舍分数第四图的八架椽屋，通檐用二柱，其八椽大梁于现实中就更不可能存在了。

八架椽屋分心用三柱的4-4式，应为门屋侧样，至于八架椽屋用五柱的2-2-2-2式，应与八架椽用四柱的2-4-2式相关，二者或为同一厅堂构架上不同间缝的侧样形式。厅堂构架于不同的间缝上可选用不同的构架形式，从而产生心间与边间缝用梁柱形式的变化。故前式有可能为边间构架形式，后式为心间构架形式[54]。

根据以上分析，保国寺大殿3-3-2构架形式的特点是，在八架椽屋规模下，拓展前廊空间的间缝用梁柱形式。《营造法式》的厅堂构架谱系，并未完全概括和表现江南构架形式，江南厅堂构架尤以3-3-2间架形式独特，最能表现江南厅堂做法的地域特色。

《营造法式》对地方样式的采用是有选择性的。保国寺大殿的3-3-2厅堂构架形式为《营造法式》排除在外，是十分有意味的现象。其原因何在？或如《营造法式》不收录北方宋金广泛使用的斜栱现象一样，江南流行的3-3-2构架，也因其非对称性的地域做法，而被《营造法式》舍弃。

另一有意味的现象是，《营造法式》所录厅堂侧样皆为内柱升高、梁尾入柱的做法，然实际上这种做法却于北方宋地现存遗构中一例未见，唯在江南厅堂以及辽、金遗构上可见。这为认识《营造法式》厅堂构架的性质和特点，提供了重要的线索。

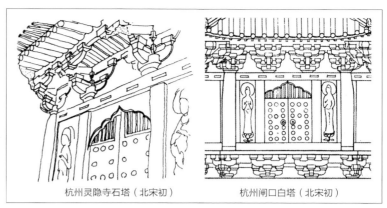

图4-36 江南北宋初补间铺作两朵做法

四、铺作配置与斗栱形制

1.厅堂铺作配置

1-1.铺作配置的变化

（1）补间铺作两朵

由唐至宋，建筑最显著的变化，莫过于斗栱的演变与发展，其中尤以铺作配置的变化最为突出，具体表现为补间铺作由一朵向两朵的演进。而补间铺作配置的这一变化，又与五代至北宋江南建筑技术的发展密切相关。

五代北宋期间是江南建筑技术兴盛发展的一个重要时期，江南厅堂建筑铺作制式的发展趋于成熟，无论是铺作配置，还是斗栱形制，都形成了江南厅堂铺作的基本特色。补间铺作两朵形式，成为江南宋代厅堂建筑的典型形象特征，而保国寺大殿则是木作遗构中补间铺作两朵之制成熟的最早之例[55]。根据现存遗构史料分析，补间铺作两朵做法，有相当的地域性特征。

补间铺作两朵做法，南方至少在五代即已成熟和盛行，且应源于江南吴越建筑。苏州云岩寺塔，杭州灵隐寺双塔、闸口白塔、灵峰探梅塔等都是其例(图4-36、图4-37)，木构遗存者则有北宋保国寺大殿(图4-38)和保圣寺大殿。江南心间始用补间铺作两朵之时，北方心间补间铺作一朵做法尚未普及。至北方宋、金时期，补间铺作两朵做法仍为个别，除北宋中期隆兴寺摩尼殿身（1052）及宋末少林寺初祖庵大殿外，极少有用补间铺作两朵的形式。甚至于北宋太清楼作为最高等级的皇家楼阁，也仍是无补间铺作形式，这与同时期的南方建筑成鲜明对比。北方补间铺作两朵做法的趋多，始自元代以后[56]。相比之下，江南补间铺作发达和成熟的时间和程度远过于北方。

补间铺作两朵的出现，是江南建筑发展的标志性因素。铺作配置的变化，不但改变了厅堂建筑的形象，更重要的是带来及伴随了诸多技术上的演变和发展，其中最重要的当属由铺作配置的演变所引发的整体构架构成方式的发展。自宋以来江南厅堂间架形制的成熟和演进，应与补间铺作的发展相关联，正如前节所分析，朵当与

图4-37 杭州灵峰探梅出土五代石塔第二层

图4-38 大殿补间铺作两朵做法(后檐心间)

椽架的对应关联，促使了间架整体构成方式的变化。其次，补间铺作的发达，对于厅堂构架的整体稳定性以及尺度比例关系的演进，都具重要的意义。

在斗栱发展历程上，江南补间铺作的发达，无疑是一重大进步，有研究认为："斗栱的功能自柱头铺作转移到补间铺作，这是开启宋代以后建筑发展的真正原因"[57]，这指出了江南自五代北宋以来补间铺作发展的独特意义。

[54] 福建华林寺大殿构架的心间侧样用四柱与次间侧样用五柱，即分别为2-4-2式与2-2-2-2式。

[55] 福建华林寺大殿，补间铺作两朵之制尚未成熟，仅用于前部敞廊处，只是一种装饰做法。

[56] 整个晋东南宋金遗构中，补间铺作两朵者似仅金构礼义龙岩寺大殿个别例。

[57] 汉宝德.斗栱的起源与发展.台北：境与象出版社，1982

（2）保国寺大殿的铺作配置

作为北宋初期遗构，保国寺大殿铺作配置形式，代表和反映了江南厅堂铺作形制的早期特色。保国寺大殿面阔三间，心间补间铺作两朵，东西次间各一朵；进深三间，前进间、中进间补间铺作各两朵，后进间补间铺作一朵。内檐心间亦施补间铺作两朵。

江南北宋时期，无论间架形式的变化，心间补间铺作两朵做法应是方三间厅堂不变的法则。2-4-2式间架的角直保圣寺大殿，其面阔、进深三间的铺作配置相同，皆为心间补间铺作两朵，两次间各一朵的形式。保国寺大殿与保圣寺大殿二殿侧样间架形式不同，进深三间的补间铺作的配置亦相应随之变化，但中进间补间铺作两朵的配置是明确和不变的。

南方与保国寺大殿时代相近的厅堂遗构还有福州华林寺大殿，然其补间铺作配置，较江南厅堂而言远未成熟。华林寺大殿面阔三间，进深四间，其补间铺作配置，为正面面阔心间两朵、次间一朵的形式，同于保国寺大殿，然其侧面及背面皆不设补间铺作，内檐亦仅后内柱开间施云形补间铺作一朵，其做法与保国寺大殿相差甚远。华林寺大殿的补间铺作配置，仅停留在正面视线所及部分的造型装饰，仍未形成完整的铺作整体构成及相应的结构作用。而保国寺大殿的补间铺作，在铺作整体形式及与构架的关系上都已相当成熟。

铺作配置与间架形式密切相关，保国寺大殿所代表的铺作配置形式，也影响和促进了北宋以来江南方三间厅堂间架比例关系的形成和发展。

1-2. 铺作与构架的关系

（1）整体拉结关系的加强

宋代江南厅堂铺作的发达，铺作配置的演进无疑是最醒目的形象特征，而铺作与构架交接关系的进步，对于厅堂构架而言，则具有更重要的意义，厅堂与殿阁做法的区别，在很大程度上即表现在铺作与构架的关系上。

北宋以来厅堂铺作与构架关系的发展，主要表现为两个方面，一是铺作整体构成关系的形成，二是铺作与构架交接关系的加强。

宋代厅堂补间铺作的发展，大大改进了原先柱头铺作孤立分离的状况，铺作分布及相应的构架受力状况趋于均匀，柱头铺作与补间铺作的拉结联系更加紧密，结构受力上的整体协同作用和能力得以提高和改善，厅堂构架拉结联系的特征，由补间铺作的发展而更加显著。

分析保国寺大殿补间铺作与柱头铺作的整体关系，主要是通过扶壁栱与外跳罗汉枋、撩檐枋以及里跳昂尾平槫等水平构件拉结联系而达到的。保国寺大殿的特点在于，外檐补间铺作里转连续五跳华栱取偷心做法，不做计心拉结联系，这种做法直至元代仍是如此。而北方金元以后，即多用罗汉枋拉结，加强铺作间的整体联系。以保国寺大殿为代表的南方厅堂补间铺作的整体稳定和受力平衡，是通过昂尾与下平槫的拉接而达到的，这是南方厅堂构架显著区别于北方殿阁的一个重要特点。

厅堂铺作与构架的交接关系，是厅堂构架特征的一个重要方面。其特点是厅堂铺作通过与梁架的拉结咬合，平衡铺作受力，并加强构架的整体稳定性。这一特色在早期厅堂上表现得尤为突出。后期由于铺作结构作用的逐渐淡化，铺作与构架的关系也随之减弱，然在江南厅堂建筑上，直至元明时期仍基本传承宋风做法。

关于早期厅堂铺作与构架关系，可以保国寺大殿的柱头铺作与补间铺作为例进行分析。

柱头铺作与梁栿的交接咬合，是厅堂铺作与构架关系的重要特色。保国寺大殿外檐柱头铺作构成上，乳栿梁头以足材形式伸入二

跳华栱上，出头作华头子，成为铺作的一个构成部分；华头子之上，更以双下昂里转上穿梁背，挑抵平槫，以昂的杠杆作用平衡檐步构架受力，铺作与梁架交织咬合的特色突出（图4-39）。而补间铺作与构架的交接关系，主要表现为昂尾与平槫的拉接，并为平衡檐步构架受力增加支点（（图4-40）。

比较北方宋金殿阁柱头铺作与梁架关系，其思路与方法迥异于厅堂做法，以层叠式为特征的殿阁构架，在铺作与梁栿交接关系上，梁头叠压于柱头铺作之上，与铺作本身无交接咬合，且压昂尾于梁下，铺作与梁架平槫呈分离状态（图4-41）。比较南北铺作构架关系，江南厅堂铺作与构架咬合拉结的特色更加分明显著。

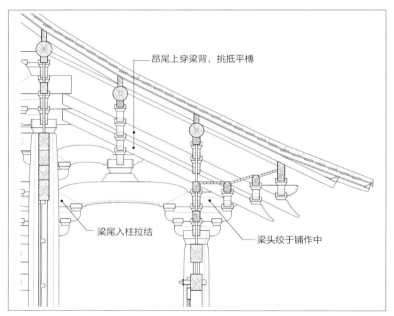

图4-39 大殿柱头铺作与梁栿交接关系

图4-40 大殿铺作与构架关系（西山铺作）

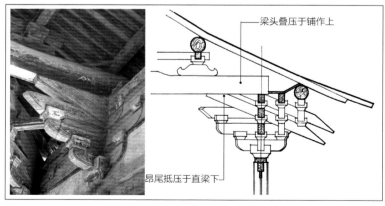

图4-41 北方殿堂铺作与梁栿交接关系（龙门寺大殿）

（2）厅堂做法的殿阁化倾向

铺作与构架的关系，是厅堂和殿阁构架差异的一个重要方面。具体而言，在柱梁交接关系上，铺作的角色和作用，厅堂与殿阁大不相同。前节已比较分析了外檐柱头铺作与梁栿外端交接的差异特色，进而分析内柱与梁栿的交接关系。厅堂内柱的特色在于随举势升高，柱头直抵梁栿平槫；而殿阁内柱与等柱或等高，或略高于檐柱若干材栔倍数，内外柱上以铺作层作为柱梁交接的中介。比较《营造法式》厅堂与殿阁侧样，厅堂铺作形式远较殿阁铺作简单，尤其是内檐铺作。厅堂内柱与梁栿的交接直接而简单，一般仅为柱上栌斗承梁头、平槫的形式，与殿阁内檐完整的铺作层做法大不相同。

然而，比较保国寺大殿及华林寺大殿等南方早期厅堂遗构，不仅外檐铺作等级高，形制繁复，且内檐铺作亦较发达，柱上以叠斗重栱的形式承接平槫，前后内柱柱头栌斗向内连续出跳华栱承三椽栿或四椽栿。其铺作虽不如殿阁铺作连续完整，然也不同于《营造法式》厅堂铺作的简单薄弱，在构架构成上仍有重要的结构作用。关于江南厅堂铺作这一现象的认识，其一，是江南厅堂地域特色的表现，反映了江南厅堂铺作高等级化的倾向；其二，是江南厅堂做法的部分殿阁化倾向。除铺作形式以外，保国寺大殿、华林寺大殿二构前廊处施平棊、藻井做法，应也是殿阁化的表现。

实际上，仅就内外柱与铺作交接的关系而言，厅堂做法的殿阁化与殿堂内檐铺作的简化之间，具有一定的相似之处或内在关联，南北厅堂与殿阁的演化进程中，在内外柱关系上似有部分相向而行的趋势。

分析保国寺大殿、华林寺大殿二构的部分殿阁化做法，在内外柱的铺作交接关系上，内柱以柱身丁头栱与外檐铺作华栱对位，仍保持着一定的材栔格线关系；而内柱高于檐柱若干材栔倍数的做法，则更与殿堂升高内柱、简化内檐铺作的做法相似相关，这在华林寺大殿表现得尤为显著[58]，而保国寺大殿的内外柱高差，并无明显著的材栔关系，显示出江南厅堂与华南厅堂的不同特色。

保国寺大殿、华林寺大殿所表现的殿阁化的铺作特征，与《营造法式》中殿阁和厅堂截然对立的现象大不相同，二构应表现的是南方早期厅堂做法的高等级规制的特色。同时，尽管存在着部分殿阁化的因素，但保国寺大殿整体构架的本质特征，仍在于其厅堂属性。

2．厅堂斗栱形制

2-1．《营造法式》厅堂斗栱的特点

所谓厅堂斗栱，是基于《营造法式》厅堂与殿阁分类所定义的相应斗栱形式、厅堂斗栱的特点，表现于与殿阁斗栱的比较中。

分析《营造法式》厅堂斗栱特点，可从斗栱形制、用材尺度以及与构架的关系这三方面入手。关于厅堂斗栱与构架的关系，前节已有讨论，以下分析比较厅堂斗栱形制及用材尺度的特点。

根据《营造法式》制度规定，厅堂斗栱相较于殿阁斗栱，等级低，形制简单。其简单者有不出跳的耙头绞项造和斗口跳；出一跳的四铺作斗栱，用于厅堂三至五间、四至十椽，是厅堂最普遍多用的斗栱形式。《营造法式》厅堂侧样十八图中，十七图用四铺作，仅一图用六铺作；而五铺作和六铺作则是较大厅堂或少数高等级厅堂所用[59]。相比较可见，厅堂斗栱形制等级远低于殿堂斗栱。

关于厅堂用材尺度，《营造法式》规定厅堂大三间用五等材，小者用六等材，也都低于殿阁用材等级。

斗栱构成的繁简程度是建筑等级的标志之一。《营造法式》关于厅堂斗栱的相关规定，正是着眼于大小繁简所表达和衍生的等级意义。相对于殿阁斗栱，厅堂斗栱形制倍受限制，其等级远在殿阁之下，从而表现厅堂斗栱和殿阁斗栱的等级差别意味。

《营造法式》厅堂侧样在斗栱形式上限定于四铺作，实际上是限制了厅堂斗栱的用昂。不用昂的四铺作厅堂斗栱，与最高至八铺作三重昂的殿阁斗栱，在造型上的差距是十分显著的。《营造法式》殿堂侧样无不用昂者，甚至四铺作副阶斗栱，也用插昂形式。《营造法式》将技术做法等级化，通过斗栱形式的规定，有意识地赋予并强化厅堂与殿堂的等级差距。等级秩序是《营造法式》定义厅堂与殿堂的最重要的内涵和目的。

2-2．保国寺大殿斗栱形制

相比较于《营造法式》厅堂斗栱规制，作为三开间厅堂的保国寺大殿，其斗栱等级甚高，远在《营造法式》规定之上，表现了江南宋代厅堂斗栱形制不同于《营造法式》厅堂规制的特色。

（1）整体形制

保国寺大殿三间八椽，斗栱形式为七铺作双抄双下昂，形制繁复，是现存实例中等级最高的铺作形式。大殿斗栱用七寸材，近于《营造法式》四等材，用材等级较高，相当于《营造法式》规定的殿三间、厅堂五间所用材等。

大殿斗栱类型，依布置位置分外檐斗栱、内檐斗栱及平棊藻井斗栱三种。内檐斗栱较为简单，内柱柱头铺作向内出二跳华栱承三椽栿和平梁，内檐补间铺作除前内柱缝上局部出丁字栱外，余作不出跳的扶壁栱形式；梁间以斗栱交叠相承，平棊藻井斗栱则用五铺作形式。外檐斗栱形制等级最高，是大殿铺作的重点。

大殿外檐铺作总高，正心缝上为七足材和7宋尺，实测220.5厘米。铺作立面高度（栌斗底至撩檐枋上皮）约5.5尺，实测167厘米，与檐柱高14尺相较，约近40%，铺作在整体高度中所占比例甚大，表现了斗栱的早期特色。

大殿斗栱整体形制上的一个独特现象，对称中轴的东西两侧做法相异，主要表现在两侧补间铺作里转华栱形式，西侧为里转出五抄做法，东侧为里转出四抄加大蝉楔做法(图4-42)。具体包括东西两山补间、后檐东西补间以及后檐转角铺作里转做法。也就是说，大殿斗栱整体上以中心轴线为界，东西两侧斗栱的里转做法略有不同。关于这一现象背后的原因，推测有可能是由于两组工匠合力营造施工的结果，

西山补间铺作里转出五抄　　　　东山补间铺作里转出四抄

图4-42 大殿东西两山铺作里转出抄的变化

---

[58] 华林寺大殿内柱较檐柱高出五个足材，此或是福建厅堂的特色。

[59] 《营造法式》卷三十一·大木作制度图样下·厅堂等（自十架椽至四架椽）间缝内用梁柱第十五。又，卷十三·瓦作制度·用兽头等："厅堂三间至五间以上，如五铺作造厦两头者，亦用此制。……或厅堂五间至三间，斗口跳及四铺作造两厦头者，套兽径六寸，……"由此可知，《营造法式》较大的厅堂才用五铺作，而六铺作仅见于厅堂侧样"八架椽屋乳栿对六椽栿用三柱"，属少用的高等级厅堂斗栱。

而后世修缮改易的可能性较小。这种营建施工方法，流行于清代南方民间，华南称之为"对场作"，浙江称之为"劈作"，其带有对场竞筑或赶工的意味[60]。若仅从现象上看，保国寺大殿或有可能类似于早期劈作的形式。

关于大殿斗栱形制的具体细节，详见上篇勘测分析内容。以下分别讨论外檐与内檐斗栱形制的主要特色。

（2）外檐斗栱

大殿外檐斗栱计三十朵，分作柱头、补间及转角三种，总体上统一为七铺作厅堂斗栱形式。所有外檐斗栱，其外跳形式皆同，为七铺作双抄双下昂形式，而里转形式则有所不同。其差异有两种情况，一是前后檐的差异，一是东西山的差异。前者因3-3-2不对称间架以及前廊平棊藻井之设而起，后者则源于匠作营造之差异。

① 柱头铺作

大殿外檐柱头斗栱，外跳七铺作单栱造双抄双下昂，首跳偷心，余三跳皆单栱计心，第四跳抄头施令栱承撩檐枋，令栱处相交出耍头（图4-43）。里转出双抄承乳栿，栿上出昂身长两架，抵内柱柱身或柱头铺作。大殿两山及后檐三面柱头斗栱皆为此式，唯前檐柱头斗栱因前进间平棊藻井的关系而有变化，原里转出双抄承乳栿的形式改作出单抄承三椽栿，梁位高度下降一足材，为上部的平棊藻井留出空间。而两下昂穿过檐槫下方柱伸入平棊，下道昂过正心缝止，上道昂尾挑承下平槫，自槫安蜀柱以插昂尾，与《营造法式》规定的做法相同[61]，其长两架昂尾插于中平槫下的草柱上（图4-44），平棊以上的斗栱用草作做法（图4-45）。

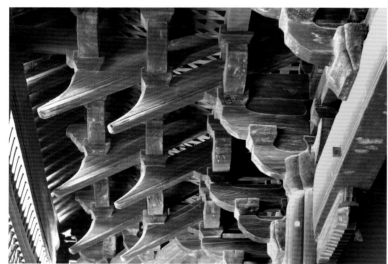

图4-43 大殿前檐柱头铺作外跳

东西两山前柱的柱头斗栱，里转于45度缝上加出虾须栱三跳，以承前廊平棊藻井的绞角算程枋。

② 补间铺作

大殿补间斗栱外跳皆同柱头斗栱，唯里转部分依位置而有所不同。前檐补间斗栱里转六铺作出三抄，首跳偷心，二、三跳单栱计心分承罗汉枋与算程枋，下道昂过扶壁栱蜀柱止，上道昂尾挑至下平槫，隐于平棊之上，其构造同柱头铺作，亦自槫安蜀柱以插昂尾（图4-46、图4-47）。两山及后檐彻上露明，西侧补间里转出偷心五抄两昂，第五跳抄头施鞾楔抵下道昂尾，上道昂尾至下平槫，挑一材两栔；东侧补间里转出偷心四抄两昂，四抄头上施大鞾楔与西山取平高度（图4-48）。补间铺作构造的特点在于以下昂外承撩檐枋，里挑下平槫，达到檐步受力的平衡。

保国寺大殿里转连跳偷心华栱的形式，是由于大殿七铺作斗栱的形式决定了铺作里转的跳高，需以五抄两昂的形式挑抵下平槫分位。这种五抄两昂承挑平槫的结构手法，现存遗构中不见它例，唯华林寺大殿山面斗栱里转出五抄偷心华栱做法，与之类似可比（图4-49）。

厅堂与殿堂铺作里转出跳形式是不相同的。《营造法式》规定殿堂外檐补间，"若七铺作里跳用六铺作"[62]。保国寺大殿补间铺作里转出七跳形式，为相应于厅堂彻上明造的做法。然相应于里转七跳的形式，由于架深的限制，故里跳华栱以偷心减长的形式，减少跳距，以吻合5尺架深。

按《营造法式》规定："若铺作多者，里跳减长二分。七铺作以上，即第二里外跳各减四分。六铺作以下不减。若八铺作下两跳偷心，则减第三跳，令上下两跳交互斗畔相对"[63]。比较保国寺大殿里跳做法，全偷心减长，跳距小者不足13份，平均约18份，其所减栱长远在《营造法式》规定值之上，因此上下两跳交互斗的位置关系，亦超斗畔相对，而成斗畔相错的关系。

③ 转角铺作

大殿转角斗栱，前檐与后檐因间架变化及平棊藻井原因而有所不同。前檐转角斗栱，外跳两向正出同柱头铺作，另出角华栱与角昂一缝，其上施由昂一道。角缝第二、三、四跳抄头设正出十字栱，逐跳成瓜子栱及令栱与小栱头相列的形式（图4-50）。转角里转出角华栱三跳，其上三道角昂皆位于平棊之上，为草作形式。三道角昂中的由昂与下道昂过角柱心缝止，上道昂尾抵下平槫。两向正身昂尾贴附于角昂两侧。后檐转角斗栱的里转部分彻上明造，做法不同于前檐转角，且东西两侧有别。其西角铺作里跳出偷心角华栱五抄，东角铺作里跳出偷心角华栱四抄，其上角昂两道，昂长两

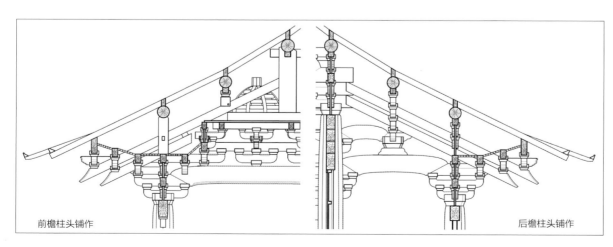

前檐柱头铺作　　　　　后檐柱头铺作

图4-44 大殿前后檐柱头铺作比较

[60] 李乾朗. 对场营造. 古建园林技术，2011，(3)

[61] 《营造法式》卷四·大木作制度一·飞昂："如用平棊，自槫安蜀柱以插昂尾。"

[62] 《营造法式》卷十七·大木作功限一·殿阁外檐补间铺作用栱、斗等数。

[63] 《营造法式》卷四·大木作制度一·栱，规定若铺作出跳数多，里跳减长，"令上下两跳交互斗畔相对"。

图4-45 大殿前檐柱头铺作平棊上部昂尾草架构造

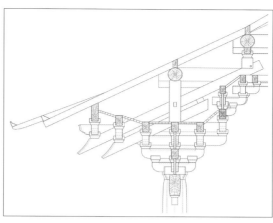

图4-46 大殿前檐西次间补间铺作

图4-47 大殿前檐补间草架昂尾构造做法——自槫安蜀柱以插昂尾

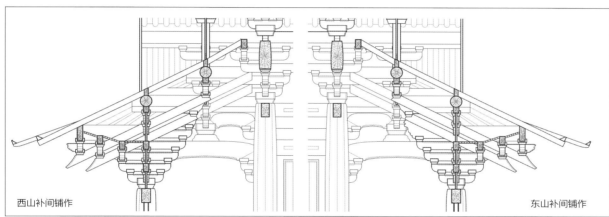

西山补间铺作　　　　　　　　　　　　东山补间铺作

图4-48 大殿东西两山补间铺作比较

图4-49 华林寺大殿山面柱头铺作里转形式

图4-50 大殿
西南转角铺
作仰视

架，至后内柱上中平榑缝止，由昂止于角柱正心缝。

外檐斗栱用材，柱头铺作华栱用足材，补间铺作华栱用单材，顺身栱枋皆为单材。以足材和单材的形式，区分不同栱的受力作用。

（3）内檐斗栱

保国寺大殿内檐斗栱，指大殿内柱斗栱和梁上斗栱。相对于外檐斗栱处于同一铺作层面的特点，内檐斗栱则基于厅堂构架的特性，其位置随柱高而变化，由此形成厅堂内檐斗栱的变化及空间特色。

① 柱头斗栱

基于侧样3-3-2间架的非对称形式，大殿前内柱较后内柱高一架，相应地前后内柱斗栱形式有所不同，其差异主要表现为柱头相同，补间相异。

大殿内檐柱头斗栱形式，前后内柱皆为五铺作卷头造，分别向内出双抄承平梁及三椽栿，而外转二跳华栱则简化作方头形式。前内柱方头，隐于平棊草架中；后内柱方头，与后檐柱头铺作昂尾相抵（图4-51、图4-52）。内檐柱头铺作形式较外檐简洁、适当，且与构架交接处理上灵活而有机。

② 补间斗栱

保国寺大殿内檐斗栱的特色，突出地表现在补间铺作构成上。基于大殿间架形式而产生的前后内柱的高低变化，前内柱扶壁栱成为内檐斗栱的重点所在。其独特而丰富的构成形式，成为大殿斗栱形式的一个显著特色。

内檐补间斗栱在构成上，前内柱补间以南出丁字栱的形式，保证北面不出跳的扶壁栱形象，即外跳出三抄，首跳偷心，第二、三跳计心承罗汉枋与算桯枋，而里转为不出跳的扶壁栱形式。

前后内柱扶壁栱皆补间铺作两朵形式。由于前内柱高于后内柱，相应地前内柱扶壁栱的形式远较后内柱扶壁栱丰富。前内柱扶壁栱作为佛像迎面照壁，是殿内装饰的一个重点。如果说前廊礼佛空间是以平棊藻井装饰为特色，那么由四内柱方间所限定的佛域空间，则是以前内柱高大的扶壁栱照壁为装饰重点，其构成丰富，高大庄严，塑造了佛域空间的形象和氛围。相比之下，佛像背面的后内柱扶壁栱则相对简单。

此外，梁间交叠斗栱也是大殿内檐铺作的一个形式，其一为三椽栿上承平梁的十字栱，一为乳栿上所施襻间四重栱，皆为相应于江南厅堂彻上明造的内檐斗栱形式（图4-53）。

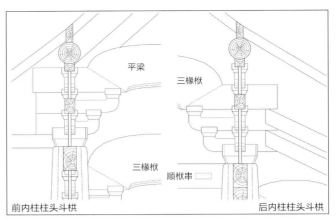

图4-51 大殿前后内柱柱头斗栱侧样

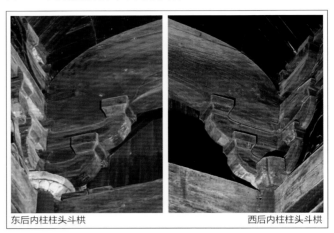

东后内柱柱头斗栱　　西后内柱柱头斗栱

图4-52 大殿后内柱柱头斗栱

三椽栿上承平梁十字栱　　乳栿上襻间四重栱

图4-53 大殿内檐梁间交叠斗栱

（4）扶壁栱形式

① 外檐扶壁栱

柱列正心位置上所用栱称扶壁栱[64]。保国寺大殿外檐扶壁栱做法，根据所在位置有两种形式。前檐因前廊平棊藻井之设，平棊之上，扶壁栱为草架蜀柱形式；东西两山及后檐，相应于殿内彻上露明，扶壁栱由栌斗口内上至檐槫底。故前檐与两山及后檐的扶壁栱，在高度上构成不同。前檐扶壁栱形式为"单栱素枋＋单栱素枋＋蜀柱"形式，两山及后檐扶壁栱形式为"单栱素枋＋单栱素枋＋重栱素枋"形式。前者扶壁栱平棊以上的草架蜀柱做法，是对后者扶壁栱构成上的重栱部分的简化。

大殿外檐斗栱外跳因设有遮椽板，而殿内彻上明造，故完整的外檐扶壁栱形象唯见于内侧一面（图4-54、图4-55），此为江南早期厅堂的一个重要特色，有别于北方殿阁做法。

[64]《营造法式》卷四·大木作制度一·总铺作次序："凡铺作当柱头壁栱，谓之影栱，又谓之扶壁栱。"

② 内檐扶壁栱

内檐扶壁栱分作前内柱扶壁栱和后内柱扶壁两部分，其中又以前内柱扶壁栱为重点。

前内柱扶壁栱，尺度高大，变化丰富，是殿内装饰的一个重点（图4-56）。在构成关系上，前内柱扶壁栱形式与外檐扶壁栱及大殿构架对位呼应，构成关系明晰而有序。

前内柱扶壁栱构成上，以三重内额作为柱间的分段拉结联系。最下层内额与外檐上楣对位齐平，上施补间铺作两朵，南向出丁字栱三抄，里转不出跳，成整面扶壁栱照壁形式（图4-57、图4-58）。

扶壁栱照壁的整体构成设计，颇具匠心。其整体高度，即最下层内额至柱头上平槫之间，高5024毫米，高宽之比几为正方形。在高度上共由三重内额及上平槫横向拉结，并将整面扶壁栱的构成分作三个层段，其构成单元的组合叠加关系如下（图4-59）：

下段：位于下内额与中内额之间
构成形式为：单栱素枋＋单栱素枋＋重栱
中段：位于中内额与上内额之间

图4-54 大殿外檐扶壁栱形象(东山中间)

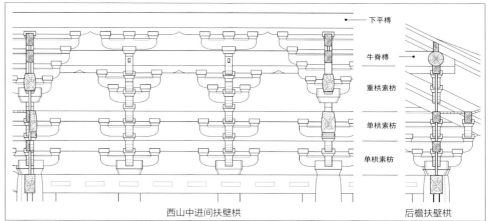

图4-55 大殿外檐扶壁栱形制分析

图4-56 大殿前内柱扶壁栱装饰形象

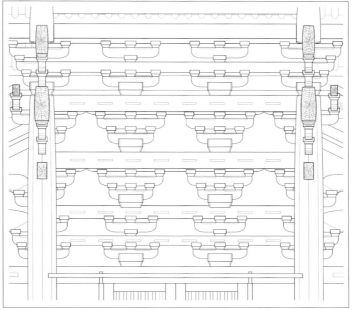

图4-57 大殿前内柱扶壁栱整体立面

图4-58 大殿前内柱扶壁栱整体形象

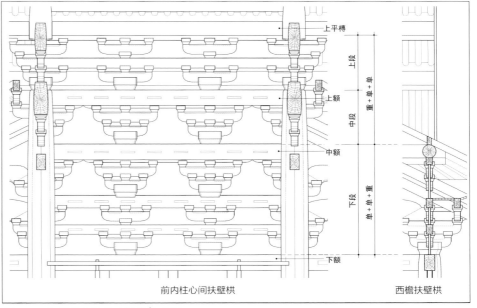

图4-59 大殿前内柱扶壁栱构成分析

151

构成形式为：重栱

上段：位于上内额与上平槫之间

构成形式为：单栱素枋+单栱替木

内柱扶壁栱的构成，是大殿间架整体构成的一个有机部分，与外檐扶壁栱及内柱间架有着严密的对位关联。分析比较前内柱扶壁栱的构成形式，实际上可归纳为单栱与重栱这两个要素的组合叠加。下面以抽象的形式概括和表示外檐与内檐扶壁栱的构成，以解析其间的对应关联，以"单"表示单栱素枋形式，以"重"表示重栱形式，排列顺序由下至上。

外檐扶壁栱构成：单+单+重

内柱扶壁栱构成：单+单+重+重+单+单

由分析比较可见，内外檐扶壁栱在起始高度上，通过前内柱下额与檐柱上栌的对位取平，取得相同的位置高度。实际上前内柱的下额，就是檐柱重栌的上栌，原初前内柱分位上应同檐柱一样，也是重栌形式，形成由重栌围合的后五椽架殿内闭合空间，只是因前廊礼佛视线关系，而省去了下栌。

进而比较内外檐的扶壁栱构成，二者之间不仅在起始位置高度上对应平齐，且构成形式亦相同一致。其特色表现在两个方面：其一，外檐扶壁栱的构成与前内柱扶壁栱三段构成中的下段完全对应相同，皆为"单+单+重"的形式；其二，若以外檐扶壁栱的"单+单+重"为一构成单元的话，那么前内柱扶壁栱的构成，则为外檐扶壁栱的二段镜像叠合，即"单+单+重"与"重+单+单"的二段叠合。

前内柱扶壁栱在构成上，以单栱和重栱要素组合的同时，又以内额、替木及大斗的尺寸变化，以及大斗底咬入下枋的形式，调节高度上的细微尺寸，以对应协调与大殿整体构架的尺度关系。

位于佛像背后的后内柱扶壁栱形式，则相对较为简单，内额至中平槫间的扶壁栱构成为"重栱素枋+单栱替木"的形式(图4-60)。

扶壁栱的构成，是大殿设计匠心的一个重要表现。

2-3.厅堂斗栱形制的比较

（1）斗栱形制演变的意义

在中国古代建筑诸要素中，斗栱是反映建筑特征的重要标志，由斗栱变化所反映的时代演化和地域差异，最为显著。梁思成先生说："斗栱演变的沿革，差不多就可以说是中国建筑结构演变史。在看多的人，差不多只须一看斗栱，对一座建筑的年代便有了七、八分的把

握"[65]，林徽因先生亦指出："在中国建筑演变中，斗栱的变化极为显著，竟能大部分地代表各时期建筑技艺的程度及趋向"[66]。两位先生都强调的是斗栱反映的时代特征，实际上由斗栱表现的地域特征亦十分显著。在建筑样式的演化上，时代特征与地域特征是互为关联而不可分的。由地域差异所形成的时代特征演化的不同步，在中国建筑史上是一显著的现象，尤以斗栱形制表现突出。

保国寺大殿所代表的江南早期厅堂斗栱形制，自宋至元乃至明初，表现为一个相对稳定的演进发展过程，并形成与北方相应时期建筑不同的地域特色。以下以保国寺大殿为坐标和参照，分析比较由宋至元江南厅堂斗栱的形制与特点。

（2）厅堂斗栱的构成形式

① 厅堂斗栱的等级性

相较于《营造法式》的厅堂斗栱，南方宋元厅堂斗栱明显形制等级较高，方三间厅堂多见有七铺作和六铺作形式。依《营造法式》所记，殿阁铺作最高形式为八铺作，而实例中所见八铺作极少，一般最高为七铺作[67]，即铺作出四跳的形式。南方现存宋代三间规模的厅堂遗构如保国寺大殿和华林寺大殿、元妙观三清殿，皆为七铺作形式；浙江景宁时思寺大殿亦用七铺作形式[68]，都远在《营造法式》厅堂规制的四至五铺作之上，显示了南方三间规模厅堂斗栱等级特色的一个侧面。

比较北方三间规模的宋金遗构，绝大多数为四铺作和五铺作形式，如北宋初祖庵大殿的五铺作形式，与江南北宋保圣寺大殿铺作数相同，然与保国寺大殿仍相差甚远。方三间七铺作佛殿，北方唯平遥镇国寺万佛殿（北汉）及高平崇明寺中佛殿（北宋）能与保国寺大殿相比拟[69]。

② 关于六铺作斗栱

相较于七铺作的高等级斗栱形式，六铺作应是宋元时期江南方三间厅堂斗栱更多用的形式。现存江南元构天宁与延福二殿斗栱，皆为六铺作形式(图4-61)。此外，以江南宋元建筑为祖型的日本禅宗样方三间佛殿，其斗栱定型为六铺作这一现象(图4-62)，应也是对江南厅堂斗栱形式的真实反映。

六铺作斗栱在出跳抄昂上有两种形式，即"一抄两昂"和"两抄一昂"的组合变化。从遗构实例分析来看，这两种形式似也反映有一定的地域性特征，即江南更多地取"单抄双下昂"这一较具装

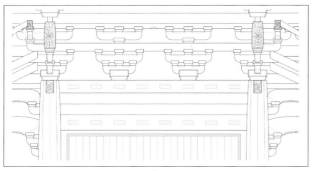

图4-60 大殿后内柱扶壁栱立面

图4-61 天宁寺大殿
六铺作斗栱

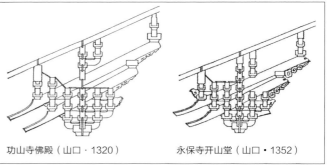

功山寺佛殿（山口·1320）　　永保寺开山堂（山口·1352）

图4-62 日本禅宗样六铺作斗栱

（65）梁思成.由天宁寺谈到建筑年代鉴别问题.中国营造学社汇刊，1932，3（4）

（66）林徽因.清式营造则例·绪论//梁思成全集：第六卷.北京：中国建筑工业出版社，2001

（67）大木遗构中八铺作唯见于颜文姜祠正殿（金）一例。

（68）浙江景宁时思寺大殿，实物年代或稍晚后，但样式年代应在宋元间，古制尚存。其铺作形式，若按出跳数计，应为七铺作，若按构件层叠数计，应为八铺作。

（69）七铺作双抄双昂，北方三间以上规模佛殿见有多例：佛光寺大殿（唐）、奉国寺大殿（辽）、独乐寺观音阁（辽）、应县木塔（辽）、平遥文庙大殿（金）及崇福寺弥陀殿（金）等。

饰性的铺作形式，而北方似多用"双抄单下昂"这一较简形式。分别源于中国北方和南方的日本和样与禅宗样的铺作形式，也间接地反映了上述两种斗栱抄昂形式的地域特征。即以北方唐代建筑为祖型的日本和样斗栱，以六铺作双抄单下昂为定式，而以江南宋元建筑为祖型的日本禅宗样斗栱，则以六铺作单抄双下昂为定式。由此推知唐代北方斗栱应多为双抄单昂的形式，宋元江南斗栱则多为单抄双昂的形式，而这两种抄昂形式的风格特色和装饰效果是颇不相同的。南方较北方在斗栱运用上更注重昂所表现的装饰性。

比较南北六铺作斗栱的构成，南方现存六铺作实例，皆为单抄双下昂形式，如元构天宁寺、延福寺二殿。南宋五山十刹图所记径山寺法堂副阶斗栱，也为六铺作单栱造偷心单抄双下昂的形式。

相较于南方，北方三间规模的众多宋辽金遗构中，斗栱绝大多数为四铺作和五铺作，六铺作的极少，除敦煌窟檐两例外[70]，其他另有三例，然皆为五间规模，即山西绛县太阴寺大殿（1180）、太原晋祠圣母殿上檐（北宋）及大同善化寺三圣殿（金）。其中敦煌窟檐两例六铺作为不用昂的三抄形式，善化寺三圣殿六铺作为单抄双插昂形式，只是装饰性下昂[71]；而晋祠圣母殿、太阴寺大殿两例的六铺作为双抄单下昂形式，与江南厅堂六铺作的单抄双下昂对照，显示了南北六铺作不同的倾向和特色[72]。在昂的造型追求上，北方更多地采用五铺作单抄单昂出昂状要头这一构造简单的做法，造型上类似于六铺作的单抄双昂形式。

再比较《营造法式》铺作形式。关于扶壁栱做法，论及六铺作两种抄昂形式"一抄两昂或两抄一昂"[73]。分析两种抄昂形式对应的扶壁栱做法的地域性，相对而言，"一抄两昂"对应的扶壁栱做法倾向于南方特色，即两令栱两素枋的形式；而"两抄一昂"对应的扶壁栱做法倾向于北方特色，即泥道重栱加素枋的形式（详见下节分析）。因此，相应扶壁栱做法的倾向性，也间接反映了六铺作斗栱抄昂变化的地域特色。

《营造法式》对厅堂铺作等级进行限制，18种厅堂侧样图中除一例外，皆为四铺作。其意味不仅是令厅堂斗栱等级低，形制简单，而且限制了昂的使用，四铺作只用单抄形式。而唯一例外者，则是月梁造八架椽的南式厅堂，其斗栱六铺作，且为单抄双昂形式，这一线索也从另一个侧面表明了六铺作单抄双昂的南方地域性倾向。

（3）扶壁栱形式的比较

① 扶壁栱形式的分类

扶壁栱构成形式的特征，即表现为斗栱正心缝上栱枋组合的规律。关于宋金时期扶壁栱构成的认识，主要依据有《营造法式》、现存遗构及相关形象史料。

通过分析《营造法式》及现存遗构的扶壁栱做法，探寻其栱枋组合的规律，纷繁的扶壁栱构成形式可归纳分作两类：其一是栱上层叠素枋，其二是栱枋多段交叠，分称A、B两型。A、B两型之下，又有不同的变化，由此概括纷繁复杂的扶壁栱构成现象。

《营造法式》关于扶壁栱的相关内容，虽未包括实例中扶壁栱的所有形式，但扶壁栱形式的A、B两大分型，还是相当明确的。具体而言，《营造法式》是以相应斗栱的计心和偷心的差别，区分A、B两型扶壁栱形式。即：铺作计心造，相应扶壁栱形式为泥道栱上层叠素枋，此为A型扶壁栱。其下再根据铺作重栱和单栱之别，分作两

种次型的变化，其对应的扶壁栱形式分别为泥道单栱上施素枋与泥道重栱上施素枋[74]。若铺作偷心造，相应扶壁栱形式为栱枋多段交叠，此为B型扶壁栱。其下再根据铺作数的多寡，分作若干次型的变化，对应的扶壁栱形式，《营造法式》列举了五铺作至八铺作五种变化形式，实际上遗构中表现有更多的变化形式。以下根据《营造法式》所记扶壁栱形式以及现存宋、辽、金遗构扶壁栱做法，排列A、B两型扶壁栱及其变化形式如下：

A型扶壁栱有如下变化形式：

A1：单栱＋素枋数层（包括单层素枋）（《营造法式》、北方实例）

A2：重栱＋素枋数层（包括单层素枋）（《营造法式》、北方实例）

A3：单栱＋素枋数层＋单栱替木（则天圣母庙正殿）

A4：单栱＋素枋数层＋蜀柱（龙门寺大殿）

B型扶壁栱有如下变化形式：

B1：单栱素枋＋单栱素枋（《营造法式》、松阳延庆寺塔）

B2：单栱素枋＋单栱素枋＋重栱素枋（保国寺大殿、元妙观三清殿）

B3：单栱素枋＋单栱素枋＋蜀柱（保国寺大殿前檐）

B4：单栱素枋＋单栱素枋＋单栱素枋（华林寺、延福寺、天宁寺三殿）

B5：单栱素枋＋单栱素枋＋单栱素枋＋蜀柱（时思寺大殿）

B6：单栱素枋＋重栱素枋（《营造法式》）

B7：重栱素枋＋单栱素枋（保圣寺大殿、轩辕宫正殿、玄妙观三清殿）

② 扶壁栱形式的地域特征

由上述扶壁栱的分类分析可见，宋、辽、金时期A、B两型扶壁栱具有较显著的地域倾向。具体而言，A型扶壁栱是北方宋、辽、金时期普遍使用的扶壁栱形式，现存绝大多数遗构扶壁栱形式为单栱或重栱加素枋垒叠的做法，即"单栱＋素枋垒叠"或"重栱＋素枋垒叠"的形式。其枋间垫以散斗，枋上隐刻瓜子栱、慢栱形象。且这种做法已见于中晚唐的南禅寺大殿和佛光寺大殿。

金构汶水则天圣母庙正殿扶壁栱，代表了山西地区扶壁栱的一类形式。晋东南地区流行的叠枋上部留空的扶壁栱做法，或可视为省略了扶壁栱上部素枋或蜀柱的形式。

宋金时期北方遗构中栱枋交叠的扶壁栱做法几一例未见，至多只是在叠枋上交替隐刻泥道栱形象。而B型扶壁栱则是历代南方盛行的扶壁栱形式。保国寺大殿扶壁栱做法，正表现了江南扶壁栱做法的典型特色。江南五代宋元时期扶壁栱做法，相应于铺作数的多寡和檐步举折，皆为栱枋二段或三段交叠的形式。如宋构两例中，七铺作的保国寺大殿扶壁栱为"单栱素枋＋单栱素枋＋重栱素枋"的三段交叠形式，五铺作的保圣寺大殿扶壁栱为"重栱素枋＋单栱素枋"的两段交叠形式；浙江松阳延庆寺塔（北宋）砖砌副阶扶壁栱为"单栱素枋＋单栱素枋"的二段交叠形式；而元构天宁寺大殿与延福寺大殿皆为六铺作，其扶壁栱同为"单栱素枋＋单栱素枋＋单栱素枋"的三段交叠形式（图4-63）。至于浙江景宁时思寺大殿，其七铺作斗栱对应的扶壁栱形式为"单栱素枋＋单栱素枋＋单栱素枋＋

---

[70] 敦煌427窟窟檐（970），六铺作三抄单栱计心，敦煌431窟窟檐（980），六铺作三抄单栱计心。另，敦煌231窟中唐壁画见有六铺作单抄双昂形象，全计心造。见萧默. 敦煌建筑研究. 北京:文物出版社，1989：234

[71] 大同善化寺三圣殿柱头斗栱为较特殊的六铺作单抄双插昂形式，其双插昂短小，不过正心缝，只是单纯的造型。

[72] 福建地区木构的部分做法，近于北方。如罗源陈太尉宫正殿的六铺作双抄单下昂以及昂状要头做法等。

[73] 《营造法式》卷四·大木作制度一·总铺作次序·扶壁栱。

[74] 根据《营造法式》卷四·大木作制度一·总铺作次序·扶壁栱，若铺作计心重栱，其扶壁栱形式为："如铺作重栱全计心，则于泥道重栱上施素方"；若铺作单栱，其扶壁栱的泥道栱用单栱形式，即《营造法式》卷四·大木作制度一·栱："泥道栱，若斗口跳及铺作全用单栱造者，只用令栱"。

蜀柱"的四段交叠形式（图4-64）。此外，福建七铺作宋构厅堂华林寺大殿与元妙观三清殿，扶壁栱形式分别为"单栱素枋＋单栱素枋＋单栱素枋"与"单栱素枋＋单栱素枋＋重栱素枋"的三段交叠形式，南宋陈太尉宫正殿六铺作，扶壁栱为三段单栱素枋交叠形式。从扶壁栱构成形式上看，保国寺大殿与元妙观三清殿相近似。

就南方宋元遗构而言，扶壁栱构成上素枋垒叠做法始终未见。其中南方两例遗构扶壁栱形式的归类，需作分析说明。一是虎丘二山门，斗栱四铺作，由于铺作数的限制，其栌斗口内至檐槫底仅三材二栔，故其扶壁栱只能是"重栱＋素枋"的形式（图4-65），仍为B型扶壁栱，而非A型，江南相同之例还有真如寺大殿等；二是仿木

石构的灵隐寺石塔与闸口白塔[75]，斗栱五铺作单抄单昂首跳偷心，其扶壁栱外观看似"泥道重栱＋素枋＋遮椽板"（图4-66），但由于南方内部彻上露明，扶壁栱内面全壁视线可及，故遮椽板之上应仍是栱枋交叠，其扶壁栱构成应与同为五铺作的保圣寺大殿相同，即"重栱素枋＋单栱素枋"的形式。

扶壁栱构成上，宋金时期南北地域特色显著而分明。《营造法式》关于扶壁栱内容，包括了A、B型两种做法，并以铺作偷心和计心的差异，分别对应这两种扶壁栱形式。实际上，就《营造法式》编纂时期而言，偷心和计心做法本身，也带有较显著的南北地域特征，而此偷心和计心的地域特征，又与所对应的扶壁栱地域倾向相吻合。

图4-63 天宁寺大殿扶壁栱形式　　图4-64 景宁时思寺大殿扶壁栱形式

西檐柱头铺作正面　　西檐柱头铺作侧面

图4-65 苏州虎丘二山门扶壁栱形式

图4-66 杭州灵隐寺石塔扶壁栱形式

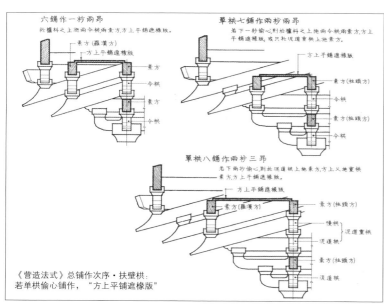

《营造法式》总铺作次序·扶壁栱：
若单栱偷心铺作，"方上平铺遮椽版"

图4-67 B型扶壁栱栱枋交叠配置形式

③ 栱枋交叠的配置方法

比较南北两类扶壁栱形式，显然南方扶壁栱构成形式更为丰富和变化。那么，南方扶壁栱构成上复杂多变的栱枋交叠形式，又是如何进行配置的呢，比如保国寺大殿扶壁栱"单栱素枋＋单栱素枋＋重栱素枋"的三段交叠形式是如何确定的呢？其中高度因素无疑是最主要的，除此之外，遮椽板做法似也是一个相关因素，梁思成《营造法式注释》中即已注意到这一现象。

如前节所述，《营造法式》是以相应铺作的计心和偷心的差别，区分A、B两类扶壁栱形式的，且对于两类扶壁栱做法的遮椽板形式，特意以小注的形式标示二者的区别，即A型的计心铺作，"方上斜安遮椽板"，B型的偷心铺作，"方上平铺遮椽板"[76]。而正是这一关于B型扶壁栱的"方上平铺遮椽板"原则，在一定程度上影响了南方扶壁栱的栱枋交叠配置形式。

《营造法式》重栱计心做法，内外逐跳施素枋，故必然"方上斜安遮椽板"；而单栱偷心做法，由于跳头令栱素枋位置，只在第二跳（六铺作、七铺作）或第三跳（八铺作）分位上，故遮椽板只宜平铺，其扶壁栱的配置，必然须令柱头素枋与跳头素枋（罗汉枋）高度取平，其方法即是以单栱、重栱及素枋三要素的交叠，使得柱头素枋位于需要的位置上，从而"方上平铺遮椽板"，由此形成B型扶壁栱的栱枋交叠形式及其变化（图4-67）。

保国寺大殿扶壁栱的栱枋交叠形式与平铺遮椽板做法，正吻合于《营造法式》的相关规定。元构中延福寺大殿所设遮椽板，亦吻合此规定。

④ 扶壁栱形式的时代特征

强调扶壁栱形式的地域特征，并不意味着否认其时代特色。扶壁栱形式的变化，时代变迁应也是一个相关因素。由敦煌壁画等画像史料可见，北方初唐至盛唐时期也曾出现单栱素枋二段交叠的扶

[75] 杭州的灵隐寺石塔与闸口白塔时代相近，扶壁栱做法相同。

[76]《营造法式》卷四·大木作制度一·总铺作次序·扶壁栱。

壁栱形式⁽⁷⁷⁾，现存北方早期遗构中唯一一例单栱素枋二段交叠者也是晚唐遗构芮城广仁王庙大殿（851）（图4-68）。然值得注意的是，同期北方绘画形象及遗构实物中，泥道栱加素枋垒叠的扶壁栱形式也同时并存⁽⁷⁸⁾。

上述这一现象背后所透露的信息或在两个方面：其一，单栱素枋二段交叠做法应是北方唐代扶壁栱的形式之一；其二，北方扶壁栱形式约在中唐以后，单栱素枋二段交叠做法逐渐消失，泥道栱加素枋垒叠做法成为主流形式。

日本的早期木构遗存，为我们认识这一问题提供了重要的史料和线索。现存最早的木构法隆寺金堂、五重塔，扶壁栱为"单栱＋素枋垒叠"形式，其后白凤样式的药师寺三重塔（730）与天平样式的唐招提寺金堂（770）的扶壁栱，皆为单栱素枋二段交叠的形式。再后的中世样建筑，其扶壁栱又统一为"单栱＋素枋垒叠"的形式。

根据现存史料分析，若就时代性而言，扶壁栱的泥道栱加素枋垒叠做法，似早于单栱素枋二段交叠做法，尤其是法隆寺金堂、五重塔的井干式扶壁栱，更具原始性特征⁽⁷⁹⁾；而泥道栱加素枋垒叠做法中，泥道重栱加素枋垒叠做法是泥道单栱加素枋垒叠做法的发展，且自金代中后期始，泥道重栱加垒叠素枋的做法即基本取代了泥道单栱加垒叠素枋的做法，成为北方地区扶壁栱的主流形式⁽⁸⁰⁾。

相比较于北方，南方扶壁栱的时代特色则较为稳定，五代以前的状况不明，然至少自五代以来一直保持着栱枋交叠的构成形式。因此，关于两种扶壁栱形式的关系，并不能简单地以单一线性的演变关系视之。其中应交杂着诸如时代、地域、体系以及等级的诸方面因素。

⑤ 扶壁栱的性质与特色

扶壁栱做法，既是柱头上的交圈承重结构，又是斗栱造型的一个重要部分。因此扶壁栱具有结构与样式两方面的意义。比较扶壁栱构成的A、B两种类型，即素枋垒叠式扶壁栱与栱枋交叠式扶壁栱，从结构性和装饰性的角度而言，前者重结构性，后者重装饰性。

实际上，交圈扶壁栱对于构架整体的稳定性至为重要，以保国寺大殿内外两圈的结构稳定性而言，周圈檐柱以阑额及交圈扶壁栱拉结，四内柱以交圈串额拉结，结构性是扶壁栱重要的性质与功能。因此，扶壁栱构成上对结构和装饰作用的不同侧重，应还反映有构架体系的因素。

构架整体稳定性特征，在很大程度上表现在梁栿与柱头铺作的交接形式上，以此线索考察和比较南北扶壁栱形式，北方殿堂构架因梁栿叠压于柱头铺作上，注重扶壁栱的支承梁栿以及保持整体稳定的结构作用，故扶壁栱做法多取结构性较好的素枋垒叠形式；南方厅堂构架因月梁绞接于柱头铺作中，加上发达的补间铺作相互拉结，扶壁栱做法适于采用装饰化的栱枋叠垒形式。

由此可见，地域构架体系的差别，亦有可能成为南北扶壁栱形式的影响因素之一。

（4）昂长两架做法

昂长两架做法，是保国寺大殿斗栱构成的一个重要特征。其表现形式为柱头铺作昂长两架，补间铺作昂长一架，为现存唐宋木构中少见之做法（图4-69）。

昂长两架做法，就时代性而言，无疑是早期斗栱形态的表现。长昂如梁，长昂做法或可视作古老斜梁结构的余痕。斜梁结构在与斗栱结合后，昂尾逐渐缩短，保国寺大殿补间铺作昂长一架、柱头铺作昂长两架的形式，应是长昂向短昂演化的中间形态；就地域性而言，长昂做法与南方厅堂构架之间有着密切的关联。南方厅堂铺作与构架的交接关系，使得下昂里转部分得以上穿梁背，伸入两架，挑抵中平槫缝，显露斜梁遗意。而北方殿阁构架上梁栿与铺作的叠压关系，决定了其柱头铺作里转昂尾，必然抵压于梁下，昂之里转止于一架之内，如唐构佛光寺大殿与辽构独乐寺观音阁。故唐宋时期的昂长两架做法，应是相应于厅堂构架的铺作形式。

保国寺大殿的昂长两架做法，现存遗构中唯华林寺大殿尚存类似形式。然华林寺大殿除两山中柱铺作为昂长两架形式外，其他铺作分位，昂长皆已退至一架椽长。在这一点上，华林寺大殿长昂做法的时代性，已不及保国寺大殿。

此外，南方厅堂昂长两架做法，与其角梁转过两架及厦椽两架做法，应是一个关联的整体存在。现存昂长两架做法的仅见两例，皆为南方厅堂遗构，即保国寺大殿与华林寺大殿，此二构都仍保持着昂长、角梁、厦架的两架整体做法。

保国寺大殿昂长两架做法，表现了江南厅堂构架的两个特色，一是早期长昂古制，二是与厅堂构架的关联。

（5）单栱偷心与重栱计心

唐宋以来，斗栱的发展逐渐由单栱向重栱、由偷心向计心演化。

图4-68 芮城广仁王庙大殿扶壁栱形式　　　图4-69 大殿的长昂形式（东山后柱铺作）

〔77〕唐代画像中扶壁栱构成上单栱素枋交叠的有：敦煌321窟壁画、敦煌172窟壁画、大雁塔门楣线刻佛殿、懿德太子墓壁画等。

〔78〕唐代绘画扶壁栱形象中，单栱素枋二段交叠与泥道栱上加素枋垒叠这两种做法同时存在，如敦煌321窟、172窟的壁画；唐代遗构中也是两种扶壁栱做法并存，芮城广仁王庙大殿为前者，南禅寺大殿、佛光寺大殿为后者。

〔79〕学界也有认为扶壁栱的单栱素枋交叠做法早于泥道栱加素枋垒叠做法，其演变逻辑为从重装饰性到重结构性。参见杨秉纶，王贵祥，钟晓青.福州华林寺大殿//清华大学建筑系.建筑史论文集：第9辑.北京：清华大学出版社，1988

〔80〕徐怡涛.公元七至十四世纪中国扶壁栱形制流变研究.故宫博物院院刊，2005（5）

至北宋后期，重栱计心做法在北方已相当普遍，《营造法式》的斗栱制度即以重栱计心造为重点。而单栱偷心造，仅是作为简洁做法论及而已。然两宋乃至元代，单栱偷心造仍有沿用，主要是南方地区。

斗栱形制的发展，因诸多因素的作用而相当多变和复杂。以单栱偷心向重栱计心的演变而言，实际上，跳头重栱做法很早就已出现，而扶壁栱作重栱形式，则要迟得多。北方自唐以来华栱跳头置重栱的做法已较普遍，敦煌盛唐壁画中甚至见逐跳计心重栱的做法（172窟南壁）。中唐以后，斗栱的计心和重栱做法，实际上更多表现的是等级和装饰的意义。然北方宋构扶壁栱作重栱形式极为少见[81]，而江南保国寺大殿扶壁栱作重栱形式已运用得十分成熟。扶壁栱作重栱形式，推测应始自江南。

江南泥道重栱，最早见于五代闸口白塔，此或是已知泥道重栱的最早之例，其次如宋初灵隐寺石塔，木作遗构则有北宋保国寺大殿与保圣寺大殿。唯保国寺大殿扶壁栱的重栱位于单栱之上，且内檐扶壁栱亦用重栱形式。

重栱的意义在于装饰，如闸口白塔扶壁栱做法，仅下三层用泥道重栱，而上六层皆用泥道单栱，各层平座扶壁栱也皆为单栱造，其重栱的装饰意图十分显然。至于跳头重栱做法，南方于宋初的福州华林寺大殿已见，而江南保国寺大殿跳头仍未用重栱。

作为等级标志的重栱做法，在南宋五山大刹上已有成熟的运用。根据五山十刹图所记径山法堂斗栱形式，其殿身斗栱的扶壁栱及跳头皆为重栱造，出四跳七铺作；副阶斗栱则扶壁栱、跳头皆为单栱造，出三跳六铺作。单栱造和重栱造成为区分副阶、殿身等级的一种手段。而南宋径山法堂殿身"七铺作重栱造双抄双下昂"，也较保国寺大殿"七铺作单栱造双抄双下昂"有了进一步的发展。

江南小型厅堂上，至元构天宁寺大殿，斗栱跳头上始见重栱做法，元构真如寺大殿及轩辕宫正殿则跳头和扶壁栱皆用重栱。故江南全面重栱做法的普遍应是在元以后。然古风犹存也一直是江南的特色，如元构延福寺大殿斗栱，仍是简洁的单栱偷心做法。江南甚至明初以后，单栱偷心做法仍时可见。

（6）华栱的单材与足材

与单栱、偷心做法相似，单材华栱做法也是斗栱发展过程上的早期形态。从唐代慈恩寺大雁塔门楣石刻佛殿图来看，其时斗栱尚无足材的概念，连转角铺作也均为单材。华栱足材做法当出于中唐以后，现存北方唐宋辽遗构上，悬挑受力的出跳华栱已多是足材，五代大云院弥陀殿，柱头第一跳华栱足材，第二跳华栱单材加半栔，第三跳华栱单材，补间华栱全部单材。宋《营造法式》则明确规定柱头铺作华栱为足材，补间铺作华栱仍为单材。但考北方宋构实例，柱头、补间华栱几皆用足材，《营造法式》这一规定唯见于江南，如北宋的保国寺大殿与保圣寺大殿，柱头铺作华栱用足材，补间铺作华栱用单材，完全同于《营造法式》的规定。比较南方华林寺大殿，除角华栱用足材外，余皆单材华栱，其时代性较保国寺大殿更早。

从现存遗构来看，江南至元构天宁寺大殿之后，柱头、补间始皆用足材华栱。而此前的虎丘二山门和延福寺大殿，其柱头和补间华栱仍分别是足材和单材做法。江南宋元时期犹存旧制，多用单材华栱做法，并一直沿至明初，从而形成不同于北方的特色。

从斗栱演变的角度而言，单栱、偷心和单材等做法，皆为早期形态，唐宋以来逐渐向重栱、计心和足材的形式演进。然因地域的因素以及等级的限定，其演进的过程及程度是不同步和不平衡的。北宋前

期的保国寺大殿，实际上重栱、计心及足材的概念皆已具备，表现为单栱与重栱、偷心与计心、单材与足材的同存并用。其与后世的差异只在于演化阶段及运用程度的不同，保国寺大殿可视作江南斗栱形制演化进程上的一个重要坐标。

2-4.厅堂斗栱的地域特色

（1）昂的形式与特点

就斗栱的发展而言，昂的变化最甚，铺作的演化发展几乎可视作昂的演变历程。而昂的地域特色，也是相当典型和鲜明的。江南在昂的形制上，既遗留有古风旧制，又有地域性的独特做法，成为江南斗栱颇具特色的内容。

宋元时期江南厅堂斗栱构成上，无论是七铺作还是六铺作，或双抄双下昂，或单抄双下昂，或里转挑斡上昂，都有两道并行的昂构件，且里转部分变化丰富，形成了江南厅堂用昂的特色。以昂的交互关系的特点，可区分出厅堂用昂的两种形式，即平行昂与斜交昂，北宋保国寺大殿和保圣寺大殿是此两式的典型代表。

所谓平行昂，即铺作双下昂形式表现为平行的关系，里转不用挑斡及上昂做法，昂身平行向上，挑承平槫。宋元实例中如保国寺大殿、径山法堂等斗栱皆此类型。所谓斜交昂，即铺作双昂形式表现为斜交的关系，里转采用挑斡、上昂做法，使得昂身斜交相抵。宋元实例中如苏州甪直保圣寺大殿和延福寺大殿、上海真如寺大殿等斗栱为此类型（图4-70）。

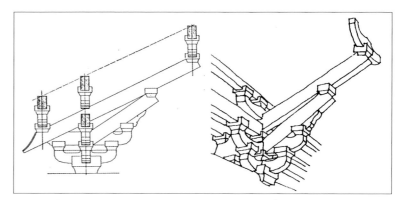

图4-70 苏州甪直保圣寺大殿斜交昂做法

宋元江南厅堂用昂二式，表现了江南斗栱演进的多样性特征，其中应包括了时代、地域及官式影响的诸多因素，江南宋元以来以挑斡与上昂或可视作早期做法的存续和变异，并逐渐演化为地方做法，表现为斜交昂的形象特征。而平行昂做法，应带有一定官式做法的影响，与《营造法式》做法相近。比较而言，同作为江南北宋二构，保国寺大殿等级较高，其平行昂的斗栱形式较近于官式做法；而保圣寺大殿则等级稍低，其斜交昂的斗栱形式偏于地方做法。同时，江南厅堂用昂二式的差异，也暗示了地域性的变化和不同，在分布上具有显著的地域倾向，表现了江南不同区域间的细微差异和变化。大致而言，以保国寺大殿为代表的平行昂做法，主要分布于浙东、临安一带，而以保圣寺大殿为代表的斜交昂做法，则多集中于苏南一带。

（2）鞾楔与昂的配合

在江南厅堂斗栱做法上，铺作里跳斗口所出鞾楔，是一不可缺的构件。鞾楔作为嵌置于昂身与华栱间三角空隙的楔形垫托构件，支承垫托昂身及挑斡底部，并以其大小及楔状，确定和调整昂身角度。

在现存南北遗构中，保国寺大殿是鞾楔做法的最早者。保国寺大殿补间铺作里转斗口出鞾楔垫托其上昂尾，是鞾楔的典型做法

[81] 北方宋构扶壁栱作重栱形式极为少见，实例中有平顺九天圣母庙圣母殿，甚至金构也不多见，扶壁栱仍是以单栱造为主要形式。

（图4-71、图4-72），尤其大殿东西两山铺作里跳做法的不同，斠楔构件于其中起了重要的调节作用，即东西两山铺作里跳出四抄与出五抄之别，其间一抄之高差，是以东山加施大斠楔构件得以取平的。

北宋时期，斠楔已是江南厅堂斗栱构成上不可缺少的垫托构件，且江南斗栱的斜交昂做法也与江南斠楔的发达相关联。如北宋保圣寺大殿补间斗栱里转二抄跳斗出斠楔，垫抵斜向挑斡底部，形成斜交昂构成形式。

斠楔构件同时也是江南简化铺作里跳的一种做法。江南多见以单斗大斠楔的形式，取代重栱叠斗所垫托的高度，简化铺作里跳形式。而大斠楔的托垫功能，实际上也相当或类似于上昂的支承垫托作用，元构天宁寺大殿和延福寺大殿补间铺作里跳做法的差异，正典型地表现了江南厅堂大斠楔的形式和功用（图4-73）。

昂与斠楔的配合，是江南的传统，江南自北宋保国寺大殿始，即无一不是如此。斠楔做法的地域性甚强，不仅北方不用，甚至南方闽粤宋构亦不用斠楔。后世南北建筑上所见斠楔做法，应都源于江南。

斠楔亦见于《营造法式》记载，是《营造法式》吸收江南技术成分的一个表现。

（3）丁头栱做法

丁头栱最本质的特征是单卷头形式，在构造上又以入柱丁头栱为主要做法。

入柱丁头栱是江南厅堂的普遍做法和典型特色。基于南方原生的穿斗构架思维，江南厅堂构架上，丁头栱的衍生是十分自然的。从地源属性上而言，入柱丁头栱可称是十足的南方做法和南方技术的象征。

根据现存遗构分析，北方宋代不见丁头栱，即使宋以后所用亦少。至北宋末《营造法式》造栱之制，记有南方丁头栱做法。比较《营造法式》诸厅堂侧样图，直梁造北式厅堂构架的柱梁交接，皆不用丁头栱做法；而月梁造南式厅堂构架的柱梁交接，则无一不用丁头栱做法，丁头栱与厅堂构架关系的地域属性显著而突出。

对于江南厅堂构架而言，丁头栱是与串技术相关联的做法，二者皆极具南方色彩的做法。《营造法式》以及宋以后北方建筑中出现的串枋和丁头栱，应都源自于南方。江南丁头栱现存最早木作实例为北宋保国寺大殿，然丁头栱的出现应远早于此。而串在抬梁结构上的始用，推测也大体同于丁头栱。

宋代江南丁头栱做法的特色，北宋以保国、保圣二殿为代表，南宋则有五山十刹图为例。此外，华南宋构华林寺大殿、元妙观三清殿以及开元寺石塔，都是南方宋代用丁头栱的好例。

保国寺大殿丁头栱用单材，大殿现状东后内柱足材丁头栱为后世替换。厅堂构架上丁头栱主要用于承托入柱梁尾。在具体做法上，大殿后檐及两山梁尾入柱，以单跳丁头栱承劄牵，双跳丁头栱承乳栿[82]（图4-74）。前廊由于平棊藻井之设，三椽栿位置降一足材高度，入柱梁尾以单跳丁头栱承托。

南方丁头栱具有串的特性，故有透卯贯穿的做法，如华南宋构丁头栱即此做法。江南保国寺大殿丁头栱，仅榫头入柱，而非透卯贯穿做法。然稍后的保圣寺大殿却已见丁头栱直榫过柱的做法，南宋五山十刹图之径山法堂，交于内柱的梁栿及丁头栱，皆过柱出头。元构延福寺大殿和真如寺大殿，其内柱丁头栱亦皆直榫过柱的做法。这些都表现了丁头栱做法自宋以来的发展。

宋代丁头栱尺寸，同于外檐斗栱尺度规格，尚未脱离主体斗栱而单独发展。然随着宋以后斗栱用材的减小，丁头栱的尺度已无法

与所支承的梁栿相称，故自元明以来，丁头栱逐渐脱离外檐斗栱的用材标准，而只与承托的梁栿相关[83]，其用材要大于外檐斗栱，遗构中金华天宁寺大殿丁头栱已较外檐斗栱变大。

保国寺大殿丁头栱的另一种形式，为《营造法式》所谓虾须栱。即东西两山前柱的柱头铺作，里转45度缝上加出三跳半栱，以承前廊天花绞角算桯枋（图4-75）。南方宋元遗构中大木虾须栱做法尚存数例，如华林寺大殿、保国寺大殿及真如寺大殿等，三者都出于同样的承托前廊平棊的目的。

（4）简略做法的倾向

在斗栱的构成上，由唐至宋经历了一个渐趋成熟完善的过程，而斗栱构成的简略，应是早期斗栱的特色之一，并由于演化进程滞后等诸因素，在南方地区转化为地域特征。如江南宋元厅堂斗栱多用单栱、偷心做法，以及不用耍头和衬方头的做法，皆形制简略，应是古制遗存的表现。此外，地方厅堂做法的等级限定，或有可能

图4-71 大殿斠楔做法　　　　　图4-72 大殿斠楔做法
（东檐中进补间铺作）　　　　（西檐中进补间铺作）

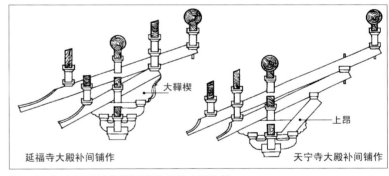

延福寺大殿补间铺作　　　　　　　天宁寺大殿补间铺作

图4-73 江南厅堂铺作斠楔的形式及功用比较

图4-74 大殿内柱出丁头栱承入柱　　图4-75 大殿前廊三抄虾须栱（东山前
乳栿及劄牵　　　　　　　　　　　柱位置）

---

[82] 现状后檐乳栿与后内柱交接上，原承梁尾的两跳丁头栱中的下层栱缺失。

[83] 参见朱光亚. 探索江南明代大木作法的演进. 南京工学院学报：建筑学专刊，1983

也是一个较弱的影响因素。

考初唐以前的斗栱构成，要头与衬方头做法尚未出现，敦煌唐代壁画中普遍不出要头，日本奈良时代建筑亦皆如此。北方现存唐辽遗构，多已出现要头，如佛光寺大殿、镇国寺大殿等。而北方至宋，要头与衬方头构件已相当普遍，《营造法式》中亦有要头和衬方头的规定[84]。

江南早期斗栱不用要头及衬方头构件，不仅宋构保圣寺大殿如此，且其他一些五代北宋仿木石塔上也可得到印证，如闸口白塔、灵隐寺石塔的令栱处皆无要头和衬方头相交，北宋松阳延庆寺塔亦然。江南宋、元斗栱多仍守古制，元构延福、天宁二殿，其斗栱外跳抄头依然仅施令栱，要头、衬方头仍略而不用。江南甚至明清时期，也多见不用要头、衬方头之例。不用要头构件，成为江南宋元时期铺作样式的一个典型特征。

相对于江南铺作构成上不用要头的传统做法，保国寺大殿现状铺作上却出现了要头这一构件。从江南铺作样式谱系的角度而言，北宋保国寺大殿铺作似不应出现要头构件。保国寺大殿要头构件这一孤例现象，值得深入分析。

关于保国寺大殿要头构件，以往保国寺大殿的相关研究，有认为此要头构件为后加，并在复原设计中取消了要头构件[85]。然通过大殿的详细和全面的勘测分析，无论在样式上，还是构造上，并无明显痕迹表明要头为后世所加。现状要头与相交的令栱、交互斗咬合密实，并与其下的昂身用竹销连接。从构造的角度而言，现状要头对于防止令栱外翻，也有一定的作用。因此还是不宜简单地认定保国寺大殿要头为后世所加，将此问题存疑待考，或更为合适妥当。

根据《营造法式》大木作制度："造要头之制，用足材，自斗心出，长二十五分。"[86] 比较保国寺大殿，现状要头用足材，长35.1厘米，合24.6份，与《营造法式》的规定几近相等。大殿要头样式古朴，曲线柔和，端头上缘弯如鹰嘴，其下S形线交于令栱下的交互斗中，端面正中微起棱线，而不作鹊台，在形式上与《营造法式》折线形要头迥异(图4-76)。

现存江南年代确凿的最早要头形象，为南宋史渭墓神道石建筑残件上的要头，造型亦为曲线形式。然其年代上距保国寺大殿，尚有近200年。江南要头构件的较多出现，应是在明代以后。故在江南样式谱系上，要头的时代性远在保国寺大殿年代之后。然根据大殿要头现状的分析，并不能排除作为原初构件的可能。保国寺大殿要头构件的存在，对于重构江南要头的样式谱系，或有其独特的意义。

五、样式做法的江南地域特色

1. 样式的时代性与地域性

在中国古代建筑的发展上，时代与地域因素赋予建筑不同的特色，呈现出丰富的变化。而时代与地域这两大要素的交织融汇，更使得其演变进程错综而复杂，且相对于时代因素而言，地域因素的作用往往显得更为重要。在此背景下，建筑技术和风格上的许多特色，实际上更多的是一种区域现象。对于地域辽阔的中国建筑而言，仅以时代线索是难以把握的，且往往由地域差异所产生的样式变化，有可能远大于时代因素的作用。

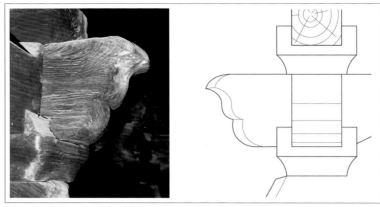

图4-76 大殿要头形式（前檐东平柱铺作）

在建筑样式的演化上，时代特征与地域特征是互为关联而不可分的。若以北方为主体，并以其时代特征为主轴，那么对于江南建筑而言，其滞后的时代特征则大多转化为地域特征，并成为北方早期做法的参照。

对于江南建筑的发展而言，宋代是一个重要的阶段。由宋而元乃至明初，江南建筑宋风犹存。江南建筑作为中国建筑整体的一部分，在时空两轴比照下，表现出鲜明和独特的地域性特征。而保国寺大殿作为反映江南地域特色的早期之例，对于早期样式做法以及其后的演变的认识，具有重要的意义。

样式风格是技术体系的外在表现，建筑技术在传播和影响过程中，样式做法尽管会有所变化，但其所表现的地域特征，却有相当的稳定性和持续性，反映着技术系统的源流关系。

《营造法式》所记录的诸多江南做法，表露的是《营造法式》技术源流中的南方因素以及宋代南北技术的交融。在现存所有遗构中，保国寺大殿在样式做法上与《营造法式》最似这一现象，表明了保国寺大殿所代表的宋代江南建筑技术的重要意义。

遗构实物是认识宋代江南建筑样式做法最直接和重要的资料，江南宋代木构保国寺大殿虽为仅存者，包括元构也不足五、六例，然尚有五代和北宋仿木构砖石塔，如杭州闸口白塔、灵隐寺双石塔以及苏州云岩寺塔等，可作为比较江南宋代木构样式做法及其演化的依据和参照。

2. 保国寺大殿的样式形制与比较

保国寺大殿样式做法包括大小木作、石作、瓦作等诸方面，然大殿宋构部分现存者主要是大木作及内檐部分小木作，外檐装修及阶基石作、屋面瓦作等部分，已皆非原物或原式。故关于保国寺大殿的样式做法分析，主要针对可辨识的宋物、宋式，进而比较探讨宋元间样式做法的演变和发展。

2-1. 月梁之制

（1）梁栿月梁造

梁栿月梁造是江南厅堂梁架典型和普遍的形式，从现存遗构和已知史料来看，江南自晚唐五代以来已然普遍。北宋保国寺大殿作为江南现存最早之木构，其月梁特色表现在两个方面，一是梁栿月梁造，二是月梁式阑额。这两个特色代表了江南宋代以后厅堂建筑显著的形象特征。

从现存遗构来看，梁栿月梁造有显著的南方地域性特征。实际上月梁的使用甚早，汉代文献中已有记述。月梁为宋称，汉唐称虹梁，所谓"梁曲如虹，故言虹梁"[87]。月梁在北方早期多有使用，现存最早实例见于佛光寺大殿，只是唐以后月梁做法在北方几近消失。比

[84] 《营造法式》卷四·大木作制度一"爵头"条，记令栱外有不出要头的做法，然并非不用要头构件。

[85] 郭黛姮，宁波保国寺文物保管所.东来第一山保国寺.北京：文物出版社，2003

[86] 《营造法式》卷四·大木作制度一。

[87] 班固《西都赋》："抗应龙之虹梁，列棼橑以布翼"描述了未央宫虹梁样像。唐李善注曰："应龙虹梁，梁形似龙而曲如虹也。"吕延济注曰："举应龙之象，梁曲如虹，故言虹梁。"

较南北方宋辽金元遗构，在梁架特征上，北方以直梁型为代表，南方以月梁型为特色。月梁的存在与发展并非孤立的现象，江南厅堂构架以及江南对构件装饰的审美喜好，为月梁做法提供了充分的发展空间。所以说，梁栿月梁造的南方地域性特色，应是唐五代以后的现象，而保国寺大殿则是表现月梁地域化特色的早期之例。

江南宋代以来厅堂构架规整有序，形制考究，梁架间组合，仍以斗栱承接过渡，月梁与斗栱结合紧密，梁栿前端伸入外檐铺作，后尾插于内柱。构件加工更是精巧细致，强化了月梁、蜀柱及斗栱的装饰效果。而北方宋以后简化梁架组合，多以蜀柱替代斗栱，支承垫托梁栿。此外，北宋以后江南厅堂补间铺作已趋完备，尤其是补间铺作里转发达，如所谓上昂、挑斡等做法，厅堂月梁与铺作结合，大大丰富和装饰了内部空间的效果。

江南梁栿形式丰富精巧，富于装饰性。离开了丰富的月梁做法，江南构架形式则大为逊色。

（2）月梁式阑额

保国寺大殿月梁特色的另一表现是月梁式阑额。以构件性质而言，阑额为枋类构件，而非梁类构件，通常皆为方直形式。而月梁式阑额，在性质上即是以月梁形式装饰阑额构件，是阑额构件装饰化的表现。

保国寺大殿檐柱阑额以重楣做法为基本形式，唯敞廊的三面阑额改作月梁形式（图4-77），用以强调前廊的装饰意义，其意图与前廊斗八藻井是相同的，即皆以装饰手法，强调和突出大殿前廊空间的特殊地位。月梁式阑额在性质上，是江南厅堂梁栿月梁造的延伸和变化，从而进一步强化了厅堂构架的整体性及其相应的装饰特色。

从现有遗存来看，月梁式阑额做法至少在五代宋初时江南即已多见，是其时江南盛行的装饰做法。早期实例如江苏宝应出土南唐木屋，以及福州华林寺大殿、宁波保国寺大殿、甪直保圣寺大殿等，相信这一做法可上溯至唐代。

月梁式阑额在变化造型的同时，带来了相应的构造问题，即月梁做法使得阑额上皮高出檐柱柱顶，相应地柱头铺作与补间铺作出现高差。为使得柱头铺作与补间铺作取平，通常采取补间铺作栌斗底部开槽，嵌坐于月梁式阑额上的方法，与柱头铺作高度取平，由此形成江南宋构补间斗底咬入阑额上皮的独特形象特征。木构如保国寺大殿，月梁上皮高出柱顶11厘米，相应地，补间铺作栌斗底开槽口，嵌入阑额上皮11厘米，从而与柱头铺作平齐（图4-78），江南保圣寺大殿亦然（图4-79）。而江南五代、北宋的仿木砖石塔，也忠实地模仿木构这一典型的形象特征，如杭州灵峰探梅出土的五代石塔，其月梁式阑额、七朱八白装饰以及栌斗咬嵌阑额的形象，都与保国寺大殿十分相像（图4-80），再如苏州罗汉院双塔阑额栌斗形象（图4-81）。

相对于江南保国寺大殿以斗底嵌入月梁而取平的方法，华南华林寺大殿则采用缩小补间铺作栌斗的方法，与柱头铺作取平，表现了宋代浙闽两地在细节做法上的不同。

阑额月梁造作为五代北宋以后江南盛行的装饰做法，在《营造法式》中也有体现。《营造法式》记梁额榫卯做法三种[88]，根据大木作制度图样所示，其中的梁柱对卯做法的构造节点，应表现的是月梁式阑额与檐柱的交接构造（图4-82）。

2-2. 重楣形式

木构建筑的整体稳定性，以柱头联系最为关键，从而演化出相应的构造做法和补强措施，阑额是联系柱头最重要的构件。阑额早期称楣，为小尺度的单材构件[89]。此后为加强柱头联系，形成上下两楣间以小柱相连的组合形式，称重楣做法，是早期阑额的一种形

图4-77 大殿月梁式阑额（前檐心间东平柱两侧月梁）

图4-78 大殿前檐月梁式阑额与栌斗

图4-79 保圣寺大殿前檐月梁式阑额与栌斗

图4-80 杭州灵峰探梅出土五代石塔

图4-81 苏州罗汉院仿木砖塔阑额与栌斗形象

---

[88] 《营造法式》卷三十·大木作制度图样上·梁额等卯口第六。

[89] 唐代重楣用材，为单材形式，这从壁画形象及日本一些早期遗构如法隆寺金堂、唐招提寺金堂，都可得到印证，其时构件多为一材造（单材造），而少用大截面构件。

式。从单楣到重楣，是阑额形式发展的线索之一，其方法是以小材组合，加强柱头联系。

重楣是初唐以后成熟和盛行的阑额做法，南禅寺大殿、大雁塔门楣石刻佛殿图以及石窟、墓室壁画中多见其形象。然北方晚唐以后重楣做法趋于消失，除北汉镇国寺大殿少数几例外，唯偏远的西北敦煌宋代窟檐，尚存重楣古制。而江南宋初仍有沿用，保国寺大殿重楣做法，是江南现存木构仅见者，表现了江南古制遗存的特点。

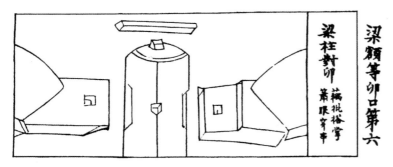

图4-82 《营造法式》柱额榫卯之梁柱对卯（《营造法式》卷三十图样）

重楣是保国寺大殿阑额的基本形式，除前廊三面为装饰性的月梁式阑额外，大殿后五架空间的四面柱间阑额，设作周圈重楣形式。其中前内柱缝上重楣，由于前廊礼佛视线设计的需要，撤去下楣，仅存单楣形式，并以之作为大殿之门额。

保国寺大殿的重楣做法，仍保持小材组合的构造形式，单楣尺寸32.5厘米×23.0厘米，折合1.06尺×0.75尺，近于足材的1尺。上下楣间尺寸24.5厘米，合0.8尺。大殿楣之用材较唐代楣的单材，虽稍有增大，但与宋式阑额广加材一倍的做法，仍相去甚远，重楣古制犹在。

保国寺大殿以后，木作重楣做法渐少。宋代阑额的演化，用材由小趋大，改小材组合的重楣做法为单一大材的阑额形式。而《营造法式》于大材阑额下再加施一道由额的做法，或仍是重楣做法的余续。

2-3.瓜楞造型

（1）瓜楞做法与特点

作为构件造型的一种形式，瓜楞做法是江南较普遍的一个特色。从现存遗构来看，江南五代两宋就已相当流行，并代有传承，现存木构及仿木砖石遗构中，都留存有瓜楞做法的实例。其中砖石瓜楞造型的遗存较多，而木作仅保国寺大殿一例。保国寺大殿的瓜楞做法，不仅是现存时代最早者，更兼有与《营造法式》拼柱做法比较这一线索，因而，保国寺大殿是现存瓜楞做法中最重要的实例。

关于瓜楞造型的构件，一般大多为瓜楞柱形式，而保国寺大殿则表现为瓜楞柱与瓜瓣斗这两个构件，且二者关联对应，即柱与柱上栌斗一体化的瓜楞造型，这是保国寺大殿瓜楞造型的特色，也是现存遗构中仅见之例(图4-83)。

如前章复原篇所分析，保国寺大殿瓜楞做法的特色，还表现在其独特的分瓣形式上，具体表现为两点，一是内外区别，二是上下对应。所谓"内外区别"，指瓜楞柱面的外瓣内圆的特色；所谓"上下对应"，指瓜楞柱与瓜瓣栌斗分瓣形式的对应。

保国寺大殿瓜楞分瓣形式，相应于大殿不同柱位而变化，相应地根据柱壁交接关系，有整柱面8瓣、角柱面4瓣、半柱面2瓣之别，形成"内外区别"的装饰效果。瓜楞分瓣形式的"上下对应"，指大殿柱上圆斗，不仅随柱身做瓜楞形式，且分瓣形式亦与柱下瓜楞柱对应相同，即以栌斗间栱眼壁区分内外，同样形成栌斗面的外瓣内圆特色。

在大殿瓜楞柱与瓜瓣斗的分瓣形式设计上，当时工匠利用了柱间及斗间薄壁交接特点，柱面及斗面的实际刻瓣数少于视觉瓣数，以此简略了雕刻瓜瓣的工序[90]。

（2）造型与构造的关系

关于保国寺大殿瓜楞柱，以往研究多将瓜楞造型与拼合构造相关联。实际上，根据前章"保国寺大殿复原研究"，大殿宋构瓜楞柱只是造型，而与拼合构造无关，宋构原柱应为整木剜刻瓜楞的形式。现状瓜楞柱的拼合构造，是后世抽换改造的结果，即保持了宋式的瓜楞造型，改变了宋式的整木构造。保国寺大殿现状瓜楞柱16根，拼合柱7根（四内柱与三檐柱），整木柱9根（皆为檐柱）。其中拼合柱应都非宋物，檐柱多数为整木柱，部分仍可能为宋构原柱[91]。

图4-83 大殿构件的瓜楞造型

[90] 关于保国寺大殿瓜楞柱分瓣特色及其与大殿空间关系的分析，参见第二章"保国寺大殿复原研究"的相关内容。

[91] 关于保国寺大殿瓜楞柱构造的复原分析，参见第二章"保国寺大殿复原研究"的相关内容。

实际上，瓜楞造型与拼合构造之间并无必然的关系。历来瓜楞柱做法，具有样式与构造两方面的意义。即在样式上表现为瓜瓣形式，而在构造上则有整木柱与拼合柱这两种不同的形式。

瓜楞柱不一定是拼合构造，拼合柱也未必取瓜楞形式，整木瓜楞柱与拼合素面柱，都是独立存在的构造形式。前者追求造型，后者基于用料。当然，将二者统一于一体者，也是一个选择，从而形成拼合瓜楞柱做法。然保国寺大殿宋构瓜楞形式的本质只在于造型，其瓜楞柱与瓜瓣斗皆是如此。正如复原章所分析的那样，保国寺大殿现状四内柱的拼合构造，是因应于厅堂构架抽换内柱施工时的被动性构造措施。

（3）江南瓜楞造型传统

瓜楞形式是江南传统造型的一个突出现象。瓜楞的八瓣意象，是诸多构件造型的一个母题。除瓜楞柱外，瓜楞斗、瓜楞櫍、瓜楞础等，都是江南瓜楞造型多见的形式，而瓜楞柱则是最多见的形式。

江南流行的瓜楞柱做法，其源久远，江苏徐州汉末晋初的贾汪石室墓仿木柱子，造型为瓜楞柱形式，分作四瓣瓜楞、八瓣瓜楞和十六瓣瓜楞几种形式[92]，说明瓜楞柱作为一种装饰柱式早已成熟。

江南瓜楞柱遗存，除保国寺大殿木作瓜楞柱外，另有诸多砖石作瓜楞柱之例，如北宋的苏州罗汉院大殿石柱、浙江临安南屏塔砖倚柱、温州国安寺石塔柱、苏州瑞光塔砖砌柱等；南宋的则有湖州飞英石塔倚柱、苏州北寺塔三层塔心室砖柱以及温州苍南石亭角柱等。此外，地域相近的福建也多存石构瓜楞柱例，如仙游宋代无尘塔瓜楞柱、莆田广化寺宋代释迦文佛塔瓜楞柱以及同寺大雄殿后所存宋代四根瓜楞柱等例。

江南瓜楞柱诸例中，尤以时代相近的苏州罗汉院大殿与保国寺大殿最为接近(图4-84)。同作为北宋江南方三间大殿，二构的瓜楞柱做法有诸多相近可比之处，且罗汉院大殿瓜楞柱做法，对于分析认识保国寺大殿瓜楞柱的原初宋构形式，具有重要的参照意义。

保国寺大殿与罗汉院大殿在瓜楞柱做法上最具特色的表现是上下节点形式的对应，二构在柱的整体造型上，通过瓜瓣造型的关联，形成立柱、柱头栌斗及柱脚櫍础三者相互对应的整体构成。在关于立柱、柱头栌斗及柱脚櫍础这三要素对应关系的分析上，由于构件的缺失，有可能掩盖整体构成的特色，而保国寺大殿与罗汉院大殿的遗存现状正形成互补印证关系，即在三要素中，保国寺大殿存立柱与柱头栌斗，罗汉院大殿存立柱与柱脚櫍础，且在瓜楞造型上，三要素分别两两关联，即保国寺大殿表现为瓜楞柱与瓜瓣栌斗的对应，罗汉院大殿表现为瓜楞柱与瓜瓣櫍础的对应。这一关联现象提示了保国寺与罗汉院二殿在瓜楞柱的整体造型上存在瓜楞柱、瓜瓣斗与瓜瓣础三者关联对应的可能。

保国寺与罗汉院二殿这一特色，反映了江南宋构在瓜楞柱造型上追求上下关联对应的特色。有理由推测现状缺失的保国寺大殿宋构柱础，在造型上有可能为瓜瓣櫍础的形式。与罗汉院大殿相类似的，还见有南通天宁寺大殿[93]，其木作瓜楞柱与瓜瓣櫍上下对应。对于保国寺大殿瓜楞造型的考证，苏州罗汉院大殿以及南通天宁寺大殿都是重要的参照实例。

保国寺天王殿前移建的唐幢，六面体幢身形式对应于须弥座底座的六瓣瓜楞形式，这表明了江南瓜楞础形式，可上溯至更早的时期。江南瓜楞造型传承不绝，直至明清时期，浙江祠堂、民居中瓜瓣斗及瓜瓣础，仍是相当普遍的形式。

2-4. 装饰细部

（1）构件的装饰化

江南建筑区别于北方建筑的特色，不仅表现在整体构架上，而且渗透于构件装饰和细部做法中。正是这些细节表现了江南建筑的风格特色，从中可见江南注重装饰的风格趣味和精巧工艺。

江南建筑的细部做法，主要表现为构件装饰化，且随时代变迁而演进发展，愈趋精细繁丽。江南建筑构件的装饰化，与其彻上明造的厅堂做法相关联。厅堂敞露的梁架结构，促进了构件加工精致化和构件造型装饰化的倾向特色。相对于北方简单斫截的做法，在构件细部处理上，江南广泛采用卷杀、讹角、雕饰等艺术加工手法，由此形成构件柔和的轮廓、流畅的线条、精致的细部和相应的装饰效果。

构件卷杀、讹角和收分的曲面加工做法，以梁、柱、斗栱的装饰加工最具特色。北方唐以后月梁、梭柱的消失，实际上反映的是构件装饰趣味的淡化以及卷杀工艺的退化。北方唐宋以后，在很大程度上，以彩绘装饰替代了构件本身造型加工，而江南相对而言更注重构件本身的造型及加工的精巧。

根据现存遗构遗迹分析，五代北宋以来，江南厅堂建筑已有较成熟的构件造型装饰技艺，如保国寺大殿所表现的北宋时期江南建筑细部装饰的特色。这一时期构件装饰尚较简朴，然亦有其特色和趣味，诸如保国寺大殿的月梁、瓜楞柱、斗栱及替木等，都是典型的构件装饰化做法。以斗的装饰为例，保国寺大殿斗的形式有讹角斗、圆斗、瓜瓣斗的诸多变化(图4-85)；柱头圆斗又根据位置做瓜瓣变化，补间讹角斗的圆角，则又多刻作凹入的海棠瓣，较通常的圆角做法更柔美精细，这些都表现了江南宋代斗形的装饰化特色。此外，构件造型上似还考虑视线因素，例如，由于瓜瓣圆斗是较讹角斗更具装饰性的构件，故处于显眼处的檐柱栌斗用瓜瓣圆斗，而处于高位的内柱栌斗则用较简单的讹角栌斗[94]（图4-86）。除大木构件之外，保国寺大殿小木装饰主要表现在平棊、藻井上，是保国寺大殿最具特色的装饰做法。

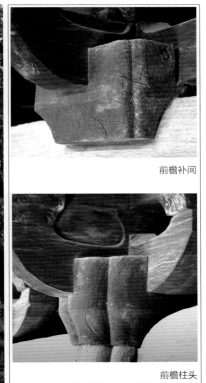

前檐补间

前檐柱头

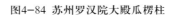

图4-84 苏州罗汉院大殿瓜楞柱　　　图4-85 大殿斗形装饰(前檐铺作)

[92] 南京博物院.徐州贾汪古墓清理简报.考古，1960(3)

[93] 凌振荣.南通天宁寺大雄之殿维修记略.东南文化，1996（2）

[94] 圆斗与讹角斗的分布有不同的变化。保圣寺大殿内外柱头栌斗为圆斗，补间为讹角斗；初祖庵大殿平柱栌斗为圆斗，角柱栌斗为方斗，内柱及补间栌斗为讹角斗；延福寺大殿内柱上为圆栌斗，外柱上为讹角斗。

图4-86 大殿内柱讹角栌斗
（西前内柱）

（2）线脚雕饰：月梁与昂

江南构件装饰做法中，线脚雕饰是最精细的表现形式，且独特别致的线脚雕饰更具有谱系传承的意义，尤值得注意。

保国寺大殿构件装饰做法中，月梁与昂的线脚雕饰别具特色，即大殿月梁与昂身的底边，以刻线为饰（图4-87）。从装饰手法而言，虽仅是简单的刻线，然在视觉效果上，却令月梁与昂构件显得精致，富于装饰性。此外，大殿月梁装饰还见有山面平梁梁头线刻纹样（图4-88），然此仅见于西山平梁一侧。

大殿构件的刻线装饰，因应于构件形式而作变化。如月梁底边刻双线，顺应梁下挖底曲线，两端收止于挖底端头。月梁底边的双刻线装饰，不仅强化了挖底的月梁造型，更显月梁曲线的柔美。

保国寺大殿昂身底边刻线，与月梁底边刻线装饰的手法及意图相似。稍有不同的是，由于尺度远小于月梁，故昂身底边为单刻线形式，且刻线顺昂身至遮椽板即止，隐于遮椽板以上以及里跳高处的昂身部分，则不作刻线装饰（图4-89）。

月梁底边刻线装饰，是江南多见的传统做法，有显著的地域特征。北宋遗构除保国寺大殿以外，角直保圣寺大殿月梁也见相同的梁底边双刻线装饰；传自宋元江南的日本禅宗样建筑，月梁底边刻饰与江南一脉相承。江南直至明代建筑上，仍见月梁底边双刻线装饰[95]，唯昂身底边刻线，仅见于保国寺大殿与延福寺大殿几例，较为独特。

（3）七朱八白：隐刻与刷饰

木构阑额做法，初唐以来盛行重楣做法，约至晚唐以后，大多改小材组合的重楣做法为单一大材的阑额形式。然虽木构重楣做法消失，重楣形象却转为一种装饰形式而流传，即七朱八白装饰，可称是早期重楣做法的遗意和痕迹。七朱八白，是构造做法转化为装饰形式的典型表现。

江南自五代北宋以来，七朱八白装饰流行。而北宋保国寺大殿的特点在于重楣做法与七朱八白二者并存。如前节所述，保国寺大殿的阑额形式，以重楣做法为基本形式，唯前廊三面改作月梁式阑额，以加强装饰。然在改作的月梁式阑额上，又施七朱八白装饰，表现原初的重楣意象，使得大殿阑额形象统一于重楣形式。

尽管七朱八白源自重楣构造的装饰化，但保国寺大殿时工匠似已淡化了二者的关联，或对七朱八白的重楣遗意已不甚理解，只是将之视作一种纯粹的装饰图案而已，故于保国寺大殿的上下重楣构件上，再施七朱八白图案，使得重楣造型犹似四楣形象，无异于叠床架屋，重叠了二者的前后演化关系（图4-90）。

实际上，保国寺大殿七朱八白装饰的运用，已有更进一步的发展，即其作为一种装饰形式，脱离了原型重楣的初衷，已不限于阑额位置，几乎所有枋额构件上都遍施七朱八白装饰。如大殿顺身串及藻井枋上并施七朱八白，已成纯粹的装饰形式。比较北方七朱八白装饰，也见相似的倾向。如北方唐代墓室壁画中，甚至栱构件上也绘七朱八白图案。

保国寺大殿七朱八白装饰有隐刻与刷饰两种形式。大殿柱间阑额上的七朱八白皆为隐刻加刷饰的形式，醒目而突出。而其他位置的枋额构件上，则表现为隐刻的装饰形式。

图4-87 大殿月梁线脚装饰（东山前丁栿北侧）

图4-88 大殿西山平梁梁头线刻纹样

图4-89 大殿下昂底边线脚装饰
（后檐西次间补间铺作外跳）

图4-90 大殿重楣的七朱八白装饰（东山后进间）

[95] 常州明代藤花旧馆楠木厅上，仍见月梁底边双刻线装饰。

《营造法式》彩画作制度记有"七朱八白"做法,是一种简单的色彩装饰:"檐额或大额刷八白者,随额之广;若广一尺以下者,分为五分;一尺五寸以下者,分为六分;二尺以上者,分为七分,各当中以一分为八白,于额身内均之做七隔,其隔之长随身之广,俗谓之七朱八白。"[96]

作为重楣做法的遗意,所谓"七朱"模拟重楣间的七小隔柱,"八白"模写小柱垫块间的八白壁。有意味的是,保国寺大殿当心间与中进间的阑额刷饰为七朱八白,与《营造法式》的规定相近,唯不做"入柱白",是二者不同之处。

七朱八白装饰,早在北魏云冈石窟第五、第九窟的石刻佛殿阑额上已见,然至唐宋时期,开始呈现出地域性特色,北方唐代墓室壁画中多见七朱八白图案,其后则几近消失。而五代以后江南地区盛行七朱八白刷饰,现存最早者为杭州灵隐双石塔、闸口白塔、灵峰探梅塔及苏州虎丘塔等,皆见隐刻的七朱八白图案;宋代之例以保国寺大殿最早,其他还有苏州瑞光塔、湖州飞英塔、镇江甘露寺铁塔以及天封塔银殿等,表现了北宋时期建筑装饰鲜明的时代特征。而同期北方五代、宋、辽、金建筑上则几不见实例,由此可见《营造法式》所记七朱八白刷饰的江南地域性倾向。南方即使是福建地区,也几乎完全不用七朱八白装饰。

3. 保国寺大殿的构造做法与比较

3-1. 承檐做法

宋代斗栱承檐做法大致有两种形式,一是令栱承撩檐枋做法,一是令栱替木承撩风槫做法。二者构造样式不同,且反映有地域性特色,是表现建筑构造样式特色的一个重要方面。

保国寺大殿承檐构造做法为撩檐枋形式,此为江南五代北宋以来一贯的传统做法,江南现存五代自明清遗构,莫不如此,撩檐枋做法于江南之普遍几无例外[97],而这与北方承檐做法成鲜明的对照。考北方现存唐、宋、辽、金遗构,其承檐构造绝大多数为替木承撩风槫做法[98],南方福建一地宋元遗构中,杂用两种承檐构造做法。故以保国寺大殿为代表的撩檐枋承檐构造做法,具有显著的江南地域倾向。

值得注意的是,《营造法式》造檐之制,以撩檐枋做法为制度,而对于北方普遍的替木撩风槫做法,仅于小注中带而已[99]。作为北方官式的《营造法式》,不取北式的替木撩风槫做法,反用典型的江南撩檐枋做法,表明了其技术源流中的江南因素。

保国寺大殿承檐斗栱形式为七铺作双抄双下昂、外跳抄头施令栱承撩檐枋,其令栱处要头相交并出头,且根据现状痕迹考察,其要头不似后加者。令栱是承檐构造的主要构件,而要头则为拉结扶持令栱之构件。北方承檐斗栱及《营造法式》相关记载,都有与令栱相交的要头。然江南除保国寺大殿外,宋元遗构的承檐斗栱中绝少见施用要头者,保国寺大殿要头在宋代江南近于孤例的存在,是一独特的现象。

保国寺大殿承檐斗栱用遮椽板,作菱形和方形透空格眼,颇具装饰性。江南五代宋初的闸口白塔、灵隐寺石塔及经幢斗栱亦有类似遮椽板之设,南宋湖州飞英塔内塔遮椽板则刻作钱纹形式。

3-2. 拼合做法

(1) 拼合柱

保国寺大殿现状拼合瓜楞柱,是大殿构造做法的一个突出现象和重要特色。

构件拼合做法,其目的有二,一是替代大料的结构作用,二是替代整材的装饰作用。而拼合对象主要为拼合柱与拼合梁两种。构件拼合做法,南北皆较普遍,且各具特色。

关于江南构件拼合做法,一般认为保国寺大殿的拼合瓜楞柱为现存最早和最重要者。然根据现存遗构分析,构件拼合做法在南宋以后趋多,而北宋时期,江南建筑上构件拼合做法应尚少用。保国寺大殿现状拼合瓜楞柱做法,并不能简单地视作宋构的原初构造做法。

根据保国寺大殿的复原分析,大殿现状的拼合瓜楞柱,既非宋构原物,其拼合构造做法,也非原初构造形式,宋构原初应为整木瓜楞柱形式,现状瓜楞柱及拼合做法为后世修缮改造的结果[100]。保国寺大殿现状瓜楞拼合做法的目的,并非基于以小拼大的材料因素,其目的在于修缮施工过程中抽换旧柱的便利,尤其是大殿四内柱。保国寺大殿现状拼合瓜楞柱,应是清乾隆年间"移梁换柱,立碌植楣"的结果。

关于拼合柱的具体做法,《营造法式》卷三十合柱鼓卯图中,有"两段合"和"三段合"图样,构造上以鼓卯楔鞠连结拼料,其拼合柱外观仍为素面圆柱形式。保国寺大殿大殿现状拼合瓜楞柱,与《营造法式》拼合柱做法并不相同,各具特色。

保国寺大殿现状十六根瓜楞柱中,拼合柱七根,其拼合方式分作两种,即段合拼柱与包镶拼柱两种。大殿四内柱为段合拼柱形式,即以中心四段合小柱承重,外嵌四瓣装饰,形成外观八瓣的瓜楞柱形式;大殿包镶拼柱做法,以心柱承重,外镶八瓣装饰,也形成外观八瓣的瓜楞柱形式。比较大殿两种拼合柱做法,其段合拼柱的实质是以小拼大的结构性拼合,包镶拼柱的实质是以小拼大的装饰性拼合。

然从现存遗构来看,江南木构实际上更善用拼合梁枋,而绝少用拼合柱,江南似并无拼合柱传统。以元构金华天宁寺大殿为例,其所有梁栿甚至栱昂都采用拼合做法,唯柱仍用整木柱形式。

(2) 拼合梁

在拼合柱与拼合梁这两种拼合做法中,江南更注重梁的拼合,主要表现为拼合月梁。江南月梁拼合做法,早期只是梁背部分作局部拼贴,拼料甚小,只用以拟合月梁梁背曲线,如北宋保国寺大殿,其月梁拼贴只用于部分小跨月梁乳栿、劄牵上(图4-91),而大跨三椽月梁以及心间月梁阑额,则不用拼合做法。稍晚的保圣寺大殿,月梁拼合仍限于乳栿、劄牵,大跨月梁四椽栿,并未见拼合痕迹,但其乳栿、劄牵月梁的拼合程度已甚于保国寺大殿,其拼合料较大,已略近于后世的月梁拼帮做法。

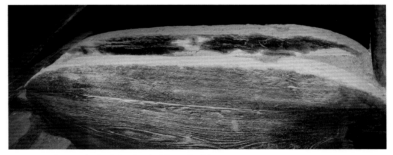

图4-91 大殿月梁拼合做法(后檐西劄牵)

关于梁枋拼合做法,宋式分别有"缴"与"贴"两种,《营造法式》规定:"凡方木小,须缴贴令大。……如月梁狭,即上加缴背,下贴两颊。"[101]也即拼合梁有拼合梁高的"缴背"与拼合梁宽的"贴颊"。江南早期保国寺大殿的拼合梁做法,其目的纯在于造型,

[96] 《营造法式》卷十四·彩画作制度·丹粉刷饰屋舍。

[97] 江南明清遗构中仅苏州斜塘土地庙与景宁时思寺大殿例外,为替木撩风槫做法。其中时思寺大殿替木撩风槫做法,应是福建做法影响的结果。

[98] 北方宋辽金遗构中,仅初祖庵大殿等少数几例为撩檐枋做法,且其中有可能是受南方影响的结果。

[99] 《营造法式》卷五·大木作制度二:"凡撩檐方(小注:更不用撩风槫及替木)……"

[100] 关于大殿拼合瓜楞柱的具体分析,详见前章"保国寺大殿复原研究"的相关章节内容。

[101] 《营造法式》卷五·大木作制度二·梁。

且已略具后世拼帮做法的意味。

江南宋元以后，梁枋拼合做法发达，元代真如寺大殿阑额高狭，为数料拼合；金华天宁寺大殿，则几乎所有梁枋无一整料，皆拼合而成，拼料间以木梢穿连卯合。江南明清以后更发展成"拼帮"做法，是以板料增加月梁外观高度的装饰造型手法。

3-3.薄壁做法

江南厅堂建筑造型素以轻盈为特色，柱间墙体做法是其相关因素之一。江南自五代北宋以来，柱间墙体通常采用薄壁做法，显著区别于北方殿堂厚重墙体围合的做法，薄壁露柱形象，成为江南木构厅堂建筑典型的形象特征。

（1）薄壁形式

江南现存木构建筑，经年历久，屡经修缮改易，现状柱间围合形式，已多非原物或原状。如保国寺大殿现状柱间围合形式，即已完全不同于原初形式，无论是空间分隔形式，还是柱间墙体构造，都已在历次修缮改易中，改变了原初状况。因而，对原状的认识，有赖于复原分析和解明。前章"保国寺大殿复原研究"篇中，根据大殿瓜楞柱、瓜瓣斗独特的分瓣特征，分析推定大殿柱间围合墙体必定为薄壁形式，因唯有柱间薄壁构造做法，方可达到柱、斗分瓣形式的上下对应和内外区别这一意图和效果。保国寺大殿前三椽空间为敞廊形式，而后五椽闭合空间的柱间围合墙体，应为居柱中缝的薄壁形式[102]。

厅堂建筑柱间薄壁做法，根据现存遗构遗迹分析，至少在江南宋元时期应是通常普遍的形式。比较与保国寺大殿大致同期的所有江南五代北宋遗构，也都证明了这一点。首先是同为江南北宋时期木构的保圣寺大殿与罗汉院大殿，二者柱间围合墙体皆为薄壁形式；其次，现存江南五代北宋时期诸多仿木石构，如灵隐寺石塔、闸口白塔以及灵峰探梅塔等，无一例外地均表现为柱间薄壁的形象。也就是说，已知江南五代两宋木构形象中，无一例不是薄壁做法，这证明了这一时期江南薄壁做法的普遍性。至于砖砌厚墙做法，江南应是在明代以后开始多用的。

上述所举诸多薄壁做法实例中，与保国寺大殿最相近可比之例为苏州罗汉院大殿(982)。作为江南北宋初期的大殿遗址，罗汉院大殿时代尚早于保国寺大殿31年。现存大殿遗址以及散布遗址上的石柱等诸多石构件，是分析北宋时期江南厅堂形制的重要资料。分析罗汉院大殿石柱遗迹，其柱侧留有一竖向窄条痕迹，宽约10厘米，明显是原先柱间安装薄壁的构造痕迹(图4-92)。罗汉院大殿与保国寺大殿是江南

北宋时期厅堂柱间薄壁做法的两个明证。

（2）薄壁构造

保国寺大殿原初宋构柱间薄壁，应于清康熙年间增扩下檐而拆除，大殿围合构造推至下檐柱分位，并采用了厚墙包裹的形式。然根据遗构残存痕迹分析，大殿少数残存栱眼壁形式都为编竹泥墙做法，厚约6厘米，其虽不一定是宋物，但是宋式无疑。因而保国寺大殿柱间薄壁做法，也应为对应的编竹泥墙的构造形式。

江南薄壁做法的构造形式，以编竹夹泥墙为传统做法。江南盛产和广用竹材，且多用作建筑材料。编竹夹泥墙的传统做法直至明清时期仍是江南多用的形式，分析江南宋元遗构金华天宁寺大殿、武义延福寺大殿及景宁时思大殿等，其柱间薄壁尽管或非原物，但应都保持了原初的构造形式，表现为编竹夹泥墙的相同特色。如金华天宁寺大殿窗下槛墙及两山各间墙体，皆为编竹夹泥墙做法，并支架木框，加剪刀撑，以增加薄壁刚度[103]。

《营造法式》竹作制度记述各种用竹方法，如槛墙、栱眼壁及山墙尖，以编竹夹泥墙为之，记作"心柱编竹造"、"隔截编道"，这些内容应也是《营造法式》南方技术因素的表现。宋时汴京宫廷建筑似也使用竹材，然毕竟带有浓厚的南方建筑色彩。此外，深受南宋江南建筑影响的日本禅宗样建筑所用木骨泥墙，虽受材料所限，然亦是十分相似的墙体构造方式。

4.江南斗型与斗纹

4-1.截纹斗与顺纹斗

（1）保国寺大殿的截纹斗现象

关于斗栱的研究，以往较多地偏重于形制方面，而关于斗、栱的制作加工，则相对而言关注较少。通过保国寺大殿全面精细的勘察分析，在斗的制作加工上，有一个特色值得注意，即大殿的截纹斗现象。所谓截纹斗现象，简单而言，即保国寺大殿斗栱的单槽散斗看面，显示为截纹形式（图4-93）。这一现象与我们通常印象中以光洁顺纹面作为看面的斗纹特色相异。通过考察分析，保国寺大殿的截纹斗现象，并非个例做法，且有其独特的内涵意义。其内涵不仅表现为加工制作的技术意义，而且具有时代与地域特色，乃至匠师谱系的内涵和意义。因而，保国寺大殿的截纹斗现象，是深入分析和认识保国寺大殿的一个独特线索与视角。

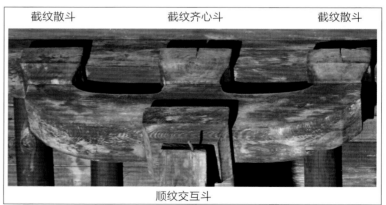

图4-93 大殿截纹斗形式（西山补间铺作里跳令栱散斗）

（2）截纹斗与顺纹斗形式

斗栱构成上，斗型分类有齐心斗、交互斗、散斗和栌斗四种。保国寺大殿栌斗有圆斗和讹角斗的特殊造型，属大斗形式；散斗、齐心斗和交互斗三者为小斗形式，是斗栱构成上数量最多的构件类型。

图4-92 苏州罗汉院大殿柱侧薄壁构造痕迹

[102] 具体复原分析，详见第二章"保国寺大殿复原研究"第二节的相关内容。

[103] 参见王士伦.金华天宁寺大殿的构造及维修.浙江省文物考古所学刊，1981

分析三种小斗的斗型特征，在比例构成上，保国寺大殿三种小斗为《营造法式》型，这有可能是现存遗构中的最早者。根据开槽形式的不同，三种小斗可分作两类，一是单槽斗，一是十字槽斗。其中单槽斗为散斗，十字槽斗为齐心斗和交互斗，偷心处及令栱下的交互斗，以及无要头令栱上的齐心斗，虽作单槽形式，然属十字槽斗的特例。

以开槽方式归类，小斗只有两种：一是单槽的散斗，一是十字槽的交互斗与齐心斗。这是截纹斗与顺纹斗分析的认识基础。

斗的开槽，是斗加工制作的重要工序，且开槽方式与斗纹形式直接相关。所谓截纹斗和顺纹斗均是针对单槽斗而言的，即以单槽斗的开槽方式定义和区别斗纹形式。具体而言，单槽斗的开槽加工，若横截木纹而开槽，则为截纹斗，其顺槽斗面为截纹形式；若顺沿木纹而开槽，则为顺纹斗，其顺槽斗面为顺纹形式。前图保国寺大殿令栱上下的四个小斗，正包含了截纹斗与顺纹斗这两种斗纹形式，即栱端的截纹散斗，栱心的截纹齐心斗，栱下的顺纹交互斗。因此，所谓截纹斗和顺纹斗，是相应于不同开槽加工形式的结果。

截纹斗形式，是保国寺大殿斗栱的一个显著特色。保国寺大殿所有的单槽散斗，皆截纹斗形式。单槽截纹散斗，是保国寺大殿斗纹做法的突出特色。

（3）十字槽斗的摆放形式

如果说单槽截纹斗具有加工制作的意义，那么对于十字槽斗而言，因是两向开槽，故其斗纹特色，只有摆放的意义，即以顺纹面或截纹面为斗的正向看面的摆放方式的差别，而无开槽加工的区别。

保国寺大殿十字槽斗的摆放形式，除斗型替用的特例外，有如下特色：十字槽交互斗，以顺纹面为正向看面而摆放；十字槽齐心斗，以截纹面为正向看面而摆放。

十字槽斗的特例，即偷心处及令栱下的单槽交互斗以及无要头令栱上的单槽齐心斗，仍按十字槽斗的形式摆放，也就是偷心处及令栱下的单槽交互斗，仍以顺纹面为正向看面而摆放；无要头令栱上的单槽齐心斗，仍以截纹面为正向看面而摆放。总而言之，大殿齐心斗无论十字槽还是单槽，皆以截纹面为正向看面；大殿交互斗无论十字槽还是单槽，皆以顺纹面为正向看面。因此，大殿十字槽斗的三种特例，即偷心处的单槽交互斗实际上成截纹斗形式，令栱下的单槽交互斗成顺纹斗形式，而无要头令栱上的单槽齐心斗成截纹斗形式。

在十字槽斗的摆放形式上，大殿齐心斗以截纹面为正向看面的特色甚为显眼，推测其原因在于追求里外跳令栱上三小斗斗纹的统一与协调，从而栱心上的齐心斗斗纹与两端的截纹散斗取得统一，这一斗纹特点包括大殿藻井斗栱皆是如此。

所谓截纹斗与顺纹斗，皆是针对单槽斗而言的。在保国寺大殿上，唯散斗为真正意义上的截纹斗。故下文关于斗纹的地域性以及南北做法的比较，皆以散斗为对象。散斗作为数量最多的斗型，无论在加工上、还是造型上，都具有典型意义。

4-2. 斗纹做法的地域特征

（1）截纹斗的江南地域特色

关于保国寺大殿截纹斗现象的分析，其意义在于截纹斗做法并非保国寺大殿的个别现象，而是江南木构建筑典型和普遍的特色。江南自保国寺大殿以来的历代木作遗构，截纹斗做法是不变的定式，且截纹斗做法的传承直至现代，至今江南传统木构建筑施工中，仍普遍采用截纹斗做法。因此，截纹斗做法是伴随工匠谱系而

传承的江南地域做法。

江南地区，北宋保国寺大殿之后的宋元木作遗构，有虎丘二山门一座，以及延福、天宁、真如、轩辕的元构四殿，再加上时思寺大殿、钟楼二构及旺墓村土地庙等，诸构代表了保国寺大殿以来江南木构技术的传承。考察分析以上诸构斗纹做法，皆为截纹斗形

图4-94 景宁时思寺大殿截纹斗形式（西檐令栱位置）

图4-95 景宁时思寺钟楼截纹斗形式（三层令栱位置）

式，无一例外（图4-94）。其中时思寺钟楼的截纹斗做法更具特色，其令栱处的散斗、齐心斗及交互斗三者，规格尺寸统一，皆为截纹斗形式（图4-95），进而包括补间单槽栌斗也全取截纹斗形式。其截纹斗做法的规格化和全面性，较保国寺大殿更进了一步。

截纹斗做法，可称是江南木构技术传统的典型表现。

（2）南北斗纹做法的比较

南北建筑技术的差异和特色表现在诸多方面，其中截纹斗做法与顺纹斗做法的差异对比，是一颇具特色和内涵的表现。考察北方唐宋木作遗构，散斗顺纹做法是一普遍现象，几无例外。在可见斗纹的遗构中，从唐五代至宋辽金诸构，凡散斗皆为顺纹斗形式。金代建筑的源流虽较复杂，然考察金代遗构斗纹，散斗顺纹形式亦是不变的法则。散斗做法的南截北顺之别，其对比显著而分明。

北方斗纹做法，看似略有变化，然实际上除偷心交互斗的朝向摆放的变化外，余皆完全统一。姑且以同一寺院的晋祠圣母殿与献殿二构为例，分析北方斗纹的变化现象。首先二例散斗皆为顺纹斗形式，这是北方唐宋以来散斗不变的做法[104]，二例的变化仅在里跳偷心交互斗的摆放上。

圣母殿型斗纹特点为：下檐铺作里跳偷心处交互斗看似为截纹

---

[104] 就目前所见北方遗构中，平顺回龙寺正殿内柱丁头栱跳头承槫的单斗支替，其斗为截纹斗。此外，敦煌莫高窟北魏251窟木作小斗为截纹斗，且斗型为散斗，甚具意义。另，初祖庵大殿老斗上，也见截纹散斗做法，此或是表明其南方因素的又一线索。

斗，实际上与外跳计心交互斗的摆放一致，只不过单槽而已。其斗的摆放规律为：所有斗皆以顺纹面朝向铺作的正面，截纹面朝向铺作的侧面。圣母殿型斗纹做法，着重于斗纹朝向的摆放意义，而当所有斗皆以顺纹面朝向正面时，单槽的偷心交互斗则自然成截纹斗形式，故此并非明确有意识的截纹斗概念。

献殿型斗纹特点为：除所有十字槽斗的摆放以顺纹面朝向铺作正面外，所有单槽小斗在加工制作上，也皆作顺纹斗形式。故其偷心交互斗以顺纹面朝向铺作侧面。相比较圣母殿型斗纹，献殿型斗纹形式强调单槽斗的顺纹加工，有明确加工意义上的顺纹斗概念。

归纳之，北方斗纹基本统一，其少许变化主要表现在里跳偷心交互斗上，并可大致以圣母殿型与献殿型两类概括，且实例中圣母殿型似只是少数之例，北方斗纹多数为献殿型。进而可以推知，无论是圣母殿型，还是献殿型，宋代以来的北方工匠都无明确的截纹斗的意识和概念，这是与江南做法最大的区别。

实际上，除去十字槽斗的摆放形式外，南北斗纹加工做法的区别只在散斗上。散斗斗纹的特点，代表了工匠的斗纹意识，就唐宋以来的遗构来看，南北之分别明确而清晰。其差异简而言之，南截北顺。

4-3. 斗纹形式的相关因素

（1）斗纹形式的技术因素

探讨截纹斗的成因，技术因素首先为人们所关注。其中树种材质应是一个重要的相关因素。根据南杉北松的地域用材特点，不同材质与构件加工方式之间，应有密切的关系。材质的软硬密实程度以及纹理特点，都直接影响构件加工制作的难易和效果。因此，材质纹理特点以及相应的开裂变形状况，应是斗的加工制作上选择截纹开槽或顺纹开槽的影响因素之一[105]。

截纹斗与顺纹斗的下料制作的思路完全不同。从批量制斗的规格化用材角度而言，如是顺纹斗的话，三种小斗可用统一的10份×16份规格枋材扁作而成，相对简单便捷；如是截纹斗的话，则制斗的枋材规格不一，需以不同规格的枋材分别制作。如截纹散斗以10份×14份枋材制作，截纹齐心斗以10份×16份枋材制作。保国寺大殿的截纹小斗制作，应采用的是后一种方法，其制作相对复杂麻烦一些，故保国寺大殿也见斗的两用和替代，以减少斗型的变化及相应的加工制作[106]。

北方普遍的献殿型小斗的制作下料，理论上是可以采用同一规格的枋材扁作而成的，相对于南方截纹斗的制作，其用材规格化的程度较高。

（2）截纹斗的内涵与意义

江南截纹斗现象，技术因素的作用无疑十分重要，然似又并非完全由技术因素所决定。实际上，顺、截纹两种做法，在材质、加工等技术因素下，其难易和效果上虽会略有不同，但都是相当微弱和次要的，而不至于非此即彼的程度。保国寺大殿单槽小斗上顺纹（交互斗）与截纹（散斗）同存的现象，也意味着并不能以单一的加工制作因素来解释。保国寺大殿所有单槽小斗皆是截纹斗形式，唯里外跳令栱下交互斗为顺纹斗形式，且这一特色，在延福寺大殿、时思寺大殿等构上也同样存在，是一有规律的斗纹现象。这说明顺截纹斗做法除了加工因素之外，应还有进一层的意义。

实际上，在材料与加工技术上，斗的顺纹开槽与截纹开槽，大同小异，利弊互见，最终取决于选择。从技术的角度而言，斗的顺截纹两种做法，应是两可的选择和随宜的做法。然这种选择，似又与视觉效果和装饰因素并无直接的关系，因为表面油漆刷饰最终覆盖了斗纹。

南方截纹斗做法上，除了材料、加工的技术因素外，应还包涵制作和施工上的工匠设计思维和意识，即以斗纹与斗型的对应关系，作为一种形象的识别符号，在大量性斗构件的制作、拼装的施工过程中，起到构件分类、定位和摆放定向的作用。另一方面，斗的顺纹与截纹做法，作为工匠传统技法，依赖于匠师谱系而传承，从而带有特定的形式意味。

（3）《营造法式》的斗纹形式

从地域技术因素及匠师谱系的角度而言，采集融汇南北技术的北宋官式《营造法式》的斗纹分析，具有特殊的意义。

《营造法式》齐心斗、散斗和交互斗这三个斗型的小斗，就规格化制作加工而言，本可以用统一的10份×16份规格枋材扁作而成，并成顺纹斗形式，与北方普遍行用的献殿型做法相吻合。然通过《营造法式》相关制度的分析发现，《营造法式》在散斗做法上，恰弃北方通用的顺纹斗形式，而采用江南传统的截纹斗做法。关于上述这一推知认定，以下根据造斗之制的两条线索进行分析。

其一，从"横开口"看散斗的斗纹特点：

《营造法式》大木作制度的造斗之制规定，单槽交互斗与单槽齐心斗，皆"顺身开口，两耳"；而散斗则"横开口，两耳"[107]。也就是说，散斗的开槽方向，与单槽交互斗与单槽齐心斗不同，即一顺一横。其"顺身"应指顺斗身，"横"则指转90度方向。而制斗过程上的顺、横两向，最直观的标志就是木纹，也即顺纹方向与横纹方向。因此可以推知，单槽交互斗与单槽齐心斗应为顺纹开槽，散斗应为横纹（截纹）开槽。

古代锯作加工，根据锯路的纹理方向，分作直锯与横锯两种，即顺纹开解用直锯，横纹切割用横锯。据此，《营造法式》制斗的"顺身开口"应指顺纹开槽，其单槽齐心斗和单槽交互斗为顺纹斗形式；"横开口"应指横纹开槽，其散斗为截纹斗形式。

其二，从"以广为面"看散斗的斗纹特点：

根据《营造法式》大木作制度的造斗之制，齐心斗"其长与广皆十六分"，交互斗"其长十八分，广十六分"，而散斗"其长十六分，广十四分"，且"以广为面"[108]。十六份是《营造法式》三小斗侧向宽度的统一份值，故相对于散斗的"以广为面"，单槽齐心斗及交互斗则是"以长为面"的。

那么，斗之长、广所指为何？根据分析并非长、短边之意，而是有方向所指。因为《营造法式》的栌斗及齐心斗虽为方斗，却有长、广之分：栌斗，"其长与广皆三十二分"，齐心斗，"其长与广皆十六分"，而角柱栌斗则直接用"方三十六分"表记。其原因在于柱头栌斗与齐心斗皆有"顺身开口，两耳"的可能，也即作为单槽栌斗与单槽齐心斗的可能，而在此情况下，方斗的单向开槽，就需有方向的规定，故以长、广区分斗之二维向度；而角栌斗因必是十字槽斗，在开槽加工上不存在区分方向的问题，故直接以"方

---

[105] 根据工匠访谈，从加工制作的角度而言，杉木截纹斗，斗耳不易变形，且截纹斗易于斗口剔凿，因此，南方截纹斗的使用，或有其因应材料和加工技术的因素。

[106] 保国寺大殿斗型的替代，有两种情况，一是以散斗替代偷心交互斗，一是以交互斗替代正心处齐心斗。大殿这种不同斗型的替代做法，实际上即是一斗两用，目的在于减少斗型的变化及相应的加工制作，其中尤以散斗的两用最具意义。

[107] 《营造法式》卷四·大木作制度一·造斗之制。

[108] 《营造法式》卷四·大木作制度一·造斗之制。

三十六分"表记。而对于方斗加工上区分长、广两向，其最直观的依据只能是木纹的顺、横特征。

进一步分析《营造法式》构件的三向称谓，材之断面的两向谓之广、厚，材之顺纹向度谓之长。《营造法式》中所有构件的顺纹长度，皆以"长"表记。而斗的长、广之称，则与其制作特点相关。小斗是以枋材扁作而成，材断面之广、厚，相应成为斗广、斗高，材之顺纹长向则成为斗长（图4-96）。因此可知，由枋材扁作的小斗长、广两向，是有其方向所指的，即广指斗之截纹面，长指斗之顺纹面。相应地，"以广为面"的散斗，即指以截纹面为看面的截纹斗形式。

上述造斗之制的两条线索，皆指向《营造法式》散斗为截纹斗的形式，而其齐心斗、交互斗则为顺纹斗的形式。《营造法式》斗

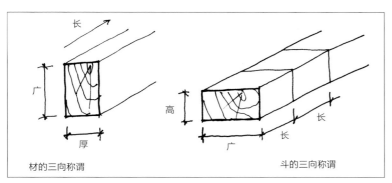

图4-96 以枋材扁作小斗的三向关系

纹形式与保国寺大殿基本相同，唯二者齐心斗略有不同，保国寺大殿令栱心上的齐心斗，也为截纹斗形式，而《营造法式》齐心斗则为顺纹斗形式。

《营造法式》的截纹斗特色，在构件加工制作的层面上，表露了其与江南地域技术的密切关联，《营造法式》在斗型与斗纹两个方面皆与保国寺大殿相同一致这一现象，令人想象其二者间的深刻关联性。

4-4.东亚斗纹做法的比较

（1）斗纹做法的东亚流播

伴随中国木构技术的传播，斗纹做法在东亚诸国亦表现出相应的特色，成为东亚木构技术源流关系中的一个相关细节。

斗纹的东亚线索，大致表现出如下的特色：截纹斗现象为早期时代特色，后期遗构皆以顺纹斗为特征。日本学界以截纹斗作为早期样式特征之一[109]，日本白凤时代遗构药师寺东塔（730），是日本少数截纹斗遗存之例。

药师寺东塔截纹斗的特点十分典型，并与江南时思寺钟楼截纹斗做法甚似，东塔不仅令栱两端的散斗为截纹斗，而且所有的单槽齐心斗和交互斗，也皆为截纹斗形式，甚至栌斗也以截纹为正向看面（图4-97）。日本自药师寺东塔之后，遗构中再不见截纹斗做法，皆为顺纹斗形式。

朝鲜半岛不存早期木构建筑，所存较早者为高丽后期遗构，时代相当于中土南宋时期。朝鲜半岛现存遗构皆为顺纹斗形式，然根据统一新罗时代遗址的考古研究，发现雁鸭池宫殿遗址出土的斗栱遗迹为截纹斗形式，且截纹斗与顺纹斗并存[110]，其时代相当于中

图4-97 奈良药师寺东塔截纹斗形式（底层塔身斗栱）

土盛唐时期。与日本类似，朝鲜半岛也表现出截纹斗的早期特色。

东亚斗纹现象，为认识中国本土斗纹做法提供了独特的参照和线索。

（2）斗纹做法的属性特征

从东亚整体的角度看待斗纹现象，日本与朝鲜半岛的截纹斗做法，到底表现的是祖型的地域特征，还是时代特征，是东亚斗纹现象分析的关键。然依据仅存的少数史料，尚难于确认。根据中土莫高窟北魏251窟截纹斗，以及日本与朝鲜半岛截纹斗的遗存现象分析，截纹斗做法的时代倾向似较为显著，也即表现为斗纹的早期做法，而这一特点与唐宋以后截纹斗显著的地域特色形成对比。

根据东亚建筑的源流和传播关系，朝鲜半岛的统一新罗时代建筑以及日本白凤时代建筑，其祖型都可明确为初唐至盛唐时期的长安官式建筑。依此线索分析，中土北方早期应也存有截纹斗做法，东亚日本和朝鲜半岛的截纹斗做法应表现的是祖型的时代特征。

日本中世从南宋江南地区传入禅宗样建筑。然现存日本禅宗样建筑皆为顺纹斗做法，这表明中世日本禅宗样建筑，虽以江南建筑为祖型，但在构件加工制作上，仍传承的是和样建筑的传统。日本奈良时代以后的和样以及中世禅宗样建筑弃用截纹斗做法，据日本学者分析，其重要的一个原因是为了追求斗看面的平整效果。

根据东亚截纹斗线索的综合分析，古制遗存现象应是江南宋代以后，仍普遍采用截纹斗做法的主要原因。截纹斗这一早期的时代特色，在江南地区以古制遗存的形式，转化为地域特征。截纹斗做法作为一种工匠传统，应早于唐宋时期，截纹斗做法的东亚传承，表明了这一点。

[109] 关于截纹斗，日本学界称作木口斗。

[110] 雁鸭池遗址出土统一新罗时代宫殿斗栱小斗残件三件，现藏于首尔博物馆。然此截纹斗是否为散斗，尚无法判定。

第五章 保国寺大殿与《营造法式》

一、《营造法式》的江南背景

1.研究的视角与线索

《营造法式》作为以汴梁为都的北宋王朝颁行的建筑营缮法规制度，无疑集中代表和反映了北方官式建筑的制度与做法。然《营造法式》在诸多方面又与江南做法有相当的关联。而在江南建筑中，又尤以保国寺大殿与《营造法式》的关联最为显著。南北现存宋金遗构中，与《营造法式》制度最近者，首推保国寺大殿。这一现象既反映了宋代南北建筑技术的交流与融合，同时也表现了唐宋以来南北建筑地域特色的不同倾向。

排比对照保国寺大殿与《营造法式》的相关技术特点，诸多现象和线索，指向保国寺大殿与《营造法式》之间的关联性，二者许多做法或同出一辙，或关联相似，一些甚至成为《营造法式》做法的孤例。由于二者之间密切的关联性，保国寺大殿可称是《营造法式》研究的一个标本，二者较鉴，启发阐明处甚多，其一是得以深入地认识保国寺大殿，其二是推进《营造法式》的研究。同时，保国寺大殿至《营造法式》的90年间的变化，也是认识江南五代北宋建筑演化的一个参照。因而，保国寺大殿与《营造法式》的比较研究，无论对于保国寺大殿研究还是《营造法式》研究，都是一个重要的研究视角与线索。

2.汴京与江南的关联
2-1.江南文化中心的确立

中国历史的发展自秦至隋唐以前，汉文化的重心主要位于黄河流域，随着南方的不断发展，中晚唐以后，在经济文化上，南方的繁盛已超越北方。早在中唐时已"赋出于天下，江南居十九"[1]，五代吴越之富"甲于天下"[2]。北宋时除首都汴梁外，其他重要城市如杭州、苏州、江宁、越州、荆州、泉州、广州等，全在南方[3]，北方在经济上日渐依靠于富庶的南方。北宋以汴梁为京师，更进一步地密切了北方与南方经济和文化的关系。东京汴梁成为中国历史上南北格局及盛衰易位的转折点，从此中原地区的传统优势不复存在，东南繁盛代之而起。

北宋弃长安、洛阳而转取与江南交通便利的汴梁为都，其目的之一即考虑的是汴水漕运的便利。隋至北宋间，汴水一直是联系中原与江南的水路动脉，其在中国文化中心的南迁上起有很大的作用。北宋王朝亦依赖汴河维持着北宋汴京的繁荣，其京师物质供应即主要通过汴河取之于江南[4]。因此，通过汴河与运河为纽带，汴京与江南的密切关系也势在必然，其中自然也包括南北技术的交流及江南建筑技术的影响。

2-2.江南先进技术的北传

自中唐五代以来，随着南方经济文化的日益繁盛，建筑技艺亦有很高的水平，一直保持着较北方领先的地位，并不断为北方所仿效，影响着北方建筑的面貌。其实早在隋炀帝造洛阳宫殿时，即盛仿江南样式。江南素以名工巧匠及技艺精湛而闻名，正所谓"华堂夏屋，有吴蜀之巧"[5]，宋初又有浙东名匠喻皓进京主持重大工程，被推崇为"国朝以来，木工一人而已"[6]，这些正代表和反映了五代至宋江南建筑技术超越于北方的水平，在此背景下，江南先进建筑技术的北传以及对北方建筑的影响亦是不足为奇的。

3.南北建筑技术的融汇
3-1.官式制度与地域因素

《营造法式》作为北宋官颁建筑规范制度，无疑是宋代官式建筑最重要和全面的技术文献。然一个时代的建筑技术，还应包含有地域因素在内。在唐宋以来南北建筑技术交流的背景之下，《营造法式》技术源流中对江南因素的反映亦势在必然。追溯《营造法式》的技术源流及其相应的地域因素，对于研究宋代南北建筑技术的交流以及《营造法式》本身，都具有重要意义。实际上，关于《营造法式》的技术源流，一些学者很早就注意到《营造法式》与江南建筑的关系，并进行了相关研究探讨[7]。正如潘谷西所指出的那样，"五代至北宋间江南一带的建筑与《营造法式》的做法很接近，尤其是大木作，几座石塔的斗栱、柱、枋、檐部等，几乎都可和《营造法式》相印证"[8]。仅从时间前后的

---

[1] 唐·韩愈《送陆歙州诗序》："赋出于天下，江南居十九"。载《全唐文》卷555，转引自陈正祥.中国文化地理.台北：木铎出版社，1958

[2] 北宋杭州知州苏轼《表忠观记》："吴越地方千里，带甲十万，铸山煮海，象犀珠玉之富，甲于天下"。宋·苏轼.苏东坡集.北京：商务印书馆，1958

[3] 陈正祥.中国文化地理.台北：木铎出版社，1984

[4] 周邦彦《汴都赋》中形容汴河运输之盛况时说："自淮而南，邦国之所仰，百姓之所输，金谷财帛，岁时常调，舳舻相衔，千里不绝……"宋·吕祖谦编《宋文鉴》，《四库全书》集部八。

[5] 苏轼.灵璧张氏亭园记//宋·苏轼.苏东坡集.北京：商务印书馆，1958

[6] 欧阳修《归田录》："开宝寺塔，在京师诸塔中最高，而制度甚精，都料匠预浩所造也。塔初成，望之不正，而势倾西北。人怪而问之，浩曰：京师地平无山，而多西北风。吹之不百年，当正也。其用心之精盖如此。国朝以来，木工一人而已。"杜维沫，选注.欧阳修文选.北京：人民出版社，1982

[7] 关于《营造法式》与江南建筑的关系，早为许多学者注意和指出，如傅熹年《福建的几座宋代建筑及其与日本大佛样建筑的关系》一文中，多处谈及《营造法式》中的南方因素这一问题。潘谷西"《营造法式》初探"（一）中，亦专就此论题，做有相关研究。

[8] 潘谷西.《营造法式》初探（一）.南京工学院学报，1980（4）

比较来看，江南做法在前，宋末的《营造法式》在后，故也有理由推测其间的影响关系。也就是说作为北宋官式做法的《营造法式》中，汲收融汇有相当的江南地方做法。

3-2.南方技术因素的吸收

关于《营造法式》技术源流中的南方因素，从历史看，江南工匠很早就开始活动于北方，相应地江南做法亦随之流播北方，如喻皓等江南工匠在北方的营建活动，使得江南浙东等地的建筑做法，对汴京建筑产生相应的影响。宋时汴梁是南北因素交汇的地区，在建筑技术上亦显现出南北交融的风格。《营造法式》内容本身及其编修方式，也表明其来源的多样和丰富。

《营造法式·劄子》："考究经史群书，并勒人匠逐一讲说，编修海行《营造法式》。"《营造法式·看详》："三百八篇，三千二百七十二条，系自来工作相传，并是经久可以行用之法，与诸作语会经历造作工匠，详悉讲究规矩，……创行修立。"根据上述《营造法式》的编修方法可见，其所收录内容及讲说工匠的来源是相当广泛的，江南建筑技艺及江南工匠的影响和作用必然反映其中。如《营造法式》中的"南中"概念，即是江南因素的表现：《营造法式》中释一名件，多谓南中亦称××即是，而所谓"南中"即江南之意[9]。又如《营造法式》中的一些术语，也杂见南方之称。如《营造法式》"计心"别称"转叶"，亦为江南一带的称谓[10]。这些都表明了《营造法式》技术源流中的江南因素，宋代官式做法中融合了江南地方做法。

另一方面，当时江南著名的建筑技术书《木经》，亦有可能成为《营造法式》编修过程中"考究经史群书"（《营造法式·劄子》）、"考阅旧章，稽参众智"（《营造法式·序》）的一个重要内容。宋初浙东名匠喻皓所著《木经》，被奉为当时营造典范，其权威地位于《营造法式》之前无它可比。该书直至宋末仍存，影响极大。根据喻皓的活动及《木经》的盛名，江南浙东一带建筑技术对京师汴梁以至《营造法式》的影响，都是可以想象的。

二、《营造法式》与江南厅堂做法

1.《营造法式》厅堂构架的江南特色

既有研究普遍认为江南穿斗技术对厅堂构架形式的发展曾产生过重要的影响，所以厅堂构架本身即带有鲜明的江南属性，而经历了唐末五代的稳定发展，厅堂构架在江南更是具有了成熟稳定的技术体系，因而成为《营造法式》厅堂构架形式的一个主要技术源头。就大的趋势而言，《营造法式》厅堂与江南厅堂之间反映出的构架特征的诸般一致性，多为北方地区构架形式所不具备。虽然在殿阁简化以及厅堂化的演变过程中有所谓北式厅堂的存在，但是很长阶段，北方的主流构架类型都处于混杂与过渡状态，甚至可以说终北宋一朝，北方地区都未出现严格意义上的"法式型"厅堂构架。

作为北宋南方厅堂代表的保国寺大殿，其重要参照意义在于两个方面：一是与《营造法式》厅堂构架之间技术、样式的密切关联性，非但相较北方同期木构，乃至较长江以南地区年代更早的福州华林寺大殿，都显示出更加完整、典型的"法式型"厅堂构架特征；二是保国寺大殿的建构精神、构架形态及样式谱系，显示出与江南诸宋元遗构之间脉络传承的一致性。基于以上两方面的意义，保国寺大殿是验证《营造法式》与江南厅堂构架技术之间关联性的重要依据。

保国寺大殿与《营造法式》的相互关联，主要表现在两个方面，一为江南厅堂构架形态，二为江南特有的样式谱系。以下分节讨论。

2.厅堂构架形态的比较

《营造法式》厅堂构架的主要形态特征可概括为两个方面：其一是打破水平叠垒的结构分层，重视垂直向结构单元的完整性与整体性，形成榀架概念；其二是强调柱、梁、槫等主要构件之间的直接联系，重视结构整体的拉结效果和稳定性；其三是通过榀架的并联组织空间，由于同等椽架数、不同形式的榀架之间可以形成间缝用梁柱的变化，所以厅堂构架相应的空间形式更为灵活和变化。

2-1.构架关联性分析

首先，作为厅堂构架的共性，二者强调加强垂直向结构单元整体性的措施，主要承重构件之间的连接节点做法显示出简化与直接化的趋势：内柱随举势升高直抵槫下，简化内檐铺作；梁头绞于铺作中，梁尾直接入柱，柱梁、柱槫之间的交接关系更为直接。比较北方大量殿阁简化做法，虽表现出不同的过渡性倾向，但柱梁交接皆以斗栱为中介，柱梁、柱槫的拉结关系较为薄弱。相比之下，保国寺大殿构架与《营造法式》厅堂侧样，更具纯粹和彻底的厅堂构架精神，表现了二者构架做法上的相近性和关联性。

其次，表现为构架榀内联系做法增多的特色。保国寺大殿梁下使用顺栿串以加强柱间联系，为现存最早实例；且柱头与补间铺作以真昂后尾挑斡平槫，乳栿之上再施劄牵，促使了补间联系的补充和加强。这一构造特色于《营造法式》厅堂构架做法上亦有直接体现，然于北方同期殿阁构架上则极为少见。

在间架构成方面，保国寺大殿采用八架椽屋，面阔与进深各三间，殿身内用四根内柱。所有檐柱与内柱尽皆对位，形成井字型构架形式，显示出极端强化的榀架概念。乳栿、三椽栿皆被组织在各自的榀架单元中，充分体现了厅堂构架的整体性追求，而这种追求构架整体性的特征，也正是《营造法式》厅堂构架所表现的主要特色。

2-2.构架特征的主要差异

《营造法式》作为技术融合与制度创新的产物，其技术因素的多源和交杂倾向是一较为显著的特色。而保国寺大殿与《营造法式》厅堂构架的关系，既显示有同源的关联性，又具有自身的独立特征，如保国寺大殿独特的方三间构架、非对称性侧样以及举架做法等。

（1）方三间构架的独特性与独立性

正如研究篇第四章所论述，保国寺大殿的方三间构架是江南地区独特的厅堂构架形式，其相应的井字型榀架构架方式，是《营造法式》厅堂诸侧样中所不见的内容。二者的差异，除了形态因素之外，应还体现在不同的构成逻辑与营建工序上。虽然由于《营造法式》厅堂侧样缺乏纵架视角，难以进一步把握其侧样构架的整体性，然或可推测《营造法式》由于注重间架的等级性，相应地忽略或弱化了方三间构架技术的独立性。就现存实例来看，方三间井字型构架在江南占据重要的地位，具有相当完整的独特性和独立性，在保国寺大殿之后相当长的时间内，这种厅堂构架方式在江南地区始终保持着稳定的独立传承。然而正是这一构架形式的独特技术内涵，被排除在《营造法式》厅堂体系之外，从而成为二者之间差异最重要的根源所在。

除了连架方式的差异之外，江南方三间构架与《营造法式》厅堂构架的区别还反映在间缝用梁柱的方式上：《营造法式》的厅堂侧样构成方式，以一定的椽架数通过组合，形成变化的间缝用梁柱形式，体现了横连架厅堂的空间建构方式，即通过多种的榀架组合，为建筑平面与空间提供更多变化的可能性。

---

[9] 宋、金时称江南为南中，南宋·西湖老人《西湖老人繁胜录》："金人奉使，……我北地草木都衰了，你南中树木尚青。盖江南地暖如此，蔬菜一年不绝。"宋·孟元老，等.东京梦华录：外四种.北京：中华书局，1962

[10] 《营造法式》卷四·大木作制度一·总铺作次序："凡出一跳，南中谓之出一枝，计心谓之转叶，偷心谓之不转叶，其实一也。"

保国寺大殿方三间井字型构架的本质表现为环绕式的连架方式，区别于《营造法式》厅堂纵连架的构成方式。方三间井字型构架，要求周圈檐柱与四内柱的严格对位，因此，其当心间侧样即表现为固定的通檐用四柱形式，换言之构架形式已然对内柱分布、梁跨分配等产生了决定性的影响。对于江南方三间厅堂而言，侧样特征从属于构架形式，其间缝用梁柱形式主要只有两个基本范式，即2-4-2与3-3-2间架形式，在此基础上，以椽长的变化进行适度的空间尺度调整与变化，具体分析参见第四章第二节内容。

（2）厅堂侧样的不对称形式

保国寺大殿的另一重要特征是间架构成采用八架椽屋3-3-2分架、前后不对称形式。这一间架形式应由对称性的2-4-2间架形式调整变化而来，其原因很可能是为满足扩大前部礼佛空间的需求。江南宋元遗构上，3-3-2式与2-4-2式这两种间架形式，具有同等重要的代表性，甚至3-3-2式间架更为多用。然如此典型的构架形式，《营造法式》厅堂侧样却未加记录，其原因或在于《营造法式》更偏重于对称性构架，在内容取舍上有可能排斥某些极端地域做法。

（3）举折与举架

古代代表性的举屋制度有二，一是举折，一是举架。以往研究普遍认为，举折与举架做法的不同，是木构时代性差异的表现，二者呈线性的演化关系，唐宋建筑屋面折线取举折之法，而明清官式建筑则主要为举架做法。《营造法式》明确采用的是举折制度。然而，根据保国寺大殿实测数据的分析，其屋面折线的方法，由于其每步架举高与架深比值皆较为简洁，故有可能更近于举架做法，而不同于《营造法式》的举折做法。

由于厅堂构架形式的特殊性，后世的修缮较难更改变动其内柱高度，故大殿屋面折线现状，基本可以排除后世较大改动的可能。如若上述分析结果可以成立的话，那么，基于保国寺大殿的举架现象推测，举折之法在宋代未必一定是普遍的通用之法，举折做法与举架做法的区别除了时代性之外，或还有一定的地域谱系性。后世明清建筑所用的举架之法，或许并非唐宋举折做法的线性演变结果，有可能来自更加久远的地域性技术传承。

3. 样式特征的谱系性分析与比较

江南厅堂在长期的发展过程中形成了特有的稳定的样式体系，从样式层面同样可以佐证保国寺大殿与《营造法式》厅堂做法之间的关联性。

3-1. 月梁造厅堂与八架椽屋的关联

学者们通过分析比较，已经注意到《营造法式》厅堂侧样，依椽架数不同而存在的差异现象，即同椽架数的侧样具有十分接近的样式特征，而不同椽架数的侧样之间差异则非常显著，这其中尤以八架椽屋与四、六架椽屋之间的分岭最为明确。这一现象充分反映了至迟自宋代即已形成的南北木构样式谱系的差异性：直梁造四、六架椽屋的北系厅堂特征与月梁造八架椽屋的南系厅堂特征。这一现象可视作厅堂谱系性特征的表现，并可作为探讨《营造法式》技术来源多样性的重要依据。

保国寺大殿因其样式的完整性和统一性而成为验证月梁造八架椽屋样式谱系之难得物证。保国寺大殿八架椽屋的主要样式特征包括：梁栿采用月梁造，梁栿以叠斗相间，梁尾入柱并以丁头栱承托，梁下使用顺栿串等等；与之相对的《营造法式》北式厅堂以及同期北方六架椽屋，则采用直梁造，以高驼峰代替叠斗，用踏头而

不用丁头栱，梁下不用顺栿串。

3-2. 样式谱系的验证与比较

（1）月梁造与丁头栱的样式组合

月梁造作为八架椽屋样式谱系的核心，在木构技术发展的早期为南北方并行，然而随着北方样式的剧烈变动与南方样式的稳定沉淀，在宋代已然成为地域性差异。至于丁头栱与楷头的差异，则是相应于不同梁栿形式的构件组合交接的样式因素。月梁与丁头栱及直梁与踏头的样式组合，成为《营造法式》厅堂侧样上区分南北谱系最显性的样式标志。而保国寺大殿则证明了《营造法式》八架椽屋、月梁造及丁头栱作为一个整体存在的江南属性。

（2）月梁的加工样式

值得一提的是保国寺大殿与《营造法式》在月梁细部加工做法上的高度一致，早至福州华林寺大殿，长江以南地区虽普遍采用月梁做法，然在细部加工方面，不同区域间仍存在着诸多差异，相比之下保国寺大殿月梁在样式方面，如扁作、上杀两肩、下收两颊、斜项做法、梁底剜刻等等，都更加接近于《营造法式》制度的详细规定。由此说明江南月梁形象有可能为《营造法式》月梁做法提供了范本（图5-1）。

福州华林寺大殿

宁波保国寺大殿

长子布村玉皇庙前殿

图5-1 大殿月梁样式与比较

（3）月梁式阑额与阑额收杀入柱做法

阑额作月梁形是江南样式加工偏重曲线装饰的表现之一，在江南及华南地区是一个颇为普遍和流行的做法。

保国寺大殿所用月梁式阑额，位于开敞前廊的三面，表现了月梁式阑额的装饰化特点。南方早期木作遗构除保国寺大殿外，华林寺大殿及保圣寺大殿亦皆大致相仿，由此可见月梁式阑额做法是自五代北宋以来的南方传统。

月梁式阑额与《营造法式》的关系，是关于《营造法式》南方

技术因素探讨的一个线索。然仅由大木作制度的记载，尚难以推析二者之间的关联，虽然《营造法式》造阑额制度中有"两肩卷杀"之说[11]，但通过对其文意的连贯解读，以及对造月梁之制中"两肩"称谓所指的具体分析，可以明确"两肩各以四瓣卷杀"应是指阑额两侧收杀入柱的做法，而非月梁式阑额做法。

然而，《营造法式》的图样线索表明，江南月梁式阑额做法在《营造法式》中并非毫无痕迹和反映。《营造法式》图样"梁额等卯口第六"中所录两端月梁入柱、当中用萧眼穿串做法的形象，在形式上与月梁式阑额完全对应相同。但由于此图样所论梁柱、额柱二者的交接榫卯形式，因此也存有分心造梁头相对做法的可能。然从柱头高度与月梁入柱位置关系上推测，此图样更可能表现的是江南月梁式阑额做法（图5-2）。

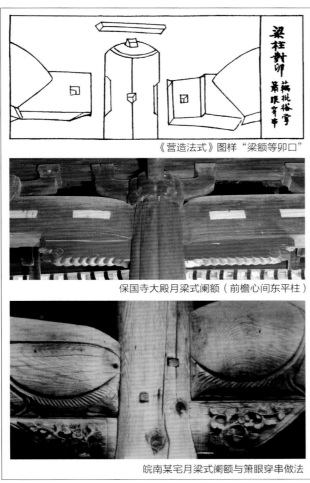

图5-2 《营造法式》梁柱对卯图样及其比较

《营造法式》图样"梁额等卯口"

保国寺大殿月梁式阑额（前檐心间东平柱）

皖南某宅月梁式阑额与萧眼穿串做法

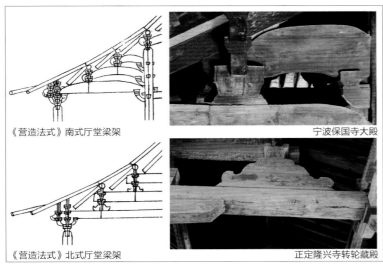

图5-3 大殿驼峰形式与北方装饰型驼峰

《营造法式》南式厅堂梁架

宁波保国寺大殿

《营造法式》北式厅堂梁架

正定隆兴寺转轮藏殿

（4）叠斗与驼峰

根据现存遗构和相关史料的分析，驼峰的使用应也具有的显著地域性倾向。相对于南方梁间叠斗或蜀柱的使用，宋代北方多用高大驼峰调节屋面举折，因此驼峰形象突出且颇具装饰性。而有意味的是《营造法式》侧样中，与四、六架椽屋相区别，八架椽屋普遍不使用高大的装饰型驼峰（排除6-2式八架椽屋），此或说明《营造法式》已同样注意到驼峰使用的地域性差异，对此亦有所反映。反观保国寺大殿，劄牵梁头下虽亦用驼峰托垫，但驼峰高度皆不足一材，且装饰较为简单，其上部以斗栱交叠直至槫下，与同期的北方实例相比差异明显（图5-3）。

4. 串与襻间

串技术在保国寺大殿作为重要的间架联系方式，其于厅堂构架的重要意义在于大大改善了柱梁框架的自身稳定，提高了构架的整体性，从而使厅堂构架技术的进步性得以体现。串技术从出现到发展成熟显然是一个渐进过程，与厅堂构架形式的成熟、拉结意识的不断加强有着密切的关联。

4-1. 顺栿串

顺栿串的使用具有显著江南地域性，保国寺大殿是现存使用顺栿串的最早实例。顺栿串作为《营造法式》八架椽屋样式谱系特征的一部分，与四、六架椽屋显著区别，亦为北方同期构架形式所不见。保国寺大殿于内柱间用顺栿串拉结，其侧样形式与《营造法式》八架椽屋颇为类似。就构架逻辑而言，顺栿串的使用对于方三间构架形式意义明确，即在于保持殿身内四内柱的空间结构稳定，使之成为其他外延部分赖以支持的核心。

然就具体的样式做法而言，保国寺大殿又与《营造法式》显示了诸多的差异性：首先，在形式处理上，保国寺大殿顺栿串位置较高，其前端过前内柱后以木销固定，隐于草架之内；后端施镊口鼓卯拉结于后内柱柱头，做法与内额一致。而《营造法式》八架椽屋顺栿串，其前后端均为"出柱作丁头栱"之法[12]；进而，保国寺大殿的顺栿串位于后内柱柱顶高度，与内额交圈对应，殿内空间相对高敞。而《营造法式》侧样所示内柱间顺栿串高度则在乳栿下，其高度甚低，对殿内空间亦有影响。再比照江南宋元诸构，实无可与之比类者，其是否真实存在及样式来源犹有疑问（图5-4）。

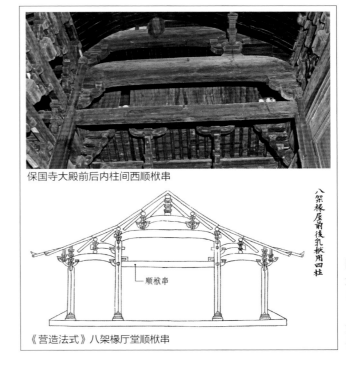

保国寺大殿前后内柱间西顺栿串

《营造法式》八架椽厅堂顺栿串

图5-4 大殿顺栿串做法与《营造法式》厅堂侧样比较

（11）《营造法式》卷五·大木作制度二·阑额条："入柱卯减厚之半，两肩各以四瓣卷杀，每瓣长八分。"

（12）《营造法式》卷五·大木作制度二·侏儒柱条："凡顺栿串，并出柱作丁头栱，其广一足材。"

4-2. 顺脊串与襻间

《营造法式》制度中提及串与襻间的使用以增强厅堂构架的联系，然由多数现存遗构状况来看，襻间形式或具有一定的地域性倾向，其构成及使用部位，南北有明显差异。保国寺大殿于心间脊槫下施顺脊串，而于前后内柱缝心间的柱上槫下则有类似襻间的做法，分别对应于前内柱缝的前檐上平槫与后内柱缝的后檐中平槫，其他槫缝则不用襻间。保国寺大殿襻间之设着眼于四内柱核心主架的稳定，其构成及位置与《营造法式》厅堂槫缝襻间之制有所区别，且与北方逐槫遍用襻间及跨间叠枋的做法亦不相同。

5. 歇山做法比较

5-1. "角梁转过两椽"

《营造法式》大木作制度二·阳马条记载："凡堂厅并厦两头造，则两梢间用角梁转过两椽。（小字注：亭榭之类转一椽。今亦用此制为殿阁者，俗谓之曹殿，又曰汉殿，亦曰九脊殿。按唐《六典》及《营缮令》云：王公以下居并听厦两头者，此制也）。"

通过对现状痕迹的解析，我们复原了保国寺大殿歇山构造的厦两架做法，并认识到该技术做法不但与《营造法式》制度记载的"角梁转过两椽"做法相同，而且在江南宋元诸遗构中是具有普遍性的现

象。针对厦两头第一点的比较即讨论保国寺大殿与《营造法式》角梁转过两椽做法的关系。

对于"角梁转过两椽"概念的理解，即指山面披檐深达两架椽、与前后檐最下两步架对等之意，转角做法同时也反映了间架构成的对应关系问题。

分析角梁转过椽数的意义，其一是技术做法的意义，表现了歇山转角做法的变化；其二，角梁转过一椽或者两椽，与椽架规模有一定的关联，并间接影响到歇山出际位置的选择及歇山形象比例的变化，因此具有样式意义。

北方歇山做法的基本演化趋势，大抵是从角梁转过两椽向角梁转过一椽、从厦一间向厦半间同时将山面梁架推出。北方三间六椽小殿基本采用角梁转过一椽，而五间八椽以上者，也有采用角梁转过两椽做法（图5-5）。角梁转过两椽或一椽两种做法，在北方宋代皆为通行之法，兼有相应的椽架规模与时代演变这两方面的意义。因此，角梁转过两椽做法并非江南所独有，唯江南特色更多地表现在对角梁转过两椽古制的沿用及其普遍性。

从《营造法式》的北宋末年这一时代节点而言，李诚所记述的厅堂厦两头造的"角梁转过两椽"做法，无疑与保国寺大殿所代表的江南宋代歇山做法有密切的关联。

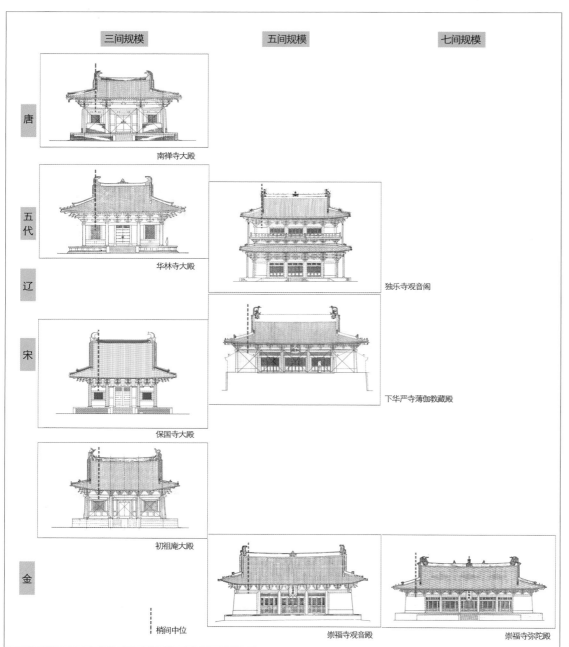

图5-5 歇山形象比例演化示意

关于厅堂厦两头做法的分析，参见第四章第二节的相关内容。

5-2. "角梁转过两椽"与"角梁斜长两架"

歇山做法上的"角梁转过两椽"与"角梁斜长两架"实际上是两个相关的概念，其中关系到时代做法与地域做法的不同。以厦两头造与保国寺大殿做法比对，"角梁转过两椽"与"角梁斜长两架"表示的是同一个做法，且这一做法代表了江南宋元时期歇山做法的典型，显著区别于北方地区的宋金歇山做法。

《营造法式》大木作制度记述了宋代厅堂厦两头造的角梁转过两椽做法，并提示了北式九脊殿与之不同的特点。实际上《营造法式》所规定的角梁制度采用的是当时北方流行的隐角梁做法，其大角梁斜长一架，而此隐角梁法为南方所不用，由此形成宋金时期南北歇山做法的主要差别之一。

如果说江南厅堂厦两头造的"角梁转过两椽"与"角梁斜长两架"是指的同一做法的话，那么从现存北方遗构来看，北式歇山做法似就未必完全如此。北方面阔五间、进深八椽的宋金歇山做法，虽普遍采用隐角梁做法，然仍见厦两架或厦一间做法的并存，而此时其"角梁转过两椽"就不等同于"角梁斜长两架"，其转过两椽的角梁，是由斜长一架的大角梁与其上的隐角梁和接续的续角梁组合而成的，如金构崇福寺弥陀殿等例（图5-6）。

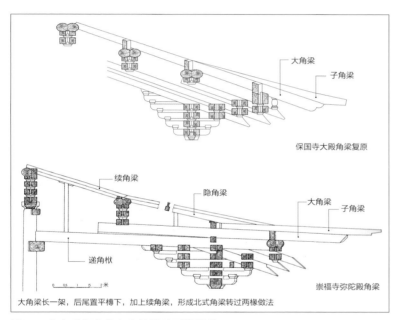

保国寺大殿角梁复原

大角梁长一架，后尾置平槫下，加上续角梁，形成北式角梁转过两椽做法

崇福寺弥陀殿角梁

图5-6 宋金时期南北方角梁转过两椽做法

南北歇山角梁做法的差异，时代演变及地域传应是其主要因素，此外，或还与南北屋面折线不同的特征相关。《营造法式》在歇山做法上，虽提及了南方倾向的厦两头做法，然实际上角梁制度却是采用的北方的隐角梁做法，显示了《营造法式》在歇山做法上侧重于北方做法的倾向。

5-3. 出际起点

出际起点原本与厦架做法相一致，二者重合，即可满足覆盖整个屋面的需要。而出际起点外推，则由加大纵架脊长的比例要求所决定，这在宋代北方三开间歇山建筑中已是普遍做法，且在构造上应与"角梁转过一椽"相对应。

如第四章所述，保国寺大殿的厦两架做法，应源自早期厦一间做法，而其特色在于其间架形式为北方所不见的三间八架，在角梁转过两椽和厦两架的同时，仍需将正脊增出，故将出际起点外推一架，从而造成厦两架中的上架，并无实际构造需求，从中体现了古

制与新规之间的过渡。而《营造法式》出际之制规定"两际各出柱头"[13]，或许正说明《营造法式》的出际起点仍处于梢间内柱缝而未推出。根据《营造法式》制度设定通常取较高等级的特点，因此在歇山出际做法上，《营造法式》很可能记述的是五间八架以上厅堂用角梁转过两椽、出际起点不外推的做法。

5-4. 夹际柱子与系头栿

《营造法式》歇山做法上，系头栿和夹际柱子所指不明，然根据《营造法式》出际做法上的"以柱槫梢"分析，有理由认为夹际柱子是对槫梢辅助支撑的构件，而系头栿则很可能是为了满足夹际柱子安放而"更添"的构件。

通过遗构考察发现，夹际柱子在北方具有相当的普遍性，而包括保国寺大殿在内的江南厅堂则概不施用此构件。夹际柱子的北方谱系性，基于"柱槫梢"这一措施对北方歇山出际构造的必要性，以此保证北方歇山出际结构悬挑部分的稳定。

从槫的构造做法而言，夹际柱子之于南北歇山做法差异的原因，很大程度上还在于北方逐间拼缝用槫与南方通间整木为槫的差别。而《营造法式》用槫之制规定用槫长"随间广"，正是北方逐间拼缝用槫的方法。因此，《营造法式》歇山出际做法用夹际柱子这一现象，其内涵之一反映的是北方用槫构造做法的特色。而保国寺大殿则代表了南方典型的通间整木为槫的做法。相应地，出际做法上是否需要"以柱槫梢"的夹际柱子，成为区分南方与北方歇山做法的一个特点。

关于歇山出际做法的具体分析比较，参见第四章第二节的相关内容。

三、斗栱形式的特色与比较

1. 斗栱名件系统

构件分型作为构件规格化设计现象，是与加工技术和加工过程紧密关联的，因此具有鲜明的地域谱系性特征和较为稳定的匠师传承体系。构件分型与名件系统的比较在谱系性研究中具有重要的判定标准意义，可作为验证保国寺大殿与《营造法式》制度之间关联性的重要线索。

1-1. 保国寺大殿的栱型构成

从用栱类型来讲，保国寺大殿已具备了华栱、令栱、瓜子栱、慢栱、泥道栱五种栱型的划分，其中令栱长度已介于慢栱和瓜子栱之间，较之《营造法式》制度已较为接近。唯泥道栱的尺寸明显加长，此做法《营造法式》未载，但在早期遗构中尚有一定的普遍性，或为古制遗存，其目的主要是考虑栌斗尺寸较大，适当加长横栱以获得视觉的协调。要之，从横栱的长度构成特色来看，保国寺大殿已具有较为完备的类型分化，但出栱长度仍较为自由，尚未达到《营造法式》高度规整的程度。尽管如此，从栱型与栱长的相对关系来看，保国寺大殿与《营造法式》的关系仍较同期北方实例更为接近。

1-2. 保国寺大殿的斗型构成

保国寺大殿所用小斗已分作三种规格，即散斗、交互斗与齐心斗，其中齐心斗平面已为正方形，散斗略小于齐心斗，而交互斗略大于齐心斗，三者的比例关系亦与《营造法式》的规定高度吻合。值得注意的是，小斗的分型在五代宋初尚未统一，斗型的分化除单纯的技术因素之外，亦可能出于对视觉样式考虑而对铺作整体形象作精细的设定。例如代表江南早期建筑形象的闸口白塔与灵隐寺石塔，其散斗与齐心斗皆尚不存在显著的尺寸差异[14]，而北方早期建

[13] 《营造法式》卷五·大木作制度二·栋条："凡出际之制，槫至两梢间，两际各出柱头。"

[14] 根据高念华主编《杭州闸口白塔》之测绘数据。

筑如五代平遥镇国寺万佛殿亦只有散斗与方斗两种斗型的区分。由此可见，保国寺大殿斗栱形式对于分析《营造法式》斗型划分制度的来源，或具有重要的参照意义，且从二者的相似度中，亦可想象其相互间可能存在的技术关联。

2. 构件样式加工做法的比较

保国寺大殿是江南样式谱系的成熟代表，其构件的样式加工展现了江南样式谱系的成立与成熟：一方面，就加工技术而言，造型能力增强、曲线元素大量增加，构件样式复杂化的同时加工难度也随之加大，但是对样式的控制已是相当严谨，规格化程度甚高；另一方面，就样式谱系的稳定性与系统性而言，自保国寺大殿以来的江南样式元素体现出整体的统一性和独特性，并在发展过程中稳定传承。因此说江南的样式加工技术在北宋前期应已高度成熟，具备了作为《营造法式》样式基础的必要条件，江南样式谱系对《营造法式》的影响是直接而深远的。

2-1. 江南做法的样式特征

（1）讹角与出瓣的样式做法

保国寺大殿普遍存在"讹角"或"出瓣"的装饰做法，虽称谓不同，但目的和效果类似，即加工处理构件的方形转角，以显构件的细腻造型和装饰风格。其中值得注意和比较的是：圆斗的使用与方斗讹角，华头子"刻作两卷瓣"，梁头"刻上角作两瓣"、"切几头微刻材下作两卷瓣"等等做法，皆与《营造法式》中可见类似做法的记载，应是对江南样式做法的吸收与反映。

（2）曲线与曲面的装饰手法

保国寺大殿昂嘴样式为琴面昂的讹杀做法，与北方早期批竹昂样式相对，是江南样式圆转柔和加工风格的体现。《营造法式》同时提及两者，应暗示了样式采集的不同来源和谱系。直线形批竹昂属北方早期的常用样式，而曲线形琴面昂则对应于南方样式，两者分岭甚为明确。从江南所见的少数几例早期耍头形象来看，其样式做法同样具有曲线丰富的特点。保国寺大殿是江南少见的早期用耍头之例，其曲线分瓣形式，显著区别于《营造法式》耍头的折线切几头样式。

此外，江南构件加工中的卷杀做法丰富，如栱头卷杀样式，已相当规整成熟，其分瓣形式、加工比例皆与《营造法式》规定近似。

2-2. 样式特征与加工逻辑

保国寺大殿通过构件样式加工与位置关系之间的关联，显示出工匠严谨的加工逻辑。与此同时，样式加工的逻辑性又保持了相关联构件之间样式的整体统一。保国寺大殿与《营造法式》铺作构件加工样式的相似性，不仅是若干独立现象的集合，更是一种整体的、系统性的吻合现象。例如：

其一，通过栱眼加工样式做法的细致区别，反映横栱与华栱受力性能的差异。横栱栱眼采用琴面做法，更加装饰化，而华栱因受力要求，则不作过多剜刻，采用隐刻栱眼的形式。比较《营造法式》斗栱图样，其栱眼加工也明确表现了装饰化的横栱与受力的华栱之间的差异，并与保国寺大殿栱眼加工形式，完全对应与吻合（图5-7）。

其二，《营造法式》大木作制度规定："如柱头用圆斗，即补间铺作用讹角斗。"[15]保国寺大殿柱头栌斗采用瓜瓣圆斗，与瓜楞柱形制相呼应，而补间采用讹角斗，使之与柱头圆斗样式协调，表现了与《营造法式》一致的样式逻辑，且保国寺大殿是现存木作遗构中与《营造法式》这一规定相吻合的最早者，而更早的形象江

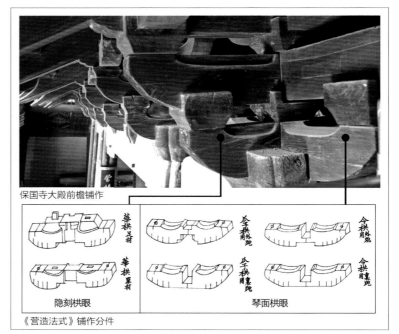

保国寺大殿前檐铺作

《营造法式》铺作分件

图5-7 大殿栱眼样式与《营造法式》图样比较

南可上溯至五代时期，如仿木构的杭州闸口白塔等例。

2-3. 斗纹的体系特征

小斗的加工方式，通常是以纵长枋木扁作截割而成，以此提高加工的规格化和效率。其中单槽散斗的加工，有截纹开槽和顺纹开槽这两种可能，由此形成相应于截纹开槽的截纹斗和相应于顺纹开槽的顺纹斗这两种斗纹形式。比较宋代以来南北小斗的加工形式，截纹斗与顺纹斗的对比是一显著的特征。江南自保国寺大殿以来，单槽散斗的截纹做法无一例外，而北方众多唐宋辽金遗构，其单槽散斗则皆为顺纹形式。宋代以来的南北斗纹特色的比较概而言之，即南截北顺。

从技术体系比较的角度而言，《营造法式》的斗纹分析，具有特殊的意义。通过分析《营造法式》大木作斗之制[16]，其"横开口、以广为面"的散斗，为截纹斗形式，区别于齐心斗及交互斗的顺纹斗形式。也就是说，《营造法式》的散斗加工及斗纹形式，与南方宋代保国寺大殿相同，而异于北方宋代斗纹做法。这一关于截纹斗形式的分析推定，对于认识《营造法式》的技术属性和源流，具有重要的意义。

《营造法式》的截纹斗特色，从构件加工制作的层面上，揭示了其技术源流与江南建筑的密切关联，宋代江南技术对《营造法式》影响之深刻，是超出以往我们的表相认识的。

关于南北斗纹特色的分析比较，以及《营造法式》斗纹特征的推析，参见第四章第五节相关内容。

3. 斗栱构成与铺作配置

3-1. 构成形式的差异性比较

保国寺大殿与《营造法式》虽在构件加工层面上显示出相当的吻合性，然在铺作构成上，相互间的差异却是较为显著的。《营造法式》的铺作样式或更多受到装饰性、等级性等因素的限制，其规整化与等级性超出一般的地方做法。"法式型"铺作样式的主要特征可归纳为逐跳重栱计心造，相较于保国寺大殿，其间差异既有时代与地域性的因素，也表现了官式等级化和制度化的意义。

作为官式制度的《营造法式》，且时代晚于保国寺大殿90年，

（15）《营造法式》卷四·大木作制度一·斗。

（16）《营造法式》卷四·大木作制度一·斗。

二者间的差异比较可概括为如下三个方面：其一是《营造法式》铺作显著的规整化与定型化，而保国寺大殿则表现出地方做法的简略性和未定型化的特征；其二是《营造法式》铺作的殿阁化倾向，而保国寺大殿则表现为鲜明的厅堂铺作特色；其三是《营造法式》强调殿阁与厅堂铺作的等级化差异，而保国寺大殿厅堂用七铺作的高等级斗栱，代表了江南厅堂铺作等级偏高的普遍特色。

3-2.构成形式的相似性比较

在铺作配置与构成形式上，保国寺大殿与《营造法式》制度的相似性，多集中于正文附注或通用制度的补缀中，这是一个值得注意的现象，其一方面体现了《营造法式》成书过程中对江南技术因素的重视与吸收，而另一方面说明了《营造法式》制度是在采集融汇各种做法的基础上，综合加工的结果。

关于保国寺大殿铺作与《营造法式》制度的相似与相关性，主要有以下几个方面：

（1）《营造法式》关于心间用补间铺作两朵的规定，于宋代北方所见极少，却是江南五代以来的普遍做法。双补间铺作做法在江南地区至少始自五代，其出现年代远早于北方。保国寺大殿心间用补间铺作两朵的做法已极为成熟，《营造法式》心间用补间铺两朵做法应源自于江南技术，是江南样式影响北宋官式建筑的典型例证。

（2）《营造法式》关于铺作构成规定：柱头铺作华栱用足材，补间铺作用单材，受力逻辑鲜明，应为古制，宋构中吻合此制者唯江南的保国寺大殿。而宋代北方足材做法流行渐广，至《营造法式》成书传布之时，补间铺作华栱用单材者反已不常见。

（3）关于栱型配置，保国寺大殿外檐铺作各跳头用单栱造[17]，且栱长尺寸均一，均为令栱，这与《营造法式》关于泥道栱"若斗口跳及铺作全用单栱造者，只用令栱"[18]的注释完全相符；大殿重栱造仅用于扶壁栱，其形制于《营造法式》亦有记载。

（4）保国寺大殿外檐铺作里跳逐跳偷心，仅末跳抄头施一令栱，其偷心跳头交互斗皆用散斗替代，此亦与《营造法式》的散斗替用做法完全一致。

（5）保国寺大殿草架昂尾构造做法，与《营造法式》"自榑安蜀柱以插昂尾"[19]的规定相符，且现存遗构中此制唯见于保国寺大殿。

（6）《营造法式》所载虾须栱做法，是北方殿阁为架设天花、藻井等而产生的内转角斜向使用半华栱出跳的特殊做法。保国寺大殿因前廊施藻井并平棊天花，也同样采用了虾须栱做法，其局部构造做法与殿阁做法相仿，与《营造法式》所载亦基本一致（图5-8）。南方宋元遗构中使用虾须栱者尚有数例，如福州华林寺大殿、上海真如寺大殿等，是南方宋元厅堂局部天花做法的相应斗栱形式。宋元之后虾须栱做法在江南厅堂上趋于少见。

4.扶壁栱样式

4-1.扶壁栱形式的关联性比较

扶壁栱形式的演化，包含有时代与地域两方面的因素，至北宋《营造法式》编纂时期，南北方扶壁栱样式的差异已是相当明显。北方以单栱或重栱加素枋垒叠为基本形式，南方则以栱枋多段交叠为基本形式。《营造法式》大木作制度记述了这两类扶壁栱形式，并以相对应的重栱计心造和单栱偷心造，表露了两类扶壁栱的地域性倾向。其中单栱偷心造所对应的五种扶壁栱形式，皆有显著的南方地域倾向，在江南地区皆存与之准确对应的实例，故可视为一个

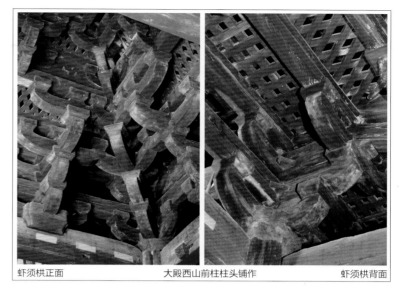

虾须栱正面　　　　大殿西山前柱柱头铺作　　　　虾须栱背面
图5-8 大殿虾须栱做法

整体性现象。而保国寺大殿作为单栱偷心造七铺作的典型代表，验证了这一整体现象的吻合关系。这一现象进一步证明了《营造法式》相关制度与江南做法之间的相似性，体现了对江南技术体系的重视与吸收。

4-2.扶壁栱样式的构成分析

关于江南铺作形式与对应扶壁栱构成的组合关系，《营造法式》相关内容提示了遮椽板安放的构造关系，是其重要的影响因素。所谓遮椽板安放的构造关系，即《营造法式》就单栱偷心造相对应的五种扶壁栱形式，补缀规定了"方上平铺遮椽板"[20]的构造方法。梁思成在《营造法式注释》中关于扶壁栱的讨论时，即已指出这一现象。而正是这一遮椽板安放的构造方法，影响或决定了南方扶壁栱的栱枋交叠配置形式，即以扶壁栱的栱枋交叠的组合变化，令素枋位置高度可使得遮椽板平铺。就此角度而言，江南扶壁栱形制的构成，既是样式问题，又是构造问题。

保国寺大殿铺作形式与扶壁栱的构成，正可作为《营造法式》这一扶壁栱制度的直接例证，这一现象无疑也成为保国寺大殿与《营造法式》关联性的一个线索。

关于扶壁栱相关的具体分析比较，参见第四章第四节的相关内容。

四、样式做法的特色与比较

1.藻井做法
1-1.藻井的使用位置

《营造法式》关于藻井使用位置的记述如下，"凡藻井，施之于殿内照壁屏风之前，或殿身内前门之前平棊之内"[21]。即说有两种情况，其一是藻井施于佛像的正上方，是对空间主体的装饰，其二是当殿身前廊开敞，施用于前廊下，是对礼佛空间的装饰。其中第二种情况，与保国寺大殿的复原结果完全吻合。

北方早期藻井做法以易县开元寺毗卢殿、大同华严寺薄伽教藏殿为代表，而江南早期藻井做法则以保国寺大殿为典型，二者总体差异显著，其中空间装饰重点的不同或是南方与北方藻井做法差异的重要体现之一。通过对江南其他实例的分析比对亦可见相同的倾向：建于五代宋初的临安功臣塔上亦叠涩出藻井意向，其位置非于塔心室内而用于过道之上，苏州北寺塔藻井亦是类似状况。若将此两例塔构视作对佛殿空间形式的模拟，则其相应于辅助性礼佛空间的藻井装饰，应

（17）北宋保圣寺大殿亦然，故铺作跳头用单栱造，应是江南宋构的共同特征。

（18）《营造法式》卷四·大木作制度一·栱。

（19）《营造法式》卷四·大木作制度一·飞昂："如用平棊，自榑安蜀柱以插昂尾。"

（20）《营造法式》卷四·大木作制度一·总铺作次序·扶壁栱。

（21）《营造法式》卷三·小木作制度三·鬬八藻井。

表现了江南藻井位置的地域特色，而《营造法式》关于藻井使用位置的第二种情况，有可能记录的正是江南宋代的状况。

1-2. 藻井铺作的用材

关于藻井铺作用材，《营造法式》前后记载有用大木材等和小木材等两种截然不同的情况。保国寺大殿藻井铺作用材广五寸六分，与大木用材广之间呈4:5的简洁比例关系，且以绝对材广值计，仍属于《营造法式》大木作用材范围，此在现存遗构中是藻井铺作用大木作材等的唯一例。铺作所用材等不是一个孤立的问题，而会带来形制、构造等方面的诸多变化，小木作加工的成熟、结构性能的退化以及装饰化程度的提高，皆有可能是藻井铺作用材迅速减小的原因。《营造法式》同时记载了数值跨度很大的两种藻井铺作用材尺度，很可能是来自于两个差异显著的原型的结果。保国寺大殿的藻井与苏州报恩寺塔中之砖砌藻井形象十分近似，说明应系江南藻井的典型样式，且在跨越两宋的时段内始终稳定传承，有可能是《营造法式》藻井做法的重要原型之一。

1-3. 藻井铺作的构造差异

《营造法式》小木用材藻井，以斗槽板围合藻井空间并作为承载上部重量的主要构件。藻井铺作具有以下的显著特征：用材显著减小，补间铺作数大为增加，铺作华栱皆为半栱，整朵贴附于斗槽板之上，其装饰性增强而结构作用大为退化，故称此式可称为小木铺作藻井。北方宋代藻井实例无存，然现存辽金藻井做法皆与《营造法式》此式藻井颇为相近。

相比之下，保国寺大殿藻井铺作用材仍属于大木范畴，其构造特色亦与小木铺作藻井区别显著：其栌斗坐于算桯枋之上，由栱枋交叠在算桯枋和井口枋之间形成完整的构造层，以之对应于斗槽板围合的藻井空间，其华栱后尾皆过铺作中线，悬臂出挑作用明显，以其藻井铺作层的整体，替代了斗槽板的构造作用，其结构作用明确，显示出与大木做法相同的构造形式。

1-4. 形制与装饰

《营造法式》所记小木铺作藻井的装饰样式，铺作昂栱构成繁复，装饰性强烈，更有与天宫楼阁的相互组合。由实例比对来看，此式藻井的装饰特色应以北方样式为基础。相比之下，江南藻井形象更加简约质朴，直观反映构造做法的特色。

关于斗八藻井穹窿部分的装饰样式，《营造法式》以平整背版上绘制彩画为主。而保国寺大殿则阳马隆起较高、穹窿饱满，与北方藻井之常见形象大不相同。保国寺大殿藻井并以阳马之间的数圈肋条作为装饰，苏州报恩寺塔内藻井亦同此样式，其应属江南特色。保国寺大殿现状肋条背面皆有平整加工的痕迹，据此可以推认原状应有背版的存在。至于保国寺大殿藻井原初背版、肋条上是否绘制彩画，尚缺少有力的判定依据。

关于大殿藻井形制的具体复原分析，参见第二章第五节的相关内容。

2. 榫卯做法
2-1. 柱梁榫卯特征

就目前勘察所见，保国寺大殿榫卯做法具有如下特点：榫卯类型较为单一，构造也相对简单，相较北方地区并未显示出特别的先进性；杆件联系的榫卯做法以燕尾榫为主要形式，但柱梁交接仍较多地使用直榫，其拉结作用有限；唯顺栿串过柱榫卯类型较为特殊，采用了穿榫加销的拉结固定做法。其中具体可与《营造法式》

榫卯做法相印证者主要有以下三条。

（1）燕尾榫的使用与谱系性

燕尾榫与螳螂头榫之间存在一定的谱系性差异，《营造法式》对此亦有体现。燕尾榫是较为简单的拉结、限定榫卯，早期应是南北通用的榫卯形式，然至迟自五代，北方的燕尾榫已有被更为精细的螳螂头榫取代的趋势，而南方则一直延续燕尾榫的传统。因此至宋代时，燕尾榫与螳螂头榫，相应地成为代表南方不同技术特色的典型榫卯形式。《营造法式》以普拍枋作为实例来说明螳螂头榫的使用情况，而不施普拍枋在宋代恰为江南建筑的普遍特征，此也间接地提示了螳螂头榫做法的北系特征。

（2）镊口鼓卯做法

《营造法式》所记梁额榫卯做法有三种形式，其中之一为镊口鼓卯形式。镊口鼓卯是一种特殊的燕尾榫形式，实例中所见极少。根据宋代燕尾榫的地域倾向推测，镊口鼓卯做法应也是一种具有南方特色的榫卯形式。目前遗构中发现的宋代镊口鼓卯做法仅保国寺大殿一例，另有浙江景宁时思寺大殿一例，此南方二例，验证了镊口鼓卯做法的南方特色推测。保国寺大殿所发现的镊口鼓卯做法，用于柱额、柱串之间的拉结，与《营造法式》所记完全一致。保国寺大殿及时思寺大殿上发现的镊口鼓卯做法，可以成为推析《营造法式》南方因素的一个新线索。

（3）过柱穿榫加销做法

保国寺大殿西顺栿串南端入前内柱，现状用过柱穿榫加销的做法。而《营造法式》侧样中也见这种榫卯做法，且为侧样柱梁交接构造所普遍使用（图5-9）。

过柱加销并非精细复杂的组合榫卯做法，早在河姆渡时期即已成为干阑建筑的基本榫卯类型，然在《营造法式》之前的江南木构遗存中，过柱穿榫加销却仍未得到普遍采用，且保国寺大殿也仅用于少数隐没于草架的部位。

过柱穿榫加销做法是源自江南传统的穿斗技术，这一穿斗技术在江南地区也是逐渐为大式构架所接受。而作为北方官式制度的《营造法式》，其构架侧样上却普遍出现这一榫卯做法，其内涵意味深远。如若保国寺大殿西顺栿串现状为原初形式的话，那么保国寺大殿这一做法有可能成为《营造法式》侧样柱梁交接用榫卯形式的一个源头。

2-2. 铺作榫卯特征

保国寺大殿昂栓的使用及其做法，与《营造法式》逻辑近似，但形式差异较大。保国寺大殿昂栓主要用于斜昂与水平构件之间，以起到防止构件相对滑动的作用，且昂栓尺寸较大，故未取"上彻昂背"的上下贯通形式，而采用分段设置，这与《营造法式》的规定有所不同。

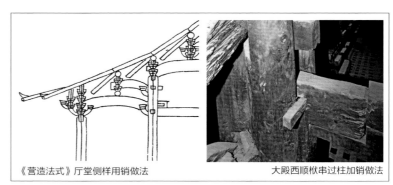

《营造法式》厅堂侧样用销做法　　　　大殿西顺栿串过柱加销做法

图5-9 大殿顺栿串过柱做法与《营造法式》侧样用销做法比较

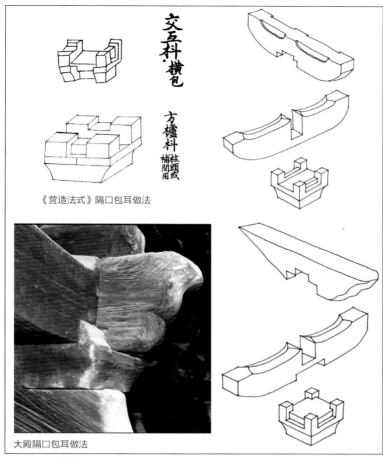

《营造法式》隔口包耳做法

大殿隔口包耳做法

图5-10 大殿隔口包耳做法及比较

保国寺大殿跳头交互斗存在隔口包耳的特殊做法（图5-10），其与《营造法式》的隔口包耳做法相近似，但更为简洁，不仅加工方便，且对于限制出跳栱外倾的作用更为明显。

3.拼合做法

3-1.小料拼合以充大用

保国寺大殿的拼合柱做法包含段合和包镶两种形式，二者有本质的差别。段合做法的意义在于组合小料以充大用，与《营造法式》的拼柱本质较为接近；而包镶做法的意义则在于结构构件的装饰化。

保国寺大殿的四内柱的段合拼合做法，一直以来被认为是《营造法式》所记拼合柱的最早印证，然正如复原章的分析表明，根据现状痕迹解析保国寺大殿的拼合柱做法，并非宋构原初形态，而是后世修缮时以拼合方法抽换内柱的结果，保国寺大殿宋构原初诸柱应皆为整木柱形式。故大殿后世改易的现状拼合做法，并不能成为宋代江南使用拼合柱之例证，同样也不能成为印证《营造法式》拼柱做法与江南技术关联的线索。

3-2.拼合做法与瓜楞形象

根据复原分析表明，保国寺大殿宋构原初的瓜楞柱构造做法，是以整木柱面剜刻瓜瓣的形式，表现瓜楞的装饰意味。保国寺大殿瓜楞柱做法表明了瓜楞形式与拼合构造之间并无必然的关联，正如《营造法式》的段合构造做法，其柱仍保持完整的圆形，并未以分瓣形式显示与其构造做法的关联。

实际上，保国大殿的构件瓜瓣形式，只是一种纯粹的造型，如柱上瓜瓣斗形式。瓜瓣造型与讹角、卷瓣、收杀等造型加工，皆是江南典型的曲线与弧面装饰做法，其使用在宋代江南甚为流行。而拼合做法只是以小拼大的构造措施，二者之间并不存直接的对应关系。

五、比例形式与用材制度

用材制度的设立是古代工匠建筑设计的出发点，是技术体系的重要组成部分，也是《营造法式》制度的核心内容。保国寺大殿与《营造法式》的关联比较上，比例形式与用材制度是一尤令人关注的内容。

1.斗栱比例构成

1-1.斗型尺寸

保国寺大殿的斗型划分与《营造法式》的规定相符，除栌斗外，小斗分作散斗、交互斗和齐心斗三种类型，其分类标准除使用位置以外，尚有显著的尺寸差异。

以材广的1/15作为份值加以验算结果如下：

柱头栌斗径32份，角栌斗径36份，补间栌斗尺寸36份×32份；

散斗尺寸　　　14份×16份；

交互斗尺寸　　18份×16份；

齐心斗尺寸　　16份×16份；

（注：以上皆以横栱方向×华栱方向。）

小斗高皆10份。

以上数据明确反映出保国寺大殿用斗体系与《营造法式》制度的一致性，且说明斗型加工尺寸很可能由份值控制，而份值为单材广的1/15。

1-2.斗高比例关系

根据实测数据分析，保国寺大殿斗耳、斗平、斗欹三者的比例关系，并未完全符合4:2:4的形式，故与《营造法式》的规定并不吻合，主要表现为斗欹值偏大与耳高偏小的现象。

与斗的三段比例关系最为密切的是絜高的取值，保国寺大殿絜高值较《营造法式》偏大，是影响斗高三段比例关系的主要因素，即偏大的絜高，导致斗欹所占比例增加。絜高偏大是早期遗构中较为普遍的现象，而江南穿斗技术体系又有高斗欹的传统。因此，保国寺大殿的斗高比例关系，或反映了早期南方做法向《营造法式》制度过渡的中间形态。

1-3.栱长的构成

就栱型与栱长的关系而言，保国寺大殿令栱长度介于慢栱与瓜子栱之间，三种栱型划分明显。但瓜子栱与慢栱长度较《营造法式》的相应规定明显偏短，这一栱长现象或体现了《营造法式》之前、江南地方做法的特色。

通过对栱长数值的梳理验算发现如下两个特色：其一，对各跳头令栱、瓜子栱和慢栱的栱长尺寸验算，皆难以形成吻合于材值或份值的简单比例关系，而取简单尺寸的倾向似更为明显；其二，通过对栱长差值的分析验算，其结果呈现出一定的规律性现象，如泥道栱长合栌斗长度加上两边各增出一尺，又如慢栱与瓜子栱的栱长差值恰为二尺，这一分析如果可以成立的话，则对于认识大殿构件模数化的发展程度具有重要意义。因此，以上推析尚需更加有效的线索作进一步的验证，目前关于大殿栱长的构成规律虽难以得出明确结论，但推测大殿的栱长设定由简单尺寸控制的可能性较大。与横栱长构成情况相当，在出跳值的验算上，大殿铺作亦大都与《营造法式》的规定不相吻合，且也难以发现合理有序的材、份比例关系，这些问题还有待进一步的研究。

2.用材尺寸分析

2-1.关于材广的设定

保国寺大殿标准用材截面设定的基本情况如下：

（1）足材广一尺，单材广七寸，栔广三寸；

（2）标准材截面采用了严格的3:2广厚比例，而材厚尺寸即由此比例值控制而生成，为零散分数；

（3）小木材广与大木材广呈4:5的简洁比例关系。

根据以上材尺寸形式的特点可知，保国寺大殿用材尺寸的设定具有如下三个因素：

其一，材值的设定采用简单整数尺寸原则；

其二，材之广厚比例设定，追求简洁比例关系；

其三，单材七寸和足材一尺的数值关系简洁，是整套尺寸设定的基点，较之材广厚比例的设定，应更为优先。

从材份制发展的动态观点来看，以上三点体现了保国寺大殿材份制度与《营造法式》制度的异同，以及保国寺大殿所代表的早期制度向《营造法式》制度接近的演变过程，因此认为保国寺大殿的材份制度，具有中间形态和过渡阶段的特征。

2-2.用材制度的发展

用材尺寸构成从简单尺寸关系到简洁比例关系，是唐宋时期用材制度变化的趋势。而保国寺大殿正处于这一转变的中间进程。

用材的"简单尺寸关系"，是早期用材制度的材值设定特征，即材广、厚、栔值皆取整数尺寸，数值关系简洁直接，但三者之间并不存在严格固定的比例关系。而用材的"简洁比例关系"，即以简洁的比例形式，将材之广厚比固定为3:2的比例关系，这是《营造法式》用材制度的重要特色。

综合以上分析可以认为：保国寺大殿用材加工规格已相当精简，表现出用材制度整体向《营造法式》制度接近的倾向，特别是其用材截面已具备固定的比例形式，广与厚呈严格的3:2比例关系，是《营造法式》之前追求用材简洁比例关系的少数实例之一。

然相较《营造法式》制度，保国寺大殿用材制度的过渡性特征较为显著，其特点可归纳为由"简单尺寸原则"向"简洁比例原则"过渡和并存的中间形态，从而表现出与《营造法式》用材制度的近似特征。

3.栔值与材值的关系

保国寺大殿栔值的设定，同样也采用的是简单尺寸原则，栔值3寸与材值7寸之间保持着简单尺寸的构成关系，而非基于比例关系。而这一构成关系至《营造法式》，已完全趋于比例化，固定为2:5的比例关系，且由份值表记加以统一。从设计思维的角度而言，保国寺大殿栔广三寸应是与足材一尺、单材七寸设定的互动结果，而《营造法式》则将栔值的设定，转由份值控制，并令栔值与材广呈简洁的比例关系。

栔广在发展过程中显示出逐渐减小的趋势，早期唐、辽建筑栔广普遍接近单材广之半，至《营造法式》固定为2:5关系，而保国寺大殿栔广三寸，与材广的比值为3:7，所占比例较《营造法式》偏大，介于唐代与宋代之间。

综合以上两点，保国寺大殿栔值的设定，表现出早于《营造法式》的阶段特征，在性质上从属于单材与足材广的设定，且表现为简单尺寸的特色。这一阶段形态揭示了《营造法式》之前的用材制度的早期特色。

4.份制的讨论

根据保国寺大殿分型斗栱的尺寸特征，份单位的存在已近于确认，且份值的设定取单材广的1/15。如果这一分析成立的话，那么应当说保国寺大殿的份制形式与《营造法式》制度已有相当的吻合程度。

份制的一个重要性质是其作为两维模数单位的特点，并脱离了常用尺，成为模数尺的单位。在形式层面上，用材制度从简单尺寸关系到简洁比例关系的变化，是份制产生的前提和条件。《营造法式》的单材15份制，即以用材简洁比例关系（3:2）为前提。以此衡量保国寺大殿，应该说保国寺大殿至少已经产生了对用材简洁比例关系的追求。在需要层面上，份制的出现是构件样式加工精细控制的需要。以此衡量保国寺大殿，其造型丰富的构件细微加工，对份制的要求已是必然。

然而，保国寺大殿的份制并不能视同于《营造法式》。如果说保国寺大殿已出现了份单位的话，那么其对构件比例控制的程度和范围，应远不及《营造法式》，甚至连对栔尺寸的控制也仍未达到。就宋以来材份制的演变而言，材栔尺寸设定的比例化，应是通过份制而达到的，进而统一的比例单位"份"的控制范围也不断扩大。所以说保国寺大殿即便存在份制，那也仅是初期的阶段形式。也就是说，用材制度仍处于简单尺寸与简洁比例并存阶段的保国寺大殿，其可能的份制也只能是一种初期和过渡的形式。

以上分析探讨了保国寺大殿与《营造法式》二者间的关联性，从中可见技术源流中的南方因素是北宋官式《营造法式》性质的一个重要特色。南北现存遗构中，保国寺大殿是与《营造法式》制度最接近者，是印证和研究《营造法式》制度的重要标本。进而，从中国建筑史研究的整体视角而言，保国寺大殿与《营造法式》的比较研究，应成为分析探讨五代北宋时期南北建筑技术交融与发展的重要线索。

图版

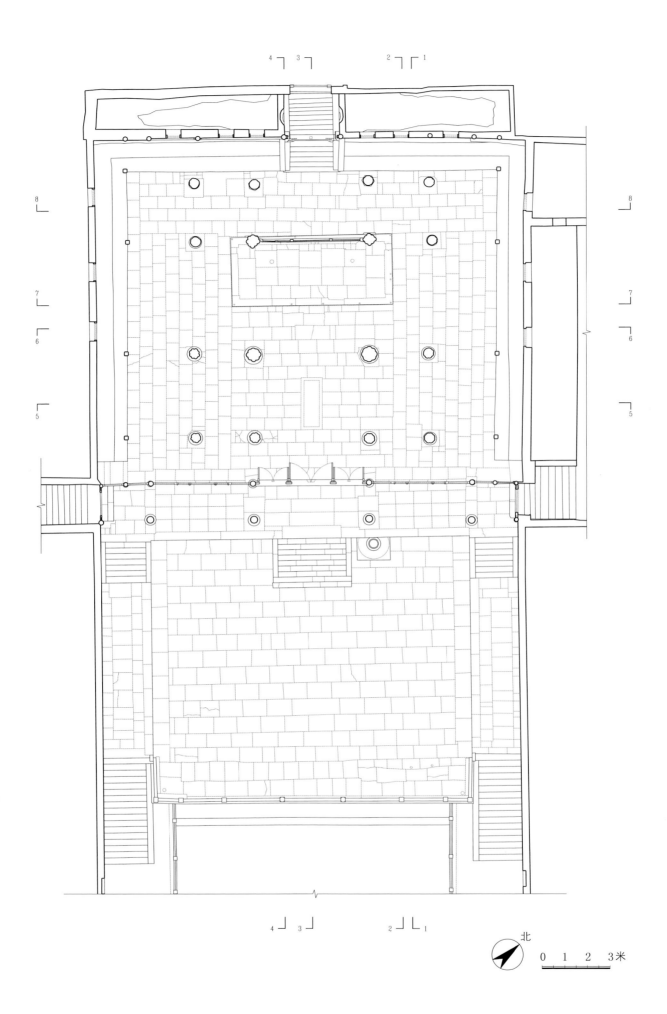

1. 残损现状图：大殿平面图

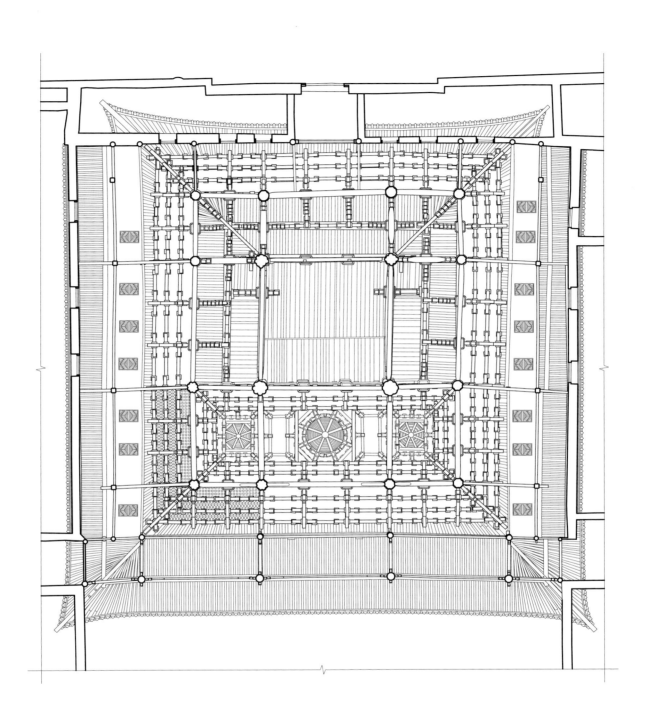

北 　0　1　2　3米

2.残损现状图：大殿梁架仰视图

3. 残损现状图：大殿1-1横剖面

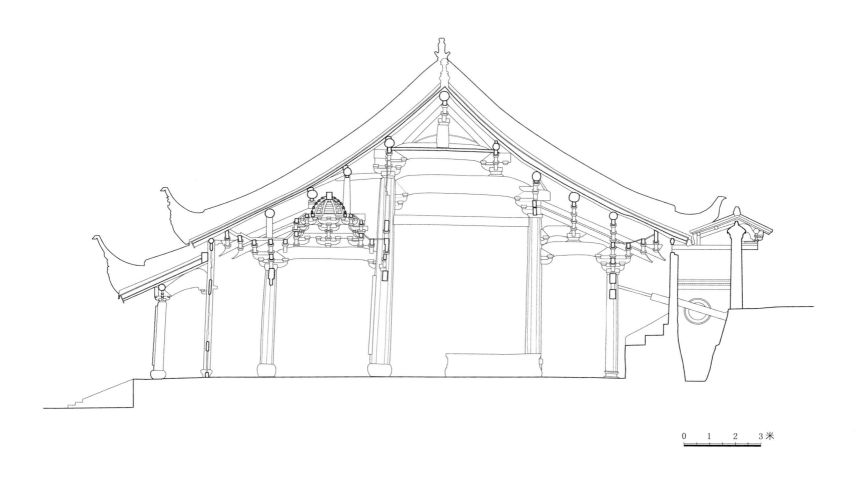

4. 残损现状图：大殿2-2横剖面

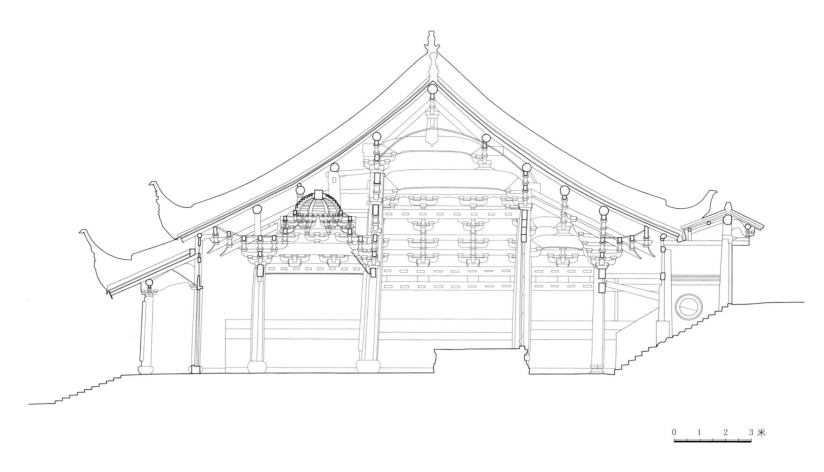

5.残损现状图：大殿3－3横剖面

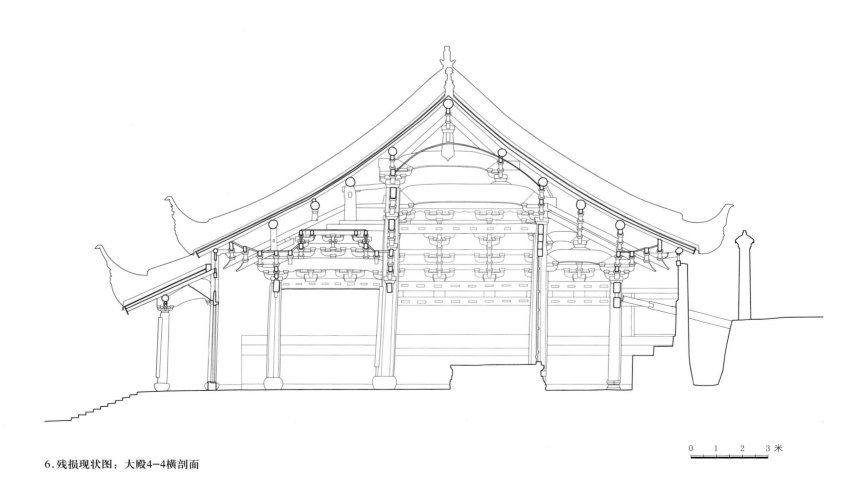

6.残损现状图：大殿4－4横剖面

183

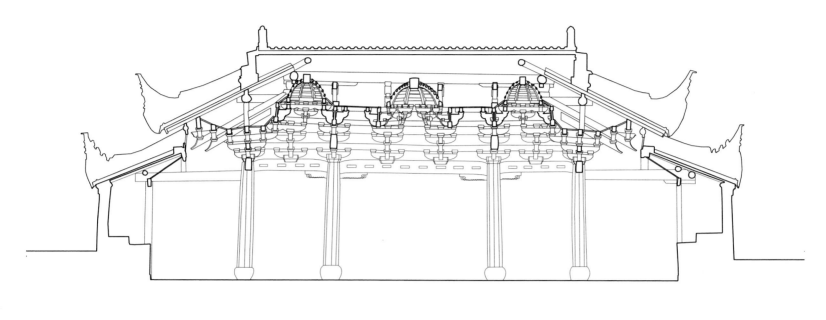

7. 残损现状图：大殿5-5纵剖面

0　1　2　3米

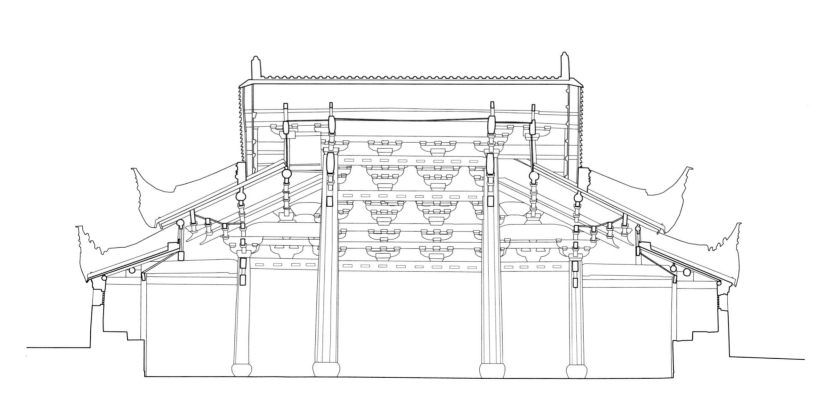

8. 残损现状图：大殿6-6纵剖面

0　1　2　3米

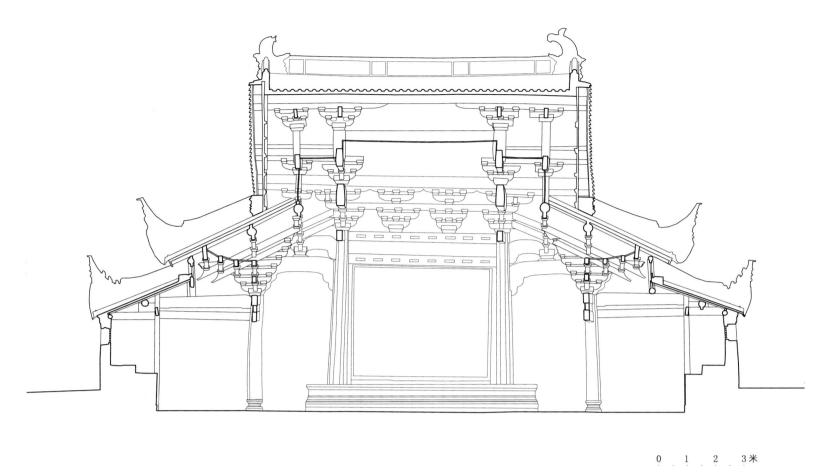

9.残损现状图：大殿7-7纵剖面

0 1 2 3米

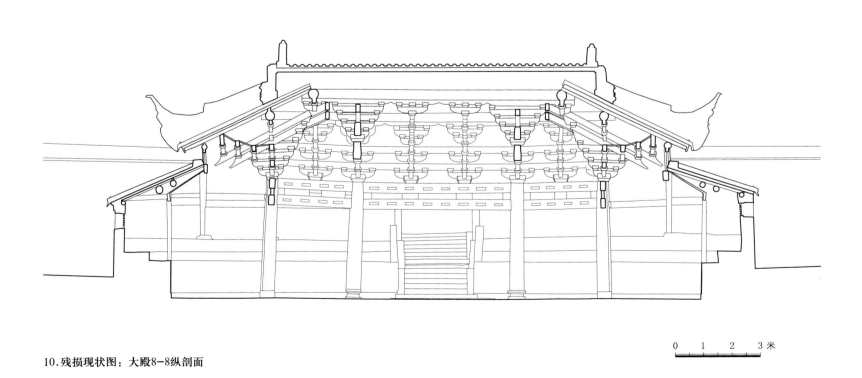

10.残损现状图：大殿8-8纵剖面

0 1 2 3米

21774

| 1600 | 3360 | 2976 | 5808 | 3070 | 3360 | 1600 |

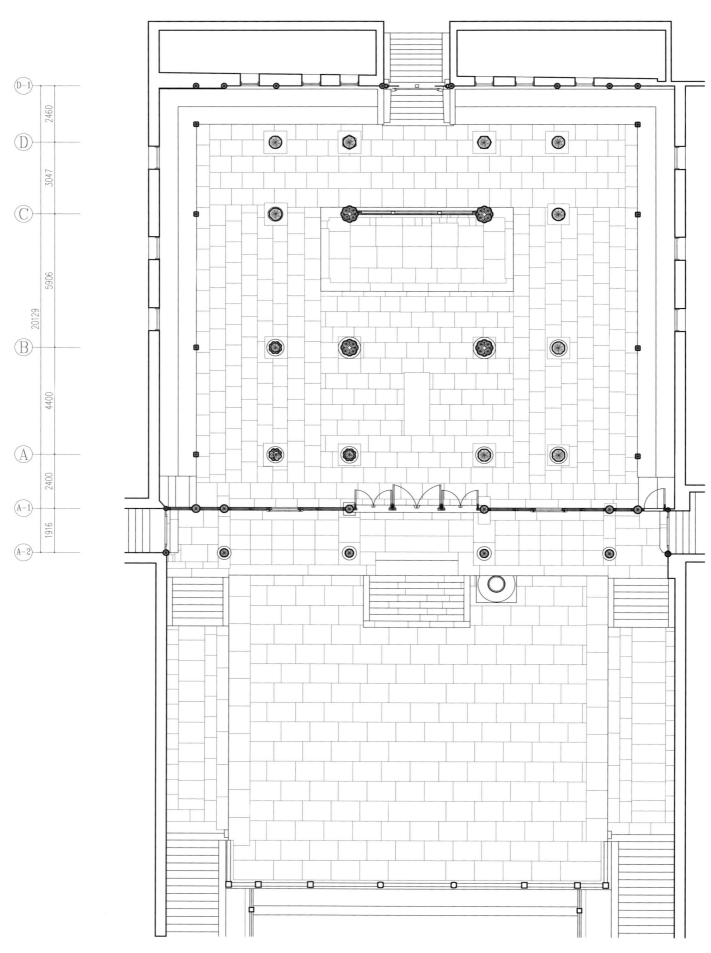

11. 归正现状图：大殿平面图(柱脚尺寸)

北

宁波保国寺大殿：勘测分析与基础研究
图版　归正现状图

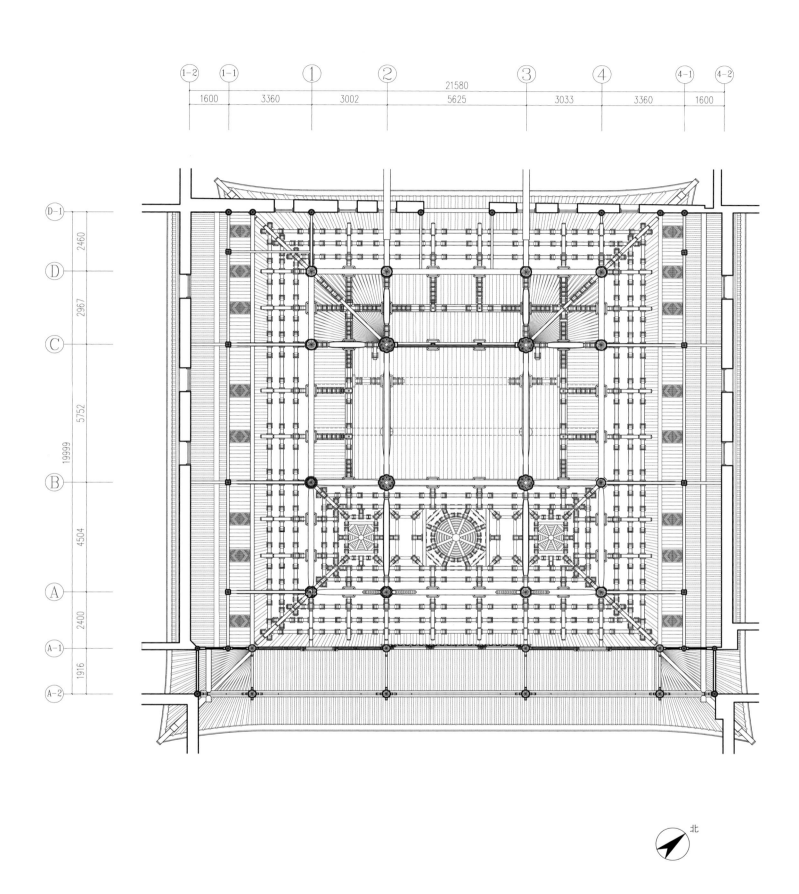

1-2	1-1	①	②		③	④	4-1	4-2
1600	3360	3002	5625	21580	3033	3360	1600	

北

12.归正现状图：大殿梁架仰视图(柱头尺寸)

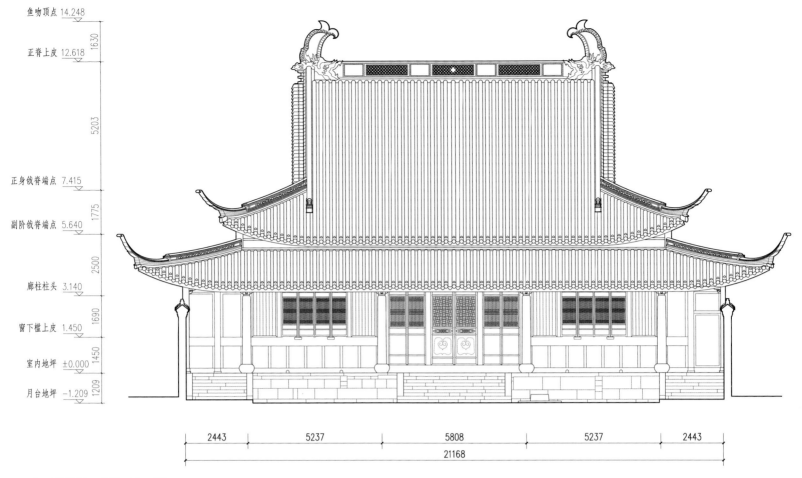

鱼吻顶点 14.248
正脊上皮 12.618
1630
5203
正身戗脊端点 7.415
副阶戗脊端点 5.640
1775
2500
廊柱柱头 3.140
窗下槛上皮 1.450
1690
室内地坪 ±0.000
1450
月台地坪 -1.209
1209

2443 | 5237 | 5808 | 5237 | 2443
21168

13.归正现状图：大殿正立面图

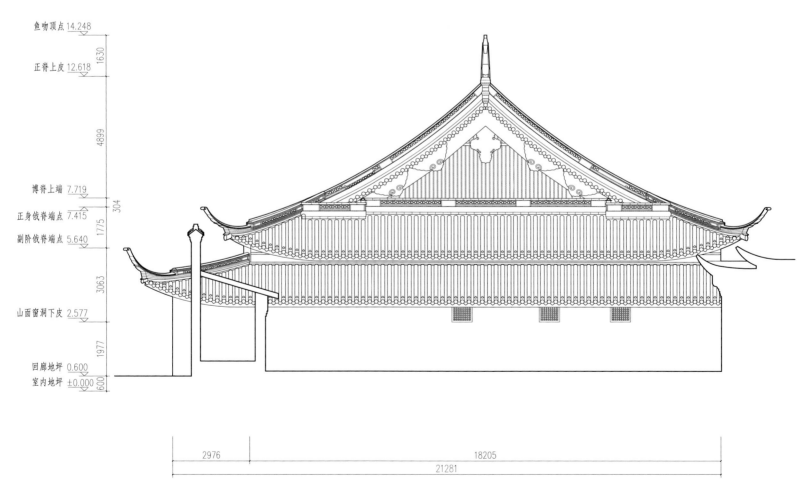

鱼吻顶点 14.248
正脊上皮 12.618
1630
4899
博脊上端 7.719
正身戗脊端点 7.415
副阶戗脊端点 5.640
304
1775
3063
山面窗洞下皮 2.577
1977
回廊地坪 0.600
室内地坪 ±0.000
600

2976 | 18205
21281

14.归正现状图：大殿侧立面图

14.248 __ 宝物顶点

11.587 __ 脊槫上皮

9.618 __ 上平槫上皮

8.450 __ 中平槫上皮

7.537 __ 下平槫上皮

6.767 __ 牛脊槫上皮

5.554 __ 牛脊槫枋下皮

5.398 __ 挑檐檩下皮

4.280 __ 檐柱柱头

3.630 __ 前后檐檩下皮

±0.000 __ 室内地坪

-1.209 __ 月台地坪

2661 1969 1168 913 770 1213 156 1118 650 3630 1209

1916 2400 1648 1375 1622 2162 2086 1564 1459 1538 2460

A-2 A-1 A B C D D-1

1916 2400 4400 20129 5906 3047 2460

15.归正现状图：大殿两次间横剖面东视图

189

16.归正现状图：大殿西次间横剖面西视图

标高注记（右侧自上而下）：

鸱吻顶点 14.248

脊槫上皮 11.587
上平槫上皮 9.618
中平槫上皮 8.450
下平槫上皮 7.537
檐槫枋上皮 6.767
挑檐枋下皮 5.554
挑檐檩下皮 5.398
檐柱柱头 4.280
当蒻檐檩下皮 3.630

室内地坪 ±0.000
月台地坪 -1.209

尺寸注记（上部自左而右）：1916 702 1698 1648 1375 1622 2162 2086 1564 1459 1538 1705 755

尺寸注记（下部自左而右）：1209 3630 650 1118 1213 770 913 1168 1969 2661

156

轴线编号：A-2 A-1 A B C D D-1

2400 4400 5906 3047 2460

20129

17.归正现状图：大殿心间大藻井位置横剖面西视图

2460　1538　1459　1564　2086　2162　1622　1375　1648　2400　1916

D-1　D　C　B　A　A-1　A-2

2460　3047　5906　4400　2400　1916

20129

鱼嘴顶点 14.248
脊槫上皮 11.587
上平槫上皮 9.618
中平槫上皮 8.450
下平槫上皮 7.537
橑檐槫上皮 6.767
橑檐枋下皮 5.554
挑檐槫下皮 5.398
檐柱柱头 4.280
前檐铺作下皮 3.630
室内地坪 ±0.000
月台地坪 -1.209

2661　1969　1168　913　770　1213　1118　650　3630　1209
156

191

18. 归正现状图：大殿心间平基位置横剖面西视图

鱼吻顶点 14.248

脊槫上皮 11.587

上平槫上皮 9.618

中平槫上皮 8.450

下平槫上皮 7.537

檐槫上皮 6.767

橑檐枋下皮 5.554

挑檐槫下皮 5.398

檐柱柱头 4.280

前檐橑檐槫下皮 3.630

室内地坪 ±0.000

月台台坪 −1.209

19.归正现状图：大殿前进纵剖面南视图

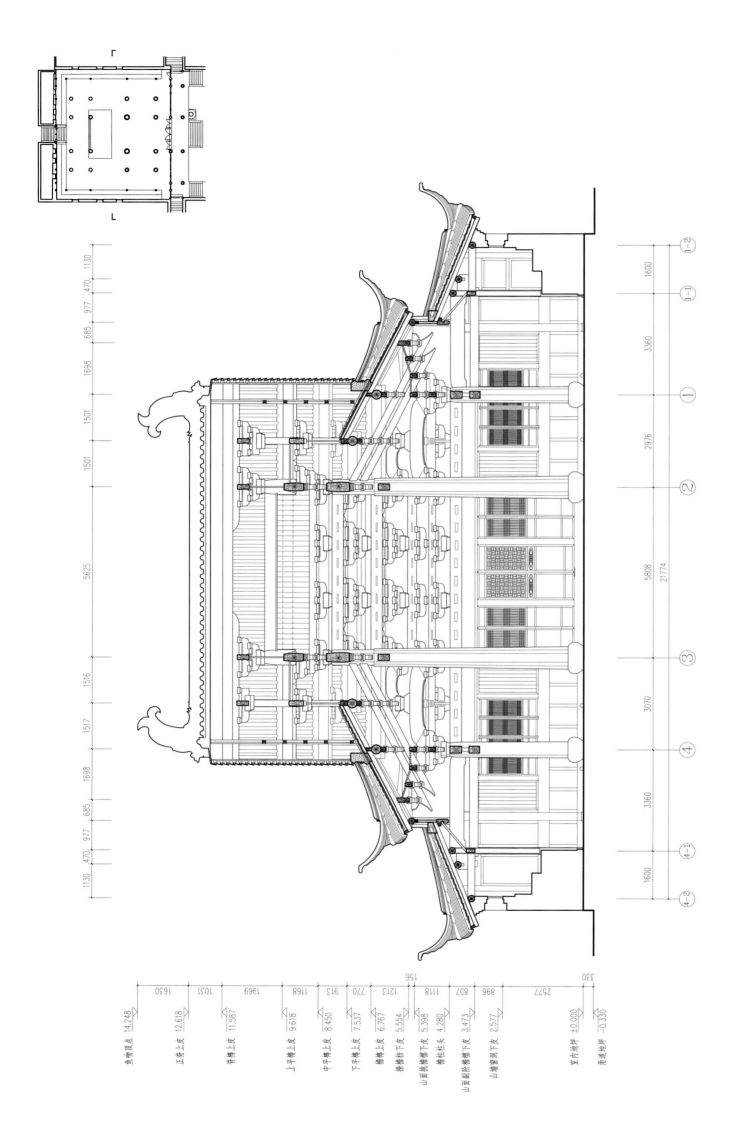

20. 归正现状图：大殿中进纵剖面南视图

1130 470 977 685 1698 1501 1501 5625 1516 1517 1698 685 977 470 1130

1-2 1600
1-1 3360
1 2976
2 5808 21774
3 3070
4 3360
4-1 1600
4-2

含刚顶点 14.248
正脊上皮 12.618 1630
脊槫上皮 11.587 1031
上平槫上皮 9.618 1969
中平槫上皮 8.450 1168
下平槫上皮 7.537 913
檐槫上皮 6.767 770
橑檐枋下皮 5.554 1213
山面檐槫下皮 5.398 1118 156
檐柱柱头 4.280 807
山面副阶檐槫下皮 3.473 896
山墙窗洞下皮 2.577 2577
室内地坪 ±0.000 330
雨道地坪 -0.330

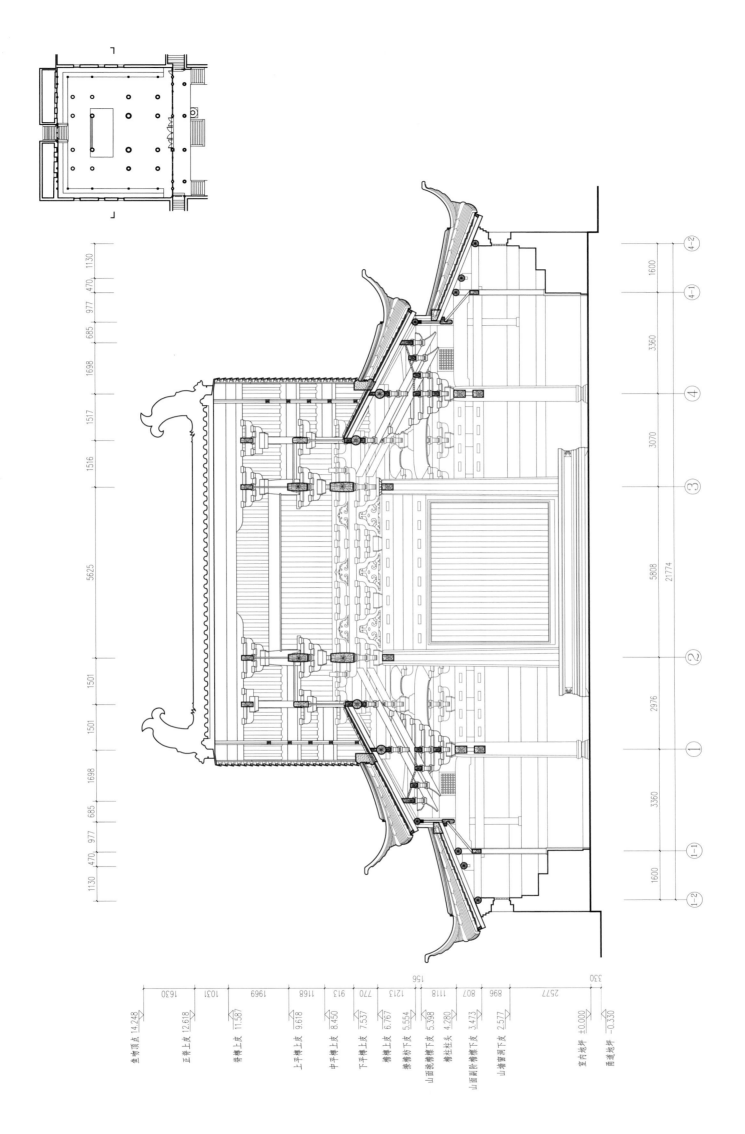

21.归正现状图：大殿中进纵剖面南北视图

全脊顶点 14.248

正脊上皮 12.618

脊槫上皮 11.587

上平槫上皮 9.618

中平槫上皮 8.450

下平槫上皮 7.537

檐槫上皮 6.767

橑檐枋下皮 5.554

山面挑檐槫下皮 5.398

檐柱柱头 4.280

山面副阶檐槫下皮 3.473

山墙窗洞下皮 2.577

室内地坪 ±0.000

甬道地坪 -0.330

1130　977　470　1130　977　685　1698　1517　1516　5625　1501　1501　1698　470　977　1130

1600　3360　3070　5808　2976　3360　1600

21774

330　2577　896　807　1118　1213　770　913　1168　1969　1031　1630

156

1-2　1-1　①　②　③　④　4-1　4-2

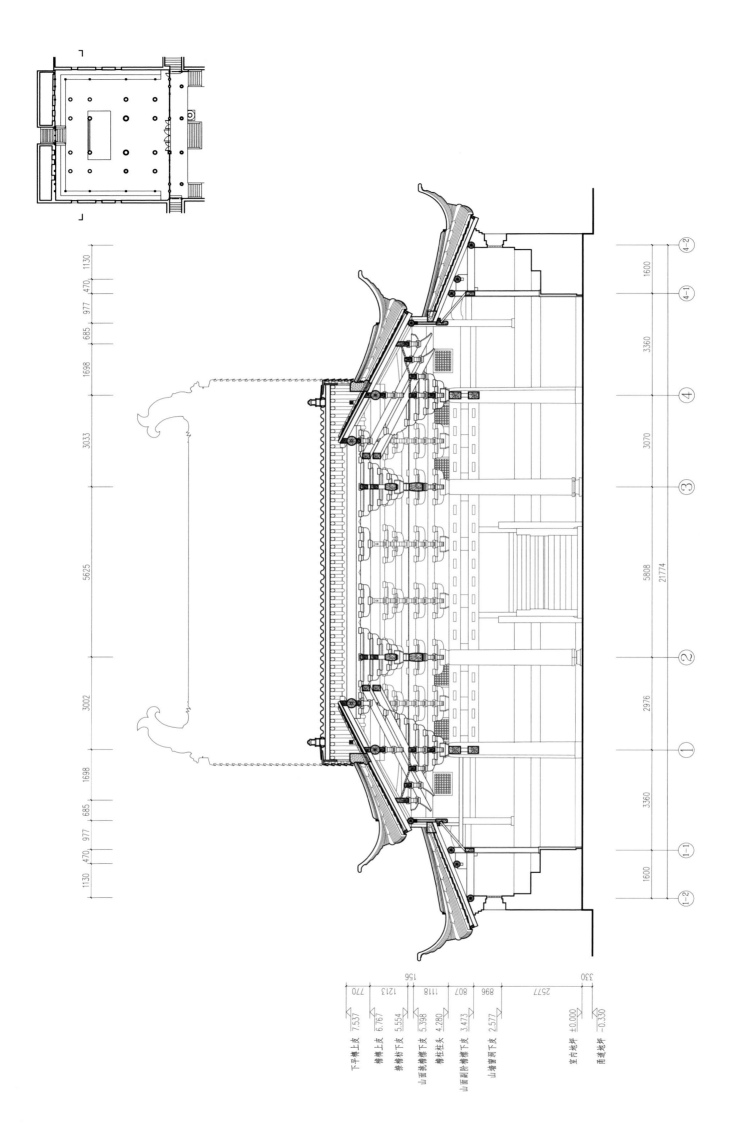

22. 归正现状图：大殿后进纵剖面北视图

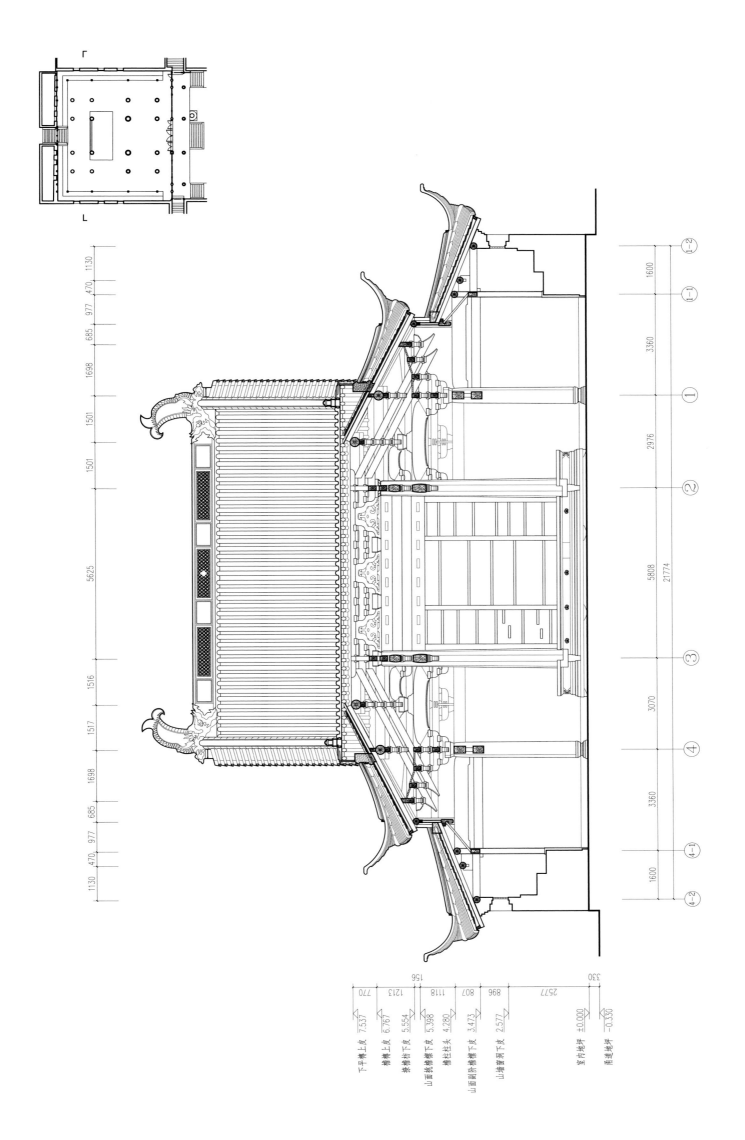

下平槫上皮 7.537
檐槫上皮 6.767
撩檐枋下皮 5.554
山面挑檐槫下皮 5.398
檐柱柱头 4.280
山面副阶檐槫下皮 3.473
山墙置剳下皮 2.577
室内地坪 ±0.000
南进地坪 -0.330

770
1213
156
1118
807
896
2577
330

23. 归正现状图：大殿后进纵剖面南视图

1130 | 470 | 977 | 685 | 1698 | 1501 | 1501 | 5625 | 1516 | 1517 | 1698 | 685 | 977 | 470 | 1130

21774
5808

1600 | 3360 | 2976 | 3070 | 3360 | 1600

1-2 | 1-1 | 1 | 2 | 3 | 4 | 4-1 | 4-2

197

山面后丁栿架剖面

心间梁架剖面

山面后丁栿架立面

心间梁架立面

山面前丁栿架双面异形节点

东山出际剖面

24. 现状中观图：梁架

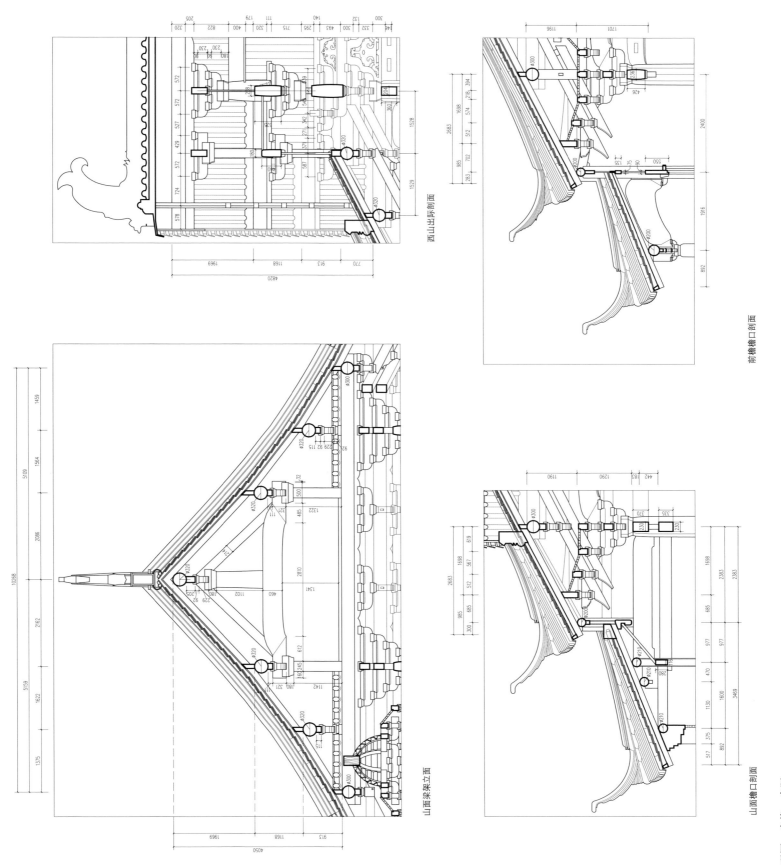

西山出际剖面

前撩檐口剖面

山面梁架立面

山面撩檐口剖面

25. 现状中观图：出檐、出际

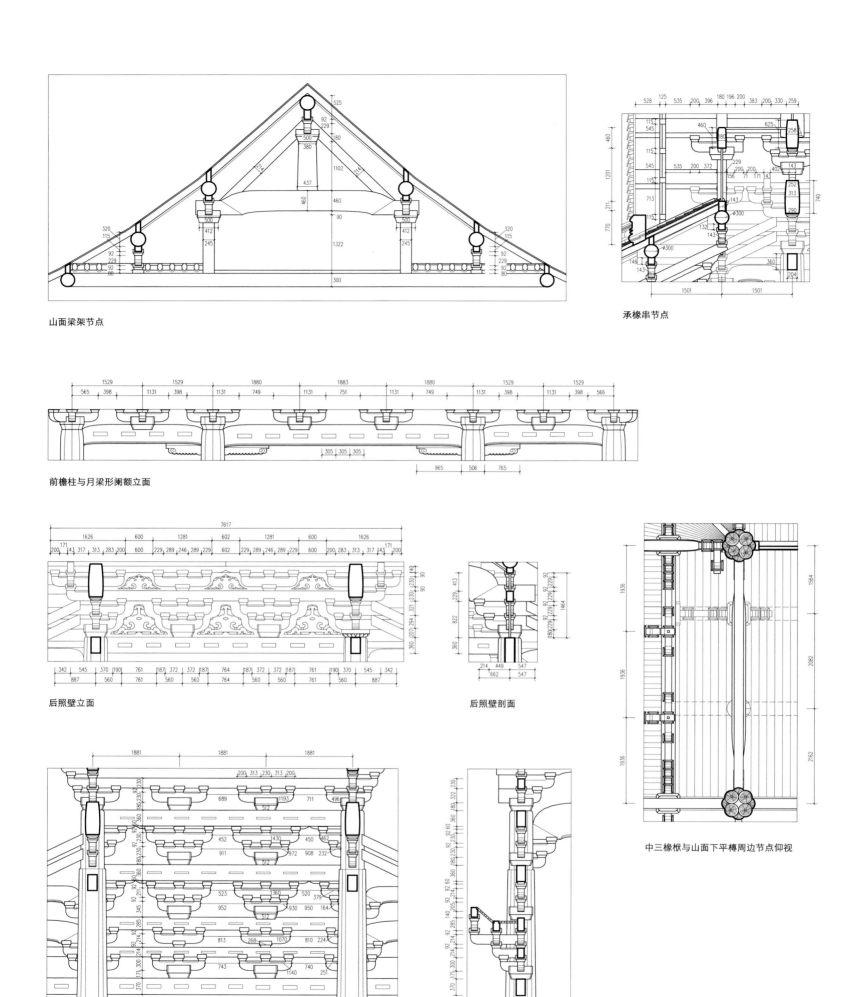

山面梁架节点

承椽串节点

前檐柱与月梁形阑额立面

后照壁立面

后照壁剖面

中三椽栿与山面下平槫周边节点仰视

前照壁立面

前照壁剖面

26.现状中观图：阑额、照壁

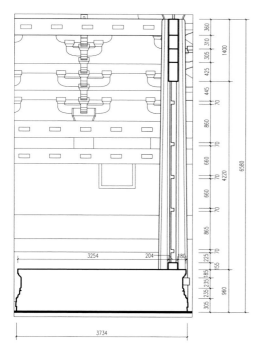

佛坛及背版剖面

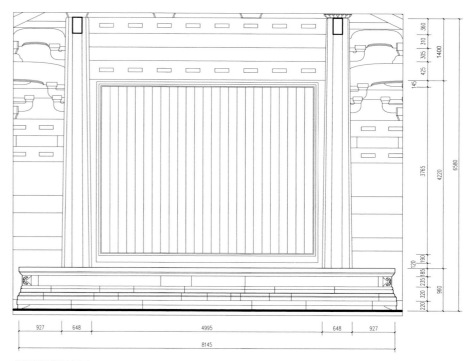

佛坛及背版正立面

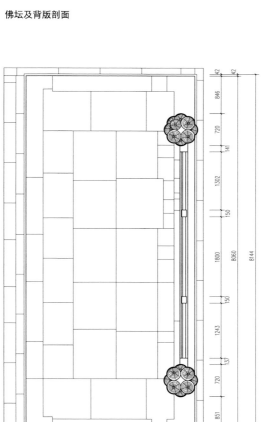

佛坛及背版平面

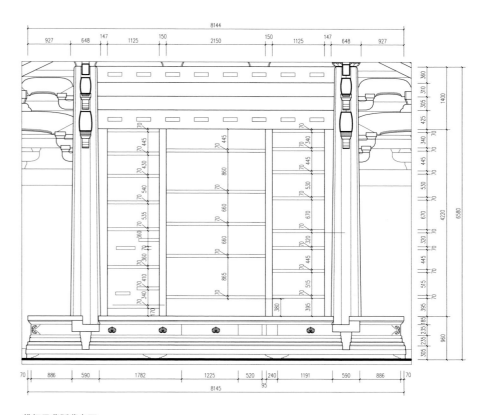

佛坛及背版背立面

27.现状中观图：佛坛、背版

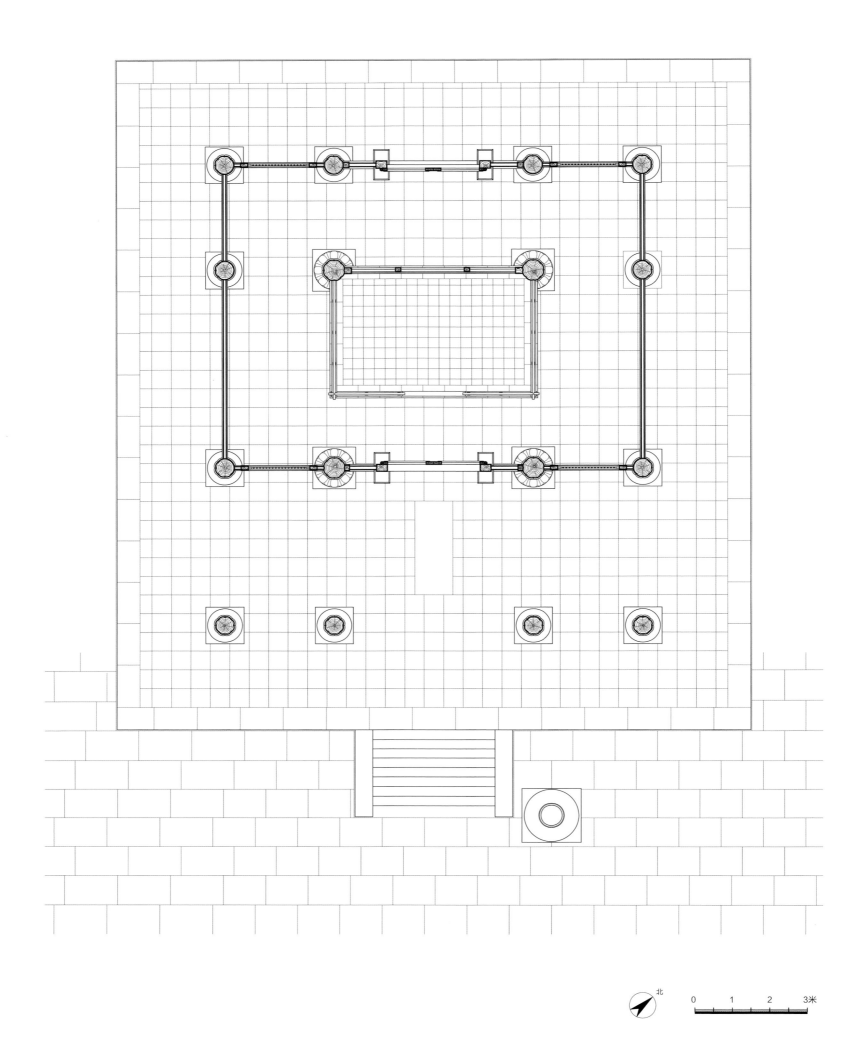

北　0　1　2　3米

28.复原图：大殿平面图

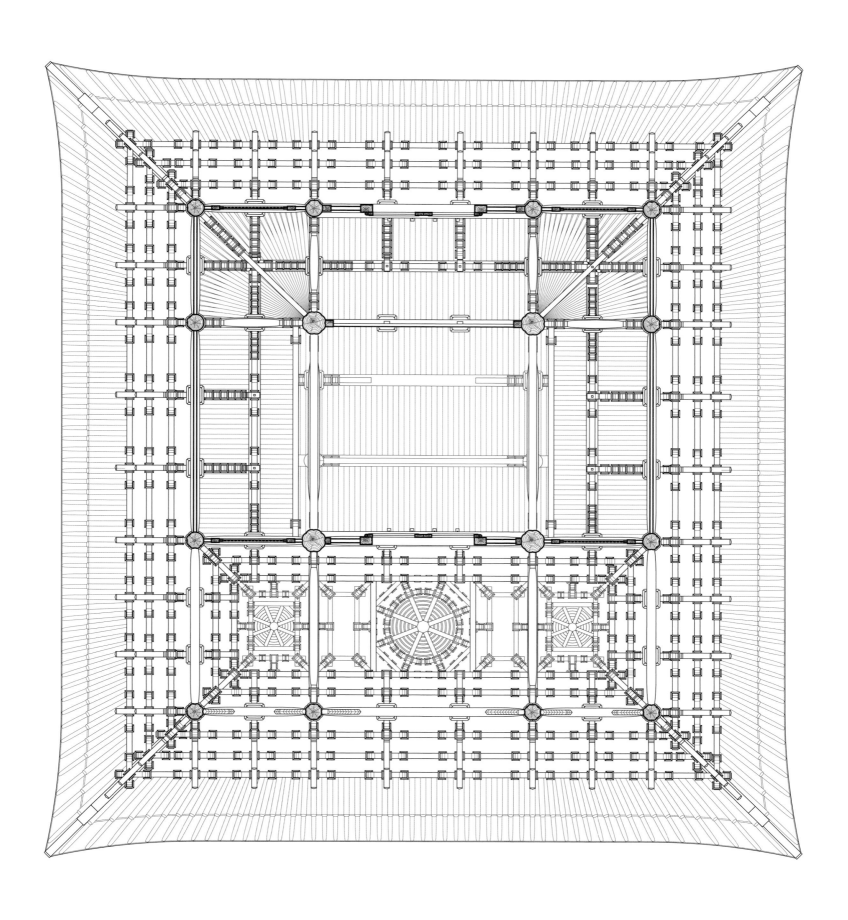

29.复原图：大殿梁架仰视图

北　0　1　2　3米

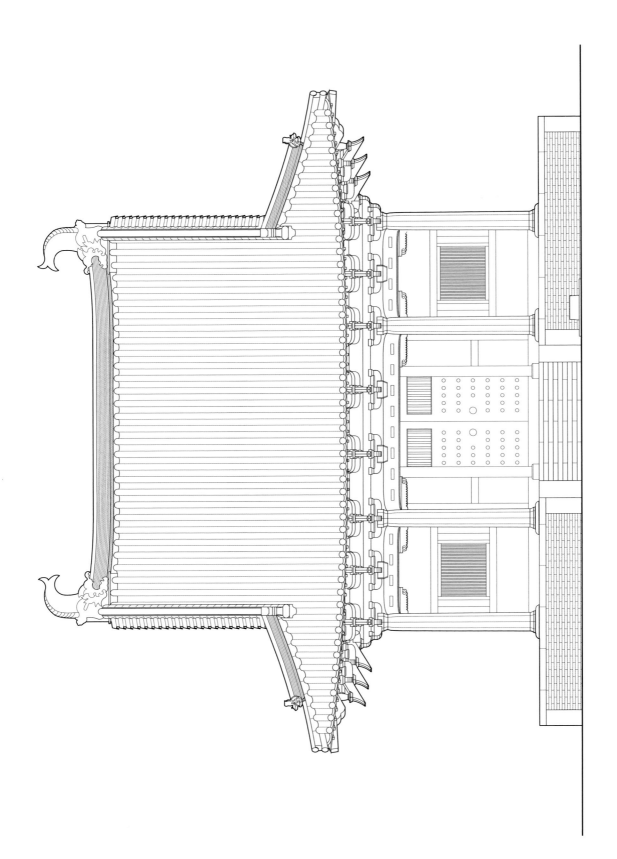

30. 复原图：大殿正立面图

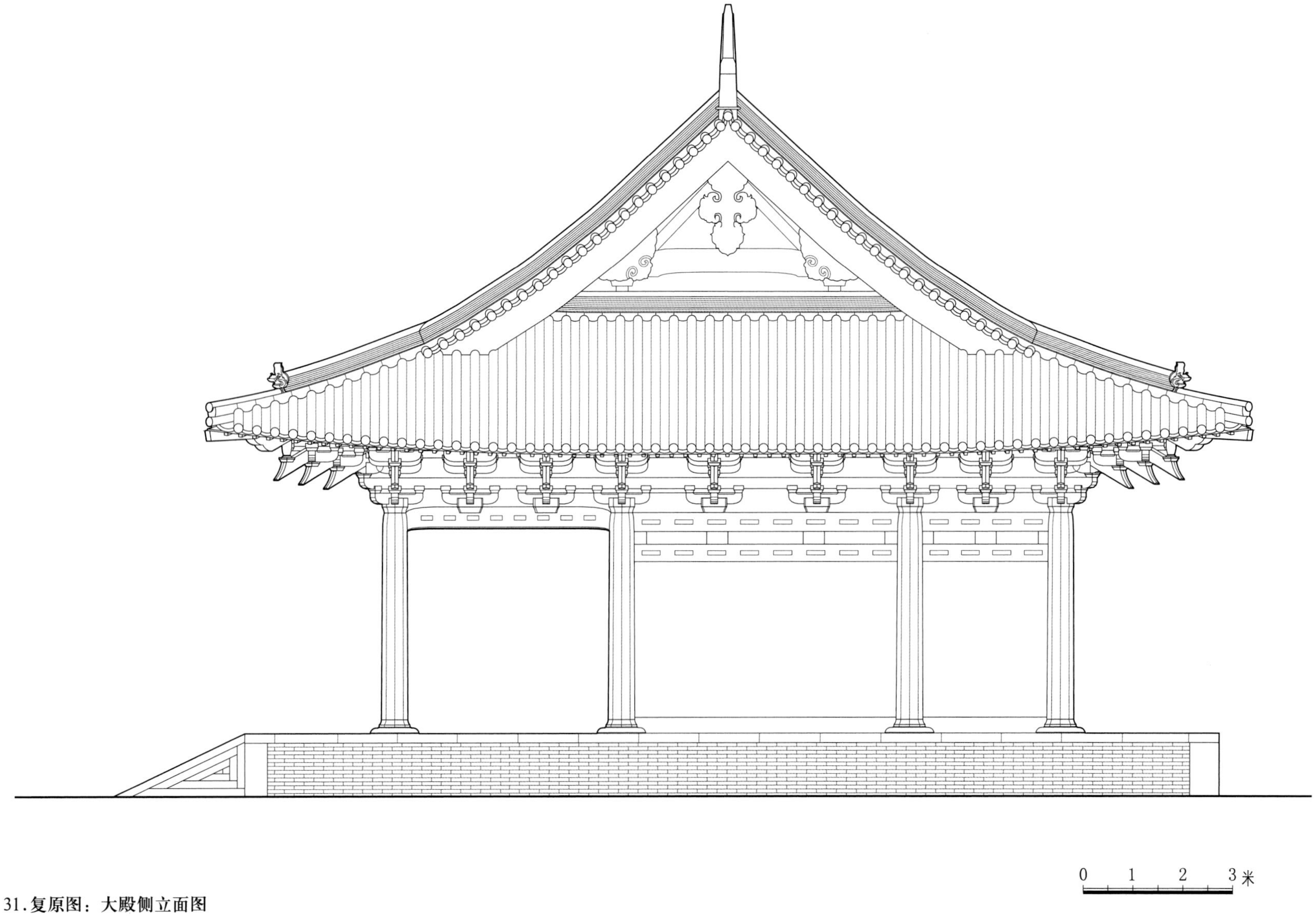

31.复原图：大殿侧立面图

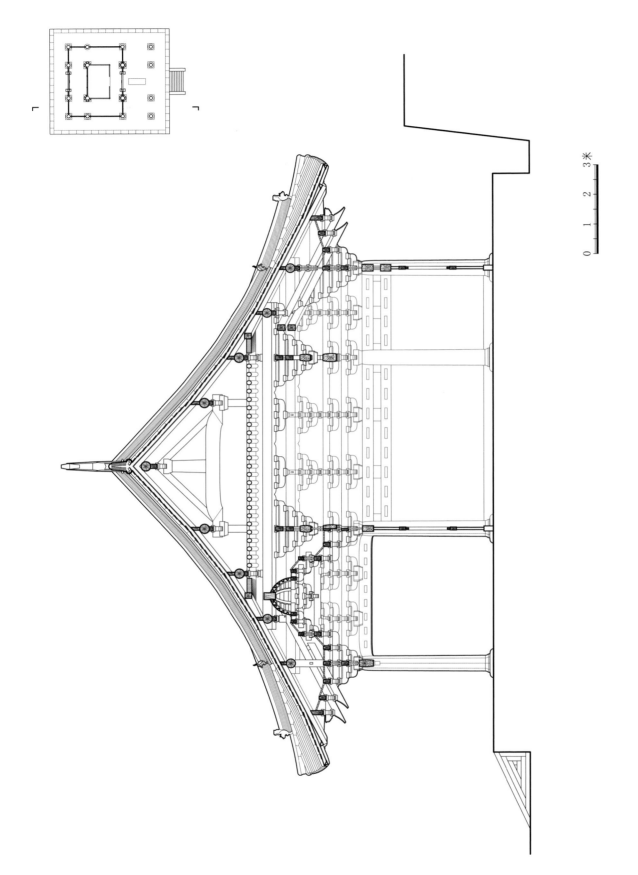

32. 复原图：大殿西次间横剖面西视图

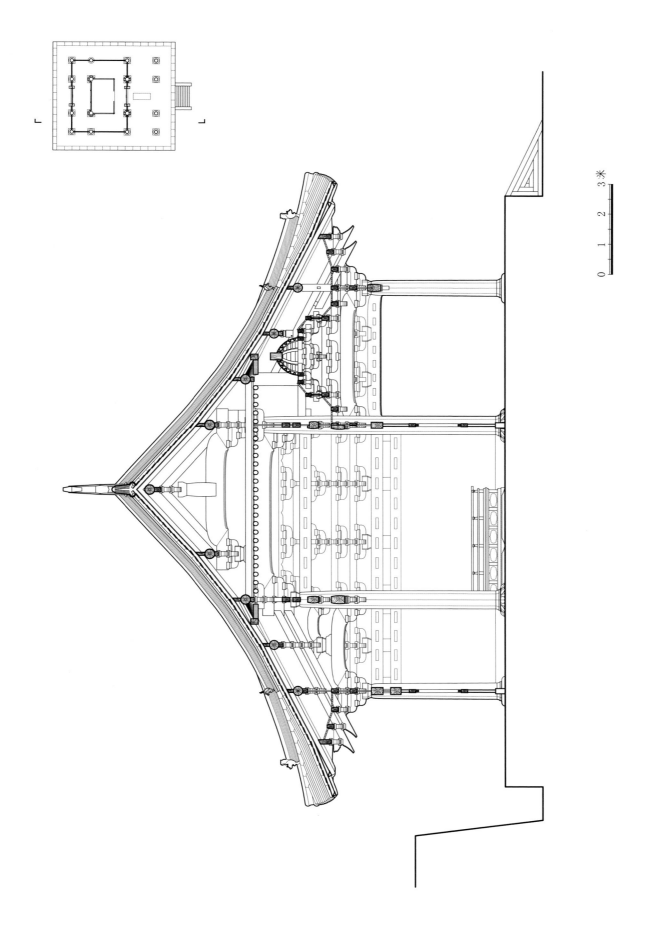

33.复原图：大殿西次间横剖面 东视图

34. 复原图：大殿心间大藻井位置横剖面图

米

0 1 2 3

35.复原图：大殿心间平基位置横剖面图

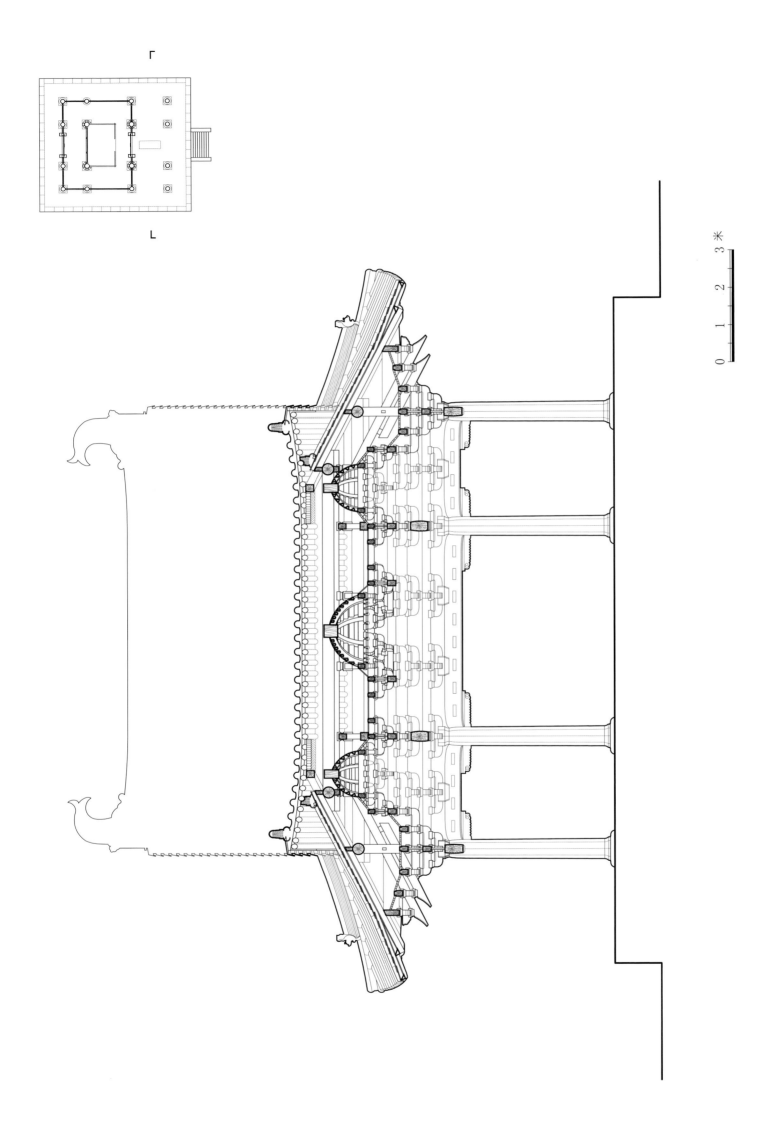

36. 复原图：大殿前进纵剖面南视图

37. 复原图：大殿中进纵剖面北视图

38. 复原图：大殿中进纵剖面南视图

宁波保国寺大殿：勘测分析与基础研究
图版 复原图

39. 复原图：大殿后进纵剖面北视图

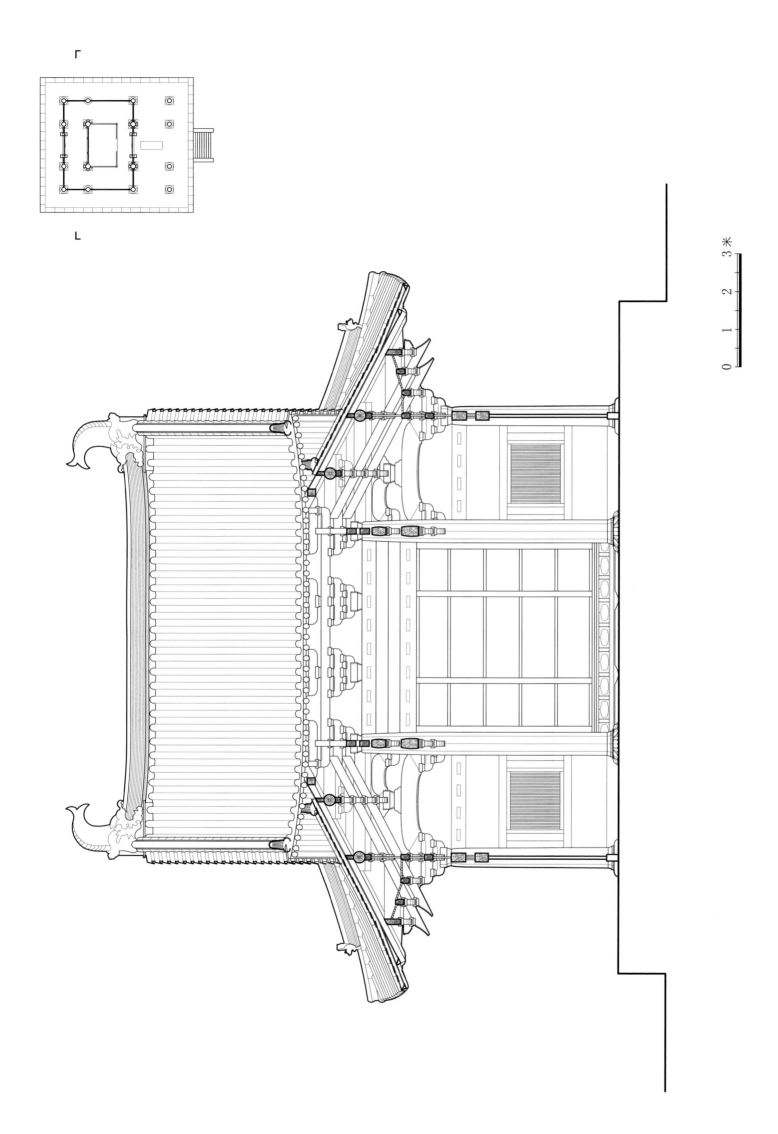

40. 复原图：大殿后进纵剖面南视图

0 1 2 3 米

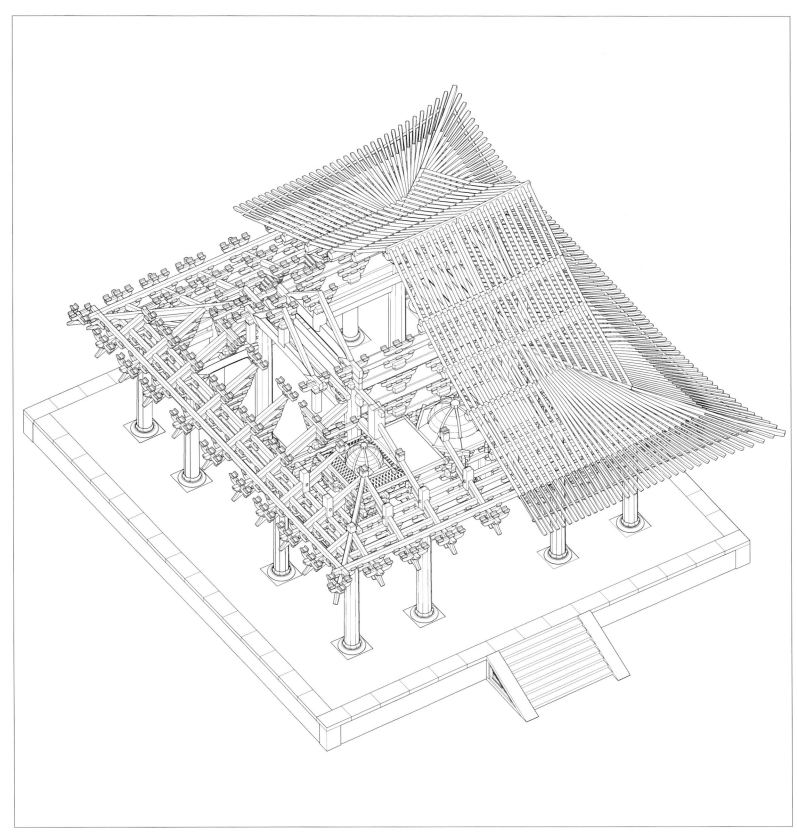

41.横型表现图：大殿全景轴测图

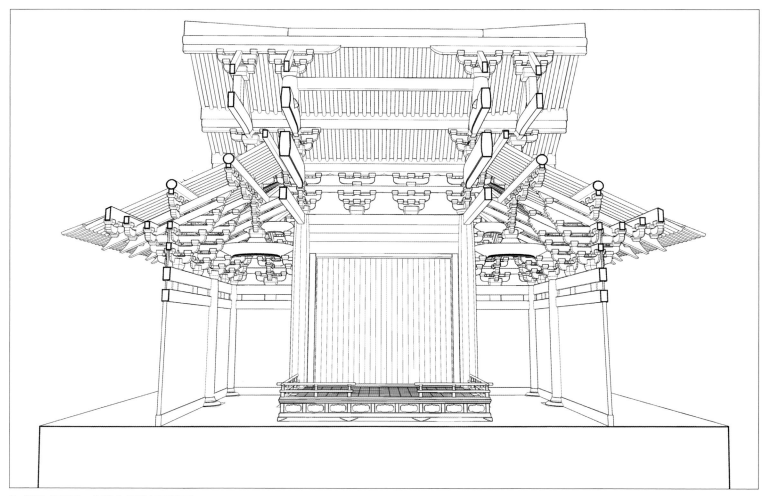

42.横型表现图：大殿内部纵剖后视图

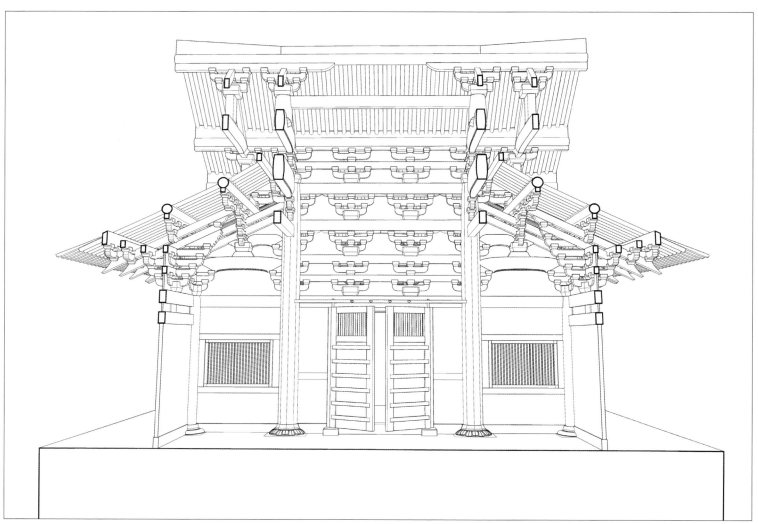

43.横型表现图：大殿内部纵剖前视图

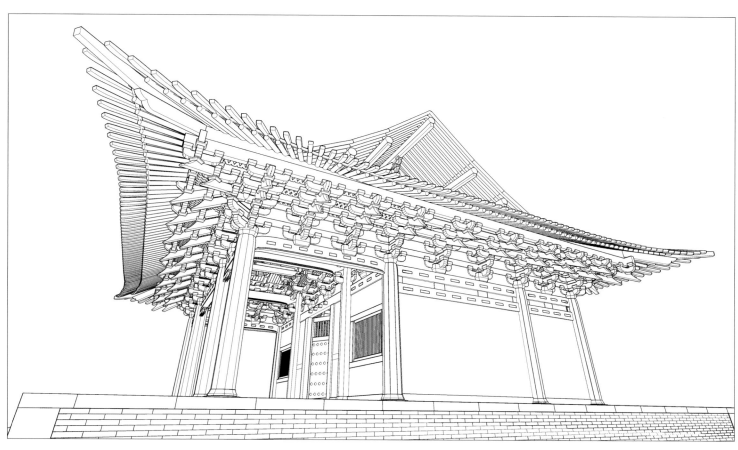

44.横型表现图：大殿外部全景图

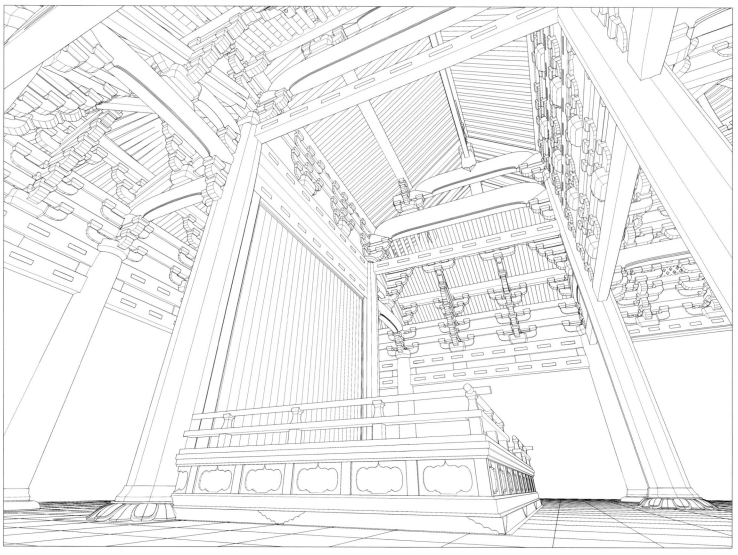

45.横型表现图：大殿内部全景图

46. 模型表现图：大殿前进空间仰视图一

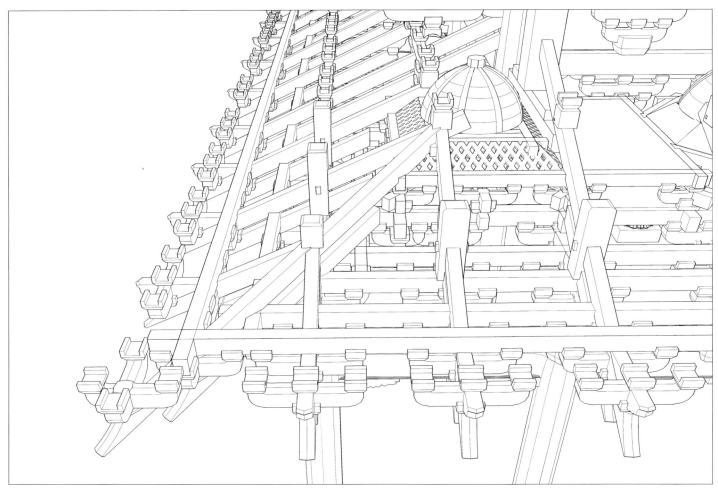

48.横型表现图：东南角部构架复原示意图

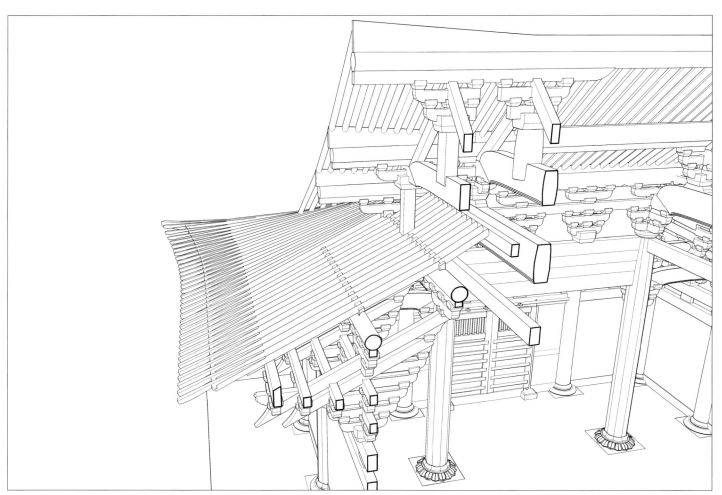

49.横型表现图：厦两架构架复原示意图

1. 群山环抱的保国寺

宁波保国寺大殿：勘测分析与基础研究
图版 外观

2.天王殿、净土池、大殿全景

3.大殿正立面全景

4.月台前净土池

5.池壁题字

6.大殿副阶前廊与殿前月台　　　　　　　　　　　　　　　　　　　　　7.大殿副阶前廊东望

8.深秋时节的大殿

9. 大殿屋面

10. 大殿东山面悬鱼

11. 大殿东山面局部

12. 大殿西山面

13. 大殿西鸱吻

宁波保国寺大殿：勘测分析与基础研究
图版 外观

14. 大殿心间景象

15. 大殿殿内西次间

16. 大殿殿内东次间

17.大殿前进东望

18.大殿前进仰视

19.大殿中进构架东望

20.大殿中进构架西望

21. 大殿中进东北角

22. 大殿中进东次间北侧上部

23. 大殿构架：由西南角看宋构主体

宁波保国寺大殿：勘测分析与基础研究
图版 室内构架

24.大殿柱列一

25.大殿柱列二

26.大殿殿内佛坛

27.大殿构架：由东北角看宋构

28.大殿后进构架

29.大殿后门

30. 大殿前内柱间扶壁

31. 前内柱间扶壁局部

32. 大殿后内柱柱头扶壁及柱间枋额

33. 大殿东中三椽栿、平梁

2 3 3

34.东后丁栿、劄牵

38.东前丁栿、劄牵

35.西后丁栿、劄牵

36.东后乳栿、劄牵

37.西后乳栿、劄牵

39.西前丁栿、劄牵

40.鱼眼照片：大殿中进南望

41.鱼眼照片：自大殿前廊北望

42. 大殿心间藻井：未刷桐油前一

43. 大殿心间藻井：未刷桐油前二

44.大殿前廊藻井全景

45. 自西向东看大藻井

46. 自北向南看大藻井

47.大藻井及平棊仰视

48.大藻井近景

49.自西向东看外檐铺作及藻井

50. 大殿前进东次间仰视全景

宁波保国寺大殿：勘测分析与基础研究
图版 铺作藻井

51.心间大藻井

52.心间西平棊

53.东次间小藻井

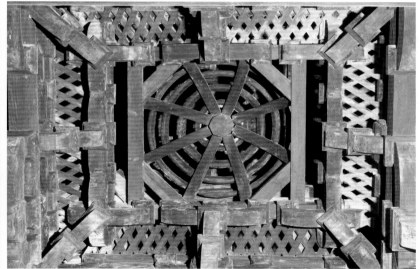

54.西次间小藻井

55.东前三椽栿北端骑栿斗棋与平棊铺作

58.东山前柱柱头虾须棋

56.西前三椽栿背补间铺作与平棊铺作

59.西次间内额上补间铺作

57.东次间内额上补间铺作

60.前檐铺作外跳

61.大殿前檐铺作全景

63. 东檐补间铺作外跳

62. 东檐补间铺作里跳

64. 东檐补间铺作昂尾上部空间

65. 东山后进补间铺作

66. 东北转角铺作

67. 局部：瓜瓣柱与瓜瓣斗

68. 后檐柱头铺作

69. 后檐补间铺作

70. 丁栿背承下平槫四重栱

71. 中三椽栿背承平梁十字斗栱

245

72.心间前内柱缝扶壁栱

73.心间后内柱缝扶壁栱

74.草架景象：前廊自东向西望

75. 前廊西草架柱构架

77. 前廊东草架柱构架局部

76. 前廊草架全景：自西向东俯视

78. 东前内柱上部

79. 前廊东草架柱构架

80.远望前廊西南角草架

81.西南角：上平榑、下平榑和藻井

82.西南角：屋面与平榑

85.平闇格子

86.西前丁栿上铺作后尾

87.西前内柱上部拼柱现状一

87.西前内柱上部拼柱现状二

91.昂尾与心间大藻井

92.从前檐看昂尾与西次间小藻井

93.前檐下平榑与檐榑之间

83.西北角：昂与下平槫

84.东南角：昂与下平槫

89.心间大藻井一

90.心间大藻井二

94.前檐蜀柱与檐槫

95.前檐檐柱缝昂尾与蜀柱

96.西山面梁架与清代山花版之间　　　　　　　　97.东山面梁架与清代山花版之间

98.西山面平梁背蜀柱、叉手一　99.西山面平梁背蜀柱、叉手二　100.西山面平梁外侧残存刻饰

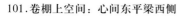

101.卷棚上空间：心间东平梁西侧　　　　　　　　102.卷棚上空间：心间东平梁东侧

103.佛坛前面

104.佛坛背面

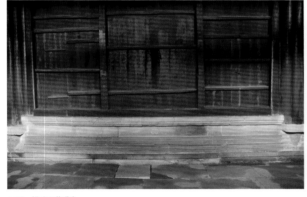

105.佛坛背版

106.佛坛须弥座与后内柱柱础

107~110.佛坛细部：圭脚、团花

111.西山前柱柱础

112.东山后柱柱础

113.东后内柱石栌斗

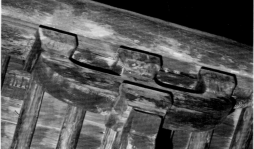

115.东山补间铺作昂尾与令栱

114.东山补间铺作后尾　　　　116.西山补间铺作昂尾与令栱　　　　117.西山补间铺作后尾

118.前内柱缝西次间梁架：双面异形做法　　　119.双面异形做法细部：北面　　　120.双面异形做法细部：南面

121.骑阑额讹角栌斗　　　　122.泥墙印痕　　　123.西平槫彩画局部

124.东平槫彩画局部　　　　125.散斗彩画　　　126.交互斗彩画

127.阑额与蝉肚绰幕入柱局部

128.阑额与蝉肚绰幕入柱局部

129.东次间内额：两肩卷杀入柱

133.月梁端头卷杀

130.东南角柱——月梁形阑额：两肩卷杀入柱

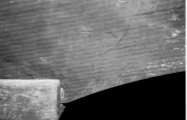

134.月梁下部刻线：心间东平梁

135.月梁下部刻线：心间西平梁

131.后檐西平柱——重楣：两肩卷杀入柱

136.心间东缝脊蜀柱

137.心间西缝脊蜀柱

132.后檐西平柱——重楣：两肩卷杀入柱

138. 佛坛后部须弥座石板铭文: 造石佛座记

139～140. 大殿前门石地栿内侧两端刻字

142. 大殿心间匾额

141. 大殿上檐角梁更换记录

附录

附录一 保国寺大事记简表

年代		记事	资料	考证
汉建武年间	25—56	骠骑将军张意之子、中书郎张齐芳隐居此山，后舍宅为寺，初名灵山寺	雍正《培本事实碑》 嘉庆《保国寺志》	张意，据《太平御览》转引《东观汉记》《列传十六》载："张意拜骠骑将军，讨东匿，备水战之具，一战大破，所向无前"。以北传佛教的视角，东汉时期的匿越一带，佛教当尚处萌芽之处，恐待待商榷之处
唐会昌年间	845	灵山寺废，名蓝记毁	天启《慈溪县志》 嘉靖《宁波府志》 雍正《培本事实碑》 嘉庆《保国寺志》	其中雍正碑及嘉庆寺志，记载最为详尽：众僧越不忍寺院荒芜，请国宁寺僧人可恭主持复寺业。可恭与僧越鸣之刺史，后前住长安，途经关中大振，为朝野所知，为朝野所知，得于获赐保国寺额及紫衣一袭。嘉庆寺志或多转录自雍正碑文。 国宁寺，今天宁禅寺，位于中山西路鄞跳花巷对面。寺建于唐大中五年(851)，北宋崇宁二年(1103)改为崇宁万寿寺。政和元年(1111)改名天宁万寿寺，后又名报恩光孝寺，旋又改名报恩光孝寺，后受到檀越的南末绍兴七年(1137)赐额"报恩光孝寺"。国宁寺僧人自然复兴保国寺众檀越之写照。天宁禅寺。元明清婴毁婴建。今存遗址。能在会昌法难后六年就建寺，请求朝廷复开元寺于国宁寺旧址，是为会昌之后复寺之写照。 注意：据宝庆《四明志》记载，大中初刺史李敬方[1]，请求朝廷复开元寺于国宁寺就建寺，敬请参看附录。广明(880正月—881七月)元丰十二月，黄巢攻陷长安，唐僖宗逃难入蜀
唐广明元年	880	赐保国寺额	天启《慈溪县志》 雍正《培本事实碑》	
宋太平兴国五年	980	可恭建殿字于广明年间	雍正《培本事实碑》	此事仅见于雍正碑刻，尚未有他处文献见载
		给赐本院知事曾希绍记，专切掌领营系行使	嘉庆《保国寺志》	
宋大中祥符四至六年	1011—1013	德贤尊者来寺主事，弟德诚与徒众，募乡长郑景高、徐仁证、吕遵等鸣工匠村。山门大殿悉鼎新之。时邑令林公冠，县尉杨公敏，亦道场也	嘉庆《保国寺志》	嘉庆《保国寺志》卷下，"先觉·末山门鼻相三学德贤尊者"云："祥符辛亥(1011)，复过灵山，见寺已毁，抚手长叹。"结茅不忍去后，凡六年，山门大殿，悉鼎新焉。 德贤尊者，据明弘治年间《云堂记》，称"昔德贤尊者，正扬圣教，道行张天，为斯堂祖"，雍正碑文作者亦称"末明道同，中兴祖鸣号德贤尊者"，但是也为不能专核其事迹云。《保国寺志》之"先觉"条中，反向明晰之记载，称为"末山门鼻相三学德贤尊者"之"先觉"条中，反向明晰之记载。 林济，雍正《慈溪县志》卷三《秩官表》中有载，为末天圣四年(1026)邑令
宋大中祥符六年	1013	佛殿，末祥符六年，德贤尊者建。吴栱星斗，结构甚奇，为四明诸刹之冠。唯延庆保武与此间，固师礼公所建之道场也	嘉庆《保国寺志》	嘉庆寺志中，先觉所列"末宗智大师四明尊者"，实际与保国寺末见直接关联，其主要是作为保国寺中兴祖鸣贤的老师。法智大师，是天台宗十七祖，北宋时期天台中兴的领袖人物。 延庆寺，……皇朝至道中，僧知礼、行学俱高，真宗皇帝诏使加礼，宝庆、大中祥符三年，改院名延庆。 石待问大中祥符二年《皇末明州新修保恩院记》，所谓"……公输之削墨靡摩，匠石之运斤弗缀，如是焉者十岁；石藏教而左方丈，便欣争他群"……同时，石待问还提到，金碧文映，轮矣之盛，石待问之记云，莫之与京，建保恩院落成，石公记之。 保恩院建筑，土木壤丽，王蓥增辉，先佛殿而后置堂，德院曰厥成功，遂抽毫而为识"，强调其独特性。 嘉庆《保国寺教行录》提到"大中祥符二年己酉，时年五十十岁，建保恩院已酉，戒誓恩院落成，石公记之。院己酉告成，皇朝大中祥符二年庚戌，是年恭至旦，为延庆 记末曰：保恩院同广顺二年建。皇朝大中祥符三年改为延庆院。绍兴十四年改院的祥符四年衔接上 院。待问四明图经曰：保恩院(原称保恩院)建筑完成于大中祥符三年，正与保国寺嘉庆寺志记载的祥符四年衔接上 由上可知，延庆院始建方为刺史。

（1）宁波市佛教协会 宁波佛教志32：天宁禅寺条。类似记载参见宝庆《四明志》卷十一等文献。

（2）嘉靖《宁波府志》卷三，教育李敬方为刺史。

年代	记事	资料	考证
宋治平年间 1064—1067	更为精进院	宝庆《四明志》、嘉靖《宁波府志》、雍正《谱本事实碑》、嘉庆《保国寺志》	宝庆《四明志》载为治平二年（1065）改额。嘉靖《宁波府志》卷十八载，宋治平元年改精进院。雍正碑记从唐广明元年至治平元年间，相距二百一十四年，恐有误，或当为二百差十四年。嘉庆寺志载为治平元年，赐精进院额。
宋天禧四年 1020	建方丈殿	嘉庆《保国寺志》	
宋明道元年 1032	在大殿西建朝元阁	嘉庆《保国寺志》	
宋庆历年间 1041—1048	僧若冰建祖堂	嘉庆《保国寺志》	嘉庆寺志卷上，所录明弘治六年（1493）之"艺文·云堂记"中，"云堂者，保国寺精进院之祖堂……昔德贤者，丕扬圣教，道价弥天，为辟堂祖……"，同志卷上"古迹·云堂"提及，或表明祖堂系祭祀德贤，与德贤尊者则全的圆教时间——庆历五年（1045）相近。《释门正统》卷六，提到当有弟子若木。
宋崇宁元年 1102	国宁寺僧等，舍石佛座于大殿中	石佛座北侧束腰题刻	嘉庆寺志未载斯事，或许修志之时，铭文观览不便。查嘉庆寺志，卷下"先觉·敏庵禅师"中，"……新装主佛罗汉四天王，并石座傍座菩萨，满堂装金，妙相庄严"，或许土佛院后亦曾有佛像设置
	宗普凿净土池	嘉庆《保国寺志》	嘉庆寺志卷上"寺字·净土池"记载，"净土池，宋绍兴年间，僧宗普凿，栽四色莲花。"此净土池与院西之莲池，或非同一物事。
宋绍兴年间 1131—1161	僧仲卿（重）建法堂，僧仲卿、宗浩同建十六观堂	嘉庆《保国寺志》	卷上"寺宇·法堂，宋高宗绍兴年间僧宗卿建"。不过卷下"先觉·公达大师"载为重建。"邑之胡氏子，甲岁礼保国寺道从为师，受具足戒，教观克勤，后入延庆寺，剌血书法华经四部，然一指以报国恩，奄然息坐，绍兴六年十月，整衣端坐，默开中易与"卿"。互混。嘉庆寺志卷上"古迹·十六观堂"记载，"在法堂西，宋绍兴间，僧宗卿、宗浩同建。""先觉·公达大师"下"化号众缘，重建法堂五间，复与十六观堂"讲惟"……复入延庆圆照"十六观堂，修弥陀阁，十六观堂，乃受业业即保国寺，化号众缘，重建法堂五间，复与十六观堂。从位置及建造时间看，十六观堂当即净土观堂。乾道《四明图经》卷十，录有宋人陈瓘《延庆寺净土院记》，作于大观元年（1107），该文亦收录于《佛祖统纪》卷三十五，只是改题《南湖建宝阁及十六间观之所》，终于元符三年（1100）三月功成之盛况。《延庆寺净土院记》中有"……构屋十六间观之所，内为弥观之所，殿临池水，夹以观音之境。以以观音势至。立文六弥陀之身，黔开世外之境。"其中有三点值得注意：（1）保国寺僧仲卿入延庆寺圆照门下，为绍兴间保国寺（时启修精进院），亦为斯时延庆寺内，供奉弥陀佛的宝阁及十六间观之所，不离生染之中。馀中易与"卿"。营建内容。嘉庆寺志卷下"先觉·公达大师"，化号众缘，重建法堂；僧仲卿入延庆寺圆照（1127）织于金兵（4）为止，斯时延庆寺（1114）后，故宗卿有可能参与二构。"修盖"之事，两组之募分次序相承；（3）延庆寺建筑之募力于金国寺，只是后者实施时间略为后移。或表明保国寺僧仰天台宗的建造活动，或表明净土信仰与天台宗的结合，此思想当影响了保国寺，以及十六观堂等净土修行建筑，延庆寺建筑或多保国寺所仿，惟"延庆殿式与之同的佛殿等。

（3）乾道《四明图经》卷十一、何泾《延庆院圆照法师塔铭》。圆照梵光（1064—1143），受业于吕宗所诸。政和四年（1114）受业于吕宗所诸，入主延庆寺。

（4）成化《宁波郡志》卷九《寺观志》之"延庆讲寺"条、收录有元代所作《重建佛殿记》。

年代		记事	资料	考证
宋嘉熙年间	1237—1240	复称保国寺	《释门正统》	卷第六"中兴第一世八传·则全"载，则全十岁师保国光相塔院，斯时精进院额后，延庆寺大中祥符三年赐延庆院额后，于绍兴十四年（1144）改称延庆寺。
明弘治六年	1493	僧清隐重建祖堂，更名云堂	《云堂记》 嘉庆《保国寺志》	此云堂，即原来庆历年间修建之祖堂，因"栋宇倾颓，不蔽风雨"，由清隐师与其徒文应、文伟，因祖堂旧基所构，今废。嘉庆《保国寺志》卷上"古迹·清隐堂"，"明弘治间，僧清隐建"，当即云堂，系一构双名也。
明嘉靖年间	1522—1566	重修大殿	嘉庆《保国寺志》 民国《保国寺志》	嘉庆寺志卷上"寺宇·佛殿"载，明嘉靖间，西房僧世德重修大殿
明万历三十九年	1611	僧豫庵别自为南房	嘉庆《保国寺志》	嘉庆寺志卷下，"先觉·明豫大师行状"载，豫庵（1579—1665），保国寺南房之始祖，尊为"元览斋开山第一祖"
明嘉靖年间		僧豫庵重建云堂，改名元览斋	嘉庆《保国寺志》	嘉庆寺志卷上"古迹·云堂"有载，僧豫庵扩基改造，更名"元览斋"，旁设两庑，前架重厅，原作"玄览斋"，因康熙朝避讳作元览斋。玄览斋，当作元览斋，仅此一处作玄览斋，寺志他处皆作元览斋
明崇祯年间	1628—1644	颜额题写"一碧涵空"	(5)	崇祯十二年(5)，颜额题写"一碧涵空"。颜额，于嘉庆《慈溪县志》卷七，"人物志·名臣列传"中有传，系"嘉靖三十五年（1566）进士"
明		豫庵发愿设接待南海僧者	乾隆《保国寺斋僧田碑记》	豫庵，发愿接众，将保国寺作为当时前往南海僧众，经灵山山下路之逆旅及觅食所，并创置田亩。保国寺或许与南海观音信仰朝有所关联
明		僧元衍建迎薰楼	嘉庆《保国寺志》	嘉庆寺志卷上"古迹·迎薰楼"载：明时在大殿西南建迎薰楼，后其孙宗勉重修，桐溪法师若济撰记，清末时已废
清顺治十五年	1658	西房僧石瑛重修法堂	嘉庆《保国寺志》	嘉庆寺志卷上"寺宇·法堂"载：顺治十五年戊戌，西房僧石瑛重修
清康熙九年	1670	西房僧石瑛重修大殿	嘉庆《保国寺志》	嘉庆寺志卷上"寺宇·佛殿"载：康熙九年庚戌，西房僧石瑛重修
清康熙廿三年	1684	显斋重修大殿，天王殿及法堂	嘉庆《保国寺志》	卷上"寺宇·佛殿"载，康熙廿三年（1684），僧显斋偕徒景庵，前拔游游巡两翼，增广重檐，新装罗汉天等相，位置轩昂。卷上"寺宇·天王殿"载，国朝康熙甲子年（1684），僧显斋重修。卷上"寺宇·法堂"载，康熙廿三年甲子（1684），僧显斋重修
清康熙年间	1662—1722	净土池四周立栏；二帝殿重修；建叠锦亭	雍正《培本事实碑》 嘉庆《保国寺志》	雍正碑载，康熙甲子春后，"乃敢浮海伐木购材，浮海是至福建购买木材"。熙朝禁科有关，卷上"寺宇·净土池"载，康熙年间（1662—1722），僧显斋立栏四围，继修正后两厢，重曾檐角，石布月台，栏置碧沼"。此当与康卷上"寺宇·二帝殿"载，始建年不明，前明御史颜鲸题—"碧涵空"四字，僧显斋重修。卷上"寺宇·叠锦亭"载，康熙年间（1662—1722），僧显斋建，并记书额尝焉
清雍正十年	1732	立《培本事实碑》	雍正《培本事实碑》	碑记中提到"明赐御额后，旋即"圮材鸠工，重新殿宇，营拓有楼林之柱，罘罳绝布网之尘，巧夺公输，功侔造化"，其所谓"前祖恢复之事实"，未见他旁证，或为大殿无尘文献所接纳。碑文中"绝布网之尘"，恐亦后来文献所传说之肇端
清乾隆元年	1736	显斋从云堂迁居堂侧，草创东西楼之前身	嘉庆《保国寺志》	卷上"寺宇·法堂东西楼"载，计各六间，昔本荒基，乾隆元年（1736），僧显斋自云堂迁于斯堂之侧，草创结构，与其曾孙唯庵居焉。卷上"古迹·云堂"载，乾隆元年（1736），六世孙显斋移居于法堂，而豫祖元览斋故居遂废
清乾隆五年	1740	营造法堂东西楼；建厨房，磨房	嘉庆《保国寺志》	卷上"寺宇·法堂东西楼"载，乾隆五年庚申（1740），僧唯庵偕徒休斋造两楼。卷上"寺宇·厨房"载，计三间，在法堂东楼外，乾隆五年（1740），僧休斋建。卷上"寺宇·碓磨房"载，计三间，在法堂西楼外，乾隆五年（1740），僧休斋建

（5）郭黛姮、宁波保国寺文物保管所. 东来第一山保国寺. 北京：文物出版社，2003：126

年代		记事	资料	考证
清乾隆十年	1745	佛殿移梁换柱、立磉植楹;重修天王殿	嘉庆《保国寺志》	卷上"寺宇·佛殿"载,乾隆十年乙丑(1745),僧唯庵僧徒体移梁换柱、立磉植楹。卷上"寺宇·天王殿"载,乾隆乙丑年(1745),僧体斋重修
清乾隆十九年	1754	新建钟楼、斋楼	嘉庆《保国寺志》	卷上"寺宇·钟楼"载,乾隆十九年甲戌(1754),僧体斋同孙常斋新建。卷上"寺宇·斋楼"载,计四间,乾隆十九年(1754),僧体斋孙常斋同建
清乾隆二十一年	1756	铸造三千斤大钟	嘉庆《保国寺志》	卷上"寺宇·钟楼"载,乾隆丙子(1756)八月十八日,铸造大钟三千斤
清乾隆二十二年	1757	慎郡王赐"钟楼"额字;冯氏为大钟作记	嘉庆《保国寺志》	卷上"寺宇·钟楼"载,乾隆丁丑年(1757),慎郡王恩赐"钟楼"二大字,此系孙用序(名炳炎)奏请之力,冯容斋(各名鹏飞)记。慎郡王,即胤禧,为清圣祖第二十一子,雍正八年(1730)受封贝勒,雍正十三年(1735)受封慎郡王,乾隆二十三年(1758)卒。卷下"艺文·新铸大钟记"为乾隆二十二年冯鹏飞所作,文中有"其中代有高僧缔构营筑,宫殿之巍峨,金碧之华丽,浸浸乎,驾四明诸寺中称佛殿为"四明诸刹之冠"之源本
清乾隆三十年	1765	天王殿殿基及殿前明堂辅石版	嘉庆《保国寺志》	卷上"寺宇·天王殿"载,乾隆三十年(1765),殿基及殿前明堂,僧常斋悉以石版辅之
清乾隆三十一年	1766	佛殿殿基悉以石铺;改造碓磨房	嘉庆《保国寺志》	卷上"寺宇·佛殿"载,乾隆三十一年(1766),内外殿基悉以石铺。卷上"寺宇·碓磨房"载,乾隆三十一年(1766),僧常斋改造楼屋三间,北首设过街楼与西楼通
清乾隆三十四年	1769	新建柴房	嘉庆《保国寺志》	卷上"寺宇·柴房"载,计三间,在茶楼外,乾隆三十四年(1769),僧常斋新建
		发现大殿建年代	嘉庆《保国寺志》	卷上"寺宇·佛殿"载,"自始建以来,至今乾隆己丑(乾隆三十四年,1769),凡七百五十有七年",此当为他处所引者。嘉庆寺志中住持编修者为元览斋十四世理高寂于乾隆甲午年(1774)后,敏庵方可为住持,故此段文字,故此当嘉庆寺志编修者所撰
清乾隆四十五年	1780	重修二帝殿;建文武帝殿,构亭悬"东来第一山"匾	嘉庆《保国寺志》	卷上"寺宇·佛殿"载,(乾隆)四十五年(1780),常斋、敏庵重修,卷下"先觉·常斋"载,子乾隆四十五年(1780),建文武帝殿于甍前低垮处,新构一亭,悬来末第一山之额。其中,二帝殿即文武帝殿,因书于两处而各自为名
清乾隆四十六年	1781	修葺为狂风吹坏的山门、大殿	嘉庆《保国寺志》	卷下"先觉·常斋"载,乾隆四十六年(1781),山门大殿,悉被狂风吹坏,几无完望,常斋次第修葺。此次修葺或持续不甚长,规模亦当不甚大
清乾隆四十七年	1782	雪堂、敏庵分居,敏庵创新南房	嘉庆《保国寺志》	卷上"古迹·云堂"载,乾隆四十七年(1782),僧雪堂与敏庵分居,敏庵将祖荒基重建,归田百亩,仍号南房。卷下"先觉·一航禅师"与师兄雪堂(敏庵目称)分居,子乾隆四十七年,雪堂师分居,又别号新南房
清乾隆五十年	1785	重建法堂东西楼	嘉庆《保国寺志》	卷上"寺宇·法堂东西楼"载,乾隆五十年(1785),僧常斋同孙敏庵重建
清乾隆五十二年	1787	重建法堂	嘉庆《保国寺志》	卷上"寺宇·法堂"载,乾隆五十二年(1787),僧常斋同孙敏庵重建

续表

年代	年代	记事	资料	考证
清乾隆五十八年	1793	新建祖堂	嘉庆《保国寺志》	卷上"古迹·云堂"载，乾隆五十八年（1793），僧敏庵同徒永斋新建祖堂于青龙尾，供奉历代香火。清末时已废
清乾隆五十九年	1794	立《保国寺斋僧田碑记》	乾隆《保国寺斋僧田碑记》	碑文见嘉庆《保国寺志》卷上"艺文"。冯全撰文
清乾隆六十年	1795	重建天王殿	嘉庆《保国寺志》	卷上"古迹·天王殿"载，乾隆六十年（1795），僧敏庵僧徒永斋，开广筑埠，以石铺砌，重建殿宇，改造佛座，新装天王菩萨
清嘉庆元年	1796	修整佛殿，改装佛像等	嘉庆《保国寺志》	卷上"古迹·佛殿"载，嘉庆元年（1796），僧敏庵起工至壬午六年（1801）止，重新殿宇，改装罗汉，配装诸天等相
清嘉庆七年	1802	改建碾房	嘉庆《保国寺志》	卷上"寺宇·碾房"载，在天王殿东，今（嘉庆七年，1802）改建武圣祠东
清嘉庆十年	1805	刊刻寺志	嘉庆《保国寺志》	此寺志费祥所作序，以及封面皆落款嘉庆十年，不过文中可见若干嘉庆十年以后的事件（见后列条目），则可知刊刻之际，或在嘉庆十年之后
清嘉庆十二年	1807	立《县示碑》"禁买寺产"	嘉庆《县示碑》	碑文称"……所有后开该寺户田，不得混行强卖……"[6]
清嘉庆十三年	1808	重建叠锦亭；移建钟楼于大殿东；改建厨房、柴房、碾房；建设东客堂堂等	嘉庆《保国寺志》	卷上"寺宇·叠锦亭"载，嘉庆戊辰年（1808），僧敏庵同徒永斋重建。卷上"寺宇·钟楼"载，嘉庆戊辰年（1808），僧敏庵移建钟楼在大殿东。卷上"寺宇·厨房"载，嘉庆戊辰年（1808），僧敏斋同徒永斋改建。卷上"寺宇·柴房"载，嘉庆戊辰年（1808），僧敏斋同徒永斋改建楼计三间，作外厨房。卷上"寺宇·碾房"载，嘉庆戊辰年（1808），僧敏庵同徒永斋改建碾房改建于钟楼后。卷上"寺宇·东客堂"载，嘉庆戊辰年（1808），僧敏庵同徒永
清嘉庆十五年至十七年	1810—1812	禅堂、鼓楼等建设	嘉庆《保国寺志》	卷上"寺宇·东客堂"载，端斋、舟庵、峰斋新建。卷上"寺宇·东客堂"载，鼓楼并余尾，直至天王殿止，嘉庆庚午年（1810）起，至壬申年（1812），僧敏庵同徒永斋，孙心斋
清道光元年	1821	永斋立《斋田碑》	道光《斋田碑》	碑文"……本寺法乳堂历代渐次所置，务农耕种以保佛火，以济僧众，传诸不朽，勿得汤废"[7]

（6）郭黛姐、宁波保国寺文物保管所. 东来第一山保国寺. 北京：文物出版社，2003：126

（7）郭黛姐、宁波保国寺文物保管所. 东来第一山保国寺. 北京：文物出版社，2003：8

续表

年代		记事	资料	考证
清道光二十八年	1848	立县示碑		事关寺产，申明如遇违禁，照律究办[8]
清咸丰四年	1854	兰斋重铸大钟	大钟铭文	铭文落款"咸丰四年八月"。民国《保国寺志》亦载[9]
清宣统二年	1910	天王殿、东客堂焚毁	中华民国《保国寺志》	据中华民国《保国寺志》载，宣统二年（1910）十月，天王殿、东客堂，被焚毁[10]
清宣统三年	1911	募建天王殿、东客堂	中华民国《保国寺志》	据中华民国《保国寺志》载，宣统三年（1911）六月，僧一斋募建，甲寅年（1914年）竣工[11]
		新南房焚毁	中华民国《保国寺志》	据中华民国《保国寺志》载，宣统三年（1911）六年，新南房被焚毁，后改作莱园
清代之前		建关房于大雄殿东北	嘉庆《保国寺志》	卷上"古迹·关房"载，在大雄殿东北隅建关房，后废
年代不明		云水楼、新云水楼、念佛堂	民国《保国寺志》	均见于民国寺志，估计当建于清代末期[12]

（8） 郭黛姮，宁波保国寺文物保管所. 东来第一山保国寺. 北京：文物出版社，2003：126
（9） 郭黛姮，宁波保国寺文物保管所. 东来第一山保国寺. 北京：文物出版社，2003：8
（10） 郭黛姮，宁波保国寺文物保管所. 东来第一山保国寺. 北京：文物出版社，2003：8
（11） 郭黛姮，宁波保国寺文物保管所. 东来第一山保国寺. 北京：文物出版社，2003：8
（12） 郭黛姮，宁波保国寺文物保管所. 东来第一山保国寺. 北京：文物出版社，2003：8

附录二　建殿僧德贤尊者生平考述

一、德贤生平行迹

德贤尊者，于嘉庆《保国寺志》卷下"先觉"所列"宋山门鼻祖三学德贤尊者"，记载如下：

"尊者名则全，号德贤，又号叔平，保国中兴之祖也，本施姓，出家保国寺，寻造法智大师门下，习学教观，时南湖十大弟子，群推师为冠。师又旁通书史，善著述，性直气刚，敢言人失，人以是畏之。住三学堂三年，郡守郎简尤加敬礼，尝语人曰：叔平风节凛然，若以儒冠职谏诤。岂下汉汲黯、唐魏征、我朝王元之耶。祥符辛亥，复过灵山，见寺已毁，抚手长叹，结茅不忍去。居凡六年，山门大殿，悉鼎新焉。至庆历五年夏，别众坐亡。"

而据南宋嘉熙（1237—1240）初，释宗鉴《释门正统》卷第六，"中兴第一世八传"列"则全"条记载如下：

"字叔平，四明施氏。十岁师保国光相塔院，行缘进具。造法智轮下，未几悉了其义，居十大弟子之冠。述《四明实行录》，犹蔡邕作郭有道碑也。有置气，善品藻，遇事不合于心，即指言其失，众虑以为不可，师自谓：无欺不变也。住三学前后，郡守爱重之，给事郎公尤最识者，谓师材如许，傥以儒冠造缙绅间，职谏诤之司，补衮职之阙，风采凛然，岂下汉汲黯、唐曲江公、我王黄州耶？惜乎远处海裔，久屈不伸。杨公适[1]闻乡间之誉，特加敬礼，铭其塔曰：凡晨会而夕散，夕承而晨止者。余三十年推援经史，校磨隽杰，辨其可否，一得一失章章然，行事之为世法者。悉中其评议，无毫发谬，诚知非常人也。庆历五年闰五月，终于三学。弟子若水立碣延庆净土院。"

随后，南宋咸淳五年(1269)，志磐所撰《佛祖统纪》中，卷十一有"则全"之记载，基本以《释门正统》所载为本，略作调整：

"法师则全，字叔平，四明施氏。依报国出家，即造法智学教观。时南湖竟推十大弟子，师为之冠焉。旁通书史尤善著述，性直气刚敢言人失，人以是畏之。住三学三十年，郡守郎简尤加敬。尝谓人曰：叔平才气凛然，若以儒冠职谏诤，岂下汉汲黯唐魏征我朝王元之耶？庆历五年夏，别众坐亡。弟子若水，立碣于延庆。师所述四明实录，人谓蔡邕作郭有道碑也（后汉郭林宗举有道，不应既卒，蔡邕为碑文谓卢植曰，吾为碑多矣，皆有惭德。唯郭有道，无愧色耳）。述曰：广智、赵清献为撰碑。三学亡，弟子水师为立碣。此二文，必大有可记者，今二石既无存，于是二师行业不可知，后人立传只仿佛耳，吁可惜也。"

成化《宁波郡志》卷第八，"人物考·名僧"中，亦收录"则全"条：

"则全，姓施氏，主延庆寺，尊为圆觉大师，念佛坐逝。"

嘉靖《宁波府志》卷四十二，"志传十八·仙释"所录"则全"条：

"则全，字叔平，姓施氏，落发于邑之保国寺。南湖竟推十六大弟子，则全首冠焉。旁通书史，尤善著述。性直气刚，敢言人失，人以是重之。住三学三十年。郡守郎简尤礼之，尝谓人曰：叔平才气凛然，若儒冠使职谏诤，岂下汉汲黯、唐魏征、我朝王元之邪？庆历五年夏，别众坐亡，世号三学法师。"

天启《慈溪县志》卷十一，"仙释"之"则全"条，与嘉靖《宁波府志》所见者全同：

"则全，字叔平，姓施氏。落发于邑之保国寺。南湖竟推十大弟子，则全首冠焉。旁通书史，尤善著述。性直气刚，敢言人失，人以是重之。住三学三十年。郡守郎简尤加礼敬，尝谓人曰：叔平才气凛然，若儒冠使职谏诤，岂下汉汲黯、唐魏征、我朝王元之邪？庆历五年夏，别众坐亡，世号三学法师。"

雍正《慈溪县志》卷十二"仙释"，有"则全"条：

"则全，祝发于保国寺，庆历五年别众端逝。西湖尝推十大弟子，而则全居首。住三学三十年，号三学法师。"

与之相关的人物行迹中，也有部分线索，如则全师承之法智，有嘉泰二年（1202）宗晓著录之《四明尊者教行录》七卷，记载其生平事迹。其中可见与则全相关记录，如收录的胡昉"明州延庆寺传天台教观故法智大师塔铭（并序）"[2]中，提及大师弟子们时：

"……其间睹奥特深，领徒继盛者，若当州开元寺则全、越州圆智寺觉琮、台州东掖山本如、衢州浮石院崇矩、见嗣住大师之院尚贤等……"

另同书中，赵抃所撰"宋故明州延庆寺法智大师行业碑"[3]亦提及：

"授其教而唱道於时者，三十余席，如则全、觉琮、本如、崇矩、尚贤、仁岳、慧才、梵臻之徒，皆为时之闻人。"

而《四明尊者教行录》所列"四明法智尊者实录"[4]，作者落款即是"开元三学院门人"则全。

且以上述诸文献所列线索，将则全的名、字、号及履历等相关线索，列简表如下：

简表　建殿僧德贤尊者生平考述

文献 项目	南宋嘉泰初 四明尊者教行录	南宋嘉熙初 释门正统	南宋咸淳 佛祖统纪	明成化 宁波郡志	明嘉靖 宁波府志	明天启 慈溪县志	清雍正 慈溪县志	清嘉庆 保国寺志	备注
名	则全	则全	则全	则全	则全	则全	则全	则全	
字		叔平	叔平		叔平	叔平			
又号								叔平	

[1] 杨适，见《四明文献考》，载《北京图书馆古籍珍本丛刊·第028册》第694页。杨氏为著名隐士，其主要事迹年代为宋仁宗嘉祐（1056—1064）前后。

[2] 文中提到：明道二年（1033）七月二十有九日。奉灵骨葬于崇法院之左。"

[3] 成文时间当在明道二年之后。此文作时，则全尚在世。

[4] 文中提及元丰三年（1080）被请作此行状。

实录作于"时明道季秋十八日"，作者款为"门人（则全）谨录"。

文献 项目	南宋嘉泰初 四明尊者教行录	南宋嘉熙初 释门正统	南宋咸淳 佛祖统纪	明成化 宁波郡志	明嘉靖 宁波府志	明天启 慈溪县志	清雍正 慈溪县志	清嘉庆 保国寺志	备注
尊号				圆觉大师	三学法师	三学法师	三学法师	德贤尊者	
自称	开元寺三学院门人								明道年间
俗姓		施氏	施氏	施氏	施氏	施氏		施氏	
出家地		保国寺	报国		保国寺	保国寺	保国寺	保国寺	
师承	法智	后造法智门下	即造法智学教观					寻造法智大师门下	
誉称		十大弟子之冠	南湖十大弟子之冠		南湖十六大弟子之冠	南湖十大弟子之冠	西湖十大弟子居首	南湖十大弟子之冠	西湖及十六大弟子当皆误
著述	《四明法智尊者实录》	《四明实行录》	《四明实录》						
品行		直言人失	性直气刚敢言人失			性直气刚敢言人失		性直气刚敢言人失	
"三学"履历	当州开元寺	住三学	住三学三十年；三学亡	主延庆寺	住三学三十年	住三学三十年	住三学三十年	住三学堂三年	三学考证见后
圆寂时间		庆历五年	庆历五年		庆历五年	庆历五年	庆历五年		
圆寂地点		终于三学							
时评、赞誉		郡守爱重之，比之古净臣	人畏之；郡守加敬		人以是重之，比及古代净臣	人以是重之，比及古代净臣		人以是畏之，郡守尤加敬礼	
身后		弟子若水立碣延庆净土院	弟子若水立碣于延庆						

从上表可见，八处文献中，皆提到则全，可见则全当为斯时多使用者，字叔平，俗姓施，亦当无疑。师承者，明清文献未载，不过从十大弟子之称，当亦指法智大师门下十大弟子，而《四明法智尊者实录》中，明确将则全列为八位有名号的弟子之首位，自《释门正统》始称"十大弟子之冠"，并一直为后来文献沿用，传抄过程有讹作十六弟子者。至于南湖，则源于法智大师修佛道场延庆寺，《四明尊者教行录》及《佛祖统纪》中，即有多处以"南湖"指代延庆寺者，另据延祐《四明志》卷十六"教化十方·延庆寺"条，有"（嘉定十三年）寺炽像灭，丞相史鲁公重建，區曰'南湖福地'"的记载。

有关则全的品行，诸文献比较统一地指向"敢言人失"的性直气刚，《释门正统》更是记录了则全的自辩："有置气，善品藻，遇事不合于心，即指言人失，众虑以为不可，（则全）师自谓：无欺不变也。"

成化《宁波郡志》与其他文献相差最多，其所谓则全主延庆寺，因延庆寺法智后的住持系谱相对清晰，并未有，此或乃因其居众徒之首而想当然之误；而其中的圆觉赐号，或是与《佛祖统纪》卷十四所载的"法师蕴慈，四明慈溪人，赐号圆觉，时门下十高弟，师为说法第一，初居西湖菩提，迁会稽圆通，崇宁初，能仁虚席，以师为请"有关，可能因则全与他活动年代相近，又同为四明慈溪人及十大弟子之第一，故张冠李戴亦未可知。而嘉庆《保国寺志》所见"德贤尊者[5]"之尊号，前此者有明弘治年间《云堂记》及寺存雍正十年《培本事实碑》，此外未见诸更早文献，且雍正碑就提到德贤尊者不可考矣。

有关则全秉性及时评记载，各文献相差无几，其圆寂时间，凡有提及之文献，亦皆作"庆历五年"，概当无疑。

二、"三学"之本末

三学，常解为"戒、定、慧"，意学佛者必须修持之三种学业，以此解前列诸文献中的"三学"，意为褒扬则全佛学造诣高深，似无不可。不过，如《释门正统》的"住三学"、"终于三学"中，"三学"或解为某处场所更加恰当，结合《四明尊者教行录》中所见，"开元三学院门人"落款，以及"当州开元寺则全"的记载，或可推测所谓"三学"者，为开元寺三学院的简称。

宝庆《四明志》卷第十一，"寺院·十方律院六"有"开元寺"条，提到"……皇朝太平兴国中，重饬旧殿□，曰五台观音院……寺又有子院六：曰经院、曰白莲院、曰法华院、曰戒坛院、曰三学院、曰摩诃院……"，不过嘉定十三年（1220）火后，废为民居，惟五台、戒坛重建，而三学院等则湮灭。延祐《四明志》卷十六"五台开元寺"，明代《敬止录》卷二十六之"五台寺"，亦有类似记载。

《释门正统》与《佛祖统纪》所载则全事迹，可互作补充，二者皆未提"三学法师"之号，嘉靖《宁波府志》始用是称。《释门正统》的"终于三学"与《佛祖统纪》的"三学亡"可印证则全圆寂于三学院。此外，《佛祖统纪》所言"住三学三十年"比《释门正统》"住三学前后"文意完整，而且，若以有则全自称的文献暨明道间（1032—1033）始，直到《释门正统》所载庆历五年（1045）圆寂止，其在三学院生活至少有十数年。晚此的文献，虽已不完全了解三学之意，却因仍"住三学三十年"之说，如嘉靖《宁波府志》所见，而嘉庆《保国寺志》之三学堂，当为误传。

三、与延庆寺之关联

庆历五年则全圆寂后，有两段文献值得注意，其一为嘉庆《保国寺志》卷上"寺宇·古迹"载"云堂，宋仁宗庆历年间，僧若冰建祖堂，奉祀保国寺祖先……"，此建设时间当与则全圆寂有关，建筑年代当为庆历五年之后，而若水、若冰可能皆为则全门人；其二即是《释门正统》及《佛祖统纪》所载的弟子若水[6]设碣于延庆寺事。

从则全立碣延庆寺来看，亦旁证则全可能未主持过延庆寺。延庆寺从法智传广智尚贤，嗣后为神智鉴文、明智中立、圆照梵光等，住持圆寂后，如法智、明智、圆照皆立塔于崇法院，而有关则

（5）《佛祖统纪》卷十一，有"法师德贤，临安人，赐号圆应"，系天竺遵式的法嗣第四世，按辈分当为则全的曾孙辈。

（6）若水，参见《佛祖统纪》卷第十三载："法师若水，三衢人，久依三学，号为有成，欲事广询乃易名若水。外现未学处处游历，初住天柱崇福，讲演不倦，课密语有神功。祖忌将临，戒庖人备芽笋，庖以非时，日暮噀盂水于后圃，夜闻爆烈声，明旦视之，笋戢戢布地矣。民人以疾告，咒水饮之，愈者莫纪其数。"

全的记载则未见诸是处。崇法院者，即宝庆《四明志》卷十一"寺院·甲乙律院三十六"中之"崇法院"："县南五十里，旧号焚化院，皇朝干德五年建，大中祥符三年赐今额……"。明代《敬止录》卷三十"崇法教寺"明确提到"……属延庆寺，旧名焚化院……"，当为斯时延庆寺用于置塔的属寺。

此外，立碣一事，或另有深意。天台宗教义深邃，同宗僧侣之间因见解相左，多见论辩之争[7]，《释门正统》卷第六有所谓"天台教门异论尤多，师资相庋，喧动江浙"也，如法智行业碑中提到法智与他处僧人"往复辨析，虽数而不屈"，而他与弟子仁岳的论战，亦为延祐《四明志》所载。而则全师性直气刚，其诤臣气质甚至引众人忧虑而"以为不可"，可以想见，则全在佛法论争或是"遇事不合于心"时，其凛然敢言，当使人重之，乃至畏之也。则全以"十大弟子之冠"，未能继法智入主延庆寺，或许与此个性有关。在当时延庆寺住持一席更替中，多见有皇家及郡守等世俗势力之介入，此般形势下，性格温和、处事灵活者，如则全同辈中"历事既久遂居高第"的广智，则全后辈中有更换师门之举的明智，当更易脱颖而出。未能成为延庆寺住持的则全，也没有留在延庆寺，善于著述的他，为法智大师录下《四明尊者实行录》，此文后收录于《四明尊者教行录》中，成文于明道年间，篇中则全自署"开元寺三学院门人"[8]。不过，毕竟是法智"十大弟子之冠"，且于延庆寺修行过，立碣或有归宗之意，也表明了两寺之间的关联。

四、保国寺则全与琴僧则全

明代钞本《琴苑要录》中，收录有《则全和尚节奏指法》一书，据琴学界学者研究，或与保国寺则全为一人，即保国寺则全为北宋"琴僧系统"中之一员，其谱系为夷中传义海、知白，义海传则全[9]。此外复有研究，以法智大师的师弟慈云遵式字知白故，认为则全的师叔正是琴僧知白；且从文献中"发现"则全是琴僧照旷道人的师傅，并以此推断：保国寺则全与《则全和尚节奏指法》的作者，可能是同一个僧人。

不过，据《佛祖统纪》卷十载，则全的师叔知白（963—1032），"……年二十（太宗太平七年癸未）往禅林受具戒。明年习律学於守初师，继入国清，普贤像前炷一指，誓传天台之

道……"，此后修行中还"……於行道四隅置鍫炽炭，遇困倦则溃手於鍫，十指唯存其三……"，琴僧自当惜手如命，燃指、残指似有违常理，或者琴僧知白与慈云遵式并非一人，从活动年代上看亦有所出入。琴僧知白与义海同为夷中门下，知白琴艺曾受欧阳修（1007—1073）及梅尧臣（1002—1060）诗文吟咏[10]，故其大致活动年代当为1000—1080左右，比则全师叔要晚近五十年。据《梦溪笔谈·补笔谈》所载，太平兴国中（976—984），朱文济（推测940—1020左右）鼓琴天下第一，后传夷中（推测970—1050左右），夷中传义海（推测1000—1080左右），活动年代亦与同门琴僧知白相差无几，而保国寺则全圆寂于庆历五年（1045），其生年极可能早于此二位琴僧，此与"琴僧系统"中则全为义海传人的次序有所不合。同样地，照旷道人[11]，这位被传为琴僧则全的弟子[12]，于宣和年间（1119—1125）仍出入于贵族门庭，以照旷十岁时入保国寺则全门下，假设学艺五年后师傅圆寂，则其当生于1030年，到宣和年间至少已有九十几岁了，并得一古琴修治之，可能性有些小。而且，如果查阅宋人张邦基《墨庄漫录》[13]卷四，其原文为"……学琴于僧则完仲，递造精妙……"，并不是则全。

要之，保国寺则全的师叔知白燃指供佛，可能仅是与琴僧知白称谓相同的不同人物，同样，从生活时代推算，保国寺则全当与琴僧则全也并非同一人。而前此所谓则全与照旷的师徒关系，却仅仅是文献的误读罢了。

五、天台宗法脉下的延庆寺与保国寺

四明为宋代天台重镇，尤以法智知礼地位尊崇，被尊为天台宗第十七祖，其法脉于四明一地影响甚广，保国寺即是一例。借助嘉庆《保国寺志》等文献，颇有资料表明延庆寺与保国寺之间的关联。

首先是僧侣往来。在嘉庆《保国寺志》卷下"先觉"中，明以前录有五位僧侣，除唐代可恭尊者外，皆与延庆寺相关。"宋法智大师四明尊者"，与保国寺无直接关系，仅作为德贤尊者之师而录，法智大师创建了延庆寺道场，并住延庆四十余年[14]；"宋三门鼻祖三学德贤尊者"，即则全和尚，出家保国寺，后入法智门下，并被推为十大弟子之冠；"赐紫衣澄照大师"，其事迹亦见载于《释门正统》及《佛祖统纪》中[15]，同属保国寺出家，后入延庆寺明智中立师门

[7] 潘桂明，吴忠伟.中国天台宗通史.南京：凤凰出版社，2008

[8] 《四明尊者教行录》中的《明州延庆寺传天台教观故法智大师塔铭》"领徒继盛者，若当州开元寺则全、越州圆智寺觉琮、台州东掖山本如、衢州浮石院崇矩、见嗣住大师之院尚贤等"。其中的当州或有当地之意，即指明州开元寺。

[9] 参见司冰琳.中国古代琴僧及其琴学贡献：[博士学位论文].北京：中央艺术研究院，2007

[10] 参见司冰琳.中国古代琴僧及其琴学贡献：[博士学位论文].北京：中央艺术研究院，2007

[11] 如《中国名物辞典》卷下，《乐舞类·弦乐器部·琴瑟》的"霜庸琴"条目所见。

[12] 林晨.古琴.北京：中国文联出版社，2009：88

[13] 葛洪.笔记小说大观：第六册.南京：江苏广陵古籍刻印社，1984

[14] 参见《四明尊者教行录》"四明图经记延庆寺迹"，其中谈到"礼（法智）先住承天，至道中移，住延庆，四十余年"。

[15] 《释门正统》卷第七载："觉先，锡号澄照，慈溪陈氏，生九月丧父母。王抚之曰：儿骨相奇伟，当出家。七岁师精进子南受经，一读成诵。进具，学教于明智，次南屏清辩，次天竺慈辩，记莂重重。靖康初主宝林，日讲大部，学徒满座。众以春旱请讲光明，一会才毕，降三日之霖，百里传神异。竖金光明幢，请僧诵大部，为一邑领。次主延庆，大弘祖席。绍兴八年，以病老投宝林，于方丈后筑一小室号妙莲堂，安住其中。课经要期万部，又诵弥陀四十七藏。十五年岁抄集众，说传法心要。明年正月十六坐逝，寿七十八，腊五十，塔于寝侧，博士廉布铭。后有静夜闻塔中诵经者。启龛见灵骨栓索不萎，色如青铜。……"类似的《佛祖统纪》卷十五载："法师觉先，四明之慈溪陈氏，号澄照。七岁受经，一读成诵。初禀教于明智，既得其传，复请益于慈辩清辩，所诣益深，靖康初主奉化之宝林。会奉旱邑请讲金光明，终卷而雨三日。因勉邑人建光明幢，诵经万部为邑境之护，迁主延庆大弘宗教。久之复归宝林，筑室曰妙莲，复诵满万部，并净土佛号，四十八藏。摘经疏名言以资观行。目曰心要。绍兴十六年正月十四日，说法安坐而逝，塔于寝室之侧。他日有夜闻诵经声，迹所自出塔中。后月堂居南湖，谓师于延庆有传持之功，而塔在草莽，乃令迁之祖茔，及开土见栓索不朽，骨若青铜……"。嘉庆《保国寺志》卷下"先觉·赐紫衣澄照大师"所载事迹，可能综合了上述两段文献，而其中的"明智立"当为"明智中立"矣，继神智鉴文后主持延庆寺，为天台名僧，非嘉庆寺志所谓未详。

下，以后更是"迁主延庆寺，大弘宗教"；"公达大师"[16]，亦曾入"延庆圆照[17]讲帷"，后又"返受业院即保国寺"。

其次，建筑营建之趋同。据嘉庆《保国寺志》卷上"寺宇·佛殿"所载，"……（佛殿）昂栱星斗，结构甚奇，惟延庆殿式与此同……"。据宋代石待问所作《皇宋明州新修保恩院记》[18]记载，法智修建的保恩院"莫之与京，而又此邦异乎此群"，具有某种独特性[19]。到了南宋绍兴年间，据乾道《四明图经》卷十收录的宋人陈瓘作《延庆寺净土院记》[20]记载，延庆寺僧人介然，会同"其同行比丘慧观、仲章、宗悦"，历时七年，发愿募捐构建宝阁及十六间禅观之所，并于元符三年（1100）三月功成于延庆寺。而在保国寺，依据嘉庆寺志卷上"古迹·十六观堂"及卷下"先觉·公达大师"记载[21]，绍兴年间（1131—1150），保国寺曾营建了十六观堂、莲池等。延庆寺在前，保国寺在后的此两次营建中，十六间室、环绕建筑设水池、池中莲花等要素，都是构成项目。在此有三点值得注意：（1）保国寺僧仲卿入延庆寺圆照门下，为政和四年（1114）后，斯时延庆寺内，供奉弥陀佛的宝阁及十六间禅观之所，业已完工，并存续至建炎初（1127）炽于金兵[22]为止，故仲卿当见到了十六观堂，且有可能在其中习修过；（2）延庆寺协助介然构思修建者，为仲章、宗悦，而保国寺营建住事为仲卿、宗浩二僧，两组之辈分及次序相同；（3）延庆寺的建造活动，或为天台宗与净土信仰之结合在营建活动中的体现，而此潮流亦体现于保国寺，只是后者实施时间略后。从祥符间的佛殿同延庆殿式，到绍兴间的净土观室前后相仿，延庆寺营建活动对保国寺的影响，不可不察。

再次，据前述可知，则全于庆历五年圆寂后，弟子若冰设祖堂于保国寺，弟子若水立碣于延庆寺。则全，不仅身为延庆寺法智之徒的南湖弟子，同时也是保国寺的中兴之祖，他是延庆寺关联保国寺的至关重要的中间环节。

要之，宗派相同、师承相传、仪轨相似，且僧侣往来频繁，当为建筑式样相近以及营建活动趋同之基础。

六、德贤行迹与大殿建筑年代

法智大师（960—1028）门人中，有则全、觉琼、本如、崇矩、尚贤、梵臻、仁岳、慧才等，知生卒年者有：本如（982—1051）、慧才（997—1083），则全圆寂于庆历五年（1045），按照比知礼小约20岁推算及比本如略大，则全生年可能为太平兴国年间。则全圆寂于开元寺三学院，且住三学院有三十年，约为1015—1045年，故在明道间（1032—1033）自称"开元三学院门人"。此前，他则有于大中

祥符辛亥（1011）过灵山，见寺宇已毁，重建保国寺的壮举。

据嘉庆《保国寺志》卷上"寺宇"部分的保国寺及佛殿条目所载[23]，则全于大中祥符四年来保国寺主寺事，同时开始保国寺山门及佛殿的重建。前此，则全追随法智大师在延庆寺修行，而延庆寺（时称报恩院）从至道三年（997）开始经营，创法会、制疏文，到建设寺院（用时三年），于大中祥符二年告成，完成天台宗仪轨建设及相关建筑配置，并于祥符三年改称延庆院。此段持续十数年的营建事务，系法智、异闻等领导下之盛举，而则全作为弟子自当投身其中。有理由相信，则全重建保国寺时，延续了延庆寺建设中积累的相关经验，甚至是建设队伍，如此，时间之衔接此起彼伏，并有了嘉庆寺志所谓"殿式相同"之记载。

值得注意的是，嘉庆《保国寺志》卷上"寺宇·佛殿"中，甚至有"自始建以来，至今乾隆己丑（乾隆三十四年，1769），凡七百五十有七年"的精确计算，以此反推，正是大中祥符六年。嘉庆寺志住持编修者，为元览斋十五世敏庵，而十四世理斋寂于乾隆甲午（1774）以后，敏庵方为住持，故此段文字当非嘉庆寺志编修者所撰，更可能是建筑上之纪年文字，或是其他文献所载者。从嘉庆寺志"寺宇"部分所见，文字涉及主事者、募集人、地方长官等信息看，更可能是建筑本体上之纪年文字。而其中提及的邑令林公济，在雍正《慈溪县志》卷三"秩官表"中有载，记为宋天圣四年（1026）慈溪地方官员，也与保国寺建筑年代颇为接近。

七、结论

依据明代《云堂记》以及雍正《培本事实碑》的载录，德贤尊者与保国寺大殿的建设存有明确的关联，嘉庆《保国寺志》中更详解了德贤尊者的生平以及佛殿建设的年代。以上述线索为引导，北宋中期有僧人则全与保国寺有关德贤的记载，正可吻合。嘉庆《保国寺志》作为保国寺历史之主要文献，因与佛殿建筑年代[24]已相距较远，难免有错讹发生，故围绕该文献，需作多方向之比较释读，以校验诸多文献的真实性，为佛殿建设年代的判断提供文献方面的参照系。经粗浅分析可知，除了传抄讹误以外，嘉庆《保国寺志》的相关记载，尚与其他文献所反映的信息可以相互印证契合，其有关佛殿建于大中祥符年间的记载，于德贤尊者——则全和尚的年谱考察，颇显合理，且与延庆院大殿建筑年代相互衔接，具有一定可信度。在可能的建筑本体题字等年代学资料，抑或更明确的文献记载发现之前，以祥符年间作为现今佛殿的建成年代，堪称可行。

[16] 天启《慈溪县志》"仙释"中的"仲乡"："邑之胡氏子，卯岁礼保国寺道从为师，受具足戒，教观克勤，后入延庆寺，行法华三昧，刺血书法华经四部，然二指以报国恩，绍兴六年十月，整衣端坐，奄然息绝，道俗追慕，以香泥庄严真体奉之。"嘉庆寺志"公达大师"当参看此条，但其保国寺作道存。
另，嘉庆寺志中"澄照"与天启《慈溪县志》"仙释"中"觉先"相比，更为丰富。天启《慈溪县志》中，"仲乡"列在"先觉"前，嘉庆寺志则相反。

[17] 乾道《四明图经》卷十一，何泾《延庆院圆照法师塔铭》。圆照梵光（1064—1143），政和四年（1114）受太守吕淙所请，入主延庆寺。

[18] 该文见载于多处，如《四明尊者教行录》。

[19] 四明一地的天台宗，先是宝云义通，其后传知礼、遵式等。宝云寺系漕运使顾承徽舍宅而成。据《四明尊者教行录》后附的宝云义通事迹，义通似乎未见重大营建活动，其主要贡献当在义理方面的探索及培养知礼、遵式等门人。若天台宗有其建筑空间的独特性需求，当在义理渐成型之时，加上知礼改造及建设保恩院历时近十年，当有可能结合教派对建筑空间作符合天台仪轨的修整。

[20] 作于大观元年（1107）八月，该文亦收录于《佛祖统纪》卷三十五，只是改题《南湖净土院记》。《延庆寺净土院记》中有"……构屋六十余间。中建宝阁。立丈六弥陀之身。夹以观音势至。环为十有六室。室各两间。外列三圣之像。内为禅观之所。殿临池水。水生莲花。不离尘染之中。豁开世外之境……"。

[21] 嘉庆《保国寺志》卷上"古迹·十六观堂"中，"十六观堂，在法堂西，宋绍兴间，僧仲卿、宗浩同建"。嘉庆寺志卷下"先觉·公达大师"载，"……复入延庆圆照讲帷……复率有力者，修盖弥陀殿、十六观堂。乃还受业院即保国寺，化导众缘，重建法堂五间，复与法侄宗浩，于院之西，叠石崇基，立净土观堂，凿池种莲……"。从位置及建造时间看，十六观堂当即净土观堂。

[22] 成化《宁波郡志》卷九《寺观考·鄞县·寺》之"延庆讲寺"条，收录有元代所作《重建佛殿记》。根据黄潜笔记及相关记载，十六观堂并没有在建炎兵火中焚毁。

[23] 据嘉庆《保国寺志》卷上"寺宇·保国寺"载："宋真宗大中祥符四年辛亥，德贤尊者来主寺事。弟德诚与徒众募乡长郑景嵩、徐仁旺、吕遵等，鸠工庀材，山门大殿，悉鼎新之。时邑令林公济、县尉杨公文敏，亦与有力焉。"同书"寺宇·佛殿"载："宋祥符六年，德贤尊者建。昂栱星斗，结构甚奇，为四明诸刹之冠。唯延庆殿式与此同。延庆，固师之师法公所建之道场也。自始建以来至今乾隆己丑，凡七百五十有七年，其间修葺，代不乏人。"

[24] 保国寺建筑材料的测年考古，以及建筑样式、技术做法等研究，亦可框定大致的建筑年代。

附录三　保国寺大殿复原权衡表

砖石作

名件	细类	《营造法式》规定 长	《营造法式》规定 宽	《营造法式》规定 厚（高）	实测均值 长	实测均值 宽	实测均值 厚	复原设计值 长	复原设计值 宽	复原设计值 厚（高）	备注
盆唇	柱础	径3材		0.1覆盆厚	现状无			按《营造法式》规定			压地隐起，参见罗汉院
覆盆	柱础	下径减柱础三寸		0.1柱础厚	现状无			按《营造法式》规定			覆盆柱础，上加瓜瓣櫍
柱础	柱础	径2倍柱径（实为礩石）		减方之半	现状大部为鼓墩柱础，上径50~54厘米，中径60~67厘米，下径45~54厘米，高46~50厘米			按《营造法式》规定		厚减方之半	
柱櫍	柱础			2倍覆盆	无			下随盆唇，上随柱径	10份		与柱身瓜瓣对应
礩石	柱础				后换石板遮挡			方3.5尺			
角石	柱础	方2尺		8寸	现状无				无		厅堂可不用
角柱	柱础	方4寸（每高1尺）			现状无			高3.3尺	方1.5尺		用于角石之下，高不过4尺，并减角石厚
压阑石	阶基	3尺	2尺	6寸	122厘米	44厘米（心间）67厘米	14厘米	4尺	2.1尺	6寸	
踏道	阶基	随间广	1尺	5寸	348厘米	27厘米	12厘米	14.6尺	深0.93尺	高0.44尺	
副子	阶基	随踏道	1.8寸	同第一层象眼	1820厘米	26厘米	12厘米	随踏道	1.6尺	5寸	
象眼	阶基	三层，5寸，4.5寸，4寸			现状无			三层，5寸、4.5寸、4寸			象眼逐层内收2寸
勾栏	勾栏	单勾栏6尺	单勾栏3.5尺		现状无			复原未作勾栏			
望柱	勾栏	勾栏高1尺，望柱高1.3尺	面对径1尺								柱头高1.5尺，柱底覆盆莲花，方倍柱径
蜀柱	勾栏	同勾栏高	2寸	1寸							
云栱	勾栏	单勾栏3.2寸	单勾栏1.6寸	单勾栏1寸							
寻杖	勾栏	随勾栏片	单勾栏1寸	单勾栏1寸							
盆唇	勾栏	随勾栏片	单勾栏2寸	单勾栏或7分							
束腰	勾栏	随勾栏片	单勾栏不用	单勾栏不用							
地霞	勾栏	6.5寸	1.5寸	3分							
万字版	勾栏	长随蜀柱内	单勾栏3.4寸	单勾栏3分							
地栿	勾栏	长同寻杖	广1.8寸	厚1.6寸							
殿心石	铺地				274厘米×110厘米			9尺×3.6尺			
铺地砖	铺地	1.3尺	1.3尺	2.5寸	石板铺地，96厘米×65厘米			1.8尺×1.8尺			
散水	铺地	檐柱心至阶沿，每深1尺，阶沿自檐柱心下垂2分；檐柱心之内，每深1丈，地面升起1.5分			未及						
殿阶基	铺地	每阶同门广	高2尺4寸，上收1尺5分	2.5寸	通高110厘米（压阑石14厘米×随板石84厘米士衬石12厘米），通宽2114厘米			高4尺，下出10尺			平砌，若露眼砌，每砖1层，上收1分
墙下隔减		同门广	高2尺4寸，至3尺	厚3尺5寸，钊4尺	殿身现状无，副阶石板隔剪厚11厘米，高86.7厘米（石地栿上皮—腰串下皮）			无			

名件		砖层		备注
地平		砖1层		按法式厅堂须弥座用砖规格，条砖1尺3寸×6寸5分×2寸5分
单混肚		砖1层	单混肚石高12厘米，伸出2.2厘米	高0.4尺
牙脚		砖1层，比混肚下瓤收1寸	牙脚石高10厘米，收进3厘米	无
掩牙		砖1层，比牙脚出3分	宽牙石高9厘米，收进1.5厘米；皮条线高1.5厘米，收进1厘米	无
合莲	须弥座	砖1层，比掩牙收1.5寸	合莲石高6厘米，收进2厘米	无合莲，只用石一层，高0.3尺，收进0.1尺
束腰		砖1层，比合莲收1寸	皮条线高1.5厘米，收进1.5厘米；束腰石高7.5厘米，收进1.4厘米	无
仰莲		砖1层，比束腰出7分	仰莲石高6厘米，伸出1厘米	无仰莲，只用石一层，高0.16尺，收进0.1尺
壸门		砖3层，柱子比仰莲出1.5寸，壸门比柱子收5分	壸门柱子高23.5厘米，未作伸缩	高0.85尺
柱子掩涩		砖1层，比柱子出1寸	宽涩石高6.5厘米，伸出4厘米	高0.16尺，收进0.1尺
方涩平		砖1层，比掩涩出5分	皮条线高2.5厘米，伸出6.6厘米，伸出1.5厘米	高0.16尺

大木作

名件	细类	《营造法式》规定		实测均值		复原设计值			备注
		长（高）	宽（径）／厚（径）	长（高）	宽（径）／厚（径）	长（高）	宽（径）	厚（径）	
单材	外檐用材		四等广7.2寸，五等广6.6寸／四等厚4.8寸；五等厚4.4寸		广21.4厘米／厚14.3厘米		广0.7尺	厚0.47尺	
栔			四等广2.88寸，五等广2.64寸／四等厚1.92寸，五等厚1.76寸		广9.2厘米		广0.3尺	厚同材	
足材			四等广1尺，五等广9.24寸／四、五等同单材		广30.57厘米		广1尺	厚0.47尺	
份值			按材广1/15		广1/15定份，1.43厘米		以材广1/15定份，0.047尺		
材等			厅堂大三间用五等材						
单材	殿内用材		四等广7.2寸，五等广6.6寸／四等厚4.8寸；五等厚4.4寸		广22.9厘米／厚15.3厘米	七寸材，足材1尺	广0.75尺	厚0.5尺	以复原尺推算殿内材相当于七寸5分材，足材1尺，累高调整为2寸5分
栔			四等广2.88寸，五等广2.64寸／四等厚1.92寸，五等厚1.76寸				广0.25尺	厚同材	
足材			四等广1尺，五等广9.24寸／四、五等同单材		广30.6厘米／厚15.3厘米		广1尺	厚0.5尺	
份值			按材广1/15，四等0.48寸，五等0.44寸		广1/15定份，1.53厘米		以材广1/15定份，0.05尺		
材等			厅堂大三间用五等材						

名件	细类	《营造法式》规定 长(高)	《营造法式》规定 厚(径)	《营造法式》规定 宽(径)	实测均值 长(高)	实测均值 宽(径)	实测均值 厚(径)	复原设计值 长(高)	复原设计值 宽(径)	复原设计值 厚(径)	备注
单材	藻井用材		大阑八厚一寸2分，小阑八厚八分4分	大阑八广一寸8分，小阑八广一寸6分		广17.1厘米	厚11.4厘米		广0.56尺	厚0.37尺	
栔						广7.3厘米			广0.24尺	厚同材	
足材						广24.2厘米	厚11.4厘米		广0.8尺	厚0.37尺	
份值				以材广1/15定份，1.14厘米							
材等			等外					为外檐枋0.8倍	约当七等材		等外
檐柱	柱	不越间广		径2材1栔	427厘米	下径54厘米、上径44厘米	中径52厘米	高14尺	1材2栔		整木
前内柱					792厘米	下径77厘米、上径55厘米		高26.5尺	2足材		现状拼柱，不合材栔
后内柱					650厘米	下径70厘米、上径65厘米		高21.5尺	2足材		现状拼柱，不合材栔
生起		正面10/1000，侧面8/1000			等外起			无生起			
侧脚		三间升2寸			无法确定			无侧脚			
蜀柱(平梁上)		随举势高下	量栔厚加减		99厘米	上径40厘米、下径48.6厘米		高3.3尺	径1.67尺		
蜀柱(昂花尾)		随举势高下	量栔厚加减		同上	同上		高3尺	径0.78尺		
前三椽栿	梁	长3椽	梁底厚25份，项厚10份	广42份（下高21份）	390.7厘米	广49.5厘米	厚26.2厘米	3椽	广1.45尺	厚0.77尺	长按梁身中段，两斜项之间
中三椽栿		长3椽	同上	同上	540.3厘米	广74.0厘米	厚31.3厘米	3椽	广2.42尺	厚0.95尺	
乳栿		长2椽	厚取广2/3	广42份	270.1厘米	广54.3厘米	厚24.5厘米	2椽	广1.4尺	厚0.82尺	
剳牵		长1椽	厚取广2/3	广35份	120.7厘米	广44.4厘米	厚23.3厘米	1椽	广1.15尺	厚0.61尺	
平梁(正缝)		长2椽	厚取广2/3	广42份	387.6厘米	广64.3厘米	厚23.3厘米	2椽	广2.04尺	厚0.77尺	
平梁(山花缝)		长2椽	厚取广2/3	广42份	398.3厘米	广47.5厘米	厚19.6厘米	2椽	广1.5尺	厚0.59尺	
驼峰		高随举势高下	长加高一倍		高8厘米	长75厘米	厚未及	高0.58尺	长2.35尺	厚10份	低驼峰，比例与《营造法式》不符
上楣(方形)	额	长随间广	厚减广1/3	广2材	长随间	广33.2厘米	厚23.2厘米	长随间	广1.2尺	厚0.75尺	入柱卯减（额）厚之半；两肩各以四瓣卷杀，每瓣长8份
阑额(月梁形)		长随间	同上	广减阑额2~3份	长随间	广47.2厘米	厚19.7厘米	长随间	广1.54尺	厚0.77尺	
下檐		长随间		广减阑额2~3份	长随间	广33.2厘米	厚23.2厘米	长随间	广1.2尺	厚0.75尺	
屋内额		长随间	厚取广1/3	广1材3份~1材1栔	长随间	广33.9厘米	厚22厘米	长随间	广1.17尺	厚0.71尺	
绰木枋		出柱长至补间		2材	长223.5厘米	广20.9厘米	厚14.3厘米	长7.3尺	广0.8尺	厚0.42尺	檐额广2材1栔至3材，绰木枋广减檐额1/3
柱缝枋（单栱造上榫同绰枋）		随间广		或1材，或2材	长随间	广20.9厘米	厚14.3厘米	长随间	广0.93尺	厚0.33尺	绰木枋穿柱至次间与心间补间铺作令栱外缘
顺栿串		长随栿，并出柱作丁头栱		1足材	长3椽	广35.3厘米	厚17.9厘米	长3椽	广1.18尺	厚0.67尺	隐刻七朱八白
顺脊串		长随间，隔间使用	广厚如材，或加3份至4份		长随间	广34.8厘米	厚14厘米	长随间	广1.18尺，厚0.46尺		

名件	细类	《营造法式》规定 长（高）	宽（径）	厚（径）	实测均值 长（高）	宽（径）	厚（径）	复原设计值 长（高）	宽（径）	厚（径）	备注
槫	栋	长随间	加材3份～1栔		前檐牛脊槫，下平槫长通面阔，余出逐间	槫径35厘米		长随间	径1尺		中平槫以下用通三间长之槫
生头木		随檐长	广厚并如材，转角处高与角梁背平		未及			长随次间	广1.3尺，厚10份		
出际长			4尺5寸～5尺		153.1厘米				5尺		
替木	枓	令栱上104份	高12份	厚10份	多用通替木	广17.2厘米	厚14.3厘米		广12份	厚10份	两头下条4份、三瓣卷杀，每瓣长4份，至出际处，长与槫齐
檐椽	椽	平长不过6尺	径7～8份		平长随架	广8.5厘米	厚7.5厘米	长随间	径0.46寸		荷包椽
飞椽		每檐1尺出飞子6寸	如椽径10分，则广8分厚7分		现状无飞子	现状无		0.6檐椽	广0.28寸，厚0.36寸		
椽当		8寸到8.5寸				17.5厘米			9.2寸		
檐椽出		椽径5寸，即檐出4～4.5尺				103.8厘米			3.4尺		
飞椽出		0.6倍檐出				现状无			2.3尺		
铺作外跳	檐	108份			169.3厘米，合营造尺约5.5尺				5.5尺		
总檐出		铺作外跳+檐出+飞檐出			268.3厘米				11.2尺		
飞魁			广加栔+飞檐出	厚不越材		现状无			广3寸7分	厚4寸6分	
小连檐			广2～3份	厚不越栔之厚		未及			广4寸	厚2寸7分	
生出			三间生5寸						三椽径		
翘起		无规定							2材		
大角梁	阳马	转过两椽，自下平槫至下架檐头	28～30份	18～20份		未及			梁头广1材2栔	厚一又四分之三材厚	梁头作两卷瓣
子角梁		随飞檐头外至小连檐下，斜至檐（角柱）心	18～20份	15～17份		未及			子角梁高材	厚减大角梁4份	梁头上折5份。现状以嫩戗之法起翘
搏风版	搏风版	长随架道	广2～3材	厚3～4份		广76.9厘米	厚4厘米		广2.57尺	厚0.13尺	中、上架两面各出搏掌，长1尺5寸～3尺
垂鱼		长3～10尺	广0.6倍长	厚0.025倍长	长241.5厘米	幅广121.8厘米	厚4厘米	长9.2尺	幅广3.92尺	厚0.13尺	云头造。每长2尺，平后面施幅一枚
惹草		长3～7尺	广0.7倍长	厚0.025倍长	长174.1厘米	幅广85.9厘米	厚4厘米	长4.92尺	幅广2.06尺	厚0.13尺	云头造。同上

名件	细类	《营造法式》规定 长(高)	宽(径)	厚(径)	实测均值 长(高)	宽(径)	厚(径)	复原设计值 长(高)	宽(径)	厚(径)	备注
华栱(外檐)		72份	21份或15份	10份	88.0厘米	足材30.4厘米,单材21.6厘米	14.4厘米	72份	21份或15份	10份	每跳长不过30份 每头四瓣卷杀(里跳可卷作三瓣) 每瓣长4份
华栱(藻井)		同上	同上	同上		足材24.2厘米,单材17.2厘米	11.2厘米	同上	同上	同上	
丁头栱(殿内)		33份(出卯长5份)	21份	10份	一跳长44.8厘米,二跳长65.9厘米	足材31.3厘米,21.4厘米	14.1厘米	33份	21份	10份	若骑栿栱,腿卯到心,以斜长加之;若入柱者,用双卯,长6~7份
泥道栱(外檐)		62份	15份	10份	113.7厘米	21.3厘米	14.3厘米	80份	15份	10份	若全用单栱造者,只用令栱;每头四瓣卷杀,每瓣长3.5份
泥道栱(殿内)	铺作栱件份数	同上		同上	91.4厘米	22.5厘米	15.1厘米	按现状归正值	15份	10份	每头四瓣卷杀,每瓣长4份
泥道栱(藻井)		同上		同上	41.6厘米	17.2厘米	11.2厘米	按现状归正值	15份	10份	若骑栿栱及至角,则用足材
瓜栱(外檐)		62份	15份	10份	77.2厘米	21.8厘米	14.4厘米	按现状归正值	15份	10份	每头四瓣卷杀,每瓣长3份
慢栱(外檐)		92份	15份	10份	121.1厘米	21.5厘米	14.5厘米	按现状归正值	15份	10份	若里跳骑栿,每头四瓣卷杀,则用足材
令栱(外檐)		72份	15份	10份	106.2厘米	21.4厘米	14.2厘米	按现状归正值	15份	10份	每头四瓣卷杀,每瓣长3份
令栱(殿内)		同上		同上		21.6厘米	15.6厘米	按现状归正值	15份	10份	若里跳骑栿,每头四瓣卷杀
令栱(藻井)		同上		同上		17.2厘米	11.2厘米	按现状归正值	15份	10份	每头五瓣卷杀,每瓣长4份
十字令栱(外檐)					89.0厘米	21.5厘米	14.2厘米	按现状归正值	15份	10份	长构成种类多,详构件数据表
骑栿栱(殿内)					101.8厘米	21.4厘米	14.3厘米	按现状归正值	15份	10份	
各栱下杀比率					符合15份下杀9份的规定				下杀9份		
各栱栱眼形态		上留6份,下杀9份,栱两头及中心各留坐斗处,余并为栱眼,深3份			跳栱隐刻线脚,横栱双面琴杀			跳栱隐刻线脚,横栱双面琴杀			
圜枓斗(外檐)		36份	28份	20份	52.4厘米	43.6厘米	26.9厘米	36份	28份	20份	
讹角枓斗(外檐)		32份(角柱36份)	24份	20份	51.2厘米×45.1厘米	41.9厘米×34.8厘米	26.3厘米	32份	24份	20份	角柱36份×28份
讹角枓斗(殿内)		同上	同上	同上	52.1厘米×43.2厘米	41.2厘米×33.3厘米	27.3厘米	同上	同上	同上	
讹角枓斗(藻井)		同上	同上	同上	29.5厘米×29.4厘米	23.4厘米×未及	16.43厘米	同上	同上	同上	
交互斗(外檐)		18份×16份	14份×12份	10份	26.4厘米×23.5厘米	20.6厘米×17.6厘米	14.2厘米	18份×16份	14份×12份	10份	
交互斗(殿内)		同上	同上	同上	23厘米×17.2厘米	20.5厘米×17.7厘米	14.9厘米	同上	同上	同上	
交互斗(藻井)		同上	同上	同上	20.9厘米×18.4厘米	16.2厘米×13.7厘米	11.23厘米	同上	同上	同上	
齐心斗(外檐)	铺作斗件份数	16份×16份	12份×12份	10份	23.5厘米×23.5厘米	17.6厘米×17.6厘米	14.4厘米	16份×16份	12份×12份	10份	
齐心斗(殿内)		同上	同上	同上	24.1厘米×24.1厘米	18.1厘米×18.0厘米	14.6厘米	同上	同上	同上	
齐心斗(藻井)		同上	同上	同上	18.6厘米×18.4厘米	13.9厘米×13.8厘米	11.3厘米	同上	同上	同上	
散斗(外檐)		14份×16份	10份×12份	10份	23.5厘米×20.6厘米	17.6厘米×14.7厘米	13.9厘米	14份×16份	10份×12份	10份	
散斗(殿内)		同上	同上	同上	22.9厘米×20厘米	17.0厘米×14.3厘米	14.4厘米	同上	同上	同上	
散斗(藻井)		同上	同上	同上	15.9厘米×18.7厘米	11.3厘米×14.0厘米	11.2厘米	同上	同上	10份	
交栿斗		24份×18份	20份×14份	12.5份	未及	未及	未及	18份×16份	14份×12份	10份	
隔口包耳做法											
昂(正身下道)		15份	15份	10份	212.7厘米	21.4厘米	14.3厘米	15份	15份	10份	功限载上铺作用昂作长27份,但系安镤绞割展曲之前的毛长,有效实长应按(108份+125份)×cos22°=251份(22°为依据刘畅史论《中国建筑史论汇刊》文章结论得来)

名件	细类	《营造法式》规定 长（高）	《营造法式》规定 宽（径）	《营造法式》规定 厚（径）	实测均值 长（高）	实测均值 宽（径）	实测均值 厚（径）	复原设计值 长（高）	复原设计值 宽（径）	复原设计值 厚（径）	备注
昂（正身上道）	铺作昂件份数		15份	10份	400.7厘米	21.4厘米	14.3厘米		15份	10份	有效实长（108份+125份×2）×cos22°=415份
昂（角缝下道）			15份	10份	598.7厘米	21.4厘米	14.3厘米		15份	10份	有效实长251份×1.414=355份
昂（角缝上道）			15份	10份	670.5厘米	21.4厘米	14.3厘米		15份	10份	有效实长415份×1.414=587份
由昂			15份	10份	724.5厘米	21.4厘米	14.3厘米		15份	10份	有效实长（108份+125份+62.5份）×cos22°×1.414=485份
昂栓			4~5份	2份	4.5厘米×4.5厘米及，长度未及				3份见方		于第二跳上用之，并上卹昂背（下入栱身之半或1/3）
华头子		长9份，刻作两瓣，每瓣4份				7.95厘米			6份，刻两瓣		
柱头枋	铺作枋件份数	长随间	15份	10份	长随间	21.4厘米	14.3厘米	长随间	15份	10份	
撩檐枋		长随间	心间广2材	厚10份				长随间	广1.2尺		梢间贴生头木，随宜取圆
算程枋		长随间	15份	10份		广21.4厘米	厚14.3厘米	长随间	15份	10份	外檐位置
算程枋		同上	15份	10份		广19.2厘米	厚14.5厘米		15份	10份	藻井位置
随瓣枋						广17.2厘米	厚11.3厘米				
平棊枋						广14.2厘米	厚11.3厘米				
罗汉枋		长随间		10份		广21.4厘米	厚14.3厘米				无遮椽板时，罗汉枋直抵椽底，高度超出一材，作承椽枋使
爵头	铺作出跳份数	25份	15份	10份	85.3厘米	广21.4厘米	厚14.3厘米				
一跳外跳长（外檐）			30份			40.5厘米		按现状归正值			
一跳外跳长（藻井）			同上			29.5厘米		按现状归正值			
一跳里跳长（外檐）			28份			33.9厘米		按现状归正值			
二跳外跳长（外檐）			26份			23.2厘米		按现状归正值			七铺作，第二跳起里外各减4份，30、30+26
二跳外跳长（藻井）			同上			16.7厘米		按现状归正值			
二跳里跳长（外檐）			26份			20.0厘米		按现状归正值			七铺作，第二跳起里外各减4份，28+26
三跳里跳长（外檐）			26份			54.7厘米		按现状归正值			七铺作，第二跳起里外各减4份，30+26+26
三跳里跳长（外檐）			26份			17.5厘米		按现状归正值			七铺作，第二跳起里外各减4份，28+26+26
四跳外跳长（外檐）			26份			50.6厘米		按现状归正值			七铺作，第二跳起里外各减4份，30+26+26+26
四跳里跳长（外檐）			25份			18.1厘米		按现状归正值			七铺作，第二跳起里外各减4份，28+26+26+25，里要头长25份
五跳里跳长出		按法式卷头造尖外跳头30份，里跳28份 二跳较头里跳外各增出26份 三跳较二跳里跳外各增出26份 四跳较三跳增出26份，昂尖则增23份，若要头长25份，昂尖则23份	23份		下道昂尖平出29.6厘米，上道昂平出28.9厘米	20.7厘米		按现状归正值			
襻间四重栱第一层	襻间四重栱份数				拱长82.9厘米			按现状归正值			左右对称，无里外跳之分
襻间四重栱第二层					拱长117.3厘米			按现状归正值			同上
襻间四重栱第三层					拱长154.8厘米			按现状归正值			同上
襻间四重栱第四层					拱长191.6厘米			按现状归正值			同上

小木作

名件	细类	《营造法式》规定 长	宽	厚	实测均值 长	宽	厚	复原设计值 长	宽	厚	备注
总高		5.3尺				156.0厘米			6足材		从小木作层底到阇阳马顶端底皮
方井尺寸		方8尺				无			无		
方井高		1.6尺				无			无		
八角井尺寸		对径（边到边）6.4尺			南北250.7厘米，东西249.0厘米			对径8.4尺			从小木作层底到阇八层随瓣枋底
八角井高		2.2尺				147.8厘米			3足材		
阇八八高		对径（边到边）4.2尺				184.2厘米			对径6.1尺		从阇八层随瓣枋底到阇阳马顶端底皮
阇八高		1尺5寸				80.2厘米			3足材		八角井下
随瓣枋	大阇八藻井	每直径（指八角井）1尺，则长4寸，广3分，厚3分			104厘米	17.2厘米	11.3厘米	3.5尺	小木材广/15份	小木材厚/10份	八角井下
随瓣枋		长随每瓣之广，每径1尺，广5分，厚2.5分				17.2厘米	11.3厘米		小木材广/15份	小木材厚/10份	阇八下
角蝉尺寸		每阇八径1尺，则长7寸，曲广1.5寸，厚5分			73.5厘米×73.5厘米			2.45尺×2.45尺			
阇八阳马					107.9厘米	10.4厘米	13.1厘米	3.4寸		4.29寸	
背版		长视随瓣高，广随阳马之内				未及		长随阳马之内			
背版助条		无规定			截面11.3厘米×5.7厘米			3.7寸×0.2寸			
方井铺作		算程枋上，六铺作双抄单下昂重栱造，材1.8寸×1.2寸，每边用补间五朵			无			无			补间五朵中，边上两朵或为附角斗
八角井铺作		随瓣枋上，七铺作双抄双上昂重栱造，材1.8寸×1.2寸，每瓣用补间一朵			材17.2厘米×11.2厘米			材0.56寸×0.37寸			
总高	小阇八藻井	2.2尺			160.0厘米			6足材			
八角井尺寸		4.8尺			下层用方井南北252.4厘米，东西203.7厘米			5.9尺×4.2尺			
八角井高		未规定			77.0厘米			3足材			
阇八八尺寸		对径（边到边）4尺9寸			南北127.2厘米，东西126.1厘米			4.2尺			
阇八高		8寸			83.0厘米			3足材			
随瓣枋		（八角井）每径一尺，则长4.5寸；每高一寸，则广8寸，厚5分			54.0厘米	11.1厘米	9.1厘米	1.75寸	小木7份	小木10份	八角井下
角蝉铺作		直边（4.8-4.8×0.45）/2=1.32尺			38.2厘米×38.2厘米			即随瓣枋	即随瓣枋	即随瓣枋	
阇八阳马		（八角井）每径5尺，则长5寸；每曲广1寸5分，厚7分			54.0厘米	11.1厘米	9.1厘米	3.6寸	3.6尺	3寸	
背版		长视随瓣高，广随阳马之内			无			长随阳马之内			
背版助条		未规定			9.7厘米	4.7厘米		3.2寸		1.5寸	
下层铺作		五铺作卷头重栱造，材0.6寸×0.4寸；每瓣用补间两朵			材17.2厘米×11.2厘米			小木材15×10份			
上层铺作		五铺作单抄单昂重栱造，枋0.6寸×0.4寸；每瓣用补间两朵			无			无			《营造法式注释》图示高1.2尺

名件	细类	《营造法式》规定 长	宽	厚	实测均值 长	宽	厚	复原设计值 长	宽	厚	备注
背版	平棊	长随间，其广随材合缝计数，令足一架		厚6分		未及		长2.5尺，广随材合缝计数，令足5.9尺		5.9尺	常用尺寸：长1.4丈，广5.5尺，厚6分
桯		长随背版四周之广，其广4寸，厚2寸				无		无			
贴		长随程四周之内，其广2寸，厚2寸				无		无			
难子并贴华		厚2寸，每方1尺用华子16枚		厚6分		无		无			
护缝		长随其所用	广2寸	厚6分		无		无			
福		长随其所用	广3.5寸	厚2.5寸		无		无			
峻脚椽			广2.5寸	厚1.5寸		无		无			
平闇椽			广2.5寸	厚1.5寸		无		无			
平闇格子	平闇	（程与平棊同）终井口并随补间。令纵横分布方正				截面69毫米×40毫米		广2.2寸，厚1.3寸			若用峻脚，即于四阑内安锒贴花；如平闇，即峻脚椽，广并与平阑椽同
方格眼尺寸		无				75毫米×75毫米		2.5寸见方			
菱格眼尺寸		无				长轴120毫米，短轴66毫米		长轴3.9寸，短轴2.2寸			如减广者，不得过1/5
基本尺寸		7尺至24尺	与高方	未及				同《营造法式》规定			
肘版	版门	高同门高，需留出上下两颡	0.1倍门高	0.03倍门高				同《营造法式》规定			
副肘版		高同门	0.1倍门高	0.025倍门高				同《营造法式》规定			
身口版		高同门	随门材，使足一屝之广	0.02倍门高				同《营造法式》规定			随宜设计，令与肘版、副肘版合缝计数
福		0.92倍门广	0.08倍门广	0.05倍门广				同《营造法式》规定			用福数：门高7尺以下者，用5福；高8尺至1.3丈，用7福；高1.4丈至1.9丈，用9福；高2丈至2.2丈，用11福；高2.3丈至2.4丈，用13福
门额		0.08倍门高	长随门广	0.03倍门高				同《营造法式》规定			
鸡栖木		0.06倍门高	长随门广	0.03倍门高		现状无版门		同《营造法式》规定			
门簪		方0.04倍门高	方0.04倍门高	长0.18倍门高				同《营造法式》规定			双卯入柱
门簪卯		头长四分，余三份，上下各去一份，留中心为卯						同《营造法式》规定			两壁（通额长）各留半分，外匀作三分，安簪四枚
立颊		同肘版	0.07倍门高	0.03倍门高				同《营造法式》规定			卯实际尺寸，按梁先生注释，长0.135倍门高，宽0.04倍门高，厚0.0133倍门高
门地栿		长随间广	0.07倍门高	0.03倍门高				同《营造法式》规定			按立颊宽度匀分三份，留中心一份开卯口
门砧		0.21倍门高	0.09倍门高	0.06倍门高				同《营造法式》规定			
门关		径0.04倍门高						同《营造法式》规定			距地面约5尺高，两头入搕鑽柱；门高过1丈时，每门出头1尺，径加0.5分
搕鑽柱		0.5倍门高	0.064倍门高	0.026倍门高				同《营造法式》规定			安于立颊之上时，诸留圆孔以纳门关；门高1丈以上时，柱每门高出1尺，柱长加1寸，广加4分，厚加1分
伏兔		广厚同福，长上下至颊						同《营造法式》规定			小型的搕鑽柱，广随门背面门闩之广，直接安于门版上
手栓		固定值，长1.5~2尺，广0.2~0.25尺；厚0.15~0.2尺						同《营造法式》规定			安于伏兔下的手栓，无法取下固定值
地栿版		长随立柱间之广，广厚量长取宜						同《营造法式》规定			"每长一尺用福五枚"，则似平此处福为纵向使用，同隔一尺，而地栿版为多段上下拼成

名件	细类	《营造法式》规定 长	宽	厚	实测均值 长	宽	厚	复原设计值 长	宽	厚	备注
基本尺寸		高4~8尺，长按椽子数算得，厚未及							宽7.1尺，高4.8尺		窗额高应与门额齐平，并保证腰串位于地面以上3~4尺
椽子数		间广1丈，用17椽；若广增尺，则更加2椽						高4.2尺	17椽		
椽子尺寸		0.98倍窗高	0.056倍窗高	0.028倍窗高					宽1寸6分	深1寸3分	令上下入子程内，深2/3
椽子间距		相去空1寸（只是定法，并无变化）							0.3尺		
子程	版门	长随窗空	0.05倍窗高	0.04倍窗高	现状无破子棂窗			同《营造法式》规定			
檐额		长随窗高	0.035倍窗高	0.025倍窗高				同《营造法式》规定			
额		长随间广	0.12倍窗高	0.05倍窗高				同《营造法式》规定			两壁内隐出子程
腰串		长随间广	0.12倍窗高	0.05倍窗高				同《营造法式》规定			
立颊		长随窗高	0.12倍窗高	0.05倍窗高				同《营造法式》规定			
地栿		长随间广	0.10倍窗高	0.05倍窗高				同《营造法式》规定			此处地栿尺寸似与大木不符，若按大木规定，则截面18份×12份
立旌		长随窗高	0.035倍窗高	0.02倍窗高				同《营造法式》规定			立旌尺寸见载于"版棂窗"条
横铃		长随立旌内	0.035倍窗高	0.02倍窗高				同《营造法式》规定			横铃尺寸见载于"版棂窗"条
心柱		未及									
柱内填充方式		三种：障水版、牙脚牙头填心难子造；心柱编竹造；隔减窗坐造									
基本尺寸	截间版障	广随间广，高6尺~1丈		0.04倍间广	佛屏高561.9厘米（后内柱头阑额到佛坛上皮），宽499.5厘米（内柱内侧到到内侧）				高19.3尺，宽15.4尺		
槫柱		长视高	0.04倍间广			无			无		
额		长随间广	0.05倍版帐长	0.025倍版帐长	柱缝枋四道，上下两道截面42.5厘米×20.4厘米，中间两道截面30.4厘米×20.4厘米			四道，广1.2尺至1.4尺不等，厚6.7寸			
地栿		长随间广	0.05倍版帐长	0.025倍版帐长	15.5厘米×20.4厘米				广2寸	厚5.6寸	
槫柱		长视额、枕内	0.056倍版帐长	0.025倍版帐长		无			无		
腰串		长随间广	0.05倍版帐长	0.025倍版帐长		无			无		
牙头		长随槫柱内广	0.05倍间广	6分		无			无		
护缝		长视牙头内高	0.02倍间广	6分		无			无		
壁版		长同槫柱	量宜分布	6分	宽18.3厘米，厚3厘米				宽13份，厚2份		
难子		长随四周之广	0.01倍间广	6分	2厘米×2厘米				1.4份见方		
横铃		长同额	0.035倍间广	0.025倍间广		无			无		横铃尺寸摘自"隔截横铃立旌"
立旌		长视高	0.035倍间广	0.025倍间广		无			无		同上

竹作

名件	细类	《营造法式》规定 长	宽	厚	实测均值 长	宽	厚	复原设计值 长	宽	厚	备注
编竹夹泥	编竹造	高随壁	宽随壁	厚随壁	现状无				0.2尺		每壁高5尺分作4格，横用经道，经每道竹3片，纬每道竹1片，所用上分作3格；壁高2尺以上作3分；壁径2寸3分至1寸
隔截编道		高随壁	宽随壁	厚随壁	多残损，厚约8厘米				1寸3分		六铺作以上，上下分作两格，分作两间或三间（按朵当数）
（栱眼壁）		木贴长随所用，逐间之厂，广2寸，厚6分		厚6分	现状无				无		方直造。上于楼头、下于檐头之上，压重眼网安钉

瓦作

名件	细类	《营造法式》规定 长	宽	厚	实测均值 长	宽	厚	复原设计值 长	宽	厚	备注
筒瓦	屋面瓦	1.2尺	口径0.5尺，半瓦	厚5分	未及	未及	未及	1.2尺	径0.6尺	厚6分	
板瓦		1.3尺	大头6.5寸，小头5.5寸	大头6分，小头5分5厘	未及	未及	未及	1.4尺	径0.8尺	厚6分	
条子瓦		由筒瓦打造，1/4造			未及	未及	未及	0.6尺	0.3尺	厚6分	
线道瓦		由筒瓦打造，1/2造			未及	未及	未及	1.2尺	0.3尺	厚6分	
当沟瓦		较本等筒瓦低一等			未及	未及	未及	1.2尺	0.6尺	厚6分	
华废瓦		1.3尺	大头6.5寸，小头5.5寸	大头6分，小头5分5厘	未及	未及	未及	1.6尺	径0.6尺	厚6分	
铺瓦之法		压四露六，仰瓦小头朝下，合瓦大头朝下			压五露五			压四露六			
叠脊之法		筒瓦到盖当沟瓦，留分顶子；其上线道瓦高3寸；叠脊用条子瓦19至25层，脊筒瓦一道。线道瓦与合脊筒瓦之间画白道			筒瓦到覆当沟瓦，其上线道一层，再上用瓦花排四出镂纹格眼，计三格六层。瓦花外缘用墨砖瓦包砌，最上用合筒瓦一道			瓦条叠脊，详地按《营造法式》相关规定			
正脊	屋脊瓦	0.8到1尺，顶收2/10		高随瓦层数	高71.8厘米		厚27.5厘米	高约2.4尺		底厚1.1尺，顶厚0.8尺	现状叠纹格眼镂空，为叠条子瓦二十一层，底宽1.1尺，顶宽按2/10收分
垂脊		0.6到0.8尺，顶收1/10		比正脊低2寸	高64.2厘米		厚18.3厘米	垂高1.4尺		厚0.8尺	现状叠纹格眼镂空，叠条子瓦十一层，撞至正脊其斜脊高略低于正脊
饮脊		比正脊低2寸			高64.2厘米		厚18.3厘米	高1.3尺		厚0.8尺	现状瓦条石灰封护
鸱尾	瓦饰	高5.5尺			高238.4厘米			高6.5尺			现状无，复原用鲞鱼尾
兽头		高2.75尺			无			高2尺			现状无
套兽		直径0.6尺			无			无			复原用出兽头鬼瓦
嫔伽		高1尺			无			无			复原据现存江南实例，不用套兽
蹲兽		2枚，高0.6尺			无			无			现状未另作嫔伽；现状用三枚，复原瓦不用蹲兽

主要参考文献

古籍

[1] 宋·罗濬.宝庆四明志.上海：上海古籍出版社，1995
[2] 宋·李诫.营造法式.北京：中国书店，2003
[3] 明·周希哲.宁波府志.民国三十一年影印本
[4] 清·敏庵.嘉庆保国寺志.影印本

勘测报告书

[1] 柴泽俊.中国古代建筑——朔州崇福寺.北京：文物出版社，1996
[2] 高念华.杭州闸口白塔.杭州：浙江摄影出版社，1996
[3] 柴泽俊.太原晋祠圣母殿修缮工程报告.北京：文物出版社，2000
[4] 清华大学筑设计研究院.佛光寺东大殿建筑勘察研究报告，2007
[5] 建筑文化考察组.义县奉国寺.天津：天津大学出版社，2008
[6] 杨新平，张书恒，黄滋，沈力耕.保国寺调查报告，1983
[7] 董长利，钱祝.宁波保国寺地面、建筑物振动观测报告，1987
[8] 冶金工业部宁波勘察研究院.宁波保国寺大雄宝殿变形观测——测量技术说明，2002
[9] 陈允适，刘秀英（中国林业科学院木材工业研究所）.保国寺木结构材质状况及对策，2003
[10] 李华（中国林业科学院木材工业研究所）.宁波保国寺大殿木结构材质状况勘察报告，2009

专著

[1] 陈明达.营造法式大木作制度研究.北京：文物出版社，1982
[2] 刘敦桢.中国古代建筑史.北京：中国建筑工业出版社，1983
[3] 张驭寰，郭湖生.中国古代建筑技术史.北京：科学出版社，1985
[4] 梁思成.梁思成全集：第七卷.北京：中国建筑工业出版社，2001
[5] 张十庆.中国江南禅宗寺院建筑.武汉：湖北教育出版社，2002
[6] 郭黛姮，宁波保国寺文物管理所.东来第一山保国寺.北京：文物出版社，2003
[7] 郭黛姮.中国古代建筑史：第三卷.北京：中国建筑工业出版社，2003
[8] 潘谷西，何建中.《营造法式》解读.南京：东南大学出版社，2005
[9] 肖旻.唐宋古建筑尺度规律研究.南京：东南大学出版社，2006
[10] 傅熹年.中国科学技术史：建筑卷.北京：科学出版社，2008
[11] 傅熹年.古代中国城市规划、建筑群布局及建筑设计方法研究.北京：中国建筑工业出版社，2009

论文

[1] 窦学智，戚德耀，方长源.余姚保国寺大雄宝殿.文物参考资料，1957（8）
[2] 陈明达.建国以来所发现的古代建筑.文物，1959（10）
[3] 文物博物馆研究所资料室.浙江省连续发现古代木构建筑.文物，1961（4/5）
[4] 陈从周.浙江古建筑调查纪略.文物，1963（7）
[5] 宁波市文物管理委员会.谈谈保国寺大殿的维修.文物与考古，1979（9）
[6] 潘谷西.《营造法式》初探（一）.南京工学院学报，1980（4）
[7] 傅熹年.福建的几座宋代建筑及其与日本大佛样建筑的关系.建筑学报，1981（4）
[8] 朱光亚.探索江南明代大木作法的演进.南京工学院学报：建筑学专刊，1983
[9] 杨新平.保国寺大殿建筑形制分析与探讨.古建园林技术，1987（2）
[10] 杨秉纶，王贵祥，钟晓青.福州华林寺大殿//清华大学建筑系.建筑史论文集：第9辑.北京：清华大学出版社，1988
[11] 王其亨.歇山沿革试析——探骊折扎之一.古建园林技术，1991（1）

[12] 陈明达.唐宋木结构建筑实测记录表//贺业钜，等.建筑历史研究：第3辑.北京：中国建筑工业出版社，1992
[13] 凌振荣.南通天宁寺大雄之殿维修记略.东南文化，1996（2）
[14] 陈明达.关于《营造法式》的研究//张复合.建筑史论文集：第11辑.北京：清华大学出版社，1999
[15] 王辉.《营造法式》与江南建筑——《营造法式》中江南木构技术因素探析：［硕士学位论文］.南京：东南大学，2001
[16] 傅熹年.宋式建筑构架的特点与减柱问题//宿白先生八秩华诞纪念文集.北京：文物出版社，2002
[17] 林浩，林士民.保国寺大殿现存建筑之探索//纪念宋《营造法式》刊行900周年暨宁波保国寺大殿建成990周年学术研讨会论文集，2003
[18] 肖金亮.宁波保国寺大殿复原研究//纪念宋《营造法式》刊行900周年暨宁波保国寺大殿建成990周年学术研讨会论文集，2003
[19] 王士伦.金华天宁寺大殿的构造及维修//浙江省文物考古所学刊.北京：文物出版社，1981
[20] 董易平，竺润祥，俞茂宏，余如龙.宁波保国寺大殿北倾原因浅析.文物保护与科学考古，2003，15（4）
[21] 乐志.中国传统木构架榫卯及侧向稳定研究：［硕士学位论文］.南京：东南大学，2004
[22] 项隆元.宁波保国寺大殿的历史特征与地方特色分析//浙江省博物馆.东方博物：第10辑.杭州：浙江大学出版社，2004
[23] 徐怡涛.公元七至十四世纪中国扶壁栱形制流变研究.故宫博物院院刊，2005（5）
[24] 徐炯明，沈惠耀.试探保国寺大殿建筑墙体原型与瓜楞柱子变化因子//余如龙.东方建筑遗产：2007卷.北京：文物出版社，2007
[25] 林浩，娄学军.江南瑰宝保国寺大殿——从遗存看演变脉络//余如龙.东方建筑遗产：2008卷.北京：文物出版社，2008
[27] 刘畅.西溪二仙庙后殿建筑历史痕迹解析//贾珺.建筑史：第23辑.北京：机械工业出版社，2008
[28] 徐建成.保国寺人物纪事琐考//余如龙.东方建筑遗产：2009卷.北京：文物出版社，2009
[29] 刘畅，孙闯.保国寺大殿大木结构测量数据解读//王贵祥.中国建筑史论汇刊：第1辑.北京：清华大学出版社，2009
[30] 王书林，徐怡涛.晋东南五代、宋、金时期柱头铺作里跳形制分期及区域流变研究.山西大同大学学报：自然科学版，2009（4）
[31] 钟晓青.斗栱、铺作与铺作层//王贵祥.中国建筑史论汇刊：第1辑.北京：清华大学出版社，2009
[32] 刘畅，孙闯.少林寺初祖庵实测数据解读//王贵祥.中国建筑史论汇刊：第2辑.北京：清华大学出版社，2009
[33] 赵春晓.宋代歇山建筑研究：［硕士学位论文］.西安：西安建筑科技大学，2010
[34] 王天龙，姜恩来，李永法.宁波保国寺大殿木构件含水率分部的初步研究//余如龙.东方建筑遗产：2010卷.北京：文物出版社，2010
[35] 孙闯，刘畅，王雪莹.福州华林寺大殿大木结构实测数据解读//王贵祥.中国建筑史论汇刊：第3辑.北京：清华大学出版社，2010
[36] 李乾朗.对场营造.古建园林技术，2011（1）
[37] 傅熹年.试论唐至明代官式建筑发展的脉胳及其与地方传统的关系.文物，1999（10）

外籍文献

[1] ［韩］西弘建筑技术师事务所（主持）.浮石寺无量寿殿实测调查报告书.韩国文化财厅，2002
[2] ［日］关口欣也.中國兩浙の宋元古建築（一）、（二）.仏教藝術，总144号

正文插图目录

注：凡未标明出处者，皆为作者自绘、自摄或自制。

正文表格目录

注：凡未标明出处者，皆为作者自绘、自摄或自制

图版目录

照片目录

篇目页　保国寺大殿宋构部分梁架剖视

照片扉页　保国寺大殿正立面

封一封四　保国寺大殿大藻井仰视

（来源：郭黛姮，保国寺文物管理所.东来第一山保国寺.北京：文物出版社，2003：104）

注：凡未标明出处者，皆为作者自绘、自摄或自制

283

随书光盘目录

后 记

2009年8月，受宁波保国寺古建筑博物馆委托，东南大学建筑研究所承担了"保国寺大殿勘测分析与基础研究"的科研课题。此研究课题是作为2013年大殿建成一千周年的纪念活动之一而设立的，是为本课题之缘起。

本课题主要包括两方面内容，即勘测分析与基础研究这两部分，构成了本课题成果的上下两篇内容。上篇内容希望通过全面深入的勘察测绘，取得保国寺大殿翔实精细的勘测资料，进而推进对保国寺大殿现状完整和深入的认识；下篇内容则是在勘察分析的基础上，注重对保国寺大殿的基础研究，并就形制、尺度、江南地域特色以及与《营造法式》的关系这几个方面，作了相应的分析探讨。下篇的内容虽然涉及面较广，但中心围绕着江南背景下保国寺大殿的分析研究，并希望以此深化我们对保国寺大殿的理解与认识。

自课题启动迄今，前后历时两年，其间工作进程简记如下：

2009年9月：完成了前期标号编码体系设置、测绘图表制作、工作程序编排、测绘仪器培训等准备工作；

2009年10月11日至25日：进行了第一次集中测绘，完成了大殿大部分外檐铺作和部分藻井的手测工作；

2009年11月11日至21日：在整理完成第一次测绘成果的基础上，对大殿剩余铺作进行了第二次集中测绘，完成了全部铺作的手工补测、大殿的整体激光三维扫描和部分构件的分站精确扫描，并进行了佛坛、铺地、草架、出际、屋面等部分的局部测绘，制作了相应现场草图、草表；

2009年12月：完成了所有实测数据的电子化存档、现场照片的分类整合，电子图、表的重新整理；

2010年1月：对分站点云数据进行了贴图处理及部分拼站作业，完成了现状实测图系列中主要剖面的拟合、量取与绘制工作，同时，就寺史沿革进行了集中的文献考据；

2010年3月22日至3月31日：现场完成了所有类型铺作和所有梁栿、柱子、佛坛、铺地、前廊的补充三维扫描，并对前两次现场测绘的遗漏数据进行了补测，同时对拼柱做法、榫卯痕迹做了全面排查，并邀请1975年大修时的重要参与者林士民先生到现场进行访谈；

2010年4月：完成了残损现状勘测图纸；

2010年6月：初步完成残损现状分析报告；

2010年12月7日至10日：对屋面瓦作、门窗、副阶等部分进行补测；

2011年1月：初步完成现状归正图的绘制；

2011年6月：完成复原图的绘制，并基本完成勘测篇与研究篇的文字内容；

2011年7月，完成了三维建模与文稿校改、插图配置工作。

本次大殿勘察工作，在保国寺古建筑博物馆的大力配合下，组织了多次细致深入的现场调查与实测。保国寺古建筑博物馆余如龙馆长、李永法副馆长、沈惠耀工程师以及曾楠、符映红、王伟、应娜、郑雨等研究员为项目的顺利进行提供了大量帮助和相关资料，并参与了大殿的勘测调查工作。保国寺方面的支持与协助，是本课题得以深入进行和顺利完成的重要条件，在此表示感谢，并对浙江省文物局杨新平先生所给予的支持和帮助致以谢意。同时感谢齐康先生一直以来对东方建筑研究的支持与帮助。

本次保国寺大殿研究课题，由建筑研究所张十庆负责，课题组成员包括了东方建筑研究室近两届在学的博士与硕士研究生，其中博士研究生为谢鸿权、喻梦哲，硕士研究生为胡臻杭、王佳、胡占芳、姜铮、邹姗、唐聪、龙箫合、李国龙等。此外，东南大学淳庆博士参与了保国寺大殿的结构安全性分析，东南大学胡石博士参与了保国寺大殿的勘察工作，胡波、于向勇为大殿摄影提供了帮助和建议，对大家的参与及协助，在此一并致谢！

以保国寺大殿为代表的南方建筑研究，历来是东南大学所注重和倾注心力的研究领域，且保国寺大殿的研究，更是始自半个多世纪前的南京工学院刘敦桢先生。今天我们追随老一辈开辟的研究道路，希望在前人研究的基础上，有所前进和收获。

在研究内容上，本课题从属于国家自然科学基金项目"东亚视野下的宋元中国东南沿海建筑史研究"（项目批准号：50978051）的一项子内容。

保国寺在北宋英宗治平元年（1064），官赐"精进院"额。于今就保国寺大殿研究而言，"精进"二字既是对我们的学术要求，也是我们的努力方向。

张十庆
2011年12月1日于中大院

东方建筑研究室、保国寺古建筑博物馆工作人员合影

东方建筑研究室保国寺测绘小组部分成员合影

图书在版编目（CIP）数据

　　宁波保国寺大殿：勘测分析与基础研究／张十庆著.
--南京：东南大学出版社，2012.12
　　ISBN 978-7-5641-3689-5

　　Ⅰ．①宁… Ⅱ．①张… Ⅲ．①寺庙—古建筑—研究—
宁波市　Ⅳ．①TU252

　　中国版本图书馆CIP数据核字（2012）第216080号

宁波保国寺大殿 勘测分析与基础研究

出版发行：东南大学出版社
社　　　址：南京四牌楼 2 号　　邮编：210096
出 版 人：江建中
网　　　址：http://www.seupress.com
电子邮箱：press@seupress.com
责任编辑：戴　丽　姜　来　魏晓平
装帧设计：瀚清堂
责任印制：张文礼

经销：全国各地新华书店
印刷：利丰雅高印刷（深圳）有限公司
开本：889mm×1194mm　　1/8
印张：36
字数：858千字
版次：2012年12月第1版
印次：2012年12月第1次印刷
书号：ISBN 978-7-5641-3689-5
定价：390.00元

本社图书若有印装质量问题，请直接与营销部联系。
电话(传真)：025-83791830